NOTIONS PRÉLIMINAIRES

DE PHYSIQUE

NOTIONS PRÉLIMINAIRES
DE PHYSIQUE

RÉDIGÉES

Conformément aux programmes officiels de 1866

PAR

M. J.-H. FABRE

Professeur au lycée d'Avignon

PREMIÈRE ANNÉE

CINQUIÈME ÉDITION

PARIS

LIBRAIRIE CH. DELAGRAVE

58, RUE DES ÉCOLES, 58

1877

NOTIONS PRÉLIMINAIRES

DE PHYSIQUE

CHAPITRE PREMIER

1. Les corps sont des assemblages de molécules. — Un grain de carmin est dissous dans une cuillerée d'eau. Le liquide se colore magnifiquement en rouge. La matière carminée s'est divisée de manière à se répartir uniformément dans toute la masse aqueuse. — La cuillerée rouge est versée dans un verre d'eau. On n'a plus maintenant qu'une teinte fortement rosée. Pour colorer la nouvelle masse liquide, le carmin s'est disséminé, s'est divisé davantage; mais la coloration a perdu en intensité ce qu'elle a gagné en étendue. Cependant, comme le verre d'eau est partout d'une nuance rose bien prononcée, il faut croire que le carmin s'est subdivisé en assez de particules pour en loger au moins une dans la moindre des gouttelettes d'eau. — Le plein verre d'eau rose est jeté dans une cuve d'eau claire. Toute coloration disparaît. Qu'est devenu le carmin? Faut-il admettre qu'il s'est subdivisé de nouveau, de manière à se répartir, à proportion égale, dans l'étendue entière de la cuve? Et si la cuve d'eau s'en va à la rivière, la rivière au fleuve, le fleuve à la mer, faut-il admettre que le grain primitif de carmin se subdivise, chaque fois, en raison de la masse de son dissolvant et finit par distribuer une de ses parcelles dans chacune

des gouttes de l'Océan? Évidemment non, le bon sens recule
devant pareille conséquence, d'autant plus que certains faits
viennent lui démontrer le contraire. A ne consulter que les bru-
talités d'une logique absolue, la division du grain de carmin se
poursuit à l'infini. Si petite que soit la particule à laquelle on
est déjà arrivé, cette particule a un côté droit, un côté gauche
et une ligne médiane sur laquelle la pensée applique le couteau,
pour en faire deux parts : la part de droite et la part de gauche.
Et chacune de ces parts va devenir à son tour, pour la pensée,
l'objet de la même subdivision, sans qu'il soit possible à la raison
de trouver une limite au partage. Heureusement, cette difficulté
rationnelle n'en est pas une pour nous, car la physique s'occupe,
non de ce que l'esprit conçoit, mais de ce que nous offre la réalité des choses. Or, la réalité nous dit, spécialement par la voix
de la chimie, dont il serait prématuré d'invoquer ici le témoi-
gnage circonstancié, que la matière, arrivée à un certain point
de subtilité, cesse d'être divisible par les moyens mécaniques et
par tous les autres moyens à notre disposition. Au point de vue de
la raison, la matière se subdivise toujours, c'est-à-dire que l'esprit ne conçoit pas de bornes à sa subdivision; dans le domaine
des faits, parvenue à un certain degré de ténuité, elle résiste à
toutes les causes de division connues. On nomme *atomes*, d'un
mot grec signifiant indivisible, les particules dernières en lesquelles la matière se résout par la division poussée jusqu'à ses
extrêmes limites. On dit aussi *molécules*, bien que les deux expressions ne soient pas synonymes. Pour nous, sans inconvénient
aucun, nous pouvons confondre les deux termes [1]. Atome et
molécule sont choses invisibles. Si perçant que soit notre regard, si puissants que soient les moyens optiques appelés à notre
aide, ces derniers termes de la division de la matière nous échappent. Les molécules de sucre, qui donnent à l'eau leur saveur
sucrée, sont aussi invisibles que l'air lui-même, avec les meil-

---

[1] *Atome* se dit des dernières particules des corps simples. Les atomes
sont indivisibles par tous les moyens connus. *Molécule* se dit des dernières
particules des corps composés. La molécule est subdivisible par les procédés
de la chimie. Voir en chimie ce qu'il faut entendre par corps simple et
par corps composé.

leurs instruments. La raison les devine, le regard ne les verra jamais. Eh bien, tous les corps de la nature résultent de l'association de molécules, qui se groupent en plus ou moins grand nombre sans se toucher entre elles; mieux que cela, en laissant des espaces vides fort considérables par rapport à l'étendue qu'elles occupent réellement. Des démonstrations sont ici nécessaires.

2. **Les molécules des corps sont à distance les unes des autres.**.—Pour faire une pièce de cinq francs, on découpe, dans une lame d'argent, une rondelle du diamètre de la pièce. Au moyen d'un appareil spécial, doué d'une énergique puissance, cette rondelle, encore toute unie, est violemment comprimée entre deux moules en acier, où sont gravées, en creux, les deux faces de la pièce monétaire. Le choc est si fort, que les inscriptions, l'effigie et tous les détails des moules en acier se reproduisent en relief sur la rondelle d'argent. Celle-ci, après le coup de l'instrument, est pièce de cinq francs; mais elle a notablement diminué d'épaisseur, du cinquième, du dixième, peu importe; toujours est-il qu'elle est moins épaisse après le choc qu'avant. Comment se fait-il que l'argent, matière si compacte, si dure, ait ainsi diminué de volume par la compression? Là où une molécule matérielle se trouve, une autre évidemment ne peut venir se loger. Une place déjà occupée ne peut recevoir un nouvel occupant si le premier ne s'en va. C'est ce qu'on énonce en disant que la matière est *impénétrable*. Si, vérité évidente de soi, l'espace que remplit exactement une particule de matière ne peut, en même temps, en recevoir une seconde qui le remplirait aussi, comment se fait-il que la matière plus volumineuse de la rondelle d'argent soit maintenant contenue en entier dans le volume moindre de la pièce frappée? Il faut, de toute nécessité, que, dans celle-ci, les particules se soient serrées davantage, se soient rapprochées l'une de l'autre. Or, un rapprochement suppose, l'évidence le dit, un certain éloignement initial. Comment rapprocher, en effet, ce qui se toucherait d'abord? On ne remplit point ce qui est déjà plein, on ne fait point ce qui est déjà fait; on ne rapproche pas davantage ce qui déjà se touche. Il y avait donc, de molécule à molécule

de la rondelle d'argent, des intervalles vides, des espaces inoccupés, invisibles toutefois avec les meilleurs instruments, car
cette rondelle présentait une compacité parfaite à l'examen le
plus scrupuleux. Par la compression, les molécules refoulées
sont venues occuper ces intervalles, du moins en partie, et le
volume total a diminué d'autant, la quantité de matière restant
absolument la même. On peut même affirmer que ces intervalles
inoccupés formaient une fraction notable du volume initial de
la rondelle d'argent. On en juge par la diminution d'épaisseur
que cette rondelle a subie. Ce qui lui manque maintenant en
volume était volume vide avant le choc. Mais ce n'est pas encore
là toute la mesure des intervalles inoccupés de la masse d'argent,
car la pièce, telle qu'elle est après avoir été frappée, pourrait
éprouver un surcroît de contraction par un choc plus énergique,
et nous démontrer par une nouvelle diminution de volume, qu'il
y a encore en elle beaucoup de vides à combler, sans que l'on
sache à quelles limites la contraction finirait par s'arrêter. Ainsi
donc, même dans une substance aussi compacte qu'un métal,
les molécules ne se touchent pas. Il y a entre elles des intervalles
vides, qui forment une partie considérable du volume total. Par
la compression, ces intervalles s'amoindrissent, les molécules
se rapprochent et le corps se contracte, c'est-à-dire diminue de
volume. Tous les corps, à des degrés divers, éprouvent, par la
compression, les mêmes effets que l'argent, ils diminuent de
volume; ils sont donc tous composés de molécules tenues à distance les unes des autres.

3. **Pores et porosité.** — La constitution des corps en
molécules ne se touchant pas, entraîne l'existence générale de
vides intermoléculaires invisibles, même à l'aide des meilleurs
instruments. Il y a en outre, dans beaucoup de corps, des vides
accidentels, des trous inoccupés, visibles avec ou sans microscope, et provenant d'un arrangement spécial de la matière. La
rondelle d'argent, qui diminue de volume par la compression,
tout en présentant à un rigoureux examen la continuité la plus
parfaite, n'a que les vides intermoléculaires inhérents à la constitution générale des corps; l'éponge, toute criblée de trous,
grands ou petits, aux vides intermoléculaires associe des vides

accidentels qui tiennent à sa nature spéciale. Dans l'un et l'autre cas, ces espaces vides sont appelés *pores*, et la faculté d'avoir des pores se nomme *porosité*.

4. Porosité des liquides. Expérience de Réaumur. — On remplit à moitié d'eau un tube en verre un peu long et fermé par un bout. On achève alors de le remplir avec de l'alcool concentré. Celui-ci, plus léger, surnage d'abord ; et le tube, exactement plein, se trouve ainsi occupé par de l'eau dans sa moitié inférieure, par de l'alcool dans sa moitié supérieure. On agite pour opérer un intime mélange. Le tube, ce semble, devrait toujours rester plein : moitié du volume en eau et moitié en alcool doivent faire le volume total après le mélange comme avant le mélange, de même que 2 fois $\frac{1}{2}$ font 1. Eh bien, non : après le mélange, le tube n'est plus plein ; il y a un vide notable, bien que pas une goutte ne se soit échappée. Qu'est-il donc arrivé ? Il est arrivé qu'une partie de l'alcool a pénétré dans les vides intermoléculaires de l'eau, ce qui a fait diminuer d'autant le volume apparent. Dans l'espace occupé par l'eau, une certaine quantité d'alcool a trouvé à se loger en sus ; il y a eu place pour deux, là où il semblait n'y avoir place que pour un. Dans l'eau, qui par sa fluidité paraîtrait devoir tout remplir exactement, il y a donc des intervalles vides, puisque l'alcool peut s'y insinuer. Beaucoup d'autres liquides présentent des faits pareils en se mélangeant. Le volume final du mélange est moindre que la somme des volumes mélangés.

5. Porosité des liquides. Absorption des gaz. — C'est surtout avec les gaz que la porosité de l'eau et des liquides en général se manifeste. La chimie connaît une substance aériforme particulière, un gaz, qui pique vivement le nez et provoque les larmes. C'est le gaz ammoniac, auquel le vulgaire alcali volatil doit son odeur forte et ses autres propriétés. Soit d'une part 1 litre d'eau et de l'autre 670 litres de gaz ammoniac. Si l'eau est agitée avec le gaz, combien de litres aurons-nous à la fois ? En aurons-nous 671, somme des volumes associés ? Point. On aura 1 litre et quelques centilitres. Les 670 litres d'ammoniac trouvent à se loger dans le seul litre d'eau sans en augmenter le volume d'un quart ! Quelle doit être alors l'étendue vide que l'eau laisse dans sa masse, en apparence si compacte, lorsque 670 volumes d'une autre substance peuvent s'y loger ?

6. Porosité organique. — Si l'on examine avec un peu d'attention la coquille d'un œuf, on y aperçoit, surtout vers le gros bout, de petits points enfoncés comme en ferait la piqûre de l'aiguille la plus fine. Chacun de ces points est un trou, un pore, qui perce la coque de part en part pour faire communiquer l'intérieur de l'œuf avec l'extérieur, avec l'air atmosphérique. Ce ne sont pas ici des pores intermoléculaires, comme en présente toute substance par le fait seul de sa constitution en molécules tenues à distance ; ce sont des pores particuliers disposés expressément en vue du rôle de l'œuf. De l'œuf doit se former le poulet par la chaleur de l'incubation ; et, renfermé dans sa coque, l'oiseau naissant a besoin d'air, comme tout animal pendant la vie entière. Le poulet, dans l'œuf, respire. Il lui faut donc des communications permanentes avec l'air du dehors. Les pores de la coque sont ces communications. Ils sont trop fins pour permettre au contenu de l'œuf de s'écouler ; ils sont assez larges pour laisser l'air entrer et sortir librement. Si on les bouchait avec de la graisse, de la cire, de l'huile, l'oiseau périrait dans son œuf ; il périrait asphyxié, comme tout autre animal qu'on priverait de l'air nécessaire à la respiration.

Au bout des doigts, pendant la transpiration de l'été, il est facile de voir sourdre de fines gouttelettes de sueur par des orifices peut-être encore plus délicats que ceux de la coque d'œuf. Ces orifices sont des pores, mais des pores organiques, c'est-à-dire établis en vue d'un travail spécial du corps. Ils servent à la sueur pour se déverser au dehors. Toute la peau en est criblée.

Un autre bel exemple de pores organiques nous est fourni par les feuilles des végétaux. Au microscope, on voit, spécialement à la face inférieure des feuilles, une infinité de petites boutonnières, dont les bords sont gonflés en espèces de lèvres. Les botanistes leur donnent le nom de stomates, mot qui signifie bouche. Les stomates servent à la plante pour exhaler en quelque sorte sa sueur, c'est-à-dire les liquides de son organisation, qui, n'ayant plus de rôle à remplir, doivent être rejetés au dehors. Ils servent aussi à puiser dans l'air une certaine substance aériforme dont les végétaux se nourrissent, le gaz carbonique. Les stomates sont si petits et si nombreux que, dans 1 centimètre carré de feuille de lilas, on en compte 23 000.

Un rameau de vigne nettement coupé montre avec beaucoup de netteté, surtout lorsqu'il est sec, une foule d'étroits orifices dans lesquels on aurait de la peine à engager un crin. Ce sont là encore des pores organiques, disposés en vue des fonctions de la vie. Ils correspondent à autant de longs canaux, appelés vaisseaux, dans lesquels la séve circule comme le sang dans les veines de l'animal. Toute chose appartenant à la plante ou à l'animal présente ainsi une porosité particulière nécessitée par le jeu des fonctions vitales. C'est ce que nous nommons porosité organique. Les pores de la coque de l'œuf, les stomates des plantes, les orifices de la sueur, les vaisseaux de la séve, etc., en sont autant d'exemples.

7. Porosité des corps solides. — Citons maintenant quelques exemples de la porosité des corps solides, sans rapport avec les fonctions de la vie. On rapporte une expérience remarquable faite en 1661 par des savants de Florence. Une sphère d'or creuse fut en entier remplie d'eau et puis hermétiquement fermée. On la soumit alors à une forte pression pour en diminuer le volume. L'eau suinta en fine rosée à travers son enveloppe de métal. L'or est donc poreux. Tous les métaux le sont aussi, qui plus, qui moins. Ils laissent tous l'eau suinter à travers leur épaisseur, quand elle est assez violemment refoulée. La fonte de fer est, entre toutes les matières métalliques, remarquable sous ce rapport. Dans le cas où un cylindre de fonte est destiné à contenir de l'eau comprimée avec force, il est nécessaire, pour ne pas laisser suinter le liquide, que ce cylindre soit revêtu, à l'intérieur, d'une doublure de cuivre, moins facile à traverser.

Les pierres sont poreuses. Elles s'imbibent plus ou moins profondément d'eau. Elles peuvent même la laisser filtrer à travers leur épaisseur, surtout si l'eau est refoulée avec une certaine énergie. C'est ainsi que l'on établit des filtres en pierre calcaire, en grès, pour purifier l'eau destinée à l'alimentation. Le liquide, assujetti à une pression plus ou moins forte, passe à travers la pierre poreuse et laisse ses impuretés au-dessus.

Le marbre statuaire, malgré son grain serré, est poreux. Difficilement il s'imbibe d'eau, il est vrai, mais il se laisse pénétrer avec facilité par l'huile et les matières grasses fondues.

Le charbon est très-poreux. Une belle expérience de laboratoire le prouve. On fait bouillir un peu d'alcali volatil dans un ballon en verre, comme le représente la figure 1, et le gaz dégagé, qui n'est autre que le gaz ammoniac, dont il a été question plus haut, est recueilli dans une éprouvette pleine de mercure. Quand l'éprouvette est pleine de gaz, on y introduit par la partie inférieure, sans la sortir du bain mercuriel où elle

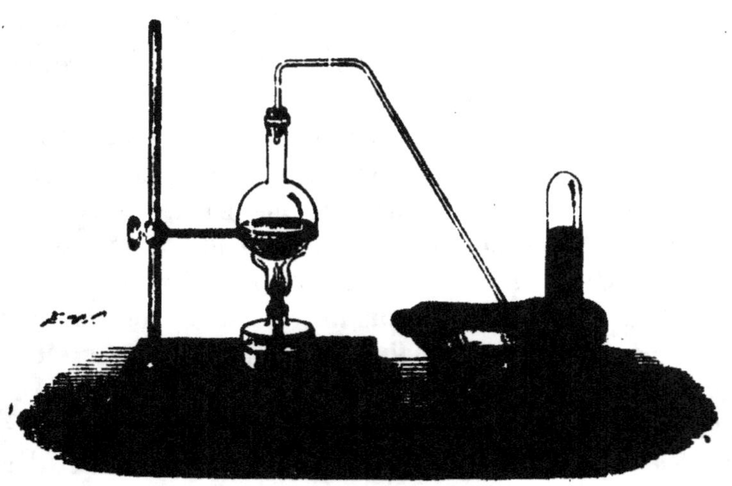

Fig. 1.

plonge, un morceau de charbon préalablement bien calciné à la flamme de la lampe. Le charbon, plus léger que le mercure, monte dans l'éprouvette et vient se mettre en rapport avec le gaz. Alors celui-ci disparaît peu à peu et le mercure monte pour en prendre la place. En ajoutant d'autres morceaux de charbon au besoin, en peu de temps il n'y a plus de gaz du tout. Le charbon l'a en entier absorbé dans ses pores. Un morceau de charbon bien calciné, tel que celui des fours de boulanger, peut absorber 90 fois son volume de gaz ammoniac. Les autres substances aériformes, chacune suivant sa mesure, s'insinuent dans les pores du charbon, comme le fait le gaz ammoniac. De là, la grande utilité du charbon pour assainir les eaux des puits, pour désinfecter les fosses d'aisance. Le charbon s'imprègne des matières gazeuses infectes ; il les recueille dans ses pores, et l'insalubrité, l'infection disparaissent.

8. Porosité des substances aériformes. — Les substances aériformes sont, elles aussi, très-poreuses, plus poreuses même que les matières liquides ou solides. Dans un vase de 1 litre déjà plein d'air, on peut, à l'aide d'une pompe propre à refouler, injecter encore 1 litre d'air, et les deux litres n'en feront qu'un. On peut en injecter un troisième, un quatrième, un dixième, etc., chaque fois le nouveau litre d'air trouvant à se loger dans les vides intermoléculaires du contenu précédent. Mais à mesure qu'une masse plus considérable d'air s'accumule dans la capacité toujours d'un litre, les places libres deviennent plus rares, plus difficiles à occuper. Le contenu gazeux résiste davantage aux violences qu'il faut lui faire pour introduire un autre litre d'air, et un moment arrive où le vase peut se briser avec fracas.

9. Impénétrabilité de la matière. — La matière est impénétrable, c'est-à-dire que deux molécules matérielles ne peuvent occuper à la fois le même espace. Il faut que la première se déplace pour que la seconde vienne occuper le même point. Les pénétrations dont nous sommes témoins, au fond, ne sont qu'apparentes. Elles résultent soit de la porosité de la matière, soit de véritables déplacements auxquels nous ne sommes pas attentifs. Un personnage de l'antiquité, appartenant à cette catégorie de prétendus philosophes qui, s'enivrant de mots, perdent le sens commun, voulant démontrer la non-existence de la matière, fit remplir exactement une mesure de cendres. Voyez, disait-il, la mesure est pleine. Cependant, si j'y verse de l'eau, et beaucoup, la mesure la reçoit sans verser. La mesure que nous croyions pleine de cendres ne renferme donc rien. Les cendres ne sont rien, la matière n'est rien. — Pardon, philosophe, lui dirait aujourd'hui la physique, les cendres sont quelque chose. En remplissant la mesure, elles n'empêchent pas l'eau d'y pénétrer, à cause de leur extrême porosité. L'eau ne prend pas la place réellement occupée par les cendres ; elle s'introduit tout simplement dans les intervalles inoccupés.

Quand la vapeur d'eau se dissipe dans l'air, où s'introduit-elle ? Elle s'insinue dans les vides intermoléculaires de l'air. Un litre d'air peut faire place, en se pressant, à cinq, à dix, à vingt autres litres d'air pour ne former en tout qu'un litre. Comment un peu de vapeur ne trouverait-elle pas à se loger sans difficulté dans les immensités de l'atmosphère ?

Quand de l'air, à son tour, se dissout dans l'eau, où va-t-il ? Prend-il réellement la place de l'eau ? Non, il pénètre dans les vides intermoléculaires de l'eau sans en gonfler le volume. Un autre gaz, le gaz ammoniac, peut se loger dans l'eau à raison de 670 litres de gaz pour un seul litre de liquide ; rien d'étonnant alors que l'air s'insinue dans l'eau dans les proportions que sa nature comporte.

On enfonce le doigt dans l'eau. Y a-t-il ici pénétration réelle, le doigt et le liquide occupent-ils la même place à la fois ? Évidemment non. L'eau refoulée a fait place au doigt, et voilà tout. Cette eau refoulée est allée se loger ailleurs. Si l'expérience se faisait dans un verre, dans une éprouvette, on verrait, à la suite de l'immersion du doigt, l'eau monter au-dessus de son niveau primitif ; preuve du déplacement du liquide.

Un clou enfoncé dans le bois n'est encore qu'un exemple de pénétration apparente. Sur le trajet du clou, le bois est refoulé, comprimé de côté et d'autre. En somme, tout établit que, là où une particule matérielle se trouve, une autre ne peut venir se loger, à moins de déplacer la première. Les pénétrations que nous voyons sont apparentes et non réelles. Elles tiennent à la porosité des substances ou à des déplacements forcés.

10. Utilité pour nous de la porosité. — Un des effets les plus fréquemment utilisés de la porosité est le gonflement qu'amène, dans beaucoup de corps, l'imbibition de l'eau dans les pores. — Une cuve en bois, un tonneau, exposés vides à l'action de l'air sec, ne tardent pas à avoir leurs douves disjointes de manière à ne plus pouvoir garder les liquides qu'on veut y tenir. Que fait-on alors ? On les plonge quelque temps dans l'eau. Les douves s'imbibent d'humidité, se gonflent, se rajustent l'une à l'autre, et toutes les fuites se trouvent finalement bouchées. — Pour tendre une feuille de papier sur la planche à dessiner, on la mouille d'abord, ce qui l'agrandit en tous sens. On la colle alors par ses bords sur la planche, et on laisse l'humidité s'en aller par l'évaporation. En se desséchant, la feuille reprend ses dimensions premières, et, comme les bords collés ne peuvent céder, elle se tend d'une manière parfaite. Il arrive même quelquefois, si grande est la force de retrait, que la feuille se décolle partiellement ou même se déchire. C'est ce qui arrive lorsqu'on l'a tendue avec trop de soin à l'état mouillé. — Pour faire éclater des blocs de pierre, on y pratique quelques entailles dans lesquelles on introduit à coups de marteau des coins en bois tendre bien sec. On mouille alors ces coins. L'eau pénètre peu à peu dans les pores du bois ; celui-ci se gonfle, et, par les efforts de sa poussée, finit par fendre le bloc. — Dans certain cas, pour tracer des dessins en relief sur le bois, on commence par les y graver en creux, au moyen de la forte pression d'un poinçon en acier. Ensuite, on rabote la surface jusqu'à ce que les parties comprimées soient à fleur de bois. La pièce est alors mise dans l'eau. Les parties refoulées par le poinçon se gonflent, ressortent en relief en reprenant leur premier volume, et le dessin apparaît tel qu'on le désirait. — Mouillée, une corde gagne en grosseur, mais en même temps elle se raccourcit. C'est la conséquence de l'entortillement spiral des brins de chanvre qui la composent. Or, quand elle se raccourcit par le fait de l'humidité, une corde développe une énorme puissance, parfois mise à profit pour soulever de lourds fardeaux. On raconte que le pape Sixte-Quint, faisant dresser sur une place de Rome un obélisque apporté à grands frais de l'Egypte, avait ordonné, sous peine de mort, le plus profond silence pendant l'opération, tant le poids énorme de l'aiguille de granit donnait de l'inquiétude aux ingénieurs chargés de ce travail. Pour manœuvrer avec ensemble la foule de cordages, de poulies, de leviers destinés à soulever la lourde masse, il fallait qu'aucun mot ne vînt détourner l'attention des ouvriers. La place était comble de curieux, assistant à ce solennel effort de la mécanique. Le silence était parfait ; le pape ne plaisantait pas.

Cependant l'obélisque, à demi redressé, pesait dé tout son poids sur les cordages et cessait d'avancer. Rien n'y faisait. Les ingénieurs, à bout de moyens, se voyaient déjà contraints d'abandonner leur œuvre de géants, quand soudain, du milieu de la foule, une voix s'éleva, en dépit des sévères ordonnances : *Mouillez les cordes*, disait-elle. On mouilla les cordes, et l'obélisque se trouva debout sur son piédestal. La tension des cordages imbibés d'eau avait fait, à elle seule, ce que n'avait pu faire une armée d'ouvriers. Sixte-Quint pardonna volontiers au bien avisé parleur. — Une toile est formée de fils croisés dont chacun, en s'imbibant d'eau, se comporte comme une corde, c'est-à-dire se gonfle et se raccourcit. On mouille les toiles neuves pour leur faire prendre une contexture plus serrée par le raccourcissement et le gonflement de leurs fils. En séchant, ces toiles ne reviennent pas à leur état primitif, parce que les fils n'ont pas assez de liberté pour glisser les uns sur les autres. Un pantalon de toile à notre taille quand il est neuf, se trouve trop court une fois lavé, si on n'a pas eu soin de bien l'étirer quand il était encore mouillé. Dans une toile vieille, les fils plus ou moins détordus par un long usage, loin de se raccourcir par l'action de l'eau, s'allongent, n'ayant plus leur régulier entortillement spiral. Aussi pareille toile s'élargit-elle en tous sens à la manière d'une feuille de papier mouillée, et reprend-elle ses dimensions par la dessication. — Pour courber une grosse pièce de bois, on fait du feu du côté où doit se trouver la face concave, et l'on mouille le côté où doit se trouver la face convexe. La chaleur dessèche le premier côté et le contracte, l'humidité pénètre le second et le dilate. Ces deux effets inverses concourent au même but, et la pièce se courbe, si grosse qu'elle soit.

11. Inconvénients de la porosité. — La porosité, qui nous vient en aide dans une foule d'opérations, nous est aussi quelquefois contraire. Par des temps humides, les portes et les fenêtres se gonflent d'humidité, si bien qu'on ne peut les ouvrir ou les fermer. Pour obvier à cet inconvénient, on enduit le bois d'une couche de peinture, qui bouche les pores et empêche l'humidité de pénétrer. — Les boiseries construites avec des bois verts ou humides se disjoignent par la dessication, se déchirent même comme la feuille de papier de dessin, si les joints ne peuvent céder. — Les revêtements en menuiserie des appartements humides se gonflent du côté du mur, se contractent du côté de la salle et se déforment, à la manière du morceau de bois que l'on courbe en humectant un côté et desséchant l'autre. Si, comme l'on en a l'habitude, on fait couvrir d'une peinture à l'huile la face extérieure, tandis qu'on laisse à nu la face tournée vers le mur, la déformation ne marche que plus vite, parce que, des deux faces, l'une s'imbibe librement d'humidité et l'autre point. Il serait mieux de les laisser toutes les deux à nu pour que l'imbibition se fît, autant que possible, également sur les deux faces ; il serait mieux surtout de couvrir de peinture à l huile la face extérieure, et d'une bonne couche de goudron la face tournée vers le mur.

RÉSUMÉ

1. La raison conçoit la matière comme divisible indéfiniment. Les faits démontrent que, arrivée à un certain degré de ténuité, *la matière cesse d'être divisible par tous les moyens à nous connus*. On nomme *molécules*, et dans certains cas *atomes*, les particules dernières en lesquelles la matière se résout par la division poussée jusqu'à ses extrêmes limites. Les molécules échappent au regard, même armé du microscope le plus puissant.

2. *Tous les corps*, si compactes qu'ils soient, *diminuent de volume par une compression suffisante.* Cela prouve que les molécules dont un corps se compose ne se touchent pas, mais son tenues à distance les unes des autres. La compression rapproche les molécules, mais sans les amener au contact, car une compression plus forte pourrait les rapprocher encore, sans que l'on sache à quelles limites finit ce rapprochement.

3. On nomme *pores* les espaces vides, visibles ou invisibles, que tout corps présente dans sa masse. Il y a une *porosité moléculaire* inhérente à la constitution même des corps, composés de molécules ne se touchant pas, et une *porosité accidentelle* occasionnée par la structure particulière de certains corps. Les pores intermoléculaires sont toujours invisibles; les autres peuvent être vus avec ou sans microscope.

4. Le mélange d'un volume d'eau et d'un volume d'alcool ne con-

stitue pas un volume double, mais une quantité un peu moindre, parce que l'alcool se loge en partie dans les pores intermoléculaires de l'eau.

5. Dans les pores intermoléculaires de 1 litre d'eau, 670 litres de gaz ammoniac peuvent se loger.

6. Les fonctions de la vie exigent dans les corps organisés, animaux et plantes, une structure poreuse particulière. Les pores de cette catégorie sont dits *pores organiques*. Tels sont les pores de la coque de l'œuf, servant à l'introduction de l'air nécessaire à la respiration de l'oiseau naissant; les pores de la peau, servant à l'exhalation de la sueur; les pores des feuilles ou stomates, servant à puiser dans l'air le gaz carbonique; les pores du bois, orifices des vaisseaux dans lesquels la séve circule, etc.

7. Une sphère d'or pleine d'eau laisse suinter celle-ci quand on comprime fortement la boule de métal. — Il y a des filtres en pierre pour la purification de l'eau. — Le marbre statuaire s'imbibe d'huile. — Le charbon absorbe 90 fois son volume de gaz ammoniac.

8. Dans un vase plein d'air, on peut, avec une pompe foulante, introduire encore indéfiniment de l'air, qui se loge dans les pores intermoléculaires du contenu précédent.

9. *La matière est impénétrable.* Où une molécule matérielle se trouve déjà, une autre ne peut venir se loger sans déplacer la première. Les pénétrations que nous voyons sont apparentes et non réelles. Elles résultent de la porosité de la matière ou de déplacements qui échappent à notre attention.

10. La porosité est cause de l'imbibition des corps par les liquides, en particulier par l'eau. Cette imbibition amène dans le bois, le papier, la toile, les cordes, etc., des gonflements dont nous tirons fréquemment parti.

11. Les mêmes gonflements par l'eau imbibée dans les pores nous sont d'autres fois contraires.

CHAPITRE II

1. **L'azur et l'indigo.** — Rationnellement, la matière est divisible à l'infini, c'est-à-dire que l'esprit conçoit toujours un degré de division au delà de celui déjà atteint. Dans l'ordre des

faits, la matière, à un certain point de ténuité, cesse d'être divisible. Cette divisibilité réelle, toute limitée qu'elle est, n'en dépasse pas moins la portée de notre imagination. Quelques exemples vont nous en convaincre.

L'azur, matière colorante d'un magnifique bleu de ciel, n'est autre que du verre coloré en bleu par un métal appelé cobalt. Le verre azuré est d'abord réduit en poudre impalpable par une longue trituration. La poussière obtenue est jetée dans l'eau. Elle est si fine, que la majeure partie reste en suspension dans le liquide sans pouvoir descendre au fond, si ce n'est par un repos prolongé. Au bout d'une heure de repos, on décante, c'est-à-dire qu'on met à part le dépôt déjà formé, et le liquide où nagent encore les particules les plus fines. Ce premier dépôt, composé de l'azur le plus grossier, s'appelle azur du premier feu. Dans le liquide mis à part, un second dépôt se forme plus fin que le premier. On le sépare au bout d'une heure. C'est l'azur du second feu. Dans la troisième heure, et enfin dans la quatrième, d'autres dépôts s'obtiennent de plus en plus fins. Ce sont les azurs de troisième et de quatrième feu. Eh bien, un centigramme de la poussière bleue recueillie après quatre heures de repos, un centigramme d'azur de quatrième feu, peut communiquer la coloration à deux litres d'eau. A cause de l'uniformité de la teinte, on ne peut faire moins que de supposer une particule d'azur dans chaque millimètre cube d'eau. Or, un litre est un décimètre cube, qui vaut mille centimètres cubes ; et le centimètre cube à son tour vaut mille millimètres cubes. Il y a donc dans un litre d'eau mille fois mille ou un million de millimètres cubes. Alors, le centigramme d'azur colorant deux litres d'eau, le centigramme de verre bleu, qui, en grosseur, n'égalerait pas le moindre grain de plomb, se trouve divisé pour le moins en deux millions de parties. Et il s'agit ici, non d'une division amenée par la force dissolvante de l'eau, car l'azur est insoluble, mais bien d'une division grossière produite par la simple trituration. Sous le pilon, la parcelle d'azur du poids d'un centigramme s'est réduite en deux millions de parties. — Un granule d'indigo, de la grosseur d'un millimètre cube, peut, dissous dans l'acide sulfurique, communiquer une teinte sensible à une dizaine de litres d'eau. En admettant une parcelle d'indigo dans chaque millimètre cube d'eau, et on ne peut faire moins, le granule primitif se trouverait partagé en dix millions de parties.

2. **Feuilles d'or et fils métalliques.** — Par le battage, l'or se réduit en ces feuilles qui servent à dorer : feuilles si minces, qu'on peut à peine les manier et que le moindre souffle les emporte. Il en faudrait superposer plusieurs milliers pour faire une épaisseur d'un millimètre.

Les galons d'or se font avec des fils de soie enveloppés de fils d'argent doré. Pour obtenir ces derniers, on couvre d'une pellicule d'or un petit cylindre d'argent, et l'on fait passer la baguette métallique ainsi préparée dans les trous d'une filière. Une filière est une plaque d'acier percée d'une série de trous de plus en plus étroits. En passant forcément dans ces trous, chaque fois plus étroits, le cylindre de métal se rapetisse et s'allonge de manière à devenir finalement aussi fin qu'un cheveu. Or, un cylindre d'argent de trois à quatre grammes peut être doré avec un centigramme d'or, dont le volume n'atteint pas celui de l'aile d'une mouche. Passé à la filière et ensuite aplati, le cylindre doré fournit un fil de 1200 mètres de longueur sur un quart de millimètre de largeur. Le fil est doré sur toutes ses faces : en dessus, en dessous et sur les côtés. Puisqu'il ne s'agit ici que de la division de l'or, supposons bout à bout les deux faces dorées d'en haut et d'en bas. Cela nous fera 2400 mètres de longueur dorée. Ajoutons les deux faces latérales, nous aurons le double, 4800 mètres, ou 4800000 millimètres. Par la pensée, divisons cette longueur totale en dixièmes de millimètre, dimension appréciable à la vue simple ; et le centigramme d'or, la mince écaille que les doigts pouvaient à peine saisir, se trouvera divisée en 48 millions de parties.— Le calcul établit que la pellicule d'or recouvrant ces fils est tellement mince, qu'il en faudrait 222000 superposées pour faire l'épaisseur d'un millimètre. — Pour certaines opérations délicates de l'astronomie, un savant anglais, Wollaston, est parvenu à réduire le platine en fils d'une ténuité excessive. Une baguette cylindrique d'argent était forée d'un canal suivant son axe, et dans ce canal on engageait un menu fil de platine. Le tout était alors passé à la filière jusqu'à ce que la baguette d'argent fût réduite en un fil le plus fin possible. Le filament de platine, occupant le centre, s'allongeait dans la même proportion. Il était si menu au début ; que ne doit-il pas être après l'action de la filière ? Le fil complexe, argent au dehors, platine au centre, était mis dans de l'eau-forte, qui dissout le premier métal et n'attaque pas le second. Il restait un fil de platine d'une telle finesse, qu'on ne pouvait l'apercevoir. Pour le distinguer, il fallait le chauffer et le rendre rouge de feu. Le platine est le plus lourd des corps connus. On conçoit alors combien doit être petite une parcelle de ce métal pesant un centigramme. Cependant ce poids d'un centigramme faisait un fil de 200 mètres de long. A ce compte, le calcul établit qu'une pelote de fil Wollaston, de la grosseur d'une cerise, mesurerait la longueur d'un bout à l'autre de la France, et qu'une pelote de la grosseur d'une pomme ferait le tour de la Terre entière suivant l'équateur.

3. **Musc et matières odorantes.** — Pour affecter l'odorat, une matière doit se trouver dissoute dans l'air. Les particules amenées dans les fosses nasales par le courant de la respiration, y produisent l'impression de l'odeur. L'une des matières odorantes les plus remarquables est le musc, qu'une espèce de chevrotin habitant les montagnes boisées du Tibet et de la Chine produit dans une pochette située sous le ventre. Un morceau de musc placé dans une chambre y répand une odeur forte, même intolérable, des mois entiers, des années entières, quoique l'air se renouvelle sans cesse. Les parcelles de musc exhalées dans l'atmosphère de la chambre sont répandues partout, car l'odeur imprègne tout. Il y en a au moins une, peut-être un grand nombre, dans chaque millimètre cube d'air. Combien y a-t-il de millimètres cubes dans l'atmosphère de l'appartement, combien de fois cette atmosphère est-elle renouvelée? L'imagination ne peut se le représenter. Et cependant le poids du musc à la fin de l'année n'a pas sensiblement diminué.

4. **Fils des araignées.** — Pour tisser les filets destinés à saisir leur proie, mouches et moucherons, pour feutrer les élégants sachets où elles enferment leurs œufs, les araignées pro-

duisent une espèce de soie. Dans le corps de l'animal, la matière à soie est fluide ; dès qu'elle apparaît à l'air, elle se solidifie et devient un fil sur lequel l'eau n'a désormais plus de prise. Quand l'araignée veut filer, la matière à soie suinte à l'état liquide par quatre ou six mamelons appelées *filières* placés au bout du ventre. Ces mamelons sont percés à leur extrémité d'une foule de trous, en manière de pomme d'arrosoir. Ou évalue à un millier le nombre total des trous pour l'ensemble des mamelons. Chacun laisse écouler son mince jet liquide, qui aussitôt se solidifie et devient fil ; et des mille fils agglutinés en un tout commun résulte le fil définitif employé par l'araignée. Pour désigner quelque chose de très-fin, nous n'avons pas de meilleur terme de comparaison que le fil d'araignée. Il est si délicat en effet, que tout juste il se voit. Nos fils de soie à côté de lui sont des câbles grossiers ; des câbles à deux, à trois à quatre brins, tandis que lui, dans sa ténuité sans égale, en contient mille.

Pour faire la grosseur d'un cheveu, combien faut-il de fils d'araignée? Pas bien loin d'une dizaine. Et combien de fils élémentaires, tels qu'ils s'échappent des divers trous de la filière? Dix mille alors. A quelle degré de ténuité peut donc se réduire une matière qui s'étire en fils dont il faudrait dix mille pour égaler en grosseur un cheveu?

Les grandes araignées des bois, les Épeires, tissent des toiles d'une ampleur remarquable. Il y a bien là pour le moins dix mètres de fil en œuvre, et par conséquent 10000 mètres de fils élémentaires, qui, subdivisés en dixièmes de millimètre, limite ou à peu près de ce que l'œil peut voir, donnent cent millions de parties. Et, pour produire le tout, l'araignée a dépensé une insignifiante gouttelette de son liquide à soie !

5. Globules de sang. — Examiné au microscope, le sang se montre composé d'un liquide jaunâtre dans lequel nagent, en nombre immense, des corpuscules rouges en forme de disque. On les nomme globules sanguins. Des mesures microscopiques ont appris que les globules du sang de l'homme devraient être alignés bout à bout au nombre de cent vingt-cinq pour faire la longueur d'un millimètre. Alors, dans un millimètre cube, volume à peu près représenté par une tête d'épingle, il pourrait se loger 125 × 125 × 125 ou près de deux millions de ces globules.

6. Animalcules microscopiques. — Dans l'eau où séjournent des matières animales ou végétales, il se développe, surtout pendant les chaleurs de l'été, des myriades de petits êtres pour lesquels une goutte de liquide est en quelque sorte un océan. Leurs espèces sont extrêmement nombreuses. On les nomme animaux infusoires parce qu'ils naissent dans les infusions des matières d'origine organique, ou bien animalcules microscopiques parce qu'on ne peut les apercevoir qu'avec un microscope. Il y en a de si petits, si petits, qu'un seul globule du sang de l'homme les dépasse en grosseur. Et cependant ces points microscopiques vivent, ils vont et viennent, ils ont des organes, ils chassent une proie, ils la digèrent. Quelle est donc la petitesse de la bouchée dont l'animalcule se nourrit? La raison s'y perd. Mais, en somme, il n'y a dans la nature ni grand ni petit; tout est relatif à l'individu qui observe. Le ciron est un atome pour nous; c'est un monstre gigantesque par rapport à l'infusoire.

7. États de la matière. — Une pierre, un morceau de bois, une barre de fer, sont des objets plus ou moins durs qui résistent sous le doigt, qu'on peut saisir, manier. On leur donne telle forme que l'on veut, et cette forme une fois acquise, ils la conservent désormais. Ces propriétés font dire de la pierre, du bois, du fer et des autres substances qui leur ressemblent sous ce rapport, que ce sont des substances *solides*.

L'eau, au contraire, cède facilement à la pression du doigt; elle glisse dans la main qui essaye de la saisir, elle coule. Par elle-même, elle n'a pas de forme, et il est impossible de lui en donner une déterminée, à moins de l'enfermer dans un vase. Alors elle se moule dans la cavité qui la reçoit, elle prend la forme du vase. L'eau et les autres substances susceptibles de couler, pour ce motif sont dites *liquides*.

La vapeur qui s'échappe de l'eau en ébullition est encore une substance insaisissable, plus insaisissable même que l'eau; la manier est impossible. De plus, elle s'épand en tout sens, elle gagne en volume, elle occupe un espace qui va toujours s'accroissant. Au sortir de la cheminée d'une locomotive, une bouffée de vapeur a un certain volume, pas bien grand. Peu après, elle en a un considérable qui augmente encore, si bien qu'à la fin la vapeur est tellement disséminée, qu'elle devient invisible. Tout invisible qu'elle est maintenant, il est clair qu'elle existe encore, qu'elle constitue une substance matérielle spéciale. Il y a donc des substances douées d'une extrême subtilité. Elles sont insaisissables, très-souvent invisibles. Elles ne conservent pas une même forme, comme le font les solides ; elles n'ont pas un volume déterminé, comme les liquides ; elles s'épandent en tous sens et occupent un volume de plus en plus grand si rien ne les arrête. On les dit substances *gazeuses*. Les divers corps que la science étudie se présentent donc à nous sous trois aspects qu'on nomme les trois états de la matière, savoir : l'*état solide*, l'*état liquide* et l'*état gazeux*.

8. État solide. — Un corps est solide lorsqu'il présente au toucher une résistance qui permet de le saisir, de le manier. Tels sont : le bois, la pierre, le cuivre, le fer, le charbon, etc. Les corps solides ont une forme et un volume que par euxmêmes ils ne peuvent modifier. Un morceau de métal façonné en cube du volume d'un litre reste indéfiniment avec sa forme cubique et son volume d'un litre.

9. État liquide. — Les corps liquides ne peuvent être ni saisis, ni pressés entre les doigts, ils n'ont pas de forme stable ; ils prennent celle des vases qui les contiennent, ils se moulent dans les cavités qui les reçoivent. Mais s'ils n'ont pas de forme arrêtée, ils ont un volume qui ne varie pas. Un litre d'eau, dans tel ou tel vase, change de forme avec le vase lui-même, mais c'est toujours un litre d'eau, ni plus ni moins. L'eau, le vin, l'huile, etc., sont des corps liquides.

10. État gazeux. — Les corps gazeux, appelés aussi corps aériformes, ont, comme l'indique cette dernière dénomination, la subtilité de l'air, souvent même son invisibilité. On ne peut les palper, les saisir. Ils n'ont pas de forme arrêtée ; ils se moulent, comme les liquides, dans les vases qui les contiennent. Ils n'ont pas davantage le volume déterminé ; ils tendent à s'épancher de tous côtés et à occuper un volume de plus en plus grand, si rien ne met obstacle à leur expansion. Tels sont l'air, la vapeur d'eau, etc.

D'une manière concise on peut dire en résumant : *les corps solides ont une forme et un volume ; les corps liquides ont un volume, mais ils n'ont pas de forme ; les corps gazeux n'ont ni forme ni volume.*

11. Passage d'un état à l'autre. — Sans changer de nature, une même substance peut tour à tour, suivant sa température, prendre l'état solide, l'état liquide ou l'état gazeux. La glace est solide ; chauffée, elle se résout en eau, elle devient liquide ; chauffée davantage, elle passe à l'état de vapeur, à l'état gazeux. La vapeur, à son tour, refroidie, c'est-à-dire privée d'une partie de sa chaleur, reprend l'état liquide en se résolvant en eau ; et l'eau, refroidie assez, redevient de la glace. Plus de chaleur, de la glace fait de l'eau et de celle-ci de la vapeur ; moins de chaleur, de la vapeur fait de l'eau et de celle-ci de la glace. Ce fait est général, à quelques exceptions près, qui tiennent soit à notre impuissance à chauffer ou à refroidir assez, soit à la décomposition qu'une température trop élevée amène parfois. Tous les corps, par une augmentation de chaleur, deviennent successivement solides, liquides, gazeux ; et par une diminution de chaleur, gazeux, liquides, solides. Les trois états de la matière sont donc des manières d'être qu'une même substance acquiert, suivant sa proportion de chaleur.

RÉSUMÉ

1. Toute limitée qu'elle est dans le domaine des faits, la divisibilité de la matière est excessive. On peut citer comme exemples la division de certaines matières colorées, l'azur et l'indigo.

2. On peut citer encore les feuilles d'or employées à la dorure, et les fils métalliques, spécialement ceux de Wollaston ;

3. Le musc, qui imprègne de son odeur l'atmosphère d'une chambre des années entières sans diminuer sensiblement de poids ;

4. Les fils d'araignée composés d'un millier de brins issus des divers trous des filières, et produits avec un liquide à soie dont une insignifiante gouttelette se trouve divisée au moins en cent millions de parties dans la toile d'une Épeire ;

5. Les globules du sang, dont il faut 125 bout à bout pour faire la longueur d'un millimètre, et qui pourraient être contenus au nombre de deux millions environ dans un cube d'un millimètre de côté;

6. Les animalcules infusoires, dont quelques-uns n'ont pas même le volume d'un seul globule du sang de l'homme.

7. La matière affecte trois états ou trois manières d'être : l'état solide, l'état liquide, l'état gazeux.

8. Un corps solide présente au toucher une résistance qui permet de le saisir, de le manier. Il a une forme et un volume déterminés.

9. Les **corps liquides** ne présentent pas la résistance voulue pour pouvoir être saisis, pressés entre les doigts. Ils n'ont pas de forme, mais ils ont un volume.

10. Les corps gazeux ont encore moins de résistance que les liquides. Ils s'épandent en tous sens et occupent un volume de plus en plus grand si rien ne met obstacle à leur expansion. Ils n'ont ni forme ni volume déterminés.

11. Les trois états de la matière sont des manières d'être qu'une même substance, sans changer de nature, acquiert suivant sa proportion de chaleur. Par un surcroît de chaleur, un corps solide devient liquide, un corps liquide devient gazeux. Par une diminution de chaleur, un corps gazeux devient liquide, un corps liquide devient solide.

CHAPITRE III

1. Tous les corps sont pesants. — Nous prenons une pierre dans la main ; la main s'ouvre et la pierre tombe ; elle revient à terre. Autant en ferait le premier objet venu : un morceau de bois, une boule de fer, une goutte d'eau, une balle de plomb, etc. Cependant, certains corps, au lieu de précipiter vers le sol, s'élèvent et restent suspendus à de grandes hauteurs, comme la fumée, les nuages, les aérostats. Y a-t-il ici une exception réelle à la règle qui veut que tout corps abandonné à lui-même revienne à terre, ou bien la suspension de ces corps dans l'air est-elle due à quelque cause entravant l'effet de la loi générale? Un morceau de bois, saisi dans la main, revient à terre quand on le lâche ; mais, au lieu de nous trouver à la surface du sol, si, de fortune, nous étions plongés à une grande profondeur dans l'eau, le morceau de bois abandonné par la main ne tomberait pas. Quoique assujetti à la loi de la chute, il s'élèverait en s'échappant de nos doigts et reviendrait à la surface ; au lieu de descendre, il monterait, parce qu'il est plus léger que l'eau au milieu de laquelle il est plongé. Eh bien ! ici, à la surface du sol, nous sommes réellement plongés au fond d'une mer immense ; nous sommes plongés au fond de l'atmosphère, océan aérien qui de tous côtés enveloppe la Terre. Alors la fumée et les nuages, plus légers que l'air environnant, doivent remonter des profondeurs de la mer aérienne, comme remonte le bois du fond de l'océan des eaux. Mais si l'air n'existait pas, ni la fumée, ni les nuages, ni les ballons ne s'élèveraient. Tout alors, absolument tout, tomberait comme tombe le plomb. C'est ce qu'on énonce en disant que tous les corps sont *pesants*. Par le mot pesants on ne veut pas entendre que les corps sont plus ou moins lourds ; la quantité du poids n'est pas ici prise en considération. On veut simplement dire que tous les corps tendent à revenir à terre. Peser vers la terre ou tendre à revenir à terre sont des expressions synonymes. A ce point de vue, le liége est pesant au même titre que le plomb, car, comme ce dernier, il revient à terre une fois abandonné à lui-même ; le nuage, lui aussi, est pesant, car s'il n'y avait pas d'air, il descendrait à terre.

2. Ce que c'est que tomber. — La pierre, le plomb, le bois, la fumée en l'absence de l'air, tout tombe, tout revient à terre. Pourquoi?

La matière attire la matière. Cette propriété, une des plus générales de toutes, prend le nom d'*attraction*. Deux particules matérielles, placées en regard l'une de l'autre, à n'importe quelle distance, s'attirent mutuellement, tendent à se rejoindre. Si les corps que nous avons journellement sous les yeux ne se mettent pas en branle pour se porter l'un vers l'autre en vertu de cette attraction réciproque, c'est qu'ils sont cloués, pour ainsi dire, à leur place par l'attraction terrestre, qui domine en puissance toute autre attraction ; c'est aussi qu'ils ont à vaincre des résistances insurmontables pour la faible attraction qui les sollicite: résistance de la part de l'air, résistance de la part des supports sur lesquels ils reposent. Mais si le corps attirant est une grande masse et si le corps attiré possède une liberté suffisante, alors l'attraction de matière à matière se traduit par des effets sensibles. En plaine, le fil à plomb se dirige perpendiculairement au sol ; dans le voisinage des grandes montagnes, il dévie un peu de cette direction ; sa balle se porte légèrement vers la montagne, qui lutte d'énergie attractive avec la Terre elle-même.

L'attraction de matière à matière s'exerce réciproquement entre le globe terrestre tout entier et les corps placés à sa surface ; mais le plus fort entraîne le plus faible, et tel est le motif qui fait revenir à la surface du sol les objets momentanément écartés. Tomber, c'est être entraîné par l'attraction de la Terre.

3. Direction que suivent les corps en tombant. Verticale. Fil à plomb. —Un corps qui tombe s'arrête quand il arrive à terre, parce que le sol lui barre le passage. Mais si le sol s'ouvrait devant lui à mesure qu'il avance, si quelque puits indéfiniment profond se creusait sur son trajet, où irait-il dans sa course, vers quel point se dirigerait-il? C'est ce qu'il nous faut maintenant apprendre.

Fig. 2. — Fil à plomb.

A l'extrémité d'un fil un peu long, suspendons une balle, un poids quelconque, et nous aurons ce qu'on nomme un fil à plomb. Prenons du bout des doigts l'extrémité libre du fil et abandonnons la balle à elle-même. Après quelques mouvements de va-et-vient, celle-ci finira par s'arrêter (fig. 2). Quand elle sera immobile, le fil tendu indiquera la direction suivant laquelle tomberait la balle si elle n'était pas retenue, car évidemment le fil ne peut s'opposer à sa chute et la maintenir immobile qu'en se trouvant tendu précisément dans le sens de cette chute. Ainsi, pour constater la direction que prennent les corps en tombant, il suffit d'observer la direction du fil à plomb. Or, si l'on observe le fil à plomb suspendu immobile au-dessus d'une nappe d'eau tranquille, comme celle d'un bassin, d'une cuvette, par exemple, on reconnaît que, par rapport à la surface de l'eau, le fil ne penche d'aucun côté, qu'il fait un angle droit avec toutes les directions imaginables tracées sur la nappe liquide et partant du point où il atteint l'eau (fig. 3).

On donne le nom de *verticale* à cette direction du fil. La verticale est donc une ligne droite qui ne penche d'au-cun côté par rapport à la surface des eaux tranquilles, ou, comme on dit encore en se servant des expressions de la géométrie, qui est perpendicu-laire à cette surface. Enfin, la surface des eaux tranquilles est dite une surface *horizontale*.

La direction verticale est très-im-portante à considérer dans une foule de cas, en particulier pour nos con-structions, qui manqueraient de soli-

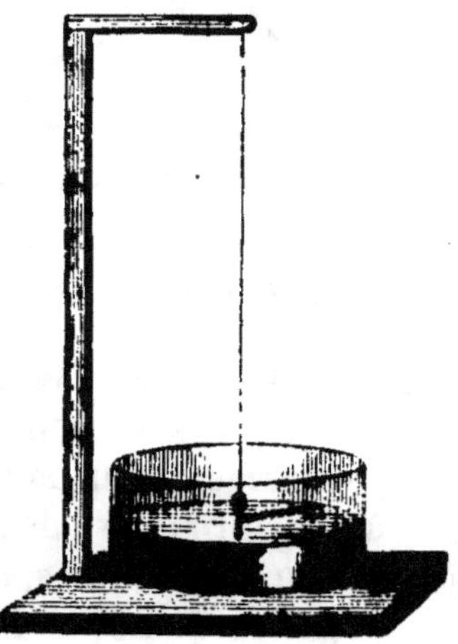

Fig. 3.

dité si le maçon n'avait soin de s'assurer, avec le fil à plomb, de la verticalité du mur qu'il bâtit. Pour reconnaître, par exem-ple, si l'angle d'un mur est bien vertical, il se place en face de cet angle avec un fil à plomb suspendu à la main devant le re-gard. L'arête du mur visée doit être entièrement cachée par le fil à plomb, sinon elle n'est pas verticale, et le mur est mal con-struit.

C'est également sur le fil à plomb qu'est basé le niveau de maçon, avec lequel on s'assure si une surface est horizontale, c'est-à-dire perpendiculaire à la direction de la pesanteur. Ce niveau (fig. 4) se compose de deux pièces en bois de longueur égale, disposées sous un certain angle, et d'une traverse qui les réunit. Le tout constitue un espèce de triangle isocèle. Un trait est marqué au milieu de la traverse, et un fil à plomb pend du sommet de l'angle. Quand les deux pieds du niveau reposent sur une surface horizontale, le fil à plomb passe juste par le milieu de la traverse et correspond au trait qui s'y trouve tracé. Pour reconnaître si une assise de sa construction est horizontale, le maçon observe deux fois son niveau dans deux directions qui se croisent à angle droit. Il faut, pour l'horizontalité, que chaque fois le fil à plomb corresponde au milieu de la traverse. Si le fil passe à côté de ce milieu, c'est signe que l'assise est en pente du même côté.

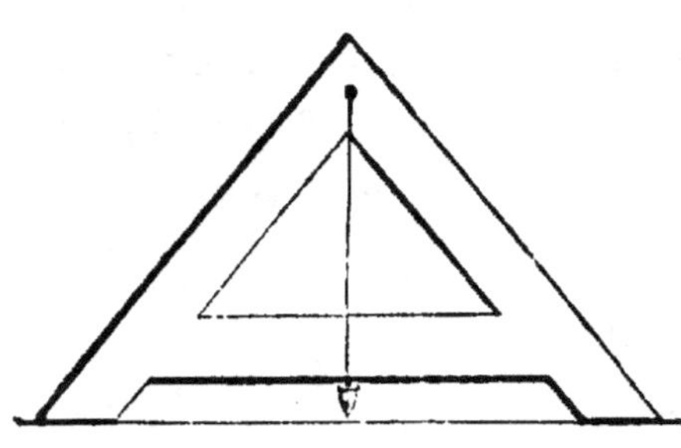

Fig. 4. — Niveau de maçon.

4. Les corps, en tombant, se dirigent vers le centre de la Terre. — Nous venons de reconnaître que les corps, en tombant, se dirigent d'aplomb à la surface des eaux tranquilles, ou, en d'autres termes, se dirigent suivant la verticale. Or, pour surface des eaux tranquilles, on peut tout aussi bien prendre la surface de la mer que celle d'une cuvette ou d'un bassin. Dans tous les cas, la chute se fait d'aplomb par rapport à la nappe liquide. Mais la surface des mers est ronde ; elle participe, avec une régularité impossible à retrouver ailleurs, à la courbure générale de la Terre ; et autant pourrait-on en dire de la première nappe liquide venue, de celle d'un lac, d'un bassin et même d'un simple baquet plein d'eau. Seulement, dans ces derniers cas, la courbure ne serait pas appréciable, à cause de la faible étendue de la surface considérée. Si à la surface des mers en repos, et en général à la surface de toutes les eaux dormantes, la chute des corps s'effectue suivant une direction perpendiculaire à cette surface, quelle conséquence en tirerons-nous ? Dans la figure que voici (fig. 5) la Terre est représentée par un cercle dont le centre est en O. Trois lignes droites

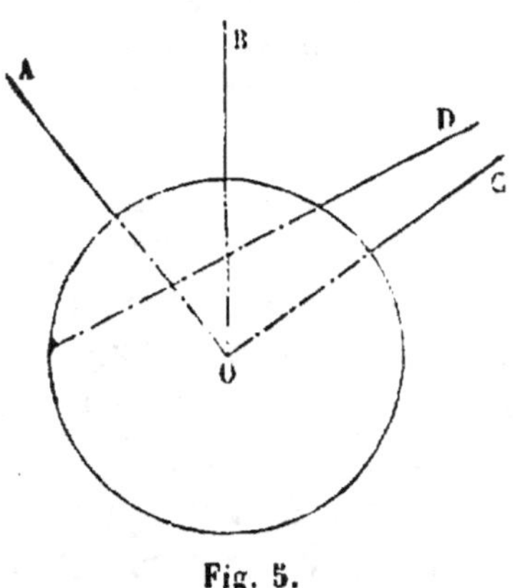

Fig. 5.

A, B, C, sont dirigées d'aplomb par rapport à ce cercle ; relativement à sa courbure, elles ne penchent ni d'un côté ni de l'autre ; et toutes trois, suffisamment prolongées, vont se rencontrer au centre O. Au contraire, la ligne D, qui penche plus d'un côté que de l'autre par rapport au contour du cercle, ne passe pas par le centre lorsqu'on la prolonge. Ainsi donc, puisque en tout lieu la chute se fait suivant une perpendiculaire à la surface courbe des eaux dormantes, cela signifie évidemment que tous les corps en tombant se dirigent vers le centre de la Terre.

5. Cause de la direction de la chute des corps. — Qu'y a-t-il donc en ce point central pour que tous les corps se dirigent vers lui en tombant ? Y aurait-il une substance spéciale qui les attire comme l'aimant attire le fer ? — Non, il n'y a pas un aimant spécial, propre à attirer les substances de toute nature ; non, il n'y a pas une matière particulière, cause de la chute des corps. Ce qu'il y a, nous n'en savons rien ; mais bien certainement la direction que suivent les corps dans leur chute ne dépend pas du centre du globe terrestre. L'attraction du corps qui tombe n'est pas exercée par telle partie de la Terre plutôt que par telle autre ; elle est exercée par toutes les parties à la fois, par celle de dessus, de dessous, de droite, de gauche, de la surface, de l'intérieur indifféremment ; et, de toutes ces attractions, dont chacune prise isolément entraînerait le corps de son côté, résulte une attraction totale qui dirige la chute du corps vers le centre de la Terre.

Supposons une voiture à deux chevaux. Si le cheval de droite est seul attelé, la voiture ira de travers et inclinera à droite. Si le cheval de gauche est seul attelé, la voiture ira de travers encore et se portera à gauche. Si les deux sont attelés de front, la voiture ira droit devant elle. La même chose absolument a lieu pour un corps au moment de sa chute, car on peut toujours imaginer la Terre partagée en deux moitiés égales, l'une à droite, l'autre à gauche de ce corps, et cela dans toutes les directions possibles. Si la moitié droite seule exerçait son attraction, le corps se porterait à droite ; si la moitié gauche seule l'attirait, il se porterait à gauche. Mais, par les attractions réunies des deux moitiés, ou par l'action totale de la Terre, il se dirige au milieu et par conséquent s'achemine vers le centre. Donc, si tous les corps en tombant prennent le chemin du centre de la Terre, ce n'est pas à cause d'une attraction spéciale de ce centre, mais uniquement par suite de la disposition régulière du globe terrestre par rapport à ce point. On voit même que, la Terre étant supposée creuse, les corps, dans leur chute, prendraient encore la direction du centre, point alors purement idéal, parce que les attractions des diverses parties de l'enveloppe sphérique se grouperaient symétriquement par rapport à la direction centrale. Encore une fois, le centre du globe n'a aucune action spéciale sur la chute des corps. Ceux-ci se dirigent vers lui à cause de la répartition des attractions élémentaires, répartition égale de tous côtés par rapport à la droite qui va du corps au centre de la Terre. Que ce centre soit un point matériel réel, ou un point mathématique idéal, la chute est toujours dirigée vers lui.

6. Mouvement d'un corps suivant un puits diamétral de la Terre. —Si, pour lui livrer passage, un puits s'ouvrait indéfiniment sur le trajet d'un corps qui tombe, ce corps aboutirait au centre de la Terre. S'y arrêterait-il? Non. Par suite de l'impulsion que lui aurait imprimée sa chute, il poursuivrait sa marche, maintenant de plus en plus ralentie, et irait sortir à l'autre bout du globe, où sa vitesse serait enfin nulle. Mais, dans le puits supposé traversant la Terre de part en part, la chute recommencerait aussitôt et le corps reviendrait vers nous. A peine arrivé, il redescendrait encore pour revenir à l'autre bout de la Terre, et ainsi de suite sans fin. Le corps accomplirait ainsi une série indéfinie de chutes de ce point-ci de la Terre vers le point diamétralement opposé, et de ce point opposé vers celui-ci. Nous disons chutes, entraînés par l'expression vulgaire; mais le mot est loin d'être exact. Examinons mieux ce va-et-vient alternatif d'un corps à travers un puits diamétral de la Terre. Le corps part d'ici. Tant qu'il n'est pas arrivé au centre de la Terre, on doit dire de lui qu'il tombe; mais par delà, il ne tombe plus, il monte au contraire, il monte des profondeurs du globe pour se rapprocher de la surface, et voilà pourquoi sa vitesse se ralentit peu à peu jusqu'à devenir nulle à l'autre bout du puits. Il retombe alors vers le centre, il le dépasse, et, à partir de ce point, il cesse de tomber pour remonter vers nous. De cette digression sur un mouvement que l'esprit conçoit, mais qui ne saurait évidemment jamais se réaliser, une idée doit nous rester. Tomber, c'est se rapprocher du centre de la Terre; monter, c'est s'en éloigner. Un corps qui, parti d'ici, irait tout droit à l'autre bout de la Terre, tomberait dans la première moitié de son voyage et remonterait dans l'autre moitié. En revenant vers nous, il ferait une chute là où, dans son premier voyage, il faisait une ascension; et il ferait une ascension, une fois le centre dépassé, là où d'abord il faisait une chute.

7. Antipodes. — La direction du fil à plomb, idéalement prolongée à travers la Terre, passe par le centre et traverse la surface terrestre en deux points : ici et au point du Globe diamétralement opposé. Ce dernier point s'appelle l'*antipode* du premier. Un puits idéal traversant la Terre de part en part en passant par le centre, aurait deux orifices : l'orifice de ce côté-ci et l'orifice du côté opposé. Ce dernier serait l'antipode du premier et réciproquement, le point d'entrée de la verticale dans le sein de la Terre est l'antipode du point de sortie; l'orifice d'entrée du puits diamétral est l'antipode du point de sortie. Deux points sont dits *antipodes* l'un de l'autre lorsqu'ils se trouvent aux deux extrémités d'un même diamètre du globe terrestre. L'antipode de Paris est un point du Grand océan austral. Il se trouve un peu à l'est de la Nouvelle-Zélande. Le mot antipode signifie pieds opposés, pied contre pied. En effet, les habitants de deux points antipodes du globe ont les pieds tournés les uns vers les autres, puisque, étant debout suivant la verticale, ils les ont appliqués sur le sol dans la direction du centre. Ils sont dans une situation renversée les uns par rapport aux autres; les premiers tournent la tête du côté de l'espace où les seconds tournent les pieds; ils tournent les pieds du côté où les seconds tournent la tête. Cette position renversée des habitants de la Nouvelle-Zélande par rapport à notre propre position, semble tout d'abord singulièrement incommode. On se demande comment le malaise ne les saisit pas, comment ils ne sont pas précipités. Pour ne pas tomber, ne doivent-ils pas se cramponner au sol en désespérés? —nullement. Retenus comme nous à la surface du sol par l'attraction terrestre, ils sont dans une position qui ne comporte pas plus de malaise que la nôtre. Ils ont les pieds, comme nous, tournés vers le bas, c'est-à-dire vers le centre de la Terre ; ils ont la tête tournée vers le haut, c'est-à-dire vers l'espace, le ciel environnant. Pour eux, comme pour nous, tomber c'est se rapprocher du centre de la Terre ; monter, c'est s'en éloigner. Ils ne courent pas le péril d'être précipités dans l'espace non plus que nous-mêmes ne sommes exposés à être lancés dans le ciel au-dessus de nos têtes. S'il nous paraît tout simple de ne pas être lancés dans l'étendue qui forme notre ciel, pourquoi les habitants de la Nouvelle-Zélande seraient-ils précipités dans le ciel opposé ? Tomber vers ce ciel opposé, ce serait s'élever comme s'élève ici un aérostat quittant le sol. Dans l'espace illimité, dans l'étendue absolue, tomber, monter, n'ont pas de sens. Cela ne se dit que par rapport au corps qui, par son attraction, provoque la chute. Les objets terrestres tombent quand ils se rapprochent du centre de la Terre, ils montent quand ils s'en éloignent. Le haut, le bas, ne signifient rien non plus dans l'étendue absolue ; ils n'ont de valeur que par rapport au corps vers lequel s'effectue la chute. Pour tous les habitants de la Terre, le haut, c'est l'espace environnant ; le bas, c'est la surface du sol ; le point le plus bas, c'est le centre du globe. Placés ici, ou sur les côtés, ou aux antipodes, nous avons tous les pieds en bas, tournés vers le centre du globe, la tête en haut, tournée vers le ciel environnant ; nous sommes tous dans une position droite par rapport à la Terre ; et cela nous suffit, car l'étendue qui nous environne n'est pour rien dans ce qui s'appelle chute et ce qui s'appelle ascension.

8. **Tous les corps sont également pesants.** — Nous avons déjà expliqué la signification que la physique attache au mot *pesant*. On l'emploie, non pour exprimer que les corps ont un poids plus ou moins fort, mais pour dire que tous sont assujettis à la loi de la chute, que tous tendent vers le centre de la Terre. Dire maintenant que tous les corps sont également pesants, ce n'est pas affirmer que tous les corps possèdent un même poids, affirmation évidemment fausse, le poids d'un bloc de plomb n'étant pas le poids d'un flocon de duvet ; c'est affirmer

que tous les corps ont la même tendance à revenir à terre, que tous, n'importe leur poids, leur grosseur, leur nature, lâchés au même instant de la même hauteur, tombent avec la même rapidité et atteignent le sol ensemble. Le duvet si léger et le plomb si lourd, la pierre, le bois, le liége, les métaux, si différents de volume, de nature et de poids, abandonnés à eux-mêmes tous à la fois, arrivent tous à la fois à terre. Un boulet de cent kilogrammes ne va pas p'us vite dans sa chute qu'un grain de fer d'un milligramme. En réfléchissant un peu, on voit qu'il ne peut en être autrement. Prenons une poignée de billes, toutes bien égales, et ouvrons la main. Les billes tombent côte à côte ; elles descendent de compagnie et arrivent ensemble à terre, puisque, étant pareilles, elles vont également vite. Tout se passe donc comme si elles étaient liées l'une à l'autre, comme si elles faisaient un seul corps. Donc une boule équivalant à l'ensemble de ces billes ne tomberait pas plus vite que chacune d'elles. — Une comparaison achèvera de nous convaincre. Un cheval traîne un fardeau. Si le fardeau double de valeur et que l'attelage soit de deux chevaux, la vitesse sera-t-elle plus grande? Évidemment non. Si le fardeau devient triple ainsi que l'attelage, la vitesse changera-t-elle ? Non. Eh bien, l'attraction que la Terre exerce sur chaque bille est un cheval de l'attelage, et la bille elle-même est le fardeau à entraîner. Si l'attelage augmente, c'est-à-dire si l'attraction s'exerce sur un boule équivalant à dix, à cent, à mille billes, la chute ne sera pas modifiée parce que le fardeau mis en mouvement sera devenu dix, cent, mille fois plus considérable. En somme, un grain de fer et un gros boulet tombent avec la même vitesse.

9. Influence de la résistance de l'air sur la chute des corps. — Ce n'est pas tout encore. Le raisonnement vient d'établir que deux corps de même nature, granule de fer et boulet, mais de volume et de poids différents, doivent tomber avec la même rapidité. La proposition que tous les corps sont également pesants va plus loin. Elle affirme que la nature de la substance ne change rien à la rapidité de la chute, que boulet de fer et flocon de duvet doivent tomber également vite. Ici l'expérience dit tout d'abord le contraire. Si d'une fenêtre, on laisse tomber à la fois une balle de plomb et un morceau de papier, la balle arrive la première, et le papier flotte quelque temp avant de toucher le sol. La résistance inégale que l'air oppose à la chute des deux corps est cause de cette inégale rapidité de chute. Elle est grande pour le papier dont la surface est large et le poids fort petit ; elle est faible pour la balle, dont la surface est petite et le poids considérable. Le plomb, moins entravé dans sa marche, arrive ainsi le premier. — S'il fallait traverser au pas de course un terrain couvert d'épaisses broussailles, laquelle arriverait la première de deux personnes également aptes à courir sur un chemin uni, mais dont l'une, plus vigoureuse, pourrait aisément écarter les broussailles qui l'entravent, tandis que l'autre, plus faible, ne le ferait qu'avec difficulté? Évidemment, ce serait la première. Ainsi fait le plomb : plus vigoureux que le papier, c'est-à-dire plus lourd, plus massif, il écarte aisément devant lui l'obstacle qui gêne sa marche, il fend l'air avec facilité et arrive le premier au but.

Revenons à nos deux personnes courant à travers un fourré de broussailles. Si la plus faible, si la seconde, au lieu de s'ouvrir elle-même une voie, marchait immédiatement en arrière de la plus vigoureuse, de manière à profiter du sentier tout tracé par ses robustes jambes, il est clair qu'elle arriverait en même temps puisque, tout obstacle étant écarté, elle est apte à courir également vite. Eh bien, on peut charger le métal de passer le premier et d'ouvrir une voie à travers les broussailles de l'air, pour ainsi dire. On voit alors le papier se précipiter dans cette voie avec une rapidité égale à celle du métal. Prenons un disque métallique, à son défaut une pièce de cinq francs, et découpons avec les ciseaux une rondelle de papier exactement égale à la pièce, ou même un peu plus petite afin qu'elle ne déborde pas. Appliquons bien cette rondelle sur la pièce, sans la coller, bien entendu, ne serait-ce qu'avec de la salive; puis, tenant le tout entre deux doigts laissons-le, d'une fenêtre, tomber à plat, la pièce en dessous, le papier en dessus. Le métal et le papier arrivent à terre, parfaitement ensemble. Du haut d'une tour, le résultat serait le même, si toutefois la pièce ne chavire pas en route et tombe toujours bien à plat. On ne peut pas dire ici que la pièce ait entraîné, poussé le papier, puisqu'elle passe la première. Donc, si le papier arrive en même temps, c'est qu'en tombant il va aussi vite que le métal, à la condition que la résistance de l'air ne l'entrave pas.

10. Chute des corps dans le vide. — Une dernière expérience complétera la démonstration de l'égale rapidité de la chute des corps. Soit un gros tube en verre (fig. 6) de deux mètres environ de longueur, dans lequel se trouvent de menus objets très-variés de poids, de volume, de nature, par exemple des grains de plomb, des billes de liége, des barbes de plume, des morceaux de papier. Ce tube est fermé aux deux bouts, mais l'une des extrémités est armée d'un robinet qui permet d'enlever l'air avec une pompe pneumatique. Quand le tube ne contient plus d'air, on ferme le robinet, et l'appareil est prêt à fonctionner. Si alors on renverse brusquement le tube sans dessus dessous, on voit les corps qu'il renferme partir ensemble, parcourir ensemble sa longueur, et arriver tous à la fois à l'extrémité inférieure. Les barbes de plume, les menus morceaux de papier cheminent aussi vite que les grains de plomb. Si l'on ouvre un instant le robinet pour laisser rentrer un peu d'air, il y a déjà une inégalité marquée dans la rapidité de la chute, les barbes de plume sont en retard sur le plomb. A mesure que la quantité d'air rentré est plus grande, l'inégalité de chute se prononce davantage ; et elle devient enfin ce qu'elle serait à l'air libre quand le robinet a laissé rentrer tout l'air possible. Donc, dans le vide, tous les corps tombent avec la même rapidité. S'ils ne le font pas dans les circonstances ordinaires, c'est la résistance de l'air qui en est cause.

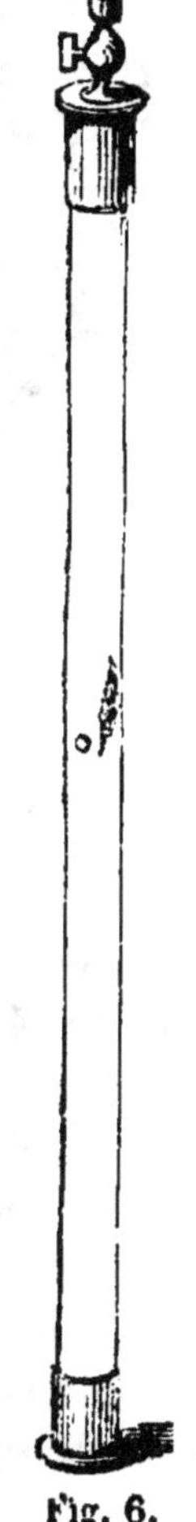

Fig. 6.

11. Applications de la résistance de l'air. — La résistance que l'air oppose au mouvement des corps, en particulier à leur chute, a reçu diverses applications, dont la plus remarquable est le *parachute*, appareil qui sert à l'aéronaute pour abandonner son ballon en un moment de danger et redescendre à terre. C'est une espèce de grand parapluie, des bords duquel partent des cordons supportant une petite nacelle. Tant qu'il ne sert pas, le parachute est plié contre les flancs de l'aérostat (fig. 7). Quand il veut descendre avec cet appareil, l'aéronaute entre dans la petite nacelle; il coupe le cordon qui fixe le parachute au ballon, et le tout se précipite avec une rapidité effrayante. Mais bientôt le parapluie s'ouvre, l'air qui s'engouffre sous son dôme oppose une telle résistance, que la chute se ralentit au point de devenir sans danger (fig. 8). Cette résistance est même si grande à cause de l'énorme surface du parachute, que des oscillations très-périlleuses se produiraient si l'on n'avait pris les précautions nécessaires pour laisser écouler l'air engouffré. A cet effet, le parachute est percé, au sommet de son dôme,

Fig. 7. — Aérostat avec son parachute.

d'une large ouverture par laquelle s'échappe l'air. Il est rare qu'un aéronaute soit dans la nécessité de recourir au parachute. Les descentes en parachute qui se font ont généralement pour but de procurer à la foule la poignante émotion qu'inspire une personne précipitée d'une hauteur formidable. Il y a là, surtout aux premiers moments, quand l'appareil, non encore déployé, laisse la chute s'accomplir en liberté, un spectacle à épouvanter. Jacques Garnerin, et bientôt sa fille Elisa, furent les premiers qui osèrent se confier au parachute.

Les artificiers font également usage du parachute. Ils lancent des feux de Bengale à une certaine hauteur. Là, un petit parachute de papier se déploie, et la pièce d'artifice, soutenue ainsi par la résistance de l'air, promène quelque temps ses feux bleus ou rouges dans le ciel de la nuit.

D'autres fois, la résistance de l'air est utilisée pour modérer, pour régulariser le mouvement d'un mécanisme. Certaines ma-

chines, en particulier les anciens tournebroches, sont armées
d'un moulinet composé de quatre ailettes qui, en choquant l'air,

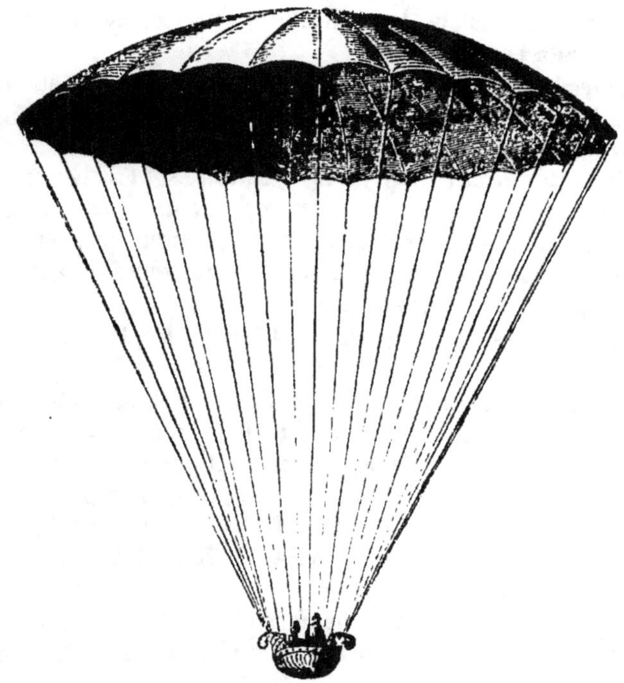

Fig. 8. — Parachute.

éprouvent une résistance croissante avec leur vitesse et communiquent au reste de l'appareil le ralentissement qui en résulte.

RÉSUMÉ

1. Tous les corps, sans exception, éloignés de la surface du sol,
tendent à y revenir ; *tous sont pesants.* La fumée, les nuages, etc.,
montent au lieu de tomber, parce qu'ils sont plus légers que l'air. Ils
montent dans l'atmosphère, comme du fond de l'eau monte un morceau de bois. Ils tomberaient s'il n'y avait pas d'air.

2. La matière attire la matière. La Terre attire à elle les corps terrestres. *Tomber, c'est être entraîné par l'attraction de la Terre.*

3. Les corps en tombant suivent la direction du fil à plomb, direction perpendiculaire à la surface des eaux tranquilles. La direction du

fil à plomb s'appelle *verticale;* et la surface des eaux tranquilles est dite surface *horizontale.* Toute droite tracée sur une pareille surface est une ligne horizontale. La verticale et l'horizontale sont perpendiculaires l'une à l'autre.

4. Toutes les verticales aboutissent, étant prolongées, au centre de la Terre, supposée régulièrement sphérique. *Les corps en tombant se dirigent tous vers le centre de la Terre.*

5. *La cause de cette invariable direction est la disposition symétrique de la matière terrestre par rapport au centre,* et non une propriété spéciale de ce centre. La chute se ferait absolument de la même manière lors même que la Terre serait creuse, ce qui ferait du centre un point purement idéal.

6. Tomber, c'est se rapprocher du centre de la Terre; monter, c'est s'en éloigner.

7. Les deux points où la direction de la verticale prolongée à travers la Terre rencontre la surface du globe, sont dits *antipodes* l'un de l'autre. Les habitants de deux points antipodes sont dans des positions renversées d'une manière absolue ; mais ils sont dans une position droite par rapport à la Terre. Le haut, pour les habitants de la Terre, est l'espace environnant, le ciel; le bas est le sol; le point le plus bas est le centre du globe.

8. *La rapidité de la chute ne dépend pas de la quantité de matière d'un corps.* Un boulet de fer ne tombe pas plus vite qu'un grain de fer.

9. *Elle ne dépend pas davantage de la nature des corps.* Une rondelle de papier tombe aussi vite qu'une rondelle de métal. L'inégale rapidité de la chute dans les circonstances ordinaires provient de l'inégale résistance de l'air.

10. Dans le vide, tous les corps tombent avec la même rapidité. *Tous les corps sont également pesants,* c'est-à-dire qu'abandonnés à la fois à eux-mêmes de la même hauteur, ils arrivent à la fois à terre.

11. Le *parachute* et les *ailettes régulatrices* de certaines machines sont des applications de la résistance que l'air oppose aux corps en mouvement.

CHAPITRE IV

1. Poids. — Chaque molécule d'un corps est attirée par la Terre. La somme de ces attractions élémentaires se nomme le poids du corps. Il est alors évident que le poids d'un corps est d'autant plus grand que ce corps renferme plus de molécules matérielles, ou, en d'autres termes, a plus de *masse*, car masse, en physique, signifie la quantité de matière qu'un corps renferme. Nous dirons donc : le poids d'un corps est proportionnel à sa masse. En vertu de son poids, un corps exerce une pression sur l'obstacle qui s'oppose directement à sa chute. C'est cette pression qui fait pencher le plateau d'une balance sur lequel le corps repose. Pour mesurer une quantité, on la compare à une autre de même espèce prise pour unité. Une longueur se mesure par la comparaison avec une autre longueur, le mètre ; une contenance se mesure par la comparaison avec une autre contenance, celle du décimètre cube ou litre ; une valeur monétaire, se mesure par la comparaison avec une autre valeur monétaire, le franc ; de même, le poids d'un corps ou la pression qu'il exerce sur l'appui qui le soutient directement, se mesure par la comparaison avec la pression exercée dans des conditions pareilles par un corps pris pour unité. L'instrument le plus commode pour faire cette comparaison se nomme *balance*.

2. Balance.—Une balance (fig. 9) se compose d'abord d'une barre d'acier ou de fer appelée *fléau*, traversée, en son milieu et perpendiculairement à sa longueur, d'un axe ou support taillé en fine arête à son extrémité inférieure, et nommé *couteau* à cause de sa disposition tranchante. Le couteau repose par son arête sur un *appui* d'acier ou de toute autre matière fort dure, placé à l'extrémité supérieure du pied de la balance. L'arête tranchante du couteau a pour objet d'adoucir, autant que possible, le frottement en ne laissant reposer le fléau sur son appui que suivant une ligne sans épaisseur ; et la matière dure de l'appui,

matière que le couteau ne peut entamer, a pour effet d'empêcher
la formation de sillons, de rainures qui entraveraient, à la longue,
le jeu de la balance. Pour que celle-ci fonctionne bien, il faut que
le fléau ait toute liberté de pencher d'un côté ou de l'autre, suivant l'excès de pression éprouvé par l'un ou l'autre plateau.
De là, de minutieuses précautions prises relativement au couteau
et à son appui pour éviter, autant que faire se peut, toute cause

Fig. 9.

de frottement. Le fléau est divisé en deux parties par le couteau
Ces deux parties se nomment les deux *bras de levier* de la balance. De lui-même, le fléau ne doit pas plus pencher d'un côté
que de l'autre, ce qui exige évidemment, de la part des deux
bras de levier, une longueur égale et un poids égal. A chaque
extrémité du fléau est appendu un *plateau* ou bassin. Les deux
plateaux doivent être exactement du même poids. D'elle-même,
la balance doit être en équilibre, c'est-à-dire que le fléau doit se

maintenir horizontal. On le reconnaît au moyen d'une aiguille verticale placée au milieu du fléau. Le pied de la balance porte, à sa partie supérieure, un arc divisé de droite et de gauche en parties égales. Le zéro, placé au milieu de l'arc, correspond à la verticale. La balance est en équilibre quand l'aiguille du fléau s'arrête en face de ce zéro. Si les deux plateaux sont chargés l'un et l'autre d'un corps, il y a égalité de poids entre ces deux corps quand la balance tient son fléau horizontal, c'est-à-dire quand l'aiguille se maintient, après quelques oscillations, en face du zéro de l'arc gradué. Si cette aiguille penche d'un côté, le corps correspondant pèse plus que l'autre.

3. **Gramme**. — Ce n'est pas tout, pour peser, que d'avoir un instrument de comparaison; il faut, chose encore plus essentielle, avoir un terme de comparaison, une unité à laquelle les poids se rapportent. Cette unité s'appelle *gramme*. Le gramme est le poids d'un centimètre cube d'eau pure à son maximum de densité, c'est-à-dire à la température de quatre degrés centigrades. Imaginons une petite boîte cubique, c'est-à-dire ayant la forme d'un dé à jouer. Donnons à cette boîte un centimètre en longueur, un centimètre en largeur, un centimètre en profondeur. Elle aura ainsi la contenance d'un centimètre cube. Nous la remplissons d'eau. Eh bien, le poids de cette eau, de l'eau seule bien entendu et non de l'eau et de la boite ensemble, sera ce qu'on nomme le gramme. Mais il faut que cette eau remplisse certaines conditions. — L'eau de la mer renferme du sel ; elle est donc, à volume égal, plus lourde que celle qui n'en renferme pas. L'eau des rivières, des puits, des sources, etc., contient aussi, suivant les terrains qu'elle lave, diverses matières en dissolution. Son poids est donc aussi variable. Quelle eau prendronsnous alors pour obtenir le gramme, qui doit être essentiellement invariable de valeur pour servir de terme de comparaison digne de foi? Nous prendrons de l'eau qui ne renferme absolument rien d'étranger à sa nature, nous prendrons de l'eau pure obtenue par la distillation, et nous serons certains ainsi de retrouver toujours le même poids en remplissant notre boîte d'un centimètre cube. — Ce n'est pas encore assez. En s'échauffant, l'eau, comme tous les corps du reste, se dilate, c'est-à-dire augmente

de volume, et, par conséqnent, devient plus légère pour un volume égal. En se refroidissant, elle se contracte, elle diminue de volume, et, par suite, devient plus lourde à volume égal. Alors, suivant la température, le poids d'un centimètre cube d'eau varie. Pour parer à cette difficulté, on est convenu de prendre l'eau à la température où sa contraction étant la plus forte, son poids, à égalité de volume, est le plus lourd possible. Nous verrons, plus tard, que c'est à la température de quatre degrés centigrades que l'eau est le plus lourde possible à volume égal, ou, en d'autres termes, possède son maximum de densité. En remplissant ces deux conditions, eau pure ou distillée, eau à quatre degrés de température ou à son maximum de densité, on est certain de retrouver, partout et toujours, le même poids pour un centimètre cube d'eau. C'est là l'unité du poids ; c'est le gramme.

4. **Système légal des poids**. — Le gramme se subdivise en dix parties égales ou *décigrammes*, le décigramme se subdivise en dix parties égales ou *centigrammes*, et le centigramme enfin se subdivise en dix parties égales ou *milligrammes*. La subdivision n'est pas amenée plus loin, parce que le milligramme est déjà un poids si faible, qu'à peine il fait trébucher les balances les plus sensibles. L'aile d'une mouche n'est pas loin de représenter le poids d'un milligramme. Le gramme vaut donc dix décigrammes, ou cent centigrammes, ou mille milligrammes. Ces poids si petits n'ont guère d'usage dans les applications de la vie ordinaire. Ils servent à peser les matières qui exigent une grande précision, par exemple les médicaments énergiques qui, à la dose de quelques centigrammes en plus ou en moins, tuent le malade ou le guérissent ; par exemple les résultats du travail du chimiste, qui décompose une parcelle d'un corps pour en savoir l'exacte composition. Dans ces recherches délicates, le milligramme, tout menu qu'il est, ne saurait être négligé sans de graves erreurs.

Dans les usages ordinaires, on emploie les poids multiples du gramme. Ce sont le *décagramme*, qui vaut dix grammes ; l'*hectogramme*, qui vaut dix décagrammes ou cent grammes ; le *kilogramme*, qui vaut dix hectogrammes ou mille grammes ; le *myriagramme*, qui vaut dix kilogrammes ou dix mille grammes. Le multiple le plus employé est le kilogramme. On peut considérer le kilogramme comme l'unité de poids pour les usages ordinaires. Le kilogramme n'est autre que le poids d'un litre d'eau dans les conditions voulues de pureté et de température. Le litre, en effet, est la contenance d'un décimètre cube. Le décimètre cube se divise en mille centimètres cubes. Un centimètre cube d'eau pèse un gramme; par conséquent, un décimètre cube d'eau, ou, ce qui est la même chose, un litre d'eau pèse mille grammes, c'est-à-dire un kilogramme. En prenant le litre et ses subdivisions pour mesure de contenance, on voit que, puisque le poids d'un litre d'eau est d'un kilogramme ou de mille grammes, le poids d'un décilitre d'eau est la dixième partie de mille grammes ou cent grammes; le poids d'un centilitre d'eau est la centième partie de mille grammes ou dix grammes; le poids d'un millilitre d'eau est la millième partie de mille grammes ou un gramme.

Au-dessus du kilogramme, on a, pour des poids considérables, des unités plus fortes. C'est d'abord le *quintal métrique*, qui vaut cent kilogrammes; et enfin la *tonne* ou *tonneau de mer*, qui vaut mille kilogrammes. La tonne est le poids d'un mètre cube d'eau. En effet, un mètre cube se divise en mille décimètres cubes, et chaque décimètre cube d'eau ou litre d'eau pèse un kilogramme. Le mètre cube d'eau pèse donc mille kilogrammes, ce qui est précisément le poids appelé tonne. Résumons ainsi les unités principales des poids :

Le gramme est le poids d'un centimètre cube d'eau ou d'un millilitre d'eau.

Le kilogramme est le poids d'un décimètre cube d'eau ou d'un litre d'eau.

La tonne est le poids d'un mètre cube d'eau. Dans les trois cas, l'eau est supposée remplir les conditions voulues de température et de pureté.

5. Sous le même volume, les corps ont des poids différents. — Il serait ridicule de dire qu'un kilogramme de plomb pèse plus qu'un kilogramme de liége; mais pour faire ce kilogramme, un petit morceau de plomb suffit, tandis qu'il faut un gros morceau de liége. A volume égal, le plomb pèse plus que le liége, et c'est dans ce sens que l'on dit : le plomb est plus lourd. Un décimètre cube de plomb pèse un peu plus de 11 kilográmmes; un décimètre cube de liége ne pèse que 240 grammes. On exprime cette différence en disant que le premier corps est plus *dense*. Dense signifie serré, compacte. On veut littéralement entendre par là que, dans le plomb, les molécules sont plus rapprochées entre elles, plus serrées que dans le liége, d'où résulte, pour le premier corps, un poids plus fort sous un volume égal. Si l'on passait ainsi toutes les substances en revue, on trouverait, pour chacun d'eux, un degré spécial de *densité*, traduit par un poids différent sous le même volume, poids tantôt plus fort, tantôt plus faible, suivant la nature de la substance. Les degrés extrêmes de cette échelle des poids à volume égal seraient fournis, d'un côté, par le gaz hydrogène, le plus léger de tous les corps connus; et, de l'autre, par le platine, le plus lourd de tous. Un décimètre cube d'hydrogène ne pèse guère qu'un décigramme, et un décimètre cube de platine pèse 22 kilogrammes, c'est-à-dire deux cent vingt mille fois plus. Entre ces deux limites, toutes les autres substances se rangent, chacune avec un poids qui lui est propre.

6. Rapport du poids de chaque corps à celui d'un volume égal d'eau. — Pour effectuer cette comparaison du poids des diverses substances sous le même volume, il est nécessaire de choisir un terme de comparaison. Le plus convenable nous est fourni par l'eau, qui nous donne elle-même l'unité de poids. Supposons donc les diverses matières solides taillées bien régulièrement en forme de décimètre cube, et les matières liquides mesurées dans une capacité d'un litre ou d'un décimètre cube. Nous les pesons l'une après l'autre. On trouve ainsi pour le plomb 11 kilogrammes; pour le platine 22, pour le fer 7, pour l'argent 10, pour le mercure 13, etc. Tous ces corps sont plus lourds que l'eau, qui pèse 1 kilogramme par décimètre cube. Mais nous en trouvons de plus légers que l'eau, par exemple le bois de hêtre, qui pèse 850 grammes, le bois de peuplier, qui pèse 380 grammes, le liége, qui pèse 240 grammes, l'alcool, qui pèse 806 grammes, etc. Nous dirons donc : à volume égal, le plomb pèse 11 fois plus que l'eau, le platine 22, le fer 7, etc. Nous dirons encore : à volume égal, le bois de hêtre ne pèse que les 850 millièmes du poids de l'eau ; le bois de peuplier, les 380 millièmes; le liége, les 240 millièmes. Eh bien, ces nombres abstraits, résultat de la comparaison des poids des diverses substances avec le poids d'un égal volume d'eau, ces nombres 11, 22, 0,850, 0,380, qui expriment, non des kilogrammes, non des grammes, mais combien le plomb, le platine, le bois de hêtre, le bois de peuplier, pèsent plus ou moins que l'eau sous un même volume, s'appellent le *poids spécifique* ou la *densité* des substances correspondantes. Le poids spécifique ou la densité d'un corps est donc le nombre qui exprime combien de fois ce corps pèse plus ou moins que l'eau sous le même volume. En d'autres termes, c'est le rapport du poids de ce corps à celui d'un volume égal d'eau.

7. **Poids d'un centimètre cube des divers corps.** — Pour en comparer les poids respectifs, nous avons donné aux divers corps un décimètre cube de volume. On aurait pu leur donner un centimètre cube, ou tout autre volume, n'importe lequel. Les poids auraient changé sans doute. Ils seraient tous plus forts si le volume commun avait été choisi plus grand; plus faibles, si le volume avait été choisi plus petit. Mais les rapports de ces poids au poids d'un égal volume d'eau n'auraient pas évidemment changé; c'est-à-dire que le nombre abstrait, appelé poids spécifique, aurait conservé sa valeur. Ainsi, en prenant pour volume commun le centimètre cube, on aurait pour l'eau 1 gramme, pour le platine 22 grammes, pour le plomb 11 grammes, pour le fer 7 grammes, pour le bois de hêtre $0^{gr},850$, pour le bois de peuplier $0^{gr},380$, etc. D'où l'on déduirait encore que le platine, à volume égal, pèse 22 fois plus que l'eau, le fer 7, le bois de hêtre les 850 millièmes, etc. C'est-à-dire enfin que le poids spécifique du platine est 22, celui du fer 7, celui du bois de hêtre 0,850, etc., résultat conforme à celui déjà trouvé avec le décimètre cube pour volume commun.

8. **Tableau des poids spécifiques avec une seule décimale.** — Inscrivons ici les poids spécifiques de quelques substances remarquables, avec un peu plus de précision que

nous n'en avons accordé aux nombres qui précèdent, mais en se bornant à la première décimale.

TABLE DU POIDS SPÉCIFIQUE OU DE LA DENSITÉ DES PRINCIPAUX CORPS SOLIDES.

Eau pure, 1.

Acier.	7,8	Glace.	0,9
Albâtre.	1,8	Gypse.	2,3
Argent.	10,4	Houille.	1,3
Bois de cyprès.	0,6	Ivoire.	1,9
Bois de hêtre.	0,8	Laiton.	8,3
Bois de peuplier.	0,3	Liége.	0,2
Bois de pommier.	0,7	Marbre.	2,8
Bois de sapin.	0,6	Or.	19,2
Bois de tilleul.	0,6	Phosphore.	1,8
Corail.	2,6	Platine.	21,1
Cristal de roche.	2,6	Plomb.	11,3
Cuivre.	8,7	Porcelaine.	2,2
Diamant.	3,5	Soufre natif.	2
Étain.	7,2	Verre.	2,4
Fer.	7,7	Zinc.	6,8
Fonte de fer.	7,2		

POIDS SPÉCIFIQUE OU DENSITÉ DES PRINCIPAUX LIQUIDES.

Eau pure, 1.

Acide nitrique.	1,2	Huile d'olive.	0,9
Acide sulfurique.	1,8	Lait.	1
Alcool absolu.	0,8	Mercure.	13,6
Essence de térébenthine.	0,8	Vin.	0,9

Faisons-nous une idée exacte des nombres inscrits dans ce tableau. Prenons-en un, le premier venu. Nous trouvons en face de l'or le nombre 19,2. Que signifie ce nombre? Il signifie que, sous le même volume, l'or pèse 19 fois et 2 dixièmes autant que l'eau. Tant que le volume n'est pas déterminé, ce nombre reste abstrait; il ne représente ni grammes, ni kilogrammes, ni tout autre genre de poids; il dit seulement que l'or pèse 19 fois et 2 dixièmes autant que l'eau. Mais si l'on précise le volume, rien de plus facile que de donner à ce nombre une signification concrète. Ainsi, un décimètre cube d'or pèse 19 kilogrammes et

2 dixièmes, puisque un décimètre cube d'eau pèse 1 kilogramme; un centimètre cube d'or pèse 19^{gr},2, puisque un centimètre cube d'eau pèse 1 gramme.

9. Corrélation des volumes et des poids. — Au sujet du poids spécifique ou de la densité des corps. trois genres de questions d'un haut intérêt se présentent. Des trois valeurs, le poids, le volume et la densité d'un corps, deux étant connues, on peut se proposer de chercher la troisième. Dans ces genres de questions, une chose importante ne doit jamais être perdue de vue : c'est la corrélation entre le poids et le volume. L'unité de poids peut varier : c'est tantôt le gramme, tantôt le kilogramme, tantôt la tonne, par exemple. Or, à chacune de ces unités de poids correspond une unité de volume spéciale. Au gramme correspond le centimètre cube, parce que le centimètre cube d'eau pèse un gramme ; au kilogramme correspond le décimètre cube, parce que le décimètre cube d'eau pèse un kilogramme ; à la tonne correspond le mètre cube, parce que le mètre cube d'eau pèse mille kilogrammes ou une tonne. Eh bien, dans les questions relatives à la densité des corps, la règle à laquelle il faut apporter une scrupuleuse attention est celle-ci : si le poids est évalué en grammes, le volume sera évalué en centimètres cubes; si le poids est évalué en kilogrammes, le volume sera évalué en décimètres cubes ; si le poids est évalué en tonnes, le volume sera évalué en mètres cubes. Réciproquement : à des volumes évalués en mètres cubes, en décimètres cubes, en centimètres cubes, correspondent des poids évalués en tonnes, en kilogrammes, en grammes. Si l'énoncé du problème associait des volumes et des poids non corrélatifs, par exemple des décimètres cubes avec des grammes, il faudrait d'abord mettre ces deux quantités en harmonie l'une avec l'autre, en transformant les décimètres cubes en centimètres cubes, l'unité de poids restant le gramme; ou en transformant les grammes en kilogrammes, l'unité de volume restant le décimètre cube. Ce sont là des préceptes qu'il ne faut pas perdre de vue un seul instant dans les questions du genre de celles qui vont nous occuper.

10. Connaissant le volume et la densité d'un corps, trouver son poids. — Une règle de fer a un volume de

152 centimètres cubes. Sa densité, d'après la table précédente, est 7,7. Combien pèse-t-elle? — La densité 7,7 signifie qu'à volume égal, le fer pèse 7 fois et 7 dixièmes autant que l'eau. L'eau pesant 1 gramme par centimètre cube, le fer pèse alors 7^{gr},7 par centimètre cube; et par conséquent la règle de fer pèse 7^{gr},7 $\times$ 152 ou 1170^{gr},4.

Remarquons que, dans ce problème, le volume se trouvant évalué en centimètres cubes, le poids est évalué en grammes, conformément à ce qui a été dit plus haut. Remarquons aussi que le poids de la règle a été obtenu en multipliant la densité par le volume. D'une manière générale, *on obtient donc le poids d'un corps en multipliant la densité de ce corps par son volume.* L'importance de ce principe est facile à comprendre. Beaucoup de corps, par leur énorme volume, s'opposent à la pesée directe dans une balance. Comment obtenir par ce moyen le poids d'un mur, le poids d'une colonne de marbre, le poids d'une poutre, etc. ? Si le corps a une forme régulière, il est aisé cependant d'avoir son poids, tout aussi bien que si on le mettait dans le plateau d'une balance. On mesure ses dimensions, qui, d'après les règles de la géométrie, fournissent le volume; on multiplie ce volume par la densité, et le poids est trouvé. Le mètre remplace ainsi la balance; on mesure des longueurs au lieu de peser.

11. Connaissant le poids et la densité d'un corps, trouver son volume. — Une boule de marbre pèse 14 kilogrammes. Sa densité est 2,8. Quel est son volume? — La densité 2,8 nous indique qu'à volume égal, le marbre pèse 2 fois et 8 dixièmes autant que l'eau. Or, celle-ci pèse 1 kilogramme par décimètre cube, le marbre pèse donc 2^{kg},8, par décimètre cube. Par conséquent, autant de fois ce poids de 2^{kg},8, sera contenu dans le poids 14^{kg} de la boule de marbre, autant il y aura de décimètres cubes dans le volume de cette boule. Divisons alors 14 par 2,8. Le résultat est 5. Le volume de la boule est donc de 5 décimètres cubes. Remarquons que, le poids de la boule de marbre étant donné en kilogrammes, le volume est exprimé en décimètres cubes, d'après la corrélation des volumes et des poids. Remarquons enfin que le volume est obtenu en divisant le poids 14 par la densité 2,8. Généralisons et disons : *on obtient le volume d'un corps en divisant son poids par sa densité.*

12. Connaissant le poids et le volume d'un corps, trouver sa densité. — Une colonnette d'albâtre pèse 7 kilogrammes et 200 grammes. Son volume est de 4 décimètres cubes. Trouver la densité. — Puisque l'eau pèse 1 kilogramme par décimètre cube, l'eau qui aurait même volume que la colonnette d'albâtre pèserait 4^{kg}. On connaît ainsi le poids des deux corps sous le même volume, savoir : $7^{kg},200$ pour l'albâtre, 4^{kg} pour l'eau. Déterminer la densité de l'albâtre, c'est chercher combien de fois son poids contient le poids de l'eau à volume égal. Il faut donc diviser $7^{kg},200$ par 4^{kg}. Le quotient sera la densité. Le résultat est 1,8. A volume égal, l'albâtre pèse donc 1 fois et 8 dixièmes autant que l'eau. Ainsi, *pour avoir la densité d'un corps, il faut diviser son poids par son volume.*

13. La même question avec un poids et un volume non corrélatifs. — Dans l'exemple précédent, l'énoncé donne un poids et un volume corrélatifs, un poids exprimé en kilogrammes et un volume exprimé en décimètres cubes. Mais il pourrait se faire que les deux nombres ne fussent pas en harmonie l'un avec l'autre, et alors il y a à prendre certaines précautions sur lesquelles l'exemple suivant va nous renseigner. Une planche de sapin pèse 5400 grammes, son volume est de 9 décimètres cubes. Quelle est sa densité? Ici le poids et le volume ne sont pas exprimés en unités corrélatives, et si l'on divisait le poids 5400 grammes par le volume 9 décimètres cubes, on aurait 600, qui est loin d'être la densité du sapin. Avant d'effectuer la division, il est indispensable de mettre le poids et le volume en harmonie l'un avec l'autre. A cet effet, nous disons : 9 décimètres cubes valent 9000 centimètres cubes. Le volume du sapin est ainsi exprimé en centimètres cubes, genre d'unité correspondant au gramme. Divisons alors le poids 5400 grammes par le volume 9000 centimètres cubes, et le résultat 0,6 sera la densité du sapin.

RÉSUMÉ

1. Le poids d'un corps est la somme des attractions que la Terre exerce sur les diverses molécules de ce corps.

2. Les poids se mesurent avec la balance. Celle-ci se compose essentiellement d'un *fléau*, aux deux extrémités duquel sont appendus deux *bassins* ou *plateaux*. Le fléau repose sur un *appui* en matière dure par l'arête tranchante d'un axe appelé *couteau*.

3. L'unité de poids est le gramme. *Le gramme est le poids d'un centimètre cube d'eau pure à la température de 4 degrés.*

4. Le kilogramme est l'unité de poids pour les usages ordinaires. *Le kilogramme est le poids d'un litre d'eau*, ou, ce qui revient au même, *d'un décimètre cube d'eau.* Pour les poids considérables, l'unité est la tonne, qui vaut mille kilogrammes. *La tonne est le poids d'un mètre cube d'eau.*

5. Sous le même volume, les corps ont des poids différents. On dit d'un corps qu'il est plus *dense* qu'un autre, qu'il a plus de *densité*, pour exprimer qu'il est plus lourd à volume égal. De tous les corps connus, le plus léger est l'hydrogène ; le plus lourd, le platine. A volume égal, le platine pèse 220000 fois plus que l'hydrogène.

6. Le poids spécifique ou la densité d'un corps est le rapport du poids de ce corps à celui d'un volume égal d'eau. *C'est le nombre qui exprime combien de fois ce corps pèse plus ou moins que l'eau sous le même volume.*

7. Le poids spécifique d'un corps s'obtient en comparant le poids d'un décimètre cube de ce corps avec le poids d'un décimètre cube d'eau ; ou bien le poids d'un centimètre cube de ce corps avec le poids d'un centimètre cube d'eau ; et d'une manière générale en divisant le poids d'un volume quelconque de ce corps par le poids d'un volume égal d'eau.

8. Quand on dit, par exemple, que la densité ou le poids spécifique du fer est 7,7, cela signifie que le fer pèse 7 fois et 7 dixièmes autant que l'eau à volume égal. Le poids d'un centimètre cube de fer est donc 7^{gr},7 ; celui d'un décimètre cube est de 7 kilog. 7 ; celui d'un mètre cube est de 7 tonnes et 7 dixièmes.

9. Dans les questions où interviennent des poids et des volumes, il est indispensable que les unités employées soient corrélatives. *Au gramme pris pour unité de poids, correspond le centimètre cube pour unité de volume ; au kilogramme, le décimètre cube ; à la tonne, le mètre cube ; et réciproquement.*

10. On obtient le poids d'un corps en multipliant son volume par sa densité.

11. On obtient le volume d'un corps en divisant son poids par sa densité.

12. On obtient la densité d'un corps en divisant son poids par son volume.

13. Si dans l'énoncé de la question, les poids et les volumes ne sont pas rapportés à des unités corrélatives, avant d'opérer on change d'unité pour le poids ou pour le volume, de manière à mettre les deux nombres en harmonie l'un avec l'autre.

CHAPITRE V

1. Variété des corps solides. — Les substances qui portent la qualification commune de *solides* sont extrèmement variées pour l'aspect, le poids, la forme, la saveur, l'odeur, la dureté, etc. Le fer est très-dur, fort lourd, il tombe au fond de l'eau ; un morceau de bois de saule est mou, léger, il flotte sur l'eau. Le bois de saule est un corps solide, de même que le fer. Le mot solide ne doit pas ici induire en erreur. En disant d'un corps qu'il est solide, on ne veut pas entendre que ce corps soit doué d'une puissante résistance ; on veut simplement dire qu'il peut être saisi et manié. A ce compte, un fil d'araignée, chose si délicate, est *solide* tout autant qu'un gros câble de vaisseau ; une mince lame de verre, chose si fragile, est *solide* tout autant que l'enclume du forgeron, qui reçoit sans faiblir de si vigoureux coups de marteau. Le plus ou moins de dureté ou de mollesse, de force de résistance ou de fragilité, n'entrent pas en ligne de compte pour la qualification de *solide* telle que la science l'entend. C'est dire quelle variété de ténacité les corps dits *solides* peuvent présenter, depuis le bloc de fer, qui résiste aux plus lourds coups de marteau, jusqu'au délicat duvet, que le moindre attouchement déforme. Il n'y a pas moins de variété sous le rapport des autres propriétés. Certains corps solides sont doués d'une agréable saveur : le sucre ; d'autres, d'une saveur détestable : la couperose, la chaux ; d'autres n'ont aucune saveur : le marbre. Il y en a qui se fondent dans l'eau : le sel ; il y en a sur lesquels l'eau ne fait rien : les cailloux de la rivière. Les uns peuvent brûler : le soufre, le bois ; les autres non : la brique, les pierres. Ceux-ci sont jaunes : le soufre, l'or ; ceux-là noirs : le charbon, la houille ; ce troisième est rouge : le cuivre ; ce quatrième est vert : le vert-de-gris ; enfin toutes les nuances, toutes les couleurs imaginables peuvent se montrer tour à tour. Dans une boîte à couleurs, combien de tablettes ne peut-il pas y avoir ? Toutes ces tablettes sont autant de corps solides de couleur différente.

2. Ténacité. Résistance au choc. — Parmi les propriétés infiniment variées des corps solides, quelques-unes se retrouvent dans tous à des degrés divers et méritent d'être considérées à part. C'est d'abord la *ténacité*. On entend par là le plus ou moins de résistance que les corps solides opposent à la rupture. La rupture peut être amenée de quatre manières différentes, savoir : par le choc, par un effort qui agit en travers de la longueur du corps, par une pression qui tend à l'écrasement, par un effort qui tire le corps dans le sens de sa longueur.

La résistance au choc dépend avant toutes choses de la nature du corps. L'argile, la cire et les substances molles sont déformées par le choc sans éclater en fragments ; le bois, le carton et les matières d'une structure filamenteuse, sont déchirées ; le verre, le marbre et les matières de structure compacte, sont brisées. En tête des matières qui résistent au choc, il faut placer le fer ; et c'est précisément son énorme résistance à la rupture qui nous rend ce métal si précieux. Jamais, par exemple, une enclume de marbre, jamais une enclume de granit ne résisteraient aux coups de marteau des forgerons comme l'enclume de fer. Et le marteau lui-même, avec quelle substance pourrait-on le faire autre que le fer ? En cuivre, en argent, en or, il s'aplatirait et dans peu il serait hors d'usage ; en verre, en pierre, il se briserait au premier coup un peu violent. Pour ces instruments, rien ne peut remplacer le fer ; rien non plus ne peut le remplacer pour la hache, pour le ciseau du maçon, pour le pic du carrier, pour le soc de l'agriculteur et pour une foule d'instruments qui donnent ou reçoivent des chocs puissants. Le fer seul a la dureté nécessaire pour entamer le bois, la pierre, etc., joint la ténacité qui brave le choc. Sous ce rapport, le fer est le plus beau présent que la nature minérale ait fait à l'homme. Il est la matière de l'outil, indispensable à tout art, à toute industrie.

La résistance au choc dépend non-seulement de la nature de la substance, mais encore de sa forme. Ainsi, pour n'en citer qu'un exemple, une bouteille résiste plus que la lame de verre qu'on obtiendrait en supposant cette bouteille fendue et aplatie. Cela provient de ce que les parties du verre courbé en un cylindre se prêtent mutuellement appui. Une chose bien remarquable encore, c'est que la bouteille vide résiste plus au choc que la bouteille pleine d'un liquide. Des bouteilles vides peuvent s'entre-choquer assez fortement sans se casser ; des bouteilles remplies de vin se cassent au moindre choc contre leur panse. Enfin nous signalerons un effet bien singulier du choc. Si on lance un caillou à travers un carreau de vitre, le verre se casse : outre le trou fait au carreau par la pierre, il y a des cassures, des fentes qui rayonnent autour du point atteint. Au contraire, une balle lancée par un pistolet ne produit dans le carreau de vitre qu'un trou rond du diamètre de la balle, sans cassures rayonnantes. La balle troue le verre et ne le casse pas. Animée d'une vitesse extrême, elle emporte le morceau atteint, sans avoir le temps de propager l'ébranlement dans le reste du carreau, et de là provient l'absence de fentes. La pierre lancée par la main ne possède qu'une vitesse bien moindre. Elle propage l'ébranlement autour du point atteint et produit ainsi des cassures rayonnantes On conçoit alors qu'un navire sous le feu de l'ennemi ait moins à craindre d'un boulet lancé de près, que d'un boulet lancé de loin. Le projectile lancé de près a toute sa vitesse; il produit dans la coque du vaisseau un trou rond facile à boucher; le projectile lancé de loin n'arrive que ralenti et produit des déchirures difficiles à réparer.

5. Résistance à l'effort transversal. — Ici encore le degré de résistance dépend avant tout de la nature du corps. Le fer est au premier rang des matières qui supportent un violent effort avant de se rompre. Si la structure intime des corps n'est pas homogène, le degré de résistance change suivant le sens de l'effort. Ainsi, par exemple, une planche de bois ployée dans le sens de ses fibres se casse aisément; ployée transversalement à ses fibres, elle résiste bien davantage. La forme, elle aussi, a une influence considérable sur la résistance à la rupture par flexion. Nous avons, par exemple, 10 kilogrammes de fer, ni plus ni moins, à notre disposition; et il s'agit de façonner ce fer en une tige longue d'un mètre et douée de la plus grande résistance possible dans le sens transversal. Quelle forme d'abord donnerons-nous à la tige métallique? La ferons-nous triangulaire, ronde, carrée? De savants calculs, d'accord avec l'expérience, établissait que, pour lui donner plus de solidité, il faut la faire ronde. Ce point établi, la ferons-nous pleine ou creuse? Les mêmes calculs, confirmés par l'expérience, répondent qu'il faut la faire creuse, car alors seulement elle résistera le plus possible à la rupture par flexion. C'est donc avec une forme ronde et creuse qu'une quantité déterminée de matière résiste le mieux à la rupture.

Le froment, et d'une manière générale toutes les graminées, le froment, cette plante bénie qui nous donne le pain, porte son lourd épi à l'extrémité d'une tige assez longue pour mettre la moisson à l'abri des souillures du sol, assez menue pour croître en touffes serrées sans gêner les voisines, assez rigides pour soutenir le poids du grain, assez élastique pour fléchir sous le vent sans crainte de rupture. Cette réunion de qualités précieuses résulte de la forme spéciale de la paille. Au lieu de faire sa tige pleine, le froment la fait creuse.

Les ailes de l'oiseau fouettent l'air dans le vol. Les plumes de ces rames aériennes doivent être d'une grande légèreté afin de ne pas entraver le vol par un excès de poids; elles doivent être très-fermes, à leur insertion dans les chairs surtout, afin de suppléer par la vigueur du coup d'aile à la faible résistance de l'air. Que fait l'oiseau pour réunir ces deux qualités en apparence contradictoires? Il prend exemple sur la tige du froment : il donne à la base de ces plumes la forme ronde et creuse.

Tous les os longs de la machine animale, os des pattes, des ailes, des jambes, os pour saisir, marcher, grimper, voler, courir, nager, sont encore construits sur le même modèle. Pour être à la fois légers et résistants, de structure économique et cependant solide, ils affectent la forme ronde et creuse.

4. Ponts tubulaires. — Les ponts tubulaires, savante création de l'industrie moderne, sont dus au génie de Robert Stephenson, l'immortel inventeur de la locomotive. Ce sont des tubes rectangulaires, d'énormes poutres en tôle rivée, à l'intérieur desquelles, sur certains chemins de fer, les convois circulent pour traverser les fleuves. L'un d'eux, celui de Mency, sur les côtes occidentales de l'Angleterre, franchit un bras de mer de quatre cent soixante mètres. Deux poutres tubulaires, de cinq millions et demi de kilogrammes, le composent et forment à elles seules la double voie ferrée. Trois piles distantes l'une de l'autre de cent quarante mètres suffisent pour le soutenir entre les deux rives à une hauteur de trente mètres au-dessus du niveau des plus hautes marées. Quelle est donc la puissance qui, sur le vide, équilibre ces monstrueuses poutres de fer, et, malgré des enjambées effrayantes de cent quarante mètres, les empêche de fléchir quand gronde dans leur canal le tonnerre des convois en marche? C'est encore la puissance de la forme tubulaire. La poutrecreuse résiste comme résistent la tige creuse du froment, la plume creuse de l'oiseau, l'os creux de l'animal. Pour la plus audacieuse de ses conceptions, Stephenson s'est inspiré de l'architecture de la paille !

5. Résistance à l'écrasement. — Un corps supporté par un appui horizontal inébranlable peut être chargé de poids à sa partie supérieure jusqu'à une certaine limite qui amène l'écrasement. Le poids le plus grand supporté avant la rupture donne la mesure de la résistance à l'écrasement. Sous ce rapport, comme sous les autres, le fer doit être placé en tête. La forme, également, doit être prise en considération. Ainsi, un cylindre plein résiste moins qu'un cylindre creux de même hauteur et de même masse. Les os des jambes supportent, dans la station verticale, le poids du corps qui tend à les écraser. Avec la forme creuse qu'ils possèdent, il résistent mieux à cette pression qu'avec la forme pleine et la même quantité de matière, bien entendu.[1] Un même corps peut ne pas résister également dans tous les sens. Ainsi, les pierres qui entrent dans nos constructions supportent mieux la pression des assises supérieures lorsqu'elles sont couchées dans le sens qu'elles avaient dans la carrière que dans tout autre sens. Et cela se conçoit. Dans son lit naturel, la pierre résistait à l'énorme pression des couches supérieures ; sa contexture s'est disposée en conséquence. De là désormais, un degré de résistance à l'écrasement qui ne peut se retrouver dans un sens suivant lequel cette épreuve naturelle n'a pas été faite. Remarquons enfin que les corps présentent à l'écrasement une résistance bien plus grande qu'à la rupture par flexion. Il serait dangereux de s'asseoir sur trois ou quatre baguettes de verre établies côte à côte horizontalement ; elles pourraient se rompre sous le poids. On monte ou l'on s'assied en toute sécurité sur un tabouret que supportent, en guise de pieds, les mêmes baguettes. Dans le premier cas, elles ont à résister à la rupture par flexion ; dans le second cas, à la rupture par écrasement.

6. Résistance à la traction. — C'est plus particulièrement à cette sorte de résistance que l'on donne d'ordinaire le nom de ténacité. On la mesure comme il suit. Les corps sont réduits en fils de même longueur et de même grosseur. On les fixe par une extrémité et l'on suspend à l'autre un plateau, que l'on charge de poids de plus en plus forts. Le poids le plus faible qui amène la rupture du fil est la mesure de sa ténacité. Ce sont les métaux surtout qui présentent une grande résistance à ce genre de rupture, mais non tous également. Le tableau suivant indique les poids que supportent, avant de se rompre, les principaux métaux réduits en fils de deux millimètres de diamètre. Ces nombres sont la mesure de la ténacité respective des métaux correspondants.

Un fil de deux millimètres de diamètre supporte avant de se rompre :

S'il est en Fer. . . . . 250 kilogrammes.
    —   Cuivre. 157   —
    —   Platine. 125   —

<pre>
     S'il est en Argent.   85   —
        —   Or.   68   —
        —   Zinc.   50   —
        —   Étain.   16   —
        —   Plomb.   12   —
</pre>

La résistance à la rupture par traction, qualité si importante dans une foule d'applications, varie beaucoup pour un même métal, suivant son degré de pureté et la manière dont il a été travaillé. Ainsi, tel fil de fer de 2 millimètres de diamètre se rompt sous une charge de 2000 kilogrammes, tel autre sous une charge de près de 300. Les nombres cités plus haut sont donc des valeurs moyennes. Toujours est-il que le fer se retrouve encore ici en tête des corps tenaces, qu'il dépasse tous dans des proportions hors de comparaison. Quelle différence en particulier avec les métaux qui, par le prix de revient, peuvent à peu près lui être comparés, le zinc et le plomb! Le fer supporte une traction 5 fois plus forte que le zinc, 20 fois plus forte que le plomb. Ce que fait un menu fil de fer de 2 millimètres d'épaisseur, le plomb ne le ferait que sous forme de tringle du calibre environ du gros doigt. Comment s'étonner après si quelques câbles en fil de fer, gros au plus comme le bras, peuvent, tendus d'une rive à l'autre, et soutenus ou besoin par des piles intermédiaires, supporter le poids énorme du tablier d'un pont suspendu et de sa charge? Un câble de 30 fils parallèles et de 3 millimètres de diamètre est capable de supporter 30000 kilogrammes et au delà.

7. **Dureté**. — Dans le langage vulgaire, on emploie le mot *dureté* pour exprimer des qualités bien différentes. D'un corps qui résiste au choc tendant à le briser, on dit qu'il est *dur*. On le dit encore, par opposition à *mou*, d'un corps qui ne cède pas sous la pression; on le dit enfin d'un corps difficile à entamer au couteau ou de toute autre manière. Cependant, ces différents modes de résistance n'ont rien de commun entre eux. Le verre, par exemple, est très-fragile; un faible choc le brise. Il n'est donc pas dur dans le sens de la résistance au choc. Par contre, on ne peut l'entamer avec le couteau. Dans ce sens, il est dur. Le platine peut être rayé avec l'ongle; sous ce rapport, on dira

de lui qu'il est mou. Il résiste au choc énergiquement ; sous cet autre rapport, on dira de lui qu'il est dur. On le voit donc, un corps peut tour à tour être qualifié de dur ou de mou, suivant l'acception que l'on accorde au mot dureté. La science ne peut s'accommoder d'expressions aussi vagues ; il lui faut des termes précis. Aux progrès du langage en clarté, en précision, se rattachent ses propres progrès. Pour elle, un mot est bien fait quand il signifie une seule chose, rien qu'une seule. Le mot vulgaire *dureté* n'est pas dans ce cas. Entendons-nous alors sur la signification que la physique lui donne. La *dureté* est le plus ou moins de résistance qu'un corps oppose à être entamé par un instrument tranchant, à être rayé, usé par un autre. De deux corps frottés l'un contre l'autre, le plus dur est celui qui entame, qui use, qui raye ; le moins dur est celui qui est entamé, usé, rayé. L'acier, qui lime le fer, est plus dur que le fer. Le verre est plus dur que l'acier parce que le verre entame l'acier, tandis que l'acier ne peut l'entamer lui-même. Mais le diamant, à son tour, est plus dur que le verre, parce qu'il raye le verre et que le verre ne peut le rayer. Du reste, le diamant est le plus dur de tous les corps connus : il raye tous les corps, il n'est rayé par aucun. Aussi, pour le tailler, pour le polir, faut-il se servir de sa propre poussière. Chacun sait, d'autre part, que les vitriers coupent le verre avec la pointe d'un diamant. C'est là le seul service réel que nous rende ce corps, auquel un prix énorme est attribué. Fort souvent, on se fait une idée fausse de la dureté du diamant. On s'imagine, par exemple, que le diamant, placé sur une enclume et frappé à coups de marteau, résisterait au choc et pénétrerait même dans la masse de l'enclume. C'est là une grossière erreur. Le diamant se brise comme verre. Dureté et fragilité se trouvent fréquemment réunies. Le verre est dur, le diamant est plus dur encore ; ils sont l'un et l'autre très-fragiles. Nous allons voir d'autres exemples de cette association de qualités inverses qui semblent s'appeler l'une l'autre.

8. **Trempe.** — Parmi les conditions qui peuvent faire varier le degré de dureté d'un corps, il faut citer d'abord l'élévation de température, qui étant un acheminement vers la fusion, rend le corps plus facile à entamer. Porté à la température rouge,

le verre se divise au couteau. La fonte de fer, si dure à froid, peut, étant rouge, se diviser avec la scie en tels morceaux que l'on veut. Mais la manipulation qui amène les modifications les plus remarquables dans un corps, au point de vue de la dureté, c'est sans contredit la *trempe*. On trempe un métal en le portant à une température élevée et en le plongeant brusquement dans de l'eau froide. L'acier non trempé n'est guère plus dur que le fer ; après la trempe, il a une dureté qui lui permet de limer, raboter, scier le fer et même des corps plus durs. La dureté acquise est d'autant plus forte que la trempe est plus énergique, c'est-à-dire que la température à laquelle l'acier a été porté est plus élevée et que le refroidissement est plus subit, plus vif. L'acier bien trempé est très-dur ; par contre, il est très-fragile. Certains instruments de chirurgie, les lancettes et autres, qui exigent une forte trempe pour acquérir un tranchant supérieur à celui de nos instruments ordinaires, se brisent avec la facilité du verre. A un degré moindre, nos canifs, nos rasoirs présentent quelque chose de pareil. La fragilité paraît devoir être la compagne inséparable de la dureté.

D'autres fois, la trempe amène des effets contraires. Un alliage de cuivre et d'étain, qui sert à faire les tamtams et les cymbales des orchestres, chauffé au rouge et subitement jeté dans l'eau, devient assez tendre pour pouvoir être travaillé au marteau ; refroidi lentement à l'air, il acquiert à la fois dureté et fragilité.

La trempe, appliquée au verre, amène de singuliers résultats. Si on laisse tomber dans de l'eau froide des gouttes de verre fondu, en se solidifiant, chacune prend la forme d'une poire à queue très-allongée ou d'une larme, d'où le nom de *larmes bataviques* qu'on leur donne. Or, une de ces larmes de verre trempé peut, sans se rompre, éprouver des chocs assez forts sur la partie la plus grosse, le ventre ; mais si l'on vient à briser la queue effilée, la larme entière se réduit bruyamment en poussière.

Les ustensiles en verre, refroidis sans ménagement lors de leur fabrication, nous présentent également des exemples d'une rupture soudaine pour des causes qui nous échappent. Des carafes, des gobelets, des ustensiles de chimie se brisent quelquefois au moindre choc, et même sans aucune cause apparente, sans qu'on y touche nullement. Une sorte de trempe amenée par un contact trop brusque avec l'air froid au moment de la fabrication paraît être le motif de ces ruptures spontanées. De là, dans les verreries, la nécessité de laisser refroidir avec lenteur les objets fabriqués.

9. **Ductilité**. — Le mot *ductilité* a une signification assez étendue. On dit, par exemple, de l'argile, de la cire et des autres substances qui se laissent pétrir entre les doigts, qu'elles sont *ductiles*; mais on entend plus particulièrement par *ductilité* le degré de facilité que les corps présentent à être étirés en fils, Pour les métaux, l'étirage en fils se fait au moyen de la filière. La filière, on l'a déjà dit, est une plaque d'acier percée d'un certain nombre de trous de calibre décroissant. Une petite baguette de métal est engagée dans le trou le plus gros et tirée avec force. En passant par ce défilé un peu étroit pour elle, la baguette métallique s'amincit et s'allonge d'autant. On l'engage alors dans un trou plus étroit. Le fil devient plus menu et plus long. On continue cette opération en passant d'un trou de la filière à un autre plus petit, jusqu'à ce que le fil ait acquis la finesse voulue. Une limite survient toutefois à ce degré de finesse. Quand le fil est trop menu, il ne peut plus supporter la traction nécessaire pour le faire passer dans le trou de la filière, et l'opération forcément s'arrête. Pour être réduit en fils déliés, un métal doit donc associer une certaine résistance à la traction ou ténacité à une souplesse moléculaire qui lui permette de supporter, sans se rompre, l'arrangement forcé imprimé par la filière. Le fer est bien le plus tenace des métaux, mais il n'a pas la souplesse moléculaire voulue ; aussi n'est-il pas le plus ductile. En tête, il faut placer le platine. Puis viendraient l'argent, le fer, le cuivre, l'or, le zinc, l'étain, le plomb. On a déjà vu comment le platine, revêtu d'un fourreau d'argent qui lui donne un surcroît de ténacité, peut être étiré en fils dont la ténuité dépasse celle des fils d'araignée. On a dit qu'une pelote de ce fil de la grosseur d'une pomme serait suffisante pour servir de ceinture à la Terre.

La ductilité est favorisée par une élévation de température. Le verre, nullement ductile à froid, peut être étiré en fils d'une excessive délicatesse s'il est porté au rouge, au voisinage de son point de fusion. Si l'on étire avec des pinces un tube de verre rouge de feu, et que l'on en fixe l'extrémité sur un dévidoir tournant avec vitesse, on obtient un écheveau de *fils de verre* qui, pour la finesse, l'éclat, rivalisent avec les fils de soie. Ces fils de verre sont assez souples pour pouvoir être tissés en étoffes dont rien n'égale les merveilleux reflets. On en fait aussi des aigrettes d'un brillant incomparable.

10. **Malléabilité**. — *Malleum*, en latin, signifie marteau. De ce mot on a fait *malléabilité*, pour désigner le plus ou le moins de facilité que possèdent les corps d'être aplatis, d'être réduits en lame sous la percussion du marteau. A l'action du marteau, on associe celle du *laminoir*, appareil propre à réduire en *lames*.

Un laminoir se compose de deux cylindres d'acier tournant en sens inverse, côte à côte et à une petite distance l'un de l'autre. Cette distance peut, du reste, varier au moyen de vis qui éloignent ou rapprochent les deux cylindres : mais une fois déterminée, elle est maintenue invariable. On engage entre les deux cylindres, dans le sens de leur mouvement, la plaque métallique à laminer. Le laminoir saisit la plaque, l'entraîne forcément et l'aplatit un peu. Les cylindres sont alors un peu plus rapprochés au moyen des vis, et la plaque subit un nouveau passage, qui amoindrit encore son épaisseur en augmentant sa largeur. En diminuant ainsi chaque fois la distance des cylindres, on finit par obtenir des feuilles d'une très-petite épaisseur. Sous le rapport de la facilité à s'aplatir au laminoir, les métaux se classent ainsi :

1. Or.	5. Platine.
2. Argent.	6. Plomb.
3. Cuivre.	7. Zinc.
4. Etain.	8. Fer.

Le fer, qui pour la ténacité occupe le premier rang, se trouve ici occuper le dernier. Cela tient à son peu de flexibilité moléculaire. Sous la pression du laminoir qui l'écrase, il se gerce, il se fendille, il se déchire, faute d'une souplesse convenable entre ses particules constituantes. L'or, l'argent, le cuivre, l'étain, bien moins tenaces, moins rigides, s'aplatissent sans se déchirer.

Les feuilles d'or pour la dorure sont obtenues de la manière suivante : L'or est d'abord réduit, au laminoir, en rubans de 1 millimètre d'épaisseur environ. On découpe ces rubans en morceaux que l'on assemble en un paquet pour battre le tout sur une enclume de fer, jusqu'à ce qu'ils soient réduits chacun à l'épaisseur d'une feuille de papier. Les feuilles résultant de ce premier martelage sont superposées au nombre de soixante et séparées l'une de l'autre par des carrés de vélin. Le tout est disposé dans un fourreau de fort parchemin. On recommence alors le battage, mais sur un bloc de marbre poli. Les feuilles amincies et étendues d'autant, sont divisées au couteau, de nouveau assemblées et de nouveau martelées, et ainsi de suite, à plusieurs reprises. Dans les derniers assemblages, les feuilles de vélin séparant l'une de l'autre les feuilles d'or sont remplacées par de minces membranes de baudruche. C'est par cette suite de martelages délicats que l'or est réduit en ces feuilles minces dont il a été question dans un autre chapitre. L'amincissement de l'or par le marteau est poussé de telle sorte qu'un millier de feuilles superposées font environ 1 millimètre d'épaisseur. Il pourrait être amené bien plus loin, jusqu'à dix mille, vingt mille feuilles par millimètre ; mais dans la pratique, il n'y a aucun avantage. La dorure obtenue avec des feuilles aussi minces n'aurait aucune durée, et la main-d'œuvre absorberait les économies faites sur la matière première.

RÉSUMÉ

1. Les corps solides sont extrêmement variés pour l'aspect, le poids, la forme, la saveur, l'odeur, la dureté, la couleur, etc. En disant d'un corps qu'il est *solide*, on ne veut pas entendre que ce corps soit doué d'une grande résistance, mais seulement qu'il peut être saisi, manié. Dans le sens que la physique accorde à l'expression *solide*, un fil d'araignée est solide tout autant qu'une barre de fer.

2. La *ténacité* est le degré de résistance que les corps solides op-

posent à la rupture. La rupture peut être amenée de quatre manières différentes : par le choc, par un effort qui tend à faire fléchir le corps, par une pression qui tend à l'écraser, par une traction qui tend à le rompre. Le fer est la substance qui résiste le plus au choc. De là son emploi pour enclumes, marteaux, haches, pics, etc.

3. La résistance à la rupture par flexion est la plus grande possible quand la matière est disposée en cylindre creux. Les tiges des céréales, les os des animaux, les bases des plumes des oiseaux, sont des cylindres creux.

4. Une belle application de ce principe se trouve dans les *ponts tubulaires*, énormes poutres creuses dans lesquelles circulent les convois sur certaines lignes ferrées pour traverser les rivières.

5. Les pierres qui forment les assises de nos constructions résistent le mieux à l'écrasement quand elles sont disposées dans le sens qu'elles avaient dans la carrière. Un cylindre creux résiste mieux à l'écrasement qu'un cylindre plein de même masse.

6. Le fer est la substance qui résiste le plus à la *traction*. Un fil de fer de 2 millimètres de diamètre peut supporter, avant de se rompre, un poids de 250 kilogrammes en moyenne. L'emploi des câbles en fil de fer pour soutenir le tablier des ponts suspendus est basé sur cette énorme résistance.

7. La *dureté* est le degré de résistance qu'un corps oppose à être entamé, rayé, usé par un autre. Le diamant est le plus dur des corps connus. Il raye tous les corps, il n'est rayé par aucun. On le polit avec sa propre poussière. En même temps qu'il est très-dur, le diamant est très-fragile. Dureté et fragilité fréquemment sont réunies.

8. On augmente la dureté de l'acier par la *trempe*, c'est-à-dire en le chauffant d'abord et en le plongeant ensuite brusquement dans de l'eau froide. Plus la trempe est énergique, plus l'acier est dur et plus aussi il est fragile. L'alliage des cymbales acquiert au contraire par la trempe assez de souplesse pour pouvoir être travaillé. Le verre trempé forme les larmes bataviques, dont la fine pointe cassée amène une brusque rupture de tout le reste. Le verre refroidi avec trop peu de ménagement éprouve de soudaines ruptures sans motif apparent. Dans les verreries, les ustensiles fabriqués doivent, pour perdre leur extrême fragilité, être refroidis graduellement dans des fours particuliers.

9. La *ductilité* est la propriété que possèdent certains métaux d'être étirés en fils. La réduction des métaux en fils se fait au moyen de la filière. Le métal le plus ductile est le platine. Le verre chauffé au rouge peut être réduit en fils très-minces, qui ressemblent à de la soie et sont susceptibles d'être tissés en étoffes.

10. La *malléabilité* est la propriété qu'ont certains métaux d'être réduits en feuilles plus ou moins minces par le martelage ou par l'action du laminoir. Le métal le plus ductile est l'or.

———

CHAPITRE VI

1. Variété des corps liquides. — Les substances liquides ne sont pas moins variées que les substances solides. L'alcool a une saveur forte, une odeur vineuse ; il brûle avec la plus grande facilité. L'eau n'a pas de saveur, pas d'odeur ; elle ne brûle pas, tant s'en faut. L'alcool et l'eau, à propriétés si différentes, sont l'un et l'autre liquides. Le vinaigre, son nom le dit, a une saveur aigre, intolérable quand elle est bien forte ; le lait est doux. Vinaigre et lait sont deux liquides. L'huile graisse les doigts, elle fait sur le papier une tache transparente qui ne s'en va plus. La benzine, l'essence de térébenthine, loin de graisser les doigts, les dégraissent au besoin ; elles font sur le papier des taches transparentes qui bientôt disparaissent. Huile, benzine, essence de térébenthine, sont des liquides. Le mercure ou argent-vif est très-lourd, si lourd que le plomb flotte sur lui comme le bois flotte sur l'eau. Abandonné à l'air dans un verre, il resterait là indéfiniment sans s'évaporer. L'éther est très-léger ; il surnage dans l'huile, qui elle-même surnage dans l'eau. Versé dans un verre et abandonné à l'air, il se dissipe bientôt en s'évaporant. Éther et mercure sont cependant l'un et l'autre des corps liquides. En somme donc, les substances liquides peuvent présenter les différences les plus frappantes sous le rapport du poids de la couleur, de l'aspect, de la saveur, de l'odeur, etc., mais une propriété caractéristique se retrouve dans tous : la mobilité moléculaire qui leur permet de couler. A cette mobilité se rattache la propriété suivante.

2. Transmission des pressions par les liquides. — Supposons un vase entièrement plein d'eau ou de tout autre liquide. Sur les parois de ce vase, en dessus, en dessous, par côté, nous pratiquons des orifices A, B, C, D, E (fig. 10), tous d'égal calibre, et munis de canaux dans lesquels des pistons, bouchant exactement, peuvent se mouvoir en liberté. Si l'on exerce une pression de 1 kilogramme sur le piston A, cette pression se transmet par l'intermédiaire du liquide à tous les autres pistons, B, C, D, E, qui, refoulés alors de dedans en dehors, tendent à s'échapper de leur canal si rien n'y met obstacle.

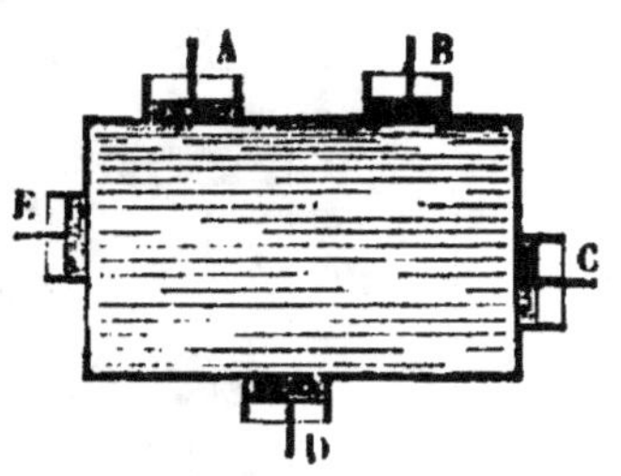

Fig. 10.

Cette transmission de la poussée du piston A est occasionnée par la mobilité du liquide, qui permet en tous sens le refoulement du contenu du vase. Avec un contenu solide, rien de pareil n'aurait lieu, la mobilité manquant pour permettre à la matière d'être refoulée de tous côtés et de transmettre ainsi la pression exercée en l'un de ses points. Les pistons B, C, D, E, sont, disons-nous, poussés de dedans en dehors; ils quitteraient leurs orifices respectifs si l'on n'y mettait pas obstacle. Eh bien, quel obstacle faut-il opposer à l'issue de ces pistons? Juste une poussée de dehors en dedans équivalant au poids de 1 kilogramme, juste enfin une poussée égale à celle qu'éprouve le piston A, cause de toutes ces tendances au déplacement. Le piston A est refoulé du dehors du vase au dedans par une pression de 1 kilogramme; du même coup, tous les autres pistons sont chassés du dedans au dehors du vase par une pression de 1 kilogramme; et pour les empêcher de sortir, il faut leur opposer une poussée inverse de 1 kilogramme.

Soit encore l'appareil que représente la figure 11. C'est une boule creuse percée de divers trous et armée d'un canal dans lequel peut se mouvoir un piston que chasse une tige surmontée de sa poignée. L'appareil est rempli d'eau. Le piston est poussé. Aussitôt l'eau jaillit par tous les trous de la boule indistinctement, par ceux d'en haut, par ceux d'en bas, par ceux de côté. De plus, elle jaillit par tous avec la même puissance. Le filet d'en bas n'est pas plus nourri, plus fort que les filets d'en haut; et ceux-ci ne le sont pas plus, pas moins que les filets latéraux. La poussée exercée par le piston se transmet donc dans tous les sens avec une égale puissance.

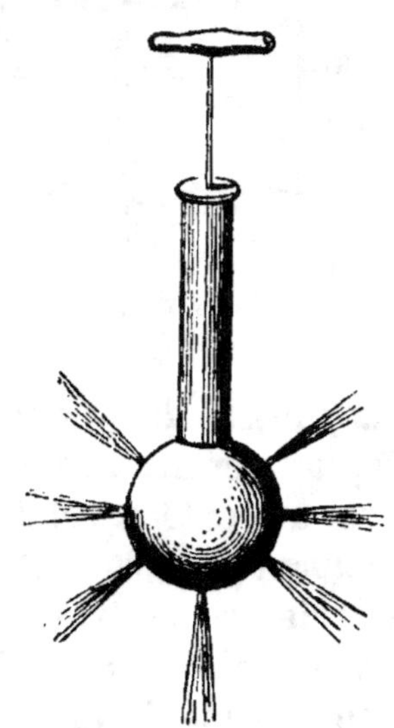

Fig. 11.

Les faits relatifs à la figure 10 permettent de préciser davantage. Le piston A, recevant directement la poussée qui met le tout en branle, et les pistons B, C, D, E, recevant la poussée du premier transmise par l'eau, ont même superficie. Eh bien, le piston A étant chassé de dehors en dedans par la poussée de 1 kilogramme, les autres se trouvent refoulés de dedans en dehors encore par la poussée de 1 kilogramme pour chacun. Ainsi la pression exercée sur une certaine étendue d'une masse liquide se transmet en tout sens, avec son entière valeur, pour des étendues égales à la première.

3. La pression transmise est proportionnelle à la surface. — Qu'arriverait-il si la surface recevant la poussée directe et la surface recevant la poussée transmise par le liquide n'étaient pas égales? Voici. Imaginons un vase plein d'eau et percé à sa paroi supérieure de deux orifices : l'un A, cent fois plus grand que l'autre B (fig. 12). Chaque orifice est muni d'un piston. On charge le piston B du poids de 1 kilogramme. Par l'effet de la poussée transmise, le piston A est refoulé de bas en haut. Pour l'empêcher de monter, il faut le charger d'un certain poids. Quel doit-il être? Voilà la question. Remarquons que le piston A, cent fois plus étendu en superficie que le piston B, peut être regardé comme

Fig. 12.

la réunion de cent pistons pareils à B. Or, chacun de ceux-ci, d'après le principe du précédent paragraphe, serait soulevé par une poussée de 1 kilogramme. Donc le piston A, somme de ces cent pistons imaginaires, doit être soulevé par une poussée de 100 kilogrammes. Ce que dit la raison, l'expérience le confirme. On trouve en effet que, pour contre-balancer la poussée qui tend à soulever le piston A, il faut charger celui-ci du poids de 100 kilogrammes. La poussée émanée du piston directement pressé est donc transmise par le liquide proportionnellement à la surface considérée. Elle est double, quintuple, centuple de la poussée directe exercée sur le piston B, si la surface du piston A est double, quintuple, centuple de celle du premier.

Généralisons encore. Dans le vase de la figure 13, des orifices sont percés et munis de pistons E, D, C, B, A. Le piston E a une superficie de 1 décimètre carré, par exemple. Le piston D est égal aux 4/5 de E ; C, à 1/2; B, à 1/3; A, à 1/4. On exerce sur E une pression de 1 kilogramme. Pour empêcher D de sortir, il faudra le maintenir en place par une poussée de dehors en dedans égale au 4/5 de 1 kilogramme. Il faudra de même opposer à C une poussée de 1/2 kilogramme ; à B, de 1/3 de kilogramme; à A, de 1/4

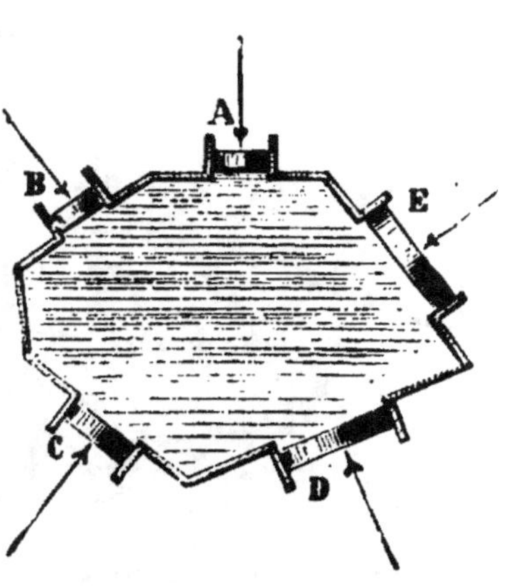

Fig. 13.

de kilogramme. C'est-à-dire que les divers pistons sont refoulés de dedans en dehors par une poussée égale aux 4/5, à 1/2, à 1/3, à 1/4 de la poussée exercée sur le piston E, suivant que leur superficie est les 4/5, le 1/2, le 1/3, le 1/4 de celle de ce piston E. Ainsi, dans tous les cas, pour des étendues plus petites, comme pour des étendues plus grandes, *la poussée transmise est proportionnelle à la surface considérée.*

4. Presse hydraulique. — Le principe de la transmission des pressions par les liquides nous rend compte du jeu fondamental d'une machine douée d'une puissance inouïe et nommée *presse hydraulique* (fig. 14). Sans entrer pour le moment dans tous les détails de la machine, on peut dire qu'elle se compose

4.

de deux cylindres creux : l'un A, plus petit, l'autre beaucoup plus grand, L. Ces deux cylindres sont pleins d'eau, et communiquent entre eux par un canal G. Chacun est armé d'un piston qui le bouche exactement. Le piston de A est mis en mouvement au moyen d'un levier B, le piston K du gros cylindre est surmonté d'un plateau HH' qui se meut entre des colonnes en fonte solidement établies. Les mêmes colonnes portent supérieurement

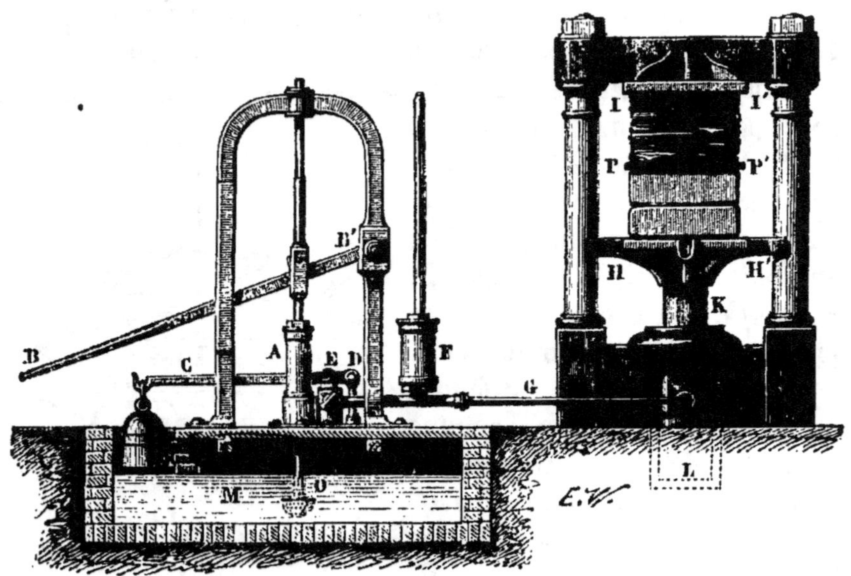

Fig. 14. — Presse hydraulique.

un second plateau II'. C'est entre ces deux plateaux que l'on dispose les objets à presser. Imaginons que le piston du gros cylindre soit mille fois plus étendu que le piston du petit cylindre. Si, au moyen du levier, on exerce sur celui-ci une pression de 100 kilogrammes, et par l'intermédiaire du levier c'est chose très-aisée, l'effort d'une seule main suffit; si, disons-nous, on exerce sur le piston du cylindre A une pression de 100 kilogrammes, la poussée se transmettra de bas en haut au piston du gros cylindre, proportionnellement à sa surface ; et comme celle-ci est mille fois plus grande que celle du premier, le piston K sera soulevé avec une force de 100,000 kilogrammes. Par l'intermédiaire de la machine, ou plutôt par l'intermédiaire de l'eau, l'effort du bras se traduira, tout faible qu'il est, par un effort immense, par une poussée de 100,000 kilogrammes. On conçoit alors quelle énergique pression doivent éprouver les objets placés entre le plateau fixe supérieur et le plateau inférieur que le gros piston pousse devant lui avec une force indomptable.

L'emploi de ce merveilleux appareil est des plus fréquents. On s'en sert, en particulier, pour comprimer les cartons et le papier fraîchement préparés et leur faire rendre l'eau dont ils sont imprégnés; pour extraire le jus sucré des betteraves, l'huile des olives; pour séparer les matières huileuses, désagréablement odorantes, de la matière blanche et inodore dont on fait les bougies stéariques; pour réduire en un petit volume des matières encombrantes, comme le foin, et en rendre ainsi le transport plus facile, etc., etc. La puissance de la presse hydraulique tient du prodige. Sans effort, en poussant simplement de la main, un homme, dans certaines opérations, exerce par son intermédiaire, une pression d'un million de kilogrammes.

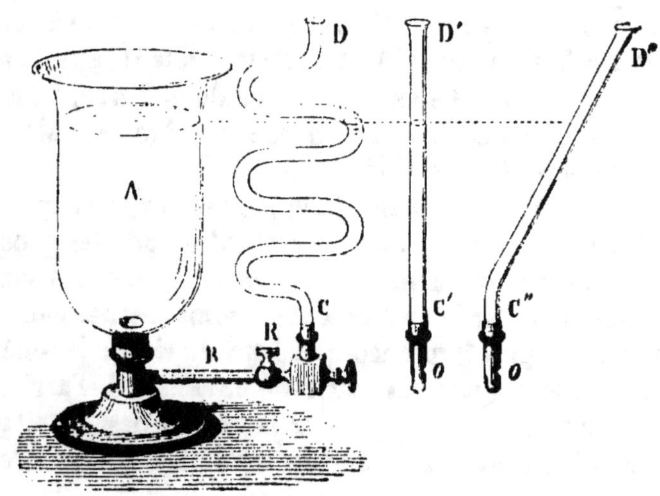

Fig. 15.

5. Vases communiquants. — Soit un vase A (fig. 15) rempli d'eau. Il est muni d'un canal B, sur lequel on peut visser tour à tour divers tubes, D, D′, D″, de la forme et du calibre que l'on veut. Un robinet R ferme d'abord le canal B, et interrompt la communication entre le vase et le tube vissé. Si l'on ouvre ce robinet, aussitôt l'eau du vase pénètre dans le tube et s'y élève précisément jusqu'au niveau du liquide dans le vase lui-même; et cela quel que soit le tube, qu'il soit sinueux comme D, tout droit comme D′, ou penché comme D″. Dans les trois cas, l'eau monte juste au même niveau, ainsi que le représente la ligne ponctuée de la figure. De là cette loi connue sous le nom de *loi des vases communiquants* : quand plusieurs vases ou cavités de forme quelconque communiquent entre eux, si l'un d'eux se remplit d'un liquide, les autres s'en remplissent également, et le liquide arrive dans tous exactement à la même horizontale, en d'autres termes au même niveau.

6. Surface libre des eaux tranquilles. — La surface libre des eaux tranquilles est partout perpendiculaire à la direction de la pesanteur ou à la verticale. Comme la direction de la pesanteur concourt en tous les points du Globe au centre de la Terre, il en résulte que la surface des eaux tranquilles se courbe pour se maintenir partout perpendiculaire à cette direction changeante de la verticale et prend la forme ronde. Mais il faut de grandes étendues, à cause de l'énorme étendue de la Terre, pour que la courbure des eaux se manifeste d'une manière sensible. La mer se prête très-bien à cette observation.

Lorsqu'une barque venant de la pleine mer se rapproche des côtes, les premiers points du rivage visibles pour les gens qui la montent sont les points les plus élevés, comme les cimes des montagnes. Plus tard apparaissent les sommets des hautes tours et des phares ; plus tard encore, le bord du rivage lui-même. De même, un observateur qui, du rivage, assiste à l'arrivée d'un navire, commence par apercevoir la pointe des mâts, puis les voiles les plus hautes, puis encore les voiles basses, et enfin la coque du navire. Si le navire s'éloignait du rivage, on le verrait graduellement disparaître et plonger en apparence sous les eaux dans un ordre inverse : c'est-à-dire que la coque se déroberait la première aux regards, puis les voiles basses, les voiles hautes, et enfin la cime du grand mât qui disparaîtrait la dernière. C'est ce que montre la figure 16. La courbure des eaux est donc hors de doute.

Mais si l'on considère une petite étendue de la mer, un port, un bassin, une anse, la courbure, quoique existant toujours à la rigueur, est si faible, par suite des grandes dimensions de la Terre, qu'il nous est impossible de la constater, et qu'elle échappe même aux observations les plus délicates. A plus forte raison

Fig. 16.

nous échappe-t-elle dans une cuve, un vase plein d'eau. Jusque dans une cuvette pleine d'eau, la raison devine la courbure qui, en tous les points, met la nappe liquide perpendiculaire à l'action de la pesanteur concourant au centre du globe; mais l'œil, aidé des meilleurs instruments de précision, ne peut l'apercevoir. On considère donc une nappe liquide de peu d'étendue comme exactement plane; et cette surface plane est dite *horizontale*.

7. Niveau des mers. Sa constance. — La surface courbe des mers autour de la Terre constitue ce qu'on appelle le *niveau des mers*. Ce niveau peut-il changer? Peut-il s'élever ou s'abaisser? On dit souvent que la mer se retire et laisse à sec de nouvelles terres, ou bien qu'elle progresse et les envahit. Les eaux diminuent-elles un jour en un point pour devenir plus abondantes un autre. Non.

Les vases communiquants viennent de nous enseigner l'égalité de niveau des liquides. En aucun de ses points, une nappe d'eau, si étendue qu'on la suppose, ne peut s'exhausser ou s'affaisser d'une manière permanente; car, dès que cesse l'action qui l'avait dérangée de son équilibre, elle est nécessairement ramenée à son niveau primitif en vertu de sa fluidité. Le niveau ne s'élève ou ne s'abaisse en réalité dans un bassin invariable lui-même qu'autant que la masse d'eau vient à augmenter ou à diminuer. Mais alors le changement de niveau n'est pas un fait local; il a lieu, au contraire, dans toute l'étendue du bassin, proportionnellement à la quantité d'eau ajoutée ou soustraite. Si la masse d'eau reste la même et que le niveau cependant éprouve des modifications, cela ne peut provenir alors que du bassin, dont la capacité se déforme, dont les parois, le fond, s'affaissant en certains points, s'exhaussant en d'autres, font descendre ou monter en apparence la surface de niveau. On connaît des milliers de localités où, depuis les temps historiques les plus reculés, le niveau des mers n'a subi aucun changement. Tel écueil, tel rocher, effleurés par le flot aux époques les plus anciennes où les archives de la géo·graphie puissent remonter, sont effleurés au même niveau par le flot d'aujourd'hui. Ces jalons naturels du nivellement des mers nous disent donc, qu'après quarante siècles au moins, la masse des eaux n'a pas changé, c'est là un fait que l'épreuve des âges a mis à l'abri du moindre doute.

8. Changements de niveau dans la terre ferme. — Si la configuration de la terre ferme, si le relief du sol servant de lit aux océans, n'ont pas été eux-mêmes altérés, on devrait alors retrouver partout la nappe des eaux marines au niveau des plus anciennes observations. Loin de là : les exemples surabondent de changements considérables dans les lignes de démarcation entre la terre ferme et les eaux. Ici la mer s'est retirée, laissant à sec de vastes plages, bientôt conquises par la végétation ter-restre; là, de grandes étendues de pays ont été submergées, avec leurs constructions, leurs forêts, leurs cultures. Mais les apparences sont fréquemment trompeuses; interprétées par la raison, elles nous conduisent à des conséquences inverses. Les apparences nous disent que la Terre est immobile dans l'es-pace; la raison nous affirme le contraire. Elles nous disent que la mer se déplace, qu'elle s'élève ou s'abaisse, submergeant cer-taines contrées ou laissant à sec de nouveaux rivages; la raison nous apprend que le niveau des eaux ne peut varier, et que le sol, à tort regardé comme inébranlable, manque de stabilité et produit lui-même tous les accidents attribués à l'oscilla-tion des mers. Ce n'est pas le liquide qui modifie son niveau;

c'est le bassin où il est renfermé qui le change en se déformant.

9. **Exemples du changement de niveau de la terre ferme.** — Prouvons par une paire d'exemples ce fait, en général opposé aux idées reçues. En 1822, 1835 et 1837, des commotions souterraines ont soulevé très-sensiblement le rivage du Chili, depuis Valdivia jusqu'à Valparaiso, c'est-à-dire sur une longueur de plus de deux cents lieues. Des rochers, jusque-là couverts en tout temps par les eaux, se sont élevés de deux à trois mètres au-dessus du niveau de l'Océan, avec leur végétation d'algues et leurs bancs de coquillages. En quelques points, la quantité de poissons mis à sec fut tellement considérable, que des étendues de quelques hectares en étaient jonchées et infectaient le pays de miasmes pestilentiels. On estime que la seule commotion de 1822 ébranla le sol du Chili sur une surface de treize mille lieues carrées, et en exhaussa le relief d'un mètre en moyenne ; de sorte que la masse des matériaux ajoutés ainsi au continent américain, ou plutôt que la masse soulevée au-dessus du niveau des eaux équivaut a cent mille fois la grande pyramide d'Égypte, le plus colossal monument que l'homme ait jamais édifié. Bien au large, le fond de la mer prit aussi part à l'exhaussement ; à une quarantaine de lieues des côtes, un navire baleinier ressentit un choc d'une violence extrême qui le démâta. La sonde, là où ce même navire avait, deux années avant, jeté l'ancre, accusa deux mètres et demi de moins dans la profondeur des eaux. Au milieu de la baie de la Conception, les vaisseaux ancrés par treize mètres de profondeur, échouèrent subitement. Le flot écoulé suivant de nouvelles pentes, s'était dérobé sous eux. Enfin, en divers points où les plus forts navires passaient d'abord sans obstacle, la navigation est aujourd'hui rendue impossible par de hauts fonds à fleur d'eau.

Les changements dans le niveau du sol, au lieu de se faire d'une manière brusque, peuvent encore s'effectuer lentement, sans secousse. C'est ce qui se passe, même de nos jours, en Suède. Des observations, suivies pendant plus de cent ans, ont appris qu'autour de la presqu'île les eaux de la Baltique et de l'océan du Nord s'abaissent graduellement, à raison d'un mètre par siècle, ou plus exactement que le sol s'exhausse peu à peu de la même quantité. En 1731, l'académie d'Upsal fit graver des entailles sur les rochers au niveau de la mer ; au bout de quelques années, ces entailles se trouvaient de plusieurs centimètres au-dessus des eaux. Aujourd'hui, plus d'un mètre les sépare de la nappe tranquille de la Baltique.

10. **Pourquoi on évalue les hauteurs à partir du niveau de la mer.** — D'après ces deux exemples, qu'il serait facile de multiplier indéfiniment, on voit qu'il faut reléguer au nombre des idées fausses la fixité proverbiale du roc et l'inconstance de l'élément liquide. Depuis la première aurore du monde, l'Océan roule ses flots suivant un éternel niveau ; et la terre, dite ferme, chaque jour se soulève ou s'effondre quelque part. Alors, pour évaluer les hauteurs verticales des points remarquables du globe, des cimes des montagnes, par exemple, où trouverons-nous un point de repère fixe sur lequel nous puissions compter, nous et nos successeurs? Le trouverons-nous dans les plaines voisines, que les eaux courantes modifient, que des effondrements ou des exhaussements amenés par les forces souterraines peuvent un jour ou l'autre changer? Et d'ailleurs, ces plaines ont-elles toutes même hauteur? Il y en a de basses, presque au niveau des eaux de la mer ; il y en a de hautes, de très-hautes, portant le nom de plateaux. Ce point de repère, le même pour toutes les hauteurs, le même à travers les âges, où le trouverons-nous donc? Nous le trouverons dans la surface des eaux des mers, et seulement là. La terre ferme peut éprouver et éprouve en effet journellement dans son relief des modifications plus ou moins grandes; mais les eaux de la mer conservent un invariable niveau, le même pour l'étendue entière du globe. Tel est le motif qui fait mesurer les hauteurs à partir de ce niveau, le seul digne de confiance.

RÉSUMÉ

1. Les substances liquides offrent la plus grande variété sous le rapport de l'aspect, du poids, de la couleur, de la saveur, de l'odeur, etc. Exemples : l'eau, l'alcool, l'éther, l'huile, la benzine, l'essence de térébenthine, le mercure, etc.

2. La pression exercée quelque part sur une masse liquide se transmet dans tous les sens.

3. L'énergie de la pression transmise est proportionnelle à la surface considérée. Elle est double, triple, quadruple sur une surface double, triple, quadruple ; elle est la moitié, le tiers, le quart de la pression directe si la surface considérée est la moitié, le tiers, le quart de la surface directement pressée.

4. La presse hydraulique est une belle application de ce principe. Ses parties essentielles sont deux cylindres pleins d'eau communiquant entre eux . l'un plus petit, où un piston exerce la pression directe; l'autre plus grand, où un second piston reçoit la pression transmise et la multiplie dans la proportion de sa surface.

5. Lorsque plusieurs vases de forme quelconque communiquent entre eux, le liquide qu'on y introduit s'élève dans tous au même niveau, c'est-à-dire jusqu'à la même horizontale.

6. La surface des eaux tranquilles est en tout point perpendiculaire à la direction de la pesanteur ou à la verticale. Comme toutes les verticales concourent au centre du Globe, la surface des mers est sphérique. La courbure des mers se vérifie par les apparences que présente un navire s'éloignant ou se rapprochant de l'observateur. Dans une petite étendue, la surface des eaux peut être considéré comme plane. Cette surface plane est dite surface horizontale.

7. Le niveau des mers ne varie pas.

8. Au contraire, le relief des continents éprouve de profondes modifications.

9. Exemples : l'exhaussement brusque du Chili en 1822, l'exhaussement lent de la Suède, qui se poursuit de nos jours encore.

10. L'invariabilité du niveau des mers a fait adopter ce niveau comme repère pour l'évaluation des hauteurs.

CHAPITRE VII

1. Poussée des liquides de bas en haut. — L'eau dans laquelle plonge un objet étranger fait effort pour reprendre la place que cet objet occupe. Un fait connu de tous nous le prouve déjà. Prenons un seau vide et tâchons de l'enfoncer dans l'eau, en le maintenant droit pour qu'il ne s'emplisse pas. A mesure qu'on l'enfonce davantage, on éprouve une résistance de plus en plus forte; et, s'il est un peu grand, il n'obéit bientôt plus à nos efforts et s'échappe de nos mains, violemment repoussé par le liquide dont il a pris la place. Il est donc reconnu que, lorsqu'un corps plonge dans l'eau, celle-ci fait effort pour le repousser au dehors. Toutes les substances fluides, quelles qu'elles soient, se comportent à ce sujet de la même manière. Cette propriété n'est pas due évidemment à une sorte de répulsion qu'auraient les substances fluides pour les corps étrangers; c'est tout simplement une conséquence de leur fluidité, en vertu de laquelle elles tendent à reprendre la place que l'objet immergé est venu occuper. De là résulte une poussée de bas en haut, qui chasse le corps à la surface du liquide, si un poids trop fort ne s'y oppose pas.

Le verre plongé dans l'eau descend au fond. Il éprouve toutefois une poussée de bas en haut qui tend à le ramener à la surface; mais comme cette poussée est trop petite par rapport au poids de la lame de verre, celle-ci descend malgré l'effort du liquide pour la repousser hors de son sein. Avec certaines précautions, on peut toutefois empêcher le verre de descendre au fond de l'eau. Il faut à cet effet augmenter la poussée qu'il éprouve de bas en haut de la part du liquide. On y parvient de la manière suivante.

2. Valeur de cette poussée. — Soit (fig. 17) un cylindre en verre creux et ouvert aux deux bouts. Sur l'orifice inférieur, on applique un disque de verre *mn* que l'on maintient momentanément en place au moyen d'un fil passant dans l'intérieur du cylindre. On plonge le tout dans l'eau, bien verticalement, le disque obturateur en bas. Quand l'appareil est assez profondément immergé, on peut lâcher le fil, tout en maintenant le cylindre; le disque de verre ne tombe pas, il reste appliqué avec force contre l'orifice du cylindre. Il est certain que si le disque était ainsi abandonné à lui-même, mais tout seul, il descendrait au fond de l'eau. S'il ne descend pas, il faut qu'une poussée de bas en haut le retienne appliqué contre l'orifice du cylindre. Cette poussée, d'où provient-elle? Elle provient de l'effort que fait l'eau pour reprendre la place occupée par l'appareil entier. Par l'emploi du cylindre associé au disque, nous avons augmenté le volume d'eau déplacé, et la poussée du liquide, se trouvant ainsi plus forte, est suf- fisante et au delà pour soutenir le disque obturateur malgré son poids.

On peut aller plus loin, on peut déterminer la valeur exacte de cette poussée de bas en haut. L'appareil étant immergé et le disque main- tenu en place par la poussée du li- quide, on verse de l'eau avec pré- caution dans l'intérieur du cylindre. Quand le niveau à l'intérieur est à peu près le même qu'à l'extérieur, l'obturateur se détache et descend au fond ; la poussée de bas en haut est alors contre-balancée par le poids du liquide contenu dans le cylindre, et le disque de verre, poussé éga- lement et en sens inverse, en haut

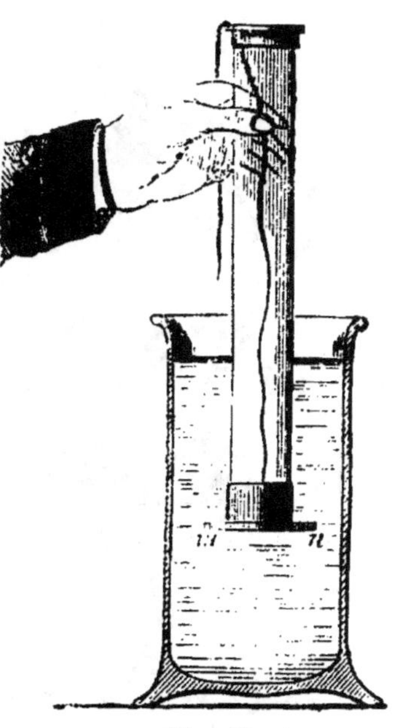

Fig 17.

par l'eau contenue dans le cylindre, en bas par l'eau environ- nante qui tend à reprendre la place occupée par l'appareil, n'o- béit ni à l'une ni à l'autre de ces pressions, qui se détruisent mutuellement, et tombe entraîné par son poids. La pression que l'obturateur éprouve de bas en haut de la part du liquide envi- ronnant a donc à peu près la même valeur que le poids de la co- lonne liquide surmontant cet obturateur dans le cylindre. Nous disons *à peu près* à cause de l'épaisseur du disque de verre. Si ce disque n'avait qu'une épaisseur négligeable, il y aurait égalité entre les deux pressions inverses.

3. **Poussées latérales**. — La poussée des liquides sur les corps immergés ne s'exerce pas seulement de bas en haut, elle s'exerce encore dans tous les sens. Remplaçons le tube de l'ex- périence précédente par un tube coudé et dont l'orifice inférieur, vertical ou oblique, est bouché avec un disque de verre momen- tanément retenu avec un cordon. Si on plonge le tube coudé

dans l'eau (fig. 18 et fig. 19), on peut abandonner le cordon sans que le disque se détache, maintenu qu'il est par la poussée

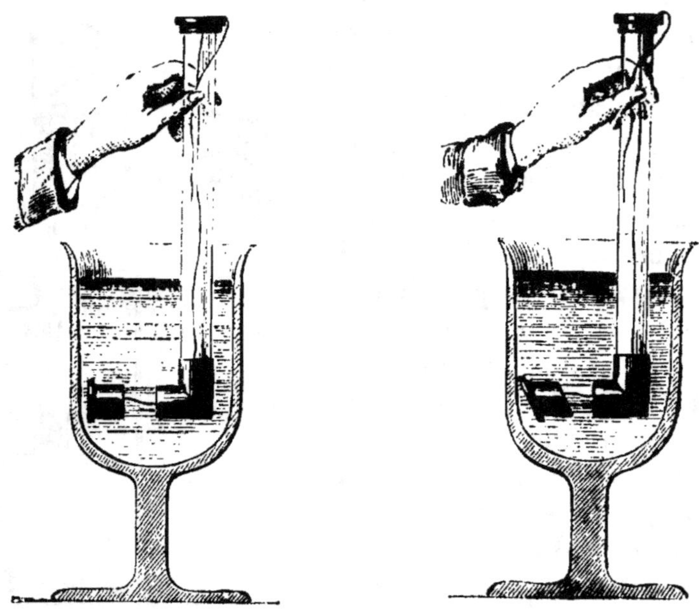

Fig. 18.   Fig. 19.

latérale du liquide. Mais si l'on remplit le tube d'eau avec précaution à peu près jusqu'au niveau extérieur, le disque de verre se détache et tombe. La poussée qu'il éprouvait de la part de l'eau environnante quand il adhérait au tube, est donc égale à la pression en sens inverse exercée sur lui par l'eau qui serait contenue dans le tube jusqu'au niveau extérieur.

4. Effets de la pression de l'eau sur les corps profondément plongés. — De là résulte qu'un corps librement plongé dans l'eau éprouve en dessus une pression égale au poids de la colonne liquide qui le surmonte, en bas et en sens inverse une pression de même valeur en négligeant l'épaisseur du corps. Sur les côtés pareillement, d'autres pressions sont exercées, dépendant de l'étendue de la surface pressée et de la profondeur à laquelle le corps est plongé ; de sorte que celui-ci est saisi, comme dans une espèce d'étau, par le liquide, qui le presse de partout et d'autant plus qu'il est plongé plus bas. Sous l'effort de ces pressions en tous sens, le corps est écrasé s'il n'a pas une résistance suffisante. Si, par exemple, on plonge dans l'eau une ampoule en verre très-mince, à une certaine profondeur elle se brise. Des vases incomparablement plus résistants seraient écrasés tout comme l'ampoule mince, s'ils étaient plongés à une profondeur assez grande. Imaginons que l'on descende dans la mer une bouteille vide, bien solide et bouchée avec soin. A une certaine profondeur, il arrivera de deux choses l'une: ou bien le bouchon sera violemment refoulé dans l'intérieur de la bouteille et celle-ci se remplira, ou bien le bouchon résistera et alors la bouteille sera brisée par la pression de l'eau. Lorsqu'on plonge dans les profondeurs de la mer un thermomètre pour en prendre la température, l'instrument revient déformé et même brisé si l'on n'a pas eu soin de le mettre dans un fourreau protecteur de métal. Encore arrive-t-il dans les grandes profondeurs que cet étui de métal est écrasé par la pression de l'eau. Un calcul très-simple va nous renseigner sur la valeur prodigieuse de cette pression. Imaginons une lame d'un décimètre carré de surface immergée à plat à mille mètres de profondeur dans la mer. Quelle pression supporte-t-elle en dessus et en dessous ? En dessus elle supporte une pression égale au poids de la colonne d'eau qui la surmonte ; en dessous, elle éprouve une pression pareille. Supposons à l'eau de mer le poids seulement de l'eau pure, le poids d'un kilogramme par décimètre cube ou par litre. La colonne liquide qui surmonte la plaque a 1,000 mètres de hauteur ou 10,000 décimètres. Divisons par la pensée cette colonne en tranches d'un décimètre de hauteur. Chaque tranche, ayant pour base un décimètre carré, c'est-à-dire l'étendue même de la plaque, et pour hauteur un décimètre, sera un décimètre cube. Le poids total de la colonne liquide est ainsi de 10,000 kilogrammes. La plaque supporte donc en dessus une pression de 10,000 kilogrammes, et en dessous, en sens inverse, une pression pareille. Comment, saisie entre ces deux énormes pressions, ne serait-elle pas écrasée, à moins d'être douée d'une résistance exceptionnelle?

5. **Comment les poissons résistent à la pression de l'eau.** — Une fois la pression des liquides sur les corps immergés bien comprise, on ne peut s'empêcher de se demander com-

ment un plongeur seulement à 10 mètres de profondeur, comment surtout les poissons, qui descendent bien plus bas, supportent sans écrasement la pression de l'eau. En mer, on prend parfois des poissons à 1,000 mètres de profondeur et davantage. Dans ces abîmes, chaque décimètre carré de leur corps supportait une pression de 10,000 kilogrammes. Ils vivaient cependant sous cette charge énorme ; ils allaient et venaient sans gêne, sans péril aucun d'écrasement. Comment cela?

Une mince ampoule de verre, si elle est plongée vide, se brise par la pression de l'eau à une faible profondeur, la paroi, n'ayant pas d'appui à l'intérieur pour résister à la poussée extérieure, cède aisément sous l'effort. Mais plongée pleine, une ampoule pareille peut descendre fort bas sans rupture. Alors le liquide intérieur sert d'appui à la paroi et l'empêche de céder à la pression du dehors. Il est vrai que la mince lame de verre composant cette paroi est, dans ces conditions, soumise à deux pressions inverses qui tendent à l'écraser : en dehors à la pression de l'eau extérieure qui agit en vertu de son poids, en dedans à la pression de l'eau intérieure qui réagit en vertu de sa résistance ; mais la lame ainsi pressée sur ses deux faces est bien moins facile à briser que lorsque l'effort de l'eau s'exerce uniquement à l'extérieur de l'ampoule. A une profondeur suffisante, elle finirait cependant par être écrasée comme entre les deux mâchoires d'un étau. N'importe ; toujours est-il que l'ampoule pleine résiste incomparablement plus que l'ampoule vide.

Le corps des poissons est comparable à l'ampoule pleine. Des liquides, en particulier du sang, l'imbibent de partout. Il n'existe pas un point de l'organisation, même dans les parties les plus dures, les os, qui ne soit imprégné d'humeur. Ce sont ces liquides qui résistent à la poussée de l'eau environnante et empêchent l'animal d'en ressentir les effets. La moindre parcelle du corps n'est pas même menacée d'écrasement, comme la paroi de l'ampoule pleine, par l'action du liquide extérieur et la réaction du liquide intérieur, car la matière d'un être vivant n'est pas une matière compacte, dans le genre du verre ou d'un métal, mais une matière éminemment poreuse, perméable, une espèce de fine éponge enfin qui permet aux liquides de l'intérieur et de l'extérieur d'agir et de réagir librement les uns sur les autres et de neutraliser ainsi leurs pressions inverses.

6. Vases de Pascal. — La figure 20 représente quatre vases, l'un (I) cylindrique et droit, l'autre (II) cylindrique et penché, le troisième (III) largement évasé par le haut, le quatrième (IV) rétréci au contraire par le haut. Tous les quatre sont ouverts à leur partie inférieure, et pour tous, cet orifice inférieur est exactement de même grandeur. Une pièce de bois ronde enveloppée d'étoupe graissée, comme le piston d'une pompe, bouche, dans chacun, l'ouverture d'en bas, tout en conservant, autant que faire se peut, la liberté de glisser. Ces espèces de pistons constituent ainsi pour les quatre vases un fond mobile de *même superficie*. Un des vases est fixé quelque part, au mur, à la table, n'importe. Un fil rattache son piston au fléau d'une balance et à l'autre extrémité de ce fléau est suspendu un poids, de 1 kilogramme par exemple, ainsi que le représente la figure 21. On verse peu à peu de l'eau dans le vase V. Quand le liquide atteint une certaine hauteur, le fléau de la balance trébuche, le piston se détache et entraîne le poids. On recommence en remplaçant tour à tour le vase V par le vase I, le vase II, le vase

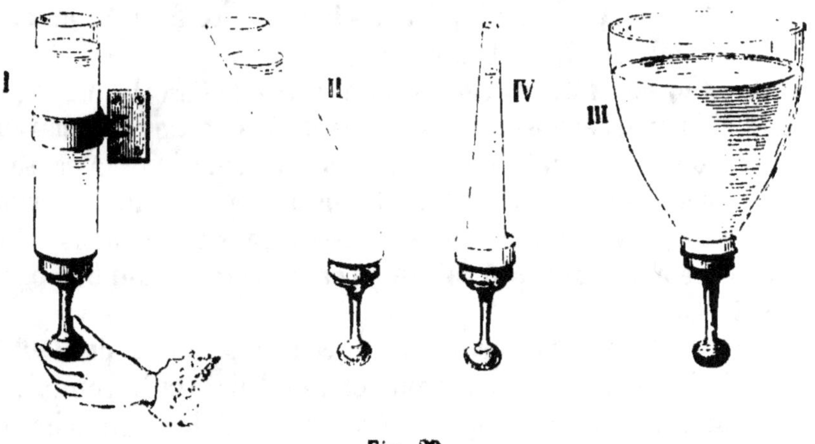

Fig. 20.

III, le vase IV. Or, un fait des plus remarquables se passe : dans tous les cas, la balance trébuche quand l'eau arrive à la même hauteur au-dessus de l'un ou de l'autre piston. Pour entraîner ce piston, fond mobile du vase, il faut, c'est évident, exercer sur lui une même pression dans les différents cas de l'expérience ; il faut contre-balancer le poids de 1 kilogramme agissant à l'autre

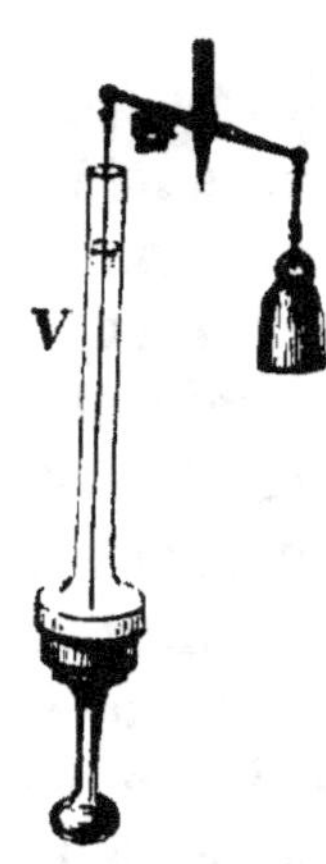

Fig. 21

extrémité du fléau. Eh bien, pour obtenir cette pression de 1 kilogramme, on n'a pas à se préoccuper, l'expérience le prouve, de la quantité d'eau contenue dans le vase. Que l'on emploie le vase IV rétréci par le haut, ou le vase III à large panse, malgré les quantités très-différentes d'eau contenue, le fond mobile, pour glisser et entraîner le poids, exige que le liquide arrive dans l'un et l'autre cas juste au même niveau. Le vase IV peut ne contenir que 10 grammes d'eau, le vase III peut en contenir 10 mille, c'est égal ; pour se déplacer sous la pression qu'il éprouve de la part du liquide, et faire trébucher le fléau, le fond mobile exige que ce liquide atteigne le même niveau. On voit d'après cela que la pression exercée par un liquide sur le fond d'un vase ne dépend pas de la forme de ce vase et par conséquent de la quantité de liquide contenu, mais seulement de la hauteur verticale du liquide au-dessus de ce fond, et aussi de l'étendue du fond, bien entendu.

7. **Appareil de Haldat**. — Les vases de Pascal, qui se prêtent si bien à l'exposition théorique de la question qui nous occupe, sont d'un emploi difficultueux dans la pratique, à cause du frottement que le fond mobile, le piston, éprouve dans l'orifice où il doit glisser. Aussi leur préfère-t-on dans une démonstration expérimentale l'appareil suivant, connu sous le nom d'appareil de Haldat.

Un canal de verre deux fois recourbé à angle droit, BNC (fig. 22), est fixé sur une planchette de bois. On le remplit de mercure, qui de lui-même s'élève dans les deux branches du canal exactement au même niveau. La petite branche du canal est munie d'une virole en cuivre sur laquelle on peut visser différents vases A, A', A'', ouverts à leur partie inférieure et de forme très-diverse. Le robinet R sert à faire écouler l'eau après chaque épreuve. L'un des vases A étant vissé, on le remplit d'eau jusqu'à une certaine hauteur, que l'on a soin de marquer. La pression de l'eau s'exerce sur le mercure, qui sert ici de fond mobile, et le refoule dans l'autre branche jusqu'à un niveau N que l'on marque également. La quantité dont le mercure s'est élevé par la pression de l'eau donne la mesure de cette pression. On vide le vase A par le robinet R, et on le remplace par A′, puis par A″, que l'on remplit d'eau à la même hauteur que précédem-

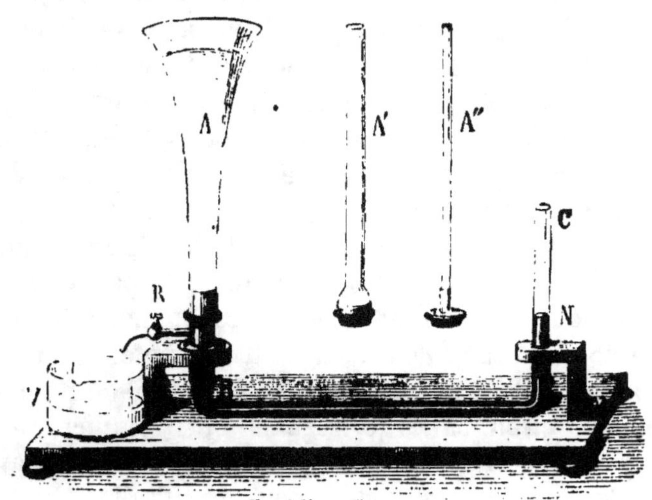

Fig. 22.

ment. Eh bien, quel que soit celui des trois vases employés, le mercure refoulé par la pression de l'eau s'élève toujours dans l'autre branche du canal précisément à la même hauteur. La pression exercée sur le mercure, fond mobile des vases, est donc la même, quelle que soit la forme du vase et par conséquent la quantité de liquide contenu ; elle ne dépend que de la hauteur verticale du liquide au-dessus du mercure. Les vases de Pascal nous avaient déjà conduits au même résultat.

8. **Pression exercée sur le fond des vases.** — Revenons à la figure 20. Lorsqu'on emploie le cylindre vertical I, il est visible que le liquide contenu presse de tout son poids sur le fond du vase, parce que, d'après la forme de l'appareil, rien ne modifie l'effet du poids du liquide agissant suivant la verticale. Dans ce cas particulier, la pression exercée sur le fond est donc égale

au poids de la colonne liquide verticale qui surmonte ce fond. Mais avec les autres vases, la pression conserve une même valeur. Alors dans tous les cas, n'importe la forme du vase, n'importe la quantité de liquide contenu, la pression sur le fond est égale au poids d'une colonne verticale de liquide qui s'appuierait sur ce fond pour base et s'élèverait au niveau supérieur du liquide. Ainsi, dans un vase à parois verticales, la pression sur le fond est égale au poids du liquide contenu ; dans un vase rétréci dans le haut, la pression exercée sur le fond est plus grande que le poids du liquide contenu ; dans un vase qui va en s'élargissant, la pression exercée sur le fond est moindre que le poids du liquide contenu.

Pour terminer, soit le problème que voici. Le fond d'un vase a un décimètre carré de surface, l'eau s'élève à une hauteur verticale de 1 mètre au-dessus de ce fond. Quelle est, en kilogrammes, la pression que ce fond éprouve de la part de l'eau ? Remarquons que pour résoudre cette question, nous n'avons nullement à nous informer de la quantité d'eau contenue dans le vase, ni de la forme de celui-ci. Ce vase est-il vertical ou penché, droit ou sinueux, étroit ou large, régulier ou irrégulier, de grande ou de petite capacité ? Nous n'en savons rien et nous n'avons pas besoin de le savoir, car rien de tout cela n'influe sur la valeur de la pression. Il suffit de connaître la surface du fond et la hauteur verticale de l'eau au-dessus de ce fond. D'après ce qui précède, cette pression est égale au poids d'une colonne verticale d'eau ayant pour base le fond du vase et pour hauteur la distance verticale de ce fond au niveau supérieur de l'eau. Calculons le poids de cette colonne liquide, colonne idéale peut-être si le vase n'a pas ses parois verticales, et nous aurons la valeur de la pression exercée sur le fond. La colonne en question a pour base un décimètre carré et pour hauteur 1 mètre ou 10 décimètres. Si nous l'imaginons coupée en tranches d'un décimètre de hauteur, chacune de ces tranches sera un décimètre cube. Mais un décimètre cube d'eau pèse un kilogramme. Alors la pression exercée sur le fond du vase est de 10 kilogrammes.

9. **Pression sur les parois**. — Un liquide ne presse pas seulement sur le fond du vase qui le contient, il presse aussi dans tous les sens, sur les parois latérales, sur la paroi d'en haut si

le vase en possède. Imaginons un vase de forme quelconque
et plein d'eau. Si nous pratiquons un orifice sur ses flancs et
qu'à cet orifice nous ajustions un canal se redressant suivant
la verticale, qu'arrivera-t-il? il arrivera que l'eau montera
dans ce canal et s'élèvera au même niveau que dans le vase.
C'est ce que nous ont appris déjà les vases communiquants. Pour
être ainsi refoulée dans le tube latéral, l'eau exige une certaine
poussée de la part du contenu du vase. Avant que l'orifice fût
pratiqué, cette poussée s'exerçait encore, mais sur la portion de
paroi qu'il a fallu enlever pour adapter au vase le tube latéral.
Ainsi, en chaque point des parois, une pression s'exerce, capable
de soulever une colonne d'eau au niveau même du contenu du
vase. Dans le cas où le vase est clos supérieurement, la pression
s'exerce aussi sur la paroi d'en haut. Supposons un tonneau
(fig. 23) dressé sur sa base. Supérieurement, nous pratiquons
une ouverture dans laquelle nous ajustons un long canal CX. On
met alors des poids de quelques centaines
de kilogrammes sur le fond supérieur du
tonneau. La charge fait fléchir cette paroi
et lui donne la forme concave ADB. Cela
fait, on remplit le tonneau d'eau par le
canal CX. Quand il est exactement plein,
il suffit d'ajouter encore un peu d'eau dans
le canal de manière qu'elle s'élève à un
certain niveau X, par exemple, pour voir
le fond supérieur du tonneau se soulever
peu à peu malgré le poids considérable
qui le charge, de concave devenir plan, et
même fortement bombé, si l'eau s'élève
assez haut dans le tube. Pour soulever
ainsi les quelques centaines de kilogrammes qui chargent le fond supérieur du
tonneau, pour redresser ce fond, le rendre bombé et menacer même de le faire
éclater, quelle puissance y a-t-il donc en
jeu? A peine un litre d'eau logée dans un
canal étroit, et pressant de bas en haut par l'intermédiaire du

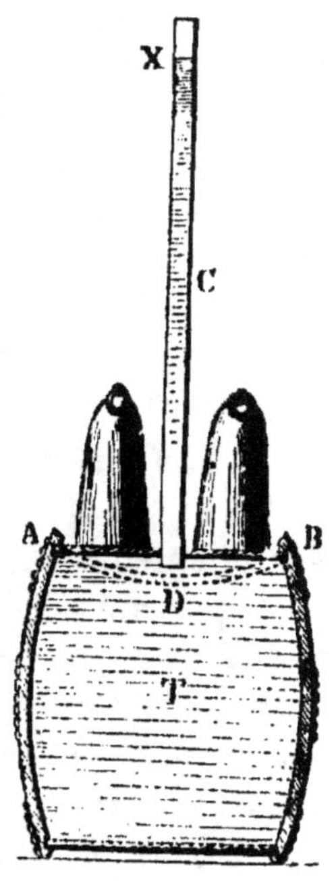

Fig. 23.

contenu du tonneau. Ici, comme au sujet du fond d'un vase, la pression ne dépend pas de la quantité d'eau employée; elle dépend uniquement de la surface pressée et de la hauteur verticale de l'eau au-dessus de cette surface. Elle est égale au poids d'une colonne d'eau ayant pour base la surface pressée et pour hauteur la distance verticale de cette base au niveau supérieur de l'eau. Si le fond d'en haut du tonneau a 1 mètre carré de surface, et que l'eau dans le tube s'élève à 10 mètres, la pression exercée sur cette paroi de dedans en dehors, de bas en haut, équivaut au poids de 10 mètres cubes d'eau, à 10,000 kilogrammes enfin. Comment, malgré sa charge et sa propre résistance, la paroi d'en haut ne céderait-elle pas à cet énorme effort?

10. **Rupture d'un tonneau sous l'action d'un simple filet d'eau.** — Simplifions l'expérience, ne chargeons pas de poids la paroi d'en haut du tonneau, mais laissons le canal. Le tonneau est plein d'eau jusqu'à la naissance du canal qui le surmonte. Il ne court aucun risque d'éclater par la seule pression de son contenu. Il est construit comme sont construits tous les tonneaux, c'est-à-dire assez solidement pour pouvoir être rempli de liquide sans danger de rupture. Il est clair même qu'il résisterait à des poussées intérieures de beaucoup plus fortes que celles auxquelles ces usages l'exposent. Cependant ce tonneau, qui ne fléchit pas sous l'effort de son contenu d'eau, qui ne fléchirait pas davantage sous l'effort d'un contenu bien plus lourd, éclate par la simple addition d'un filet d'eau. On remplit d'eau le tube CX. Combien en va-t-il dans ce tube? Bien peu, un litre peut-être, car il est bien étroit. N'importe, à mesure que le niveau monte dans le canal, on voit le tonneau se bomber par en haut, par en bas, sur les flancs. Il se déforme autant que le permet la souplesse des douves, puis soudain il éclate. Avec toute sa solidité, il n'a pu résister à l'action d'un simple filet d'eau. Rendons-nous compte de cet étrange résultat. Le tonneau et le canal qui le surmonte forment ensemble une sorte de vase, dont la surface entière du tonneau peut être considérée comme le fond. Donnons à cette surface 2 mètres carrés d'étendue et supposons que l'eau s'élève dans le canal à 10 mètres de hauteur au moment de la rupture. La pression exercée sur le fond d'un vase

dépend uniquement, nous le savons, de l'étendue de ce fond et de la hauteur verticale du liquide. La forme du vase, la quantité de liquide ne modifient en rien le résultat. Dans tous les cas, cette pression est égale au poids d'une colonne de liquide ayant pour base le fond du vase et pour hauteur la distance verticale de ce fond au niveau supérieur du liquide. D'après cela, la pression éprouvée par l'ensemble des parois du tonneau équivaut au poids d'une colonne d'eau de 2 mètres carrés de base et de 10 mètres de hauteur, c'est-à-dire à 20,000 kilogrammes. Avec une aussi prodigieuse poussée de dedans en dehors, faut-il s'étonner si le tonneau se rompt? On comprend alors de quel danger peut être une simple fissure faisant communiquer le dehors avec un réservoir d'eau profondément situé. Si cette fissure s'emplit par les eaux pluviales ou autrement, il se produira en grand les effets que vient de nous montrer le tonneau. Le réservoir lui-même sera le tonneau, la fissure sera le canal. Une indomptable pression se produira, et le réservoir, si solide qu'il soit, pourra céder et s'ouvrir.

11. Vases à réaction. — La pression des liquides sur toutes les parois d'un vase donne naissance à de curieux mouvements lorsqu'elle vient à être détruite en un certain point tout en persistant sur le point diamétralement opposé. Examinons quelques-uns des appareils employés pour montrer ces mouvements. Soit un petit vase plein d'eau et muni d'une tubulure latérale d'abord bouchée. Le vase est appendu à un long fil. Abandonné à lui-même, il prend la direction verticale, tout comme le fil à plomb. Mais si l'on ouvre la tubulure, l'eau s'échappe et en même temps le vase s'anime d'un mouvement de recul qui l'éloigne de la position verticale, ainsi que le représente la figure 24. La cause de ce mouvement de recul est facile à trouver. Quand la tubulure

Fig. 24.

est bouchée, l'eau exerce sa pression sur le bouchon qui fait alors partie de la paroi du vase ; elle s'exerce également sur le point diamétralement opposé. Ces deux poussées inverses s'entre-détruisent, ainsi, du reste, que sur deux points quelconques opposés, et l'appareil reste en repos. Si le bouchon est enlevé, la pression en ce point n'a plus lieu puisque la paroi n'y existe plus, et alors

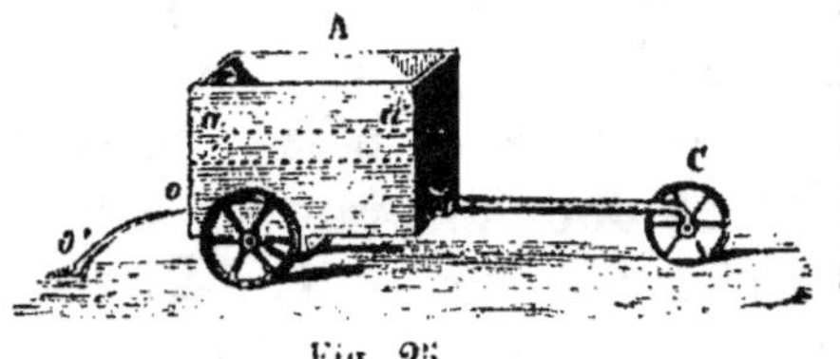

Fig. 25.

la poussée opposée, n'ayant plus d'antagoniste, chasse le petit appareil en sens inverse de l'écoulement de l'eau.

Un fait du même genre se passe avec le vase de la figure 25. C'est une petite cuve rectangulaire en cuivre très-mince, portée sur trois roulettes très-mobiles. On remplit la cuvette d'eau, on ouvre un orifice situé en O, le liquide s'échappe en un jet et le petit chariot se met à marcher tout seul, en sens inverse de l'écoulement. Inutile de s'arrêter à l'explication de ce mouvement ; elle est en tout la même que pour l'appareil qui précède.

Le *tourniquet hydraulique* est plus remarquable encore. Il se compose d'un réservoir plein d'eau bien équilibré sur deux pointes, l'une en bas, l'autre en haut, qui lui permettent de tourner facilement. Sa partie inférieure porte un canal transversal, dont chaque extrémité est recourbée. Les deux coudes ainsi formés sont dirigés l'un en avant, l'autre en arrière

Fig. 26. — Tourniquet hydraulique.

(fig. 26). Leurs orifices sont d'abord fermés avec des bouchons. En cet état, le tourniquet reste en repos. Mais si l'on vient à déboucher les coudes du canal transversal, l'eau s'écoule dans le bassin placé au-dessous du tourniquet et celui-ci se met à tourner en sens inverse de l'écoulement. Considérons en effet l'un des coudes. Quand l'orifice est obstrué, la pression de l'eau s'exerce également sur le bouchon et au point opposé t. Si l'orifice est libre et laisse écouler l'eau, il n'y a plus en ce point de pression puisqu'il n'y a plus de paroi ; mais la pression s'exerce toujours en t, et c'est cette dernière qui fait tourner l'instrument à contre-sens de l'écoulement. Sur l'autre coude, le même fait se passe ; et à cause de sa disposition inverse, son effet s'ajoute à celui du premier. Il est visible que si les deux coudes étaient tournés du même côté, leurs effets respectifs, au lieu de s'ajouter, se contrarieraient. Le tourniquet alors resterait immobile.

RÉSUMÉ

1. Par suite de leur fluidité, les liquides tendent à reprendre la place qu'un corps immergé y occupe. De là résulte sur ce corps une poussée de bas en haut.

2. Un disque de verre disposé horizontalement à l'orifice d'un gros tube, ne tombe plus quand le disque est immergé dans l'eau. Il est soutenu par la poussée du liquide. Cette poussée est égale au poids d'une colonne de liquide ayant pour base le disque et pour hauteur la distance verticale de ce disque au niveau de l'eau.

3. Le disque de verre est également retenu par la poussée du liquide contre l'orifice du tube quand cet orifice est vertical ou oblique.

4. Un corps immergé est pressé en tous sens par le liquide. Si la profondeur est considérable, la pression exercée par l'eau est telle, qu'elle déforme, qu'elle écrase les objets même très-résistants. De là résulte la nécessité d'une forte enveloppe protectrice pour les thermomètres que l'on descend dans la mer pour en prendre la température.

5. Les poissons vivant dans les grandes profondeurs n'éprouvent pas d'écrasement par l'effet de la pression de la mer, à cause des liquides de leur corps et de la structure éminemment poreuse de tout être vivant. L'homme qui plonge sous l'eau est dans le même cas.

6. La pression qu'un liquide exerce sur le fond du vase qui le contient ne dépend ni de la forme du vase, ni de la quantité du liquide contenue. Elle dépend simplement de l'étendue de ce fond et de sa distance verticale au niveau du liquide. Cette loi se démontre avec les vases de Pascal.

7. Elle se démontre encore avec l'appareil de Haldat.

8. La pression exercée par un liquide sur le fond d'un vase est égale au poids d'une colonne de ce liquide ayant pour base le fond du vase, et pour hauteur la distance verticale de ce fond au niveau du liquide.

9. Les liquides exercent aussi des pressions sur les parois latérales, et même sur la paroi supérieure si le vase est surmonté d'un canal lui-même plein.

10. Par l'effet de toutes ces pressions, un simple filet d'eau peut amener la rupture d'un tonneau, la rupture d'un réservoir.

11. Lorsque la pression d'un liquide est détruite en un point d'un vase par l'effet de l'écoulement, et qu'elle continue à s'exercer sur le point opposé, il se produit, le vase étant supposé suffisamment libre, un mouvement de recul de sens contraire à celui de l'écoulement. Le chariot hydraulique et le tourniquet en sont des exemples.

CHAPITRE VIII

1. **Archimède**. — Il y a plus de deux mille ans, régnait à Syracuse, en Sicile, un roi nommé Hiéron, qui comptait au nombre de ses amis un géomètre d'un génie supérieur, appelé Archimède. Un jour Hiéron remit à son orfévre une certaine quantité d'or pour en faire une couronne. La couronne faite, le travail en fut trouvé merveilleux ; mais l'orfévre fut soupçonné d'avoir, à une partie de l'or, substitué un poids égal d'argent. Pour s'en assurer, il aurait fallu détruire le chef-d'œuvre de l'artiste, et c'eût été grand dommage, car il était d'une rare perfection. La difficulté fut soumise à Archimède. Longtemps, le savant se creusa la tête pour savoir, sans altérer en rien la couronne, le poids de l'argent qui pouvait y entrer. Il cherchait, cherchait toujours, combinant et réfléchissant; mais la réponse n'arrivait pas. Un jour, comme il était au bain, une lumière soudaine se fit en son esprit : la facilité avec laquelle il soulevait le bras dans l'eau le mit sur la voie de la poussée des liquides ; et, de cette idée fondamentale, il arriva bientôt à la résolution de son problème. Ivre de joie, dit l'histoire, il sortit aussitôt du bain et parcourut les rues de Syracuse en s'écriant :

Je l'ai trouvé, je l'ai trouvé ! — Etait-ce folie ? — Avant de juger Archimède, attendons la fin de son histoire.

Rome n'est pas loin de la Sicile. Les Romains, déjà maîtres d'une grande partie de l'Italie, devaient étendre un jour leur domination sur le monde entier alors connu. La Sicile, par sa proximité, ne pouvait manquer de les tenter. Une puissante armée, montée sur une centaine de vaisseaux, vint mettre le siége devant Syracuse. La ville était dans la consternation : comment opposer une résistance sérieuse à l'attaque qui se préparait avec un tel ensemble de forces ?

Un vieillard cependant, à l'aide d'une savante industrie, va déconcerter, à lui seul, les desseins de l'armée romaine. Ce vieillard, c'est Archimède. Il fait construire, d'après ses indications, une foule de machines cachées derrière les remparts. A l'approche de l'armée ennemie, ces machines lancent une grêle de fragments de rochers, d'une pesanteur énorme, qui traversent l'air avec des bruissements horribles, et renversent, écrasent tout sur leur passage. L'armée de Rome est dans une complète déroute. On essaye d'attaquer Syracuse du côté de la mer ; mais il tombe des remparts de grosses poutres chargées, à une extrémité, d'un poids immense. Chaque vaisseau atteint s'ouvre sous le choc et s'abîme dans la mer. D'autres fois, des crampons de fer, fixés à l'extrémité d'une forte chaîne, sont lancés sur un vaisseau ; une machine retire la chaîne, soulève en l'air le vaisseau accroché, le fait pirouetter quelque temps, puis le laisse retomber de tout son poids sur les rochers aigus du bord de la mer, où il s'écrase avec son équipage. Enfin, la frayeur est telle dans l'armée romaine, qu'à l'aspect d'un seul bout de corde, ou d'une simple pièce de bois, apparaissant sur les murailles, les soldats prennent la fuite, criant qu'Archimède va lancer contre eux quelque effroyable machine.

L'armée ennemie est ainsi tenue longtemps en échec par la seule science d'Archimède ; et il est douteux qu'elle se fût jamais rendue maîtresse de Syracuse, si la vigilance des assiégés n'avait fait défaut, un jour de fête. Les Romains profitèrent de ce manque de vigilance et pénétrèrent dans la ville. Au milieu des horreurs de la tuerie et du pillage, Archimède, ignorant l'in-

vasion de l'ennemi, était dans sa maison occupé à tracer, sur le
sable, quelques figures de géométrie, ayant rapport peut-être à
quelque nouvelle machine destinée à repousser les Romains. Un
soldat se présente et lui ordonne brutalement de le suivre.
Archimède le prie d'attendre un moment que son problème soit
résolu. Le soldat, impatient et peu soucieux du problème, lui
casse la tête d'un coup de son arme. Le général romain, Mar-
cellus, fut vivement affligé de la perte de cet homme illustre,
et lui fit faire de magnifiques funérailles.

2. **Démonstration expérimentale du principe d'Ar-**

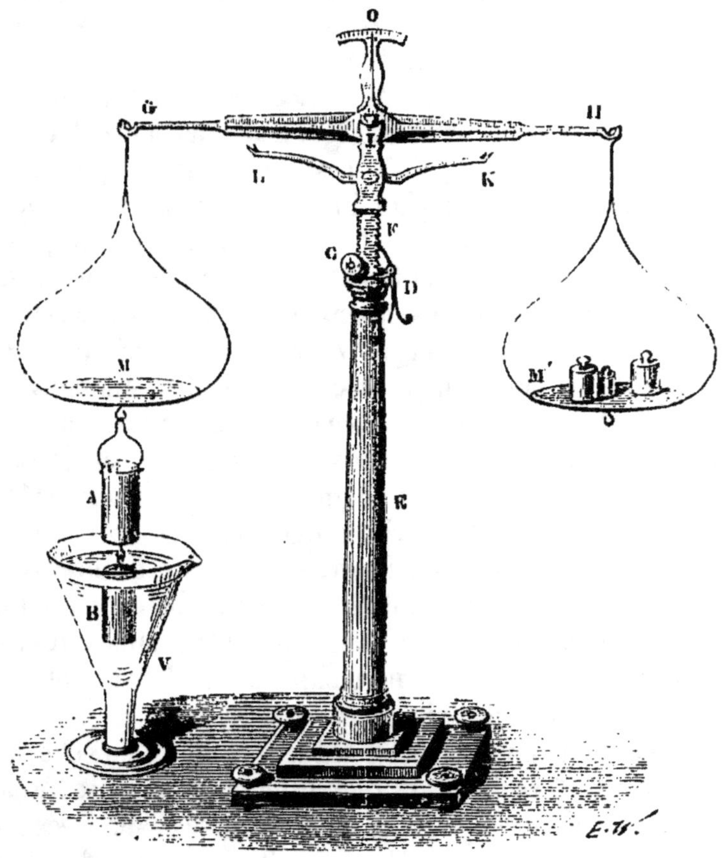

Fig. 27.

chimède. — Archimède résolut le problème relatif à la couronne du **roi Hiéron**, au moyen du principe de la poussée des liquides, dont la première idée lui vint en prenant un bain, dit l'histoire. Voici comment on démontre expérimentalement ce principe aujourd'hui, principe qui porte le nom de son illustre inventeur.

On emploie deux cylindres métalliques ; l'un A creux, l'autre B plein (fig. 27). La capacité du premier est égale au **volume** du **second**, c'est-à-dire que celui-ci remplit exactement l'autre quand ils sont emboîtés. On suspend, à l'aide d'un crochet, le cylindre plein au-dessous du cylindre creux, et le tout est appendu sous le plateau d'une balance. Dans l'autre plateau, on fait équilibre aux deux cylindres avec des poids et encore mieux avec de la grenaille de plomb. Quand l'équilibre est bien établi, on fait plonger le cylindre plein dans un verre d'eau V. Aussitôt la balance trébuche, elle penche du côté des poids M'. Ce premier fait prouve que le cylindre plein, une fois immergé dans l'eau, ne pèse plus autant qu'auparavant. Par l'effet de l'immersion, il perd une partie de son poids. — Reste à trouver la valeur de cette perte de poids. On remplit d'eau le cylindre creux A ; et quand il est plein, l'équilibre de la balance est rétabli. La perte de poids, occasionnée par l'immersion du cylindre B, est donc égale au poids de l'eau versée dans le cylindre creux. Or, comme ce cylindre creux a une capacité égale au volume du cylindre plein, on voit que celui-ci, par l'effet de son immersion dans l'eau, perd de son poids une quantité égale au poids de son volume d'eau ; ou, en d'autres termes, perd de son poids une quantité égale au poids de l'eau dont il occupe la place.

Un résultat semblable se reproduirait avec un liquide quelconque ; le corps immergé perdrait de son poids, tantôt plus, tantôt moins, suivant la densité du liquide. Il faut donc généraliser la proposition et dire : *Un corps plongé dans un liquide éprouve une perte de poids égale au poids du liquide dont il occupe la place*, ou, plus brièvement, *qu'il déplace*. Tel est l'énoncé du principe d'Archimède.

3. Cause de la perte de poids d'un corps immergé. — Un corps plongé dans l'eau, et ce que nous disons de l'eau doit se répéter de tout autre liquide, est pressé de toutes parts, nous l'avons vu, par le fluide environnant. En haut, il éprouve une pression égale au poids de la colonne d'eau qui le surmonte ; à sa partie inférieure, il est poussé, de bas en haut, par la pression d'une colonne d'eau ayant en longueur, de plus que la précédente, toute la hauteur verticale du corps ; sur les côtés, il est pressé pareillement. Ces pressions, par cela qu'elles sont opposées, s'entre-détruisent en partie. La pression de droite annule la pression de gauche ; celle d'avant annule celle d'arrière ; mais la pression de bas en haut n'est annulée que particllement par la pression de haut en bas. En effet, la partie inférieure du corps plongeant plus que la partie supérieure, la pression qui s'exerce sur cette partie et tend à soulever le corps, est plus grande que la pression exercée à la partie supérieure et tendant à enfoncer le corps. Elle est plus grande, parce qu'elle est mesurée par le poids d'une colonne d'eau plus longue. La différence entre ces deux poussées inverses, poussée de haut en bas et poussée de bas en haut, est en faveur de cette dernière ; de sorte que, toute déduction faite des poussées qui se détruisent mutuellement, il reste un excès de poussée de bas en haut, dont l'effet est d'alléger le corps d'une quantité égale au poids de l'eau déplacée. En donnant ici au mot de poussée une signification restreinte, c'est-à-dire en entendant par là l'excès de poussée de bas en haut qui reste après déduction des poussées qui s'entre-détruisent mutuellement, on voit qu'*un corps plongé dans un liquide éprouve, de la part de ce liquide, une poussée de bas en haut égale au poids du liquide déplacé.* Cette autre manière d'énoncer le principe d'Archimède, en certains cas, est préférable à l'autre. Nous les emploierons tour à tour suivant les circonstances.

4. Application du principe d'Archimède à la recherche de la densité d'un corps. — Une belle application du principe d'Archimède se trouve dans la recherche du poids spécifique des corps solides ou de leur densité. On se rappelle que le poids spécifique ou la densité d'un corps est le nombre qui exprime combien de fois ce corps pèse plus ou moins que l'eau sous le même volume. Proposons-nous de trouver le poids spécifique du marbre. La chose serait des plus faciles si le marbre était taillé en cube d'un centimètre ou d'un décimètre de côté. On n'aurait qu'à peser le cube de marbre. Comme on sait, d'autre part, que le centimètre cube d'eau pèse un gramme, et le décimètre cube un kilogramme, le poids du cube de marbre, comparé au poids du cube d'eau, donnerait immédiatement la densité cherchée. Mais cette opération, sans être impraticable, serait du moins très-longue : il faudrait façonner le marbre exactement en cube d'un centimètre ou d'un décimètre d'arête. Pour les autres substances, il faudrait en faire autant, et ce serait bien long ; sans compter que, dans bien des cas, ce serait impossible. Archimède, par exemple, ne pouvait marteler la couronne d'Hiéron pour en faire un cube et chercher ainsi sa densité. Il faut donc pouvoir chercher le poids spécifique d'un corps, sans être obligé de lui donner une forme régulière avec le premier fragment venu, si anguleux, si informe qu'il soit. C'est ce que permet de faire le principe d'Archimède.

Prenons un morceau de marbre, n'importe de quelle forme, et suspendons-le sous le plateau d'une balance avec un fil assez fin pour qu'on puisse en négliger le poids. Dans l'autre plateau, nous mettons des poids jusqu'à équilibre, par exemple 140 grammes. Ces 140 grammes sont le poids du morceau de marbre. Maintenant, il nous faut connaître le poids d'un égal volume d'eau. Dans ce but, on fait plonger le marbre dans un vase plein d'eau, comme pour la démonstration du principe d'Archimède. La balance trébuche du côté des poids, parce que le corps immergé est allégé par la poussée de l'eau. Pour rétablir l'équilibre, il faut mettre du côté du marbre un certain poids, soit 50 grammes. Que représentent ces 50 grammes? Ils représentent la perte de poids qu'a subi le marbre immergé ; ils représentent, enfin, d'après le principe d'Archimède, le poids d'un volume d'eau égal au volume du corps. Par cette double pesée, nous avons donc les deux nombres nécessaires pour déterminer le poids spécifique du marbre, savoir : le poids de ce corps, 140 grammes ; le poids d'un égal volume d'eau, 50 grammes. En divisant le premier nombre par le second, on trouve 2,8 pour la densité du marbre; c'est-à-dire qu'à volume égal le marbre pèse 2 fois et 8 dixièmes autant que l'eau.

Il n'y a maintenant aucune difficulté à comprendre comment

Archimède vint à bout de son célèbre problème. En pesant un morceau d'or pur à l'air libre et puis dans l'eau, il pouvait déterminer la densité de ce métal, qui est 19,2. Pour l'argent pur, il trouvait, de la même manière, 10,4. Restait la couronne. Une double pesée, à l'air libre et dans l'eau, donnait sa densité, sans qu'il fût touché en rien au précieux travail de l'artiste. Si la couronne était en or entièrement, sa densité devait être 19,2; s'il y avait un peu d'argent introduit, la densité devait baisser et se trouver intermédiaire entre 10,4, densité de l'argent, et 19,2, densité de l'or. L'histoire dit qu'Archimède trouva un nombre inférieur à la densité de l'or pur. L'orfévre était réellement coupable.

5. Facilité avec laquelle on soulève de lourds fardeaux dans l'eau. — Il n'est personne qui ne sache, par sa propre expérience, avec quelle facilité on soulève, dans l'eau, des fardeaux qu'on peut, à grand'peine, remuer à terre. Le principe d'Archimède nous rend compte de cette facilité.

Une poutre de chêne qui, avec le temps, peut devenir assez compacte pour avoir une densité de 1,6, se trouve sous l'eau. En admettant que son volume soit de 50 décimètres cubes, son poids réel sera de 80 kilogrammes, poids un peu lourd pour nos forces. Mais, comme elle se trouve dans l'eau, il faut, de ces 80 kilogrammes, retrancher la poussée du liquide, c'est-à-dire le poids d'un grand volume d'eau, ou bien 50 kilogrammes. La différence, 30 kilogrammes, est donc la mesure de l'effort à faire pour soulever la poutre dans l'eau. Par le fait de l'immersion, la poutre se trouve allégée de 5/8 de son poids. — Lorsqu'on tire de l'eau d'un puits, le seau, tant qu'il est immergé, obéit à la corde sans difficulté. De son poids, il faut retrancher le poids de l'eau déplacée, et la différence est à peu près zéro. Mais dès qu'il n'est plus plongé, il pèse de tout son poids sur la corde, et c'est alors que la difficulté commence.

6. Vessie natatoire. — Lorsqu'un corps, entièrement immergé, a un poids égal à celui de l'eau dont il tient la place, ce corps ne peut monter ni descendre, parce que son poids tend à le faire descendre avec la même force que la poussée du liquide tend à le faire monter. Il reste alors stationnaire au point où il se trouve. Les poissons semblent d'abord être dans ce cas. Quand ils se tiennent immobiles au milieu de l'eau, il faut que leur poids soit rigoureusement égal à la poussée du liquide. Comment, alors, peuvent-ils venir à la surface happer les moucherons dont ils se nourrissent, ou gagner leurs retraites, parmi les herbes aquatiques du fond? Cela se fait par un mécanisme d'organisation extrêmement ingénieux. La vie a de savantes ressources. S'il faut qu'un poisson aille de la surface au fond de l'eau, et du fond à la surface, le poisson ira, montant et descendant sans obstacles, comme si l'intelligence supérieure de quelque Archimède s'était complue à l'organiser exprès. Un poisson peut, à volonté, se faire plus petit ou plus grand; plus petit pour descendre, plus grand pour remonter, cette faculté lui vient d'un organe merveilleux, placé dans l'intérieur, au milieu du corps, et nommé *vessie natatoire*. C'est un petit sac transparent, d'une extrême finesse, dans quelques cas divisé en deux par un étranglement. Il est plein d'air. Au gré de l'animal, la vessie natatoire se gonfle ou se dégonfle. Quand elle se gonfle, le poisson, sans augmenter sensiblement de poids, devient plus volumineux, déplace une plus grande quantité d'eau, et, par conséquent, éprouve une poussée plus grande de la part du liquide. Cet excédant de poussée le fait monter. Quand elle se dégonfle, le poisson, devenu plus petit, tout en conservant un même poids, éprouve une poussée moindre, et, par suite, descend. Archimède n'eût pas trouvé mieux. La vessie natatoire n'existe pas dans tous les poissons. Elle manque chez ceux qui, amis de la vase, ne quittent jamais le fond. A quoi leur servirait-elle, lorsque leurs instincts ne les appellent pas à la surface?

RÉSUMÉ

1. Archimède, célèbre géomètre de l'antiquité, vivait à Syracuse, en Sicile, dans le troisième siècle avant notre ère. Il fut amené au principe qui porte son nom par des recherches relatives à une couronne du roi Hiéron.

2. Ce principe est celui-ci: *Tout corps plongé dans un liquide perd une partie de son poids égale au poids du liquide placé.*

3. La cause de cette perte de poids est due aux pressions du liquide,

qui se résument en une poussée de bas en haut. Le principe d'Archimède peut alors s'énoncer de cet autre manière : *Tout corps plongé dans un liquide éprouve, de la part de ce liquide, une poussée de bas en haut, égale au poids du liquide déplacé.*

4. Le principe d'Archimède peut servir à trouver la densité des corps solides. Il suffit, à cet effet, de peser le corps à l'air libre et dans l'eau. La première pesée fournit le poids du corps ; la seconde, par la perte de poids du corps immergé, donne le poids d'un égal volume d'eau. En divisant le poids du corps par le poids d'un égal volume d'eau, on a la densité.

5. Le principe d'Archimède explique pourquoi on soulève facilement dans l'eau des fardeaux difficiles à soulever à terre. Dans le premier cas, l'effort à faire n'est que la différence entre le poids du corps et le poids de l'eau déplacée ; dans le second cas, l'effort à faire a pour valeur le poids entier du corps.

6. La vessie natatoire des poissons est un petit sac plein d'air, que l'animal gonfle ou dégonfle à son gré. Elle permet aux poissons de monter ou de descendre, en augmentant ou en diminuant le volume du corps sans en changer sensiblement le poids. La poussée du liquide peut ainsi prédominer sur le poids du corps ou lui être inférieure. Les poissons qui vivent toujours au fond des eaux n'ont pas de vessie natatoire.

CHAPITRE IX

1. **Corps flottants.** — L'eau supporte une poutre et laisse aller au fond une légère aiguille ; elle laisse flotter un navire d'un poids énorme et ne peut soutenir le moindre grain de sable. Rendons-nous compte de cette apparente contradiction. L'eau dans laquelle plonge un objet étranger fait effort pour reprendre la place que cet objet occupe. De là, déduction faite des pressions opposées qui s'entre-détruisent mutuellement, une poussée de bas en haut égale au poids du liquide déplacé. Ainsi un corps plongé dans un liquide tend, d'une part, à tomber au fond à cause de son poids, et, d'autre part, à remonter à la surface à cause de la poussée du liquide. Le corps descendra au fond si la poussée est moindre que le poids ; il remontera et flottera à la

surface si la poussée est, au contraire, plus forte que le poids ;
il se maintiendra au sein du liquide, sans monter ni descendre,
si la poussée et le poids ont exactement même valeur. La poutre
et le vaisseau flottent parce qu'ils déplacent un grand volume
d'eau, dont la poussée contre-balance leur poids ; l'aiguille et le
grain de sable tombent au fond parce qu'ils ne déplacent qu'un
très-petit volume d'eau, dont la poussée est inférieure à leur
poids. Le fer cependant et toutes les matières, si lourdes qu'elles
soient, peuvent flotter quand on leur donne une forme convenable. Soit un bloc de fer pesant 500 kilogrammes. Nul ne
s'avisera de vouloir le faire flotter tel qu'il est ; ce serait exiger
l'impossible, ce serait vouloir faire flotter l'enclume d'une forge.
Mais supposons que ce bloc de fer soit réduit en plaques ; puis
assemblons ces plaques en forme de caisse bien fermée, à laquelle nous donnerons un volume d'un mètre cube. La caisse en
fer, pesant toujours 500 kilogrammes, flottera maintenant très-
bien ; car, si nous l'enfoncions en entier, elle occuperait la place
d'un mètre cube d'eau, et par suite, elle éprouverait une poussée
égale au poids de ce volume d'eau, c'est-à-dire à 1,000 kilogrammes. Si le poids qui tend à l'entraîner au fond n'est que de
500 kilogrammes, tandis que la poussée qui la soulève est de
1,000, il est clair que cette caisse ne peut rester dans l'eau,
mais qu'elle doit remonter et flotter, en ne s'enfonçant que d'une
quantité telle que la poussée éprouvée par la partie plongée soit
égale au poids total de la masse de fer, à 500 kilogrammes.
Alors le poids du fer et la poussée de l'eau se feront équilibre, et la
caisse n'aura plus de tendance ni à monter ni à descendre. Beaucoup de grands navires sont aujourd'hui construits presque entièrement en fer. Ces énormes masses de métal flottent aussi bien que
le bois, pour les mêmes raisons qui font flotter notre caisse de fer.

Un corps flottant a un poids total précisément égal à celui du
liquide dont sa partie plongée occupe la place, car c'est à cette
condition que la poussée du liquide contre-balance le poids du
corps. Ainsi un morceau de bois pesant 10 kilogrammes et un
vaisseau du poids de 1,000 tonnes, s'enfoncent tout juste assez
pour occuper la place, le premier de 10 kilogrammes ou de
10 litres d'eau ; le second de 1,000 mètres cubes. Si la charge

augmente, pour chaque tonne ajoutée le vaisseau occupera dans l'eau un mètre cube de plus ; si la charge diminue, pour chaque tonne enlevée, il occupera dans l'eau un mètre cube de moins. Même résultat pour la moindre barque : son poids, réuni à celui des personnes qu'elle porte, a même valeur que le poids de l'eau déplacée. Pour chaque personne qui entre ou qui sort, la barque s'enfonce ou se relève d'autant de décimètres cubes que la personne pèse elle-même de kilogrammes.

2. Influence de la densité du liquide sur lequel flotte le corps. — Puisqu'un corps flottant s'enfonce d'une quantité telle que son poids entier soit égal à celui du liquide déplacé, on voit que ce corps plongera d'autant moins que le liquide sur lequel il nage sera lui-même plus lourd. Sur l'eau, le bois plonge d'une bonne partie de son épaisseur ; sur le mercure, il plongerait à peine. Nous, qui coulons si facilement au fond de l'eau, nous surnagerions sur le mercure en dépit de tous nos efforts. Des corps bien plus lourds y surnagent : le plomb, le fer, le cuivre, par exemple. Ils flottent sur le mercure tout aussi aisément que le liége sur l'eau, parce que, à volume égal étant moins lourds, ils n'ont qu'à plonger d'une petite quantité pour que la poussée du liquide déplacé soit égale à leur propre poids. Mais le platine ne surnagerait pas ; il est plus dense que le mercure. Dans les métaux en fusion, beaucoup de corps d'un poids assez considérable surnagent ; et tel est le motif qui amène les crasses, les scories au-dessus du bain d'un métal fondu. — Dans de l'eau douce, un œuf tombe au fond ; dans de l'eau salée, plus lourde, il surnage. De même, un bâtiment très-chargé peut flotter sans péril tant qu'il est dans les eaux salées de la mer, et être submergé s'il entre dans les eaux douces d'une rivière. On comprend dès lors comment le sel en dissolution dans les mers est pour la navigation d'une immense utilité. En rendant les eaux plus lourdes, il leur communique la puissance de soulever de plus grands fardeaux. Sur la mer Morte, tout à fait exceptionnelle sous le rapport de son degré de salure, un homme surnage sans faire aucun mouvement. Dans les eaux de la mer Noire, peu riche en matériaux salins, un bâtiment peut être submergé quoique flottant très-bien sur les eaux plus salées de la Méditerranée.

3. Natation. — Le corps de l'homme est un peu moins lourd dans son ensemble que le volume d'eau qu'il peut déplacer. L'homme surnage donc de lui-même et d'autant mieux qu'il est plus corpulent. La nature de l'eau, douce ou salée, influe du reste sur la facilité de la natation. L'eau de la mer, plus dense à cause de sa salure, nous soutient mieux que l'eau des rivières. Cependant, même dans la mer, on n'est pas nageur du premier coup ; la natation exige de longs exercices. Comment cela, puisque nous flottons de nous-mêmes? Le poids de notre corps n'est pas réparti d'une manière uniforme ; la moitié d'avant pèse plus que la moitié d'arrière. Aussi, couchés sur l'eau, nous inclinons un peu du côté d'avant ; la tête s'enfonce, les pieds se relèvent. Mais les besoins de la respiration exigent que nous ayons la tête hors de l'eau, ce que l'on n'obtient qu'à la faveur de certains efforts enseignés par l'habitude. Les nageurs novices s'attachent sous les aisselles une ceinture de liége. C'est pour alléger le train antérieur et maintenir ainsi la tête hors de l'eau. L'art de la natation ne consiste pas simplement à lutter par un habile emploi de nos forces contre la submersion de la tête, il faut encore savoir avancer par la manœuvre des pieds et des mains faisant office de rames. Mais ce n'est plus affaire de simples corps flottants.

Sous le rapport de la natation, les animaux sont plus favorisés que nous. Jetés à l'eau, ils surnagent, et dès la première fois, sans effort, ils maintiennent la tête à l'air. Cela provient de la distribution du poids de leur corps, plus lourd dans le train postérieur que dans le train antérieur.

4. Emploi des corps flottants pour transporter des fardeaux. — Si l'on charge un corps flottant d'un certain poids, il s'enfonce d'une quantité telle que le volume d'eau déplacé en plus ait un poids égal à celui de la charge ajoutée. Pour chaque kilogramme, il déplace un décimètre cube d'eau en plus ; pour chaque millier de kilogrammes, il en déplace un mètre cube. Si la charge augmentait toujours, le corps finirait par être en entier submergé. Mais avant d'en venir là, il peut recevoir une charge proportionnée à la quantité d'eau qu'il peut déplacer sans danger de submersion. C'est ainsi que fonctionnent les grands flotteurs employés aux transports, canots, barques, vaisseaux. Si l'on mesurait par les procédés de la géométrie le volume de la partie immergée d'un navire, et que d'après ce volume on évaluât le poids de l'eau déplacée, on aurait le poids entier du navire, le poids de sa charpente, de sa mâture, de son équipage, de son contenu, le poids de tout enfin, comme si l'énorme machine était mise dans le plateau d'une balance. La charge d'un navire s'évalue en tonnes ou tonneaux. Quand on dit d'un bâtiment qu'il est de 2000 tonneaux par exemple, on veut entendre que, sans danger de submersion bien entendu, il peut déplacer, en plus de ce qu'il déplace à vide, 2000 mètres cubes d'eau ; et que par conséquent il peut porter une charge de 2000 tonnes, c'est-à-dire de deux millions de kilogrammes.

5. Emploi des corps flottants pour soulever des fardeaux dans l'eau. — Supposons un vaisseau envasé dans un mauvais passage. Pour le remettre à flot, pendant la marée basse on passe des cordages sous sa coque et on les attache à des embarcations. A la marée montante, les embarcations portées par le flot, soulèvent avec elles le vaisseau et le dégagent de la vase.

Si le niveau de l'eau n'était pas susceptible de s'abaisser et de remonter ensuite, comme cela a lieu par le fait des marées océaniques, on disposerait l'opération de la manière suivante, soit pour dégager un bâtiment envasé, soit pour soulever du fond de l'eau un fardeau quelconque. Des embarcations seraient chargées de pierres de manière à s'enfoncer jusqu'aux bords. Des cordages passés sous l'objet à soulever seraient fixés à ces embarcations. Cela fait, on déchargerait celles-ci, qui devenant plus légères remonteraient en partie hors de l'eau et soulèveraient le corps.

6. Lest. — Pour qu'un corps flottant se maintienne sur l'eau sans danger de chavirer, malgré les oscillations que les mouvements du liquide peuvent lui imprimer, il faut que le poids de ce corps soit distribué de telle sorte que la partie immergée se trouve la plus lourde. Il importe même que cet excès de poids soit placé aussi bas que possible dans le corps. Soit, comme exemple, un cylindre de bois. Jeté dans l'eau, il surnage sans précautions de notre part. Mais il flotte couché sur le flanc ; de plus, si l'eau est agitée, il roule et nage tantôt sur un côté, tantôt sur l'autre indifféremment. Une embarcation qui roulerait ainsi ne pourrait être employée. Proposons-nous de faire tenir le cylindre tout droit dans l'eau, et sans danger d'être renversé par les fluctuations du liquide. A cet effet, nous attachons à une extrémité du cylindre un poids proportionné à son volume, une pierre, un morceau de fer, de plomb, n'importe. Ainsi disposé, le cylindre se tient droit, la partie la plus lourde au fond. Il oscille si le liquide est agité, mais il ne chavire plus. On nomme *lest* le poids dont nous avons chargé le bout inférieur du cylindre, pour faire tenir celui-ci d'aplomb et lui faire garder son équilibre dans l'eau. La physique emploie divers appareils qui sont des corps flottants. Tous sont lestés, c'est-à-dire qu'ils portent à leur partie inférieure un poids un peu lourd qui les maintient en équilibre dans les liquides sur lesquels ils flottent. Dans un vaisseau, les marchandises sont disposées de manière à faire office de lest. C'est tout au fond que sont placées les plus lourdes; les plus légères occupent les étages supérieurs ou même le pont. Si le navire entreprend un voyage sans marchandises, il ne se met pas en route avec les flancs vides : faute d'équilibre, il chavirerait au premier coup de mer. On le charge de sable ou de pierres qu'on jette à fond de cale; en un mot, on le *leste*. C'est un fardeau de prix nul, un fardeau coûteux même, car il faut le charger et le décharger ; n'importe, on ne peut le négliger; le salut du navire en dépend. Les vaisseaux de guerre sont lestés avec de gros lingots de fonte disposés au fond de la cale.

7. **Ludion**. — Terminons ces aperçus élémentaires sur les corps flottants par le joujou de physique appelé *ludion* (fig. 28). Dans un bocal plein d'eau nage un petit personnage en verre, peint de vives couleurs. Une membrane bien tendue ferme le bocal. On touche cette membrane du bout du doigt ou de l'extrémité d'une baguette. Aussitôt le personnage descend au fond de l'eau. On retire le doigt, et le personnage remonte à la surface. Quel est le mécanisme de cette ascension dans l'eau et de cette descente qui, pour le badaud ébahi, semblent se faire au commandement de la baguette ou du doigt ? Ce mécanisme est très-simple. Le personnage est suspendu à une petite boule de verre à demi pleine d'eau et d'air. La quantité d'air est

telle que le tout, ampoule et pantin, pèse un peu moins, mais très-peu, que le volume d'eau déplacé quand l'appareil est en entier immergé. Si rien de particulier ne se passe, le personnage gagne donc le haut du bocal, entraîné par l'ampoule qui vient flotter à la surface. Mais remarquons que cette ampoule est percée en *a* d'un petit orifice. Si l'on presse du doigt sur la membrane, l'air du haut du bocal se trouve comprimé, et, en réagissant sur la nappe liquide, il fait pénétrer une gouttelette d'eau dans l'ampoule par l'ouverture *a*. Toute petite qu'elle est, cette gouttelette alourdit un peu l'appareil, et cela suffit pour le faire descendre, car il ne flottait d'abord que tout juste. Le personnage gagne donc le fond du bocal et il y reste tant que le doigt appuie sur la membrane. Mais si le doigt est retiré, la compression de l'air qui occupe le haut du bocal cesse à l'instant ; et c'est alors l'air renfermé dans l'ampoule qui réagit pour expulser la gouttelette d'eau tout à l'heure introduite. Cette gouttelette chassée par l'ouverture *a*, l'appareil se trouve allégé et remonte à la surface.

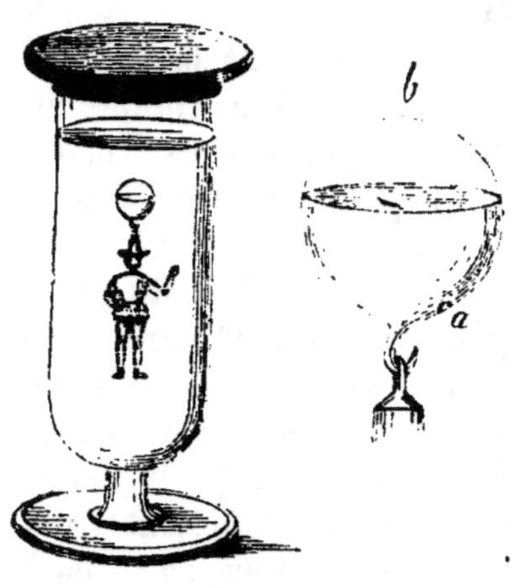

Fig. 28.

RÉSUMÉ

1. Un corps flottant déplace un volume de liquide dont le poids est égal au poids total du corps flottant. Les substances les plus lourdes peuvent flotter lorsqu'elles sont disposées de manière à déplacer un volume suffisant de liquide.

2. Plus le liquide est dense, moins le corps flottant s'enfonce. Le fer, le plomb, le cuivre, etc., flottent sur le mercure ; le platine, plus lourd, n'y flotte pas. Un corps qui flotte sur l'eau salée peut être submergé dans l'eau douce.

3. Le corps de l'homme, un peu plus léger qu'un pareil volume d'eau, flotte de lui-même. La difficulté de la natation tient en partie à

l'excès de poids de la moitié antérieure du corps sur la moitié posté-rieure, excès de poids qui amène la submersion de la tête. Pour les animaux, dont le train postérieur est plus lourd que le train anté-rieur, la même difficulté n'existe pas.

4. Les corps flottants sont utilisés pour le transport des fardeaux. La force d'un navire se mesure d'après le nombre de tonnes qu'il peut porter, et par conséquent d'après le nombre de mètres cubes d'eau qu'il déplace en sus de l'eau déplacée quand il n'est pas chargé.

5. Les corps flottants sont encore employés à soulever de lourds fardeaux du fond de l'eau.

6. Pour qu'un corps flottant se maintienne en équilibre sans dan-ger de chavirer, il faut que le poids plus lourd se trouve à la partie inférieure. On nomme *lest* le poids que l'on dispose à la partie infé-rieure d'un corps flottant pour l'empêcher de chavirer. Les marchan-dises les plus lourdes sont disposées au fond de la cale d'un navire en guise de lest. S'il ne porte pas de marchandises lourdes, le navire est lesté avec du sable, des pierres, des lingots de fonte.

CHAPITRE X

1. Aréomètres. — Les aréomètres, dont le nom signifie me-sure de la légèreté, sont des corps flottants destinés à trouver la densité des solides et des liquides, ou à évaluer comparativement la richesse de certains mélanges liquides et de certaines dissolu-tions. Ils sont basés sur ces principes qu'un corps flottant dé-place un volume de liquide dont le poids est égal au sien et qu'il s'enfonce d'autant plus que le liquide sur lequel il flotte est moins dense.

On distingue deux genres d'aréomètres : les aréomètres à volume constant et à poids variable, les aréomètres à poids con-stant et à volume variable.

Dans les premiers, le volume immergé de l'instrument est toujours le même, mais la charge supportée varie.

Dans les seconds, le poids de l'appareil conserve une même valeur, mais le volume immergé change.

Les premiers sont : l'aréomètre de Nicholson et l'aréomètre de Fahrenheit.

Les seconds sont : l'alcoomètre centésimal de Gay-Lussac et l'aréomètre de Baumé.

2. Aréomètre de Nicholson. — Il se compose d'un flotteur en cuivre ou en fer verni, de forme cylindrique, et terminé en cône supérieurement et inférieurement (fig. 29). Le cône inférieur est armé d'un crochet auquel on suspend un panier conique C rempli de plomb, qui sert de lest et maintient l'instrument vertical dans l'eau. Le cône supérieur est surmonté d'une fine tige qui supporte un plateau A. Sur la tige, un point D est marqué par un trait de lime. C'est ce qu'on nomme le point d'*affleurement*. L'appareil *affleure* quand il s'enfonce dans l'eau jusqu'au point D. L'eau est supposée pure et à la température d'environ quatre degrés ; elle remplit enfin les conditions exigées pour obtenir l'unité de poids, le gramme. De lui-même, l'instrument n'affleure pas : il est trop léger. Pour l'amener à affleurer, il faut lui ajouter une charge, soit dans le plateau supérieur, soit dans le panier immergé.

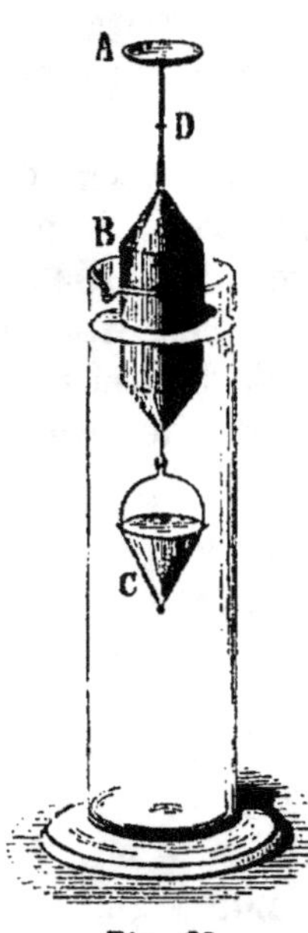

Fig. 29.

L'aréomètre de Nicholson sert à trouver la densité des corps solides. Soit par exemple, à trouver la densité du marbre. On met dans le plateau supérieur un fragment de marbre, insuffisant pour faire affleurer l'appareil. On ajoute alors dans ce plateau de la grenaille de plomb, jusqu'à ce que l'affleurement ait lieu, c'est-à-dire jusqu'à ce que l'aréomètre s'enfonce jusqu'au point D de sa tige. Cela fait, on enlève le marbre, tout en laissant la grenaille de plomb, et on le remplace par des poids marqués de manière à rétablir l'affleurement. On met ainsi, supposons, 42 grammes. Que représentent ces 42 grammes? Remarquons que la grenaille de plomb et le fragment de marbre font affleurer dans le premier cas ; que la même grenaille de plomb et les 42 grammes font affleurer dans le second cas. Donc les 42 grammes représentent le poids du fragment de marbre, puisqu'ils produisent le même effet sur le flotteur, ils le font enfoncer jusqu'au même point. On le voit : dans cette première opération, l'aréomètre remplace la balance ; il donne le poids du marbre, 42 grammes.

Pour obtenir la densité du marbre, il reste à connaître le poids d'un égal volume d'eau. Ici intervient le principe d'Archimède. On enlève les 42 grammes du plateau supérieur, mais on laisse toujours la grenaille de plomb. En outre, on met le fragment de marbre dans le panier C. L'instrument a même charge qu'au début, savoir : la grenaille de plomb et le marbre. Seulement, dans le cas actuel, le marbre est immergé dans l'eau ; aussi l'aréomètre n'affleure-t-il plus, parce que, par le fait de son immersion, le marbre perd une partie de son poids égale au poids de l'eau dont il occupe la place.

Pour rétablir l'affleurement, on met des poids marqués sur le plateau d'en haut. Soit 15 grammes. Ces 15 grammes représentent la perte de poids du marbre dans l'eau, le poids enfin de l'eau dont il occupe la place, de l'eau ayant même volume que lui.

La première opération nous fournit donc 42 grammes pour le poids du marbre. La seconde nous fournit 15 grammes pour le poids de l'eau ayant même volume. En divisant 42 par 15, on a 2,8 pour la densité du marbre.

3. Aréomètre de Fahrenheit. — Cet instrument, utilisé pour la recherche de la densité de liquides parfois très-corrosifs, ne peut être construit en cuivre ou en fer, comme le précédent. Il est en verre. C'est un flotteur de verre creux B (fig. 30), terminé inférieurement, non par un panier, ici inutile, mais par une ampoule C, pleine de mercure ou de grains de plomb, ayant pour objet de lester l'appareil. Une fine tige, marquée d'un point d'affleurement D et surmontée d'un plateau A, termine l'aréomètre supérieurement. Soit à trouver avec cet appareil la densité de l'acide sulfurique, par exemple. On commence par déterminer avec une balance le poids de l'aréomètre. Supposons qu'il pèse 50 grammes. Ce poids, une fois connu, est gravé sur l'instrument

pour éviter de recommencer cette pesée dans d'autres opérations.
On plonge alors l'aréomètre dans de l'acide sulfurique. De lui-

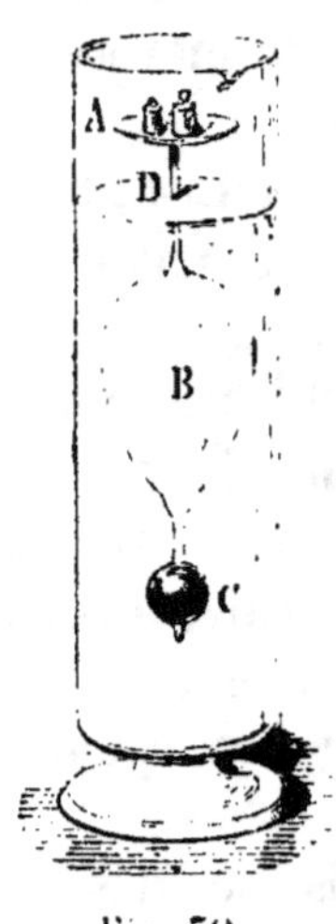

Fig. 50.

même, il n'affleure pas. Il faut ajouter des poids
dans le plateau A ; par exemple, 76 grammes.
Ces 76 grammes, ajoutés à 50, poids de l'aréomètre seul, donnent 126 pour le poids du corps
flottant, tel qu'il est avec sa charge. Or, nous
le savons, un corps flottant déplace un volume
de liquide dont le poids équivaut à celui de ce
corps et de sa charge. Le poids de l'acide sulfurique déplacé par l'aréomètre s'enfonçant jusqu'au point D, est donc de 126 grammes.

On recommence exactement la même opération avec de l'eau pure. A lui seul, l'aréomètre
ne peut affleurer. Il ne le fait que par l'addition de poids dans le plateau. Soit 20 grammes.
Ces 20 grammes, ajoutés aux 50 de l'instrument, donnent 70 pour le poids de l'eau dé-

placée par l'appareil s'enfonçant jusqu'à son point d'affleurement. On a de la sorte le poids de l'acide sulfurique et le poids
de l'eau sous le même volume, c'est-à-dire le poids de l'acide
sulfurique et le poids de l'eau déplacés par l'aréomètre s'enfonçant de la même quantité, savoir : 126 grammes pour l'acide
sulfurique, 70 grammes pour l'eau. Divisons le premier par le
second, et nous aurons 1,8 pour densité de l'acide sulfurique.

4. Alcoomètre centésimal de Gay-Lussac. — Le vin,
produit de la fermentation du jus sucré du raisin, est un mélange naturel d'une matière colorante, d'eau, et d'un liquide
particulier, volatil, inflammable, auquel le vin doit ses pro-
propriétés. Ce liquide, c'est l'*alcool*. C'est lui qui s'enflamme quand
on fait bouillir du vin. Par la distillation, on peut le séparer de
ce qui l'accompagne dans le vin et le recueillir à part. Seulement, suivant que la distillation est conduite, il passe de l'eau
en même temps que de l'alcool, de sorte que le produit obtenu
a une richesse alcoolique plus ou moins élevée. Ce qu'on nomme
vulgairement eau-de-vie, esprit-de-vin, trois-six, n'est pas autre
chose. Quand le produit est assez voisin de son point de pureté,

on l'appelle alcool, quoique le mot alcool ne doive s'entendre, en somme, que de la substance débarrassée de toute trace d'eau. Il est vrai que, dans ce cas, on est dans l'usage de dire *alcool absolu*. Quoi qu'il en soit, les liquides alcooliques, eaux-de-vie, esprits, trois-six, tirent toute leur valeur de l'alcool contenu. Il importe donc au commerce de pouvoir en défalquer l'eau par une opération facile. On y parvient au moyen de l'alcoomètre. L'alcool est plus léger que l'eau. Dans ce liquide, un corps flottant s'enfonce donc plus que dans l'eau. Enfin, dans un mélange d'alcool et d'eau, un corps flottant s'enfonce plus ou moins, suivant que la richesse alcoolique est plus ou moins considérable. Tel est le principe de l'alcoomètre.

Cet instrument (fig. 31) est en verre. Il se compose d'une tige creuse, renflée inférieurement et terminée en outre par une ampoule pleine de mercure ou de menus grains de plomb, servant de lest. Ce lest est réglé de telle façon, que dans l'alcool absolu l'appareil s'enfonce jusqu'au haut de la tige. En ce point, on marque 100. On fait ensuite un mélange de 99 parties en volume d'alcool absolu et d'une partie en volume d'eau. Dans ce mélange, un peu plus lourd à cause de la présence d'un peu d'eau, l'aréomètre s'enfonce un peu moins. Au point d'affleurement, on marque 99. Un second mélange est fait, contenant 98 parties en volume d'alcool absolu et 2 parties d'eau. L'aréomètre s'enfonce moins encore, et le point où il s'arrête fournit la division 98. On continue de la sorte, en diminuant chaque fois d'un volume la quantité d'alcool absolu, et en augmentant d'un volume la quantité d'eau ; ce qui donne les divisions 97, 96, 95, etc. Finalement, le liquide ne contient plus que de l'eau pure. Alors l'aréomètre s'enfonce le moins possible, un peu au-dessus de son renflement. En ce point, on marque 0. — Au lieu de faire cent mélanges, dont la proportion en alcool diminue chaque fois d'un volume, tandis que la proportion d'eau augmente d'autant, ce qui est un peu long dans la pratique, on se borne à faire des mélanges de 5 en 5 volumes, ou même de 10 en 10

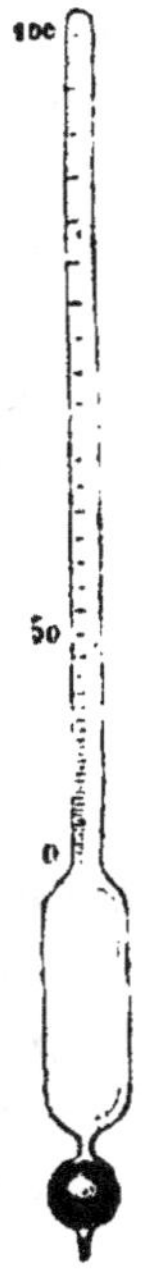

Fig. 31.

ce qui fournit dans le premier cas les divisions 100, 95, 90, 85, 80, etc., et dans le second cas, les divisions 100, 90, 80, 70, etc. Avec le compas, on divise ensuite en 5 parties égales ou en 10 les intervalles séparant les divisions obtenues par l'observation directe. A la rigueur, ce n'est pas exact, mais l'erreur commise est si faible, qu'on peut fort bien la négliger. Ce n'est pas exact, disons-nous, et en effet un coup d'œil donné sur la tige de l'alcoomètre le prouve. On voit que les divisions de l'instrument, ou, comme on dit, les degrés, sont moins larges dans le bas que dans le haut de la tige. Ces degrés augmentent peu à peu d'ampleur de la division 0 à la division 100, ainsi que le montre la figure.

Les services que rend l'alcoomètre sont faciles à saisir. Il indique en centièmes du volume la quantité d'alcool absolu contenu dans un liquide alcoolique. Si, par exemple, il marque dans un esprit-de-vin 60 degrés, cela signifie que l'esprit-de-vin se compose de 60 volumes d'alcool absolu et de 40 volumes d'eau. En d'autres termes, 100 litres de cet esprit contiennent 60 litres d'alcool absolu et 40 litres d'eau. Il suffit donc de plonger l'instrument dans un liquide alcoolique, et de lire sur la tige le degré où se fait l'affleurement pour connaître sa richesse alcoolique.

Une précaution est cependant à prendre pour que l'indication de l'alcoomètre ne soit pas entachée d'erreur. La chaleur dilate les liquides, elle diminue leur densité en augmentant leur volume; le froid au contraire les contracte, il augmente leur densité en diminuant leur volume. Alors si la température est élevée, l'alcoomètre s'enfoncera davantage et indiquera une richesse alcoolique supérieure à la richesse réelle; s'il fait froid, il s'enfoncera moins que ne le comporte la richesse de l'esprit essayé. Il faut donc opérer à une température fixe. Eh bien, l'alcoomètre est gradué pour la température de 15 degrés. Plongé dans un liquide alcoolique à cette température, il en donne immédiatement la richesse. Quand il indique 70 degrés dans ces conditions, c'est que le liquide contient réellement 70 litres d'alcool absolu pour 30 litres d'eau. De même pour les autres degrés. Mais si la température est plus élevée ou plus basse, il faut en tenir compte et opérer certaines corrections indiquées dans une table accompagnant l'alcoomètre.

5. Aréomètres de Baumé. — Ce genre d'aréomètres ne donne pas la densité. Il ne donne pas davantage les proportions en centièmes des liquides mélangés ou des substances qui s'y trouvent dissoutes. Il indique simplement qu'un liquide est plus ou moins dense, qu'une dissolution est plus ou moins riche, sans rien préciser. Toutefois, ses indications sont très-précieuses dans une foule de circonstances. On distingue deux sortes d'aréomètres de Baumé : les uns sont destinés aux liquides plus lourds que l'eau, et portent, suivant l'usage que l'on en fait, le nom de *pèse-acide*, *pèse-sirop*, *pèse-sel*, etc. ; les autres servent pour les liquides plus légers que l'eau ; tels sont les *pèse-esprits*, *pèse-éthers*, etc.

6. Aréomètre pour les liquides plus lourds que l'eau. — L'instrument est en verre et d'une forme analogue à celle de l'alcoomètre de Gay-Lussac (fig. 32). Son lest est réglé de manière que l'instrument s'enfonce dans l'eau pure jusqu'au haut de la tige. En ce point on marque 0. On dissout ensuite 15 parties en poids de sel marin dans 85 parties en poids d'eau. Dans cette eau salée, plus lourde, l'aréomètre s'enfonce moins. Au point où il s'arrête, on marque 15. Avec le compas, on divise en 15 parties égales l'intervalle compris entre les deux points ainsi obtenus, et l'on prolonge l'échelle au-dessous, en portant une de ces divisions sur la tige, autant que le permet sa longueur. Chacune de ces parties s'appelle un *degré* de l'aréomètre.

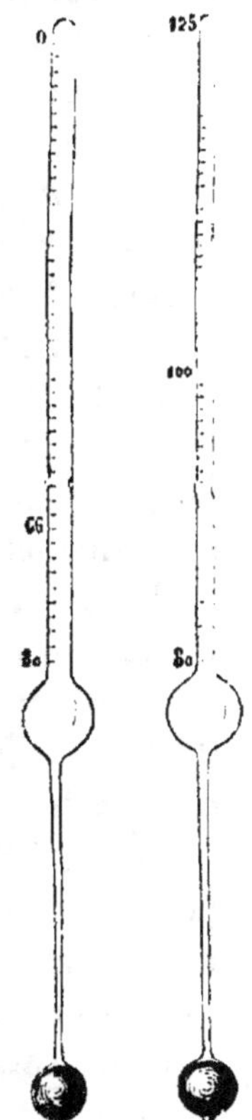

Fig. 32.

Examinons de quelle utilité peut être l'aréomètre ainsi construit lorsqu'on l'emploie, par exemple, à l'appréciation de l'acide sulfurique. L'acide sulfurique ou huile de vitriol, liquide d'une importance capitale en chimie et dans l'industrie, contient presque toujours de l'eau, résultat nécessaire de son mode de fabrication ; et plus il en contient, plus il est léger. Si dans un acide sulfurique l'instrument marque 50 degrés et dans un autre 60 degrés, cela signifie que ce dernier est plus concentré que l'autre, qu'il renferme moins d'eau, puisque l'aréomètre s'y enfonce moins. Mais là se borne la valeur de l'indication fournie. L'aréomètre ne peut rien nous apprendre sur la quantité d'eau réellement contenue. Comment le ferait-il, en effet, lorsqu'on le gradue avec une poignée de sel, substance sans rapport avec l'acide sulfurique ? — Encore un exemple. L'expérience a appris que l'acide sulfurique possède sa plus grande concentration lorsqu'il marque 66 degrés à l'aréomètre. Alors, pendant le travail de la concentration de l'acide, on continue à chauffer pour chasser l'eau, jusqu'à ce que l'acide marque 66 degrés. Ce point atteint, on est sûr que le liquide est arrivé à la limite de sa concentration. — Un troisième exemple, pour en finir. Une manipulation industrielle exige, pour arriver à bien, l'emploi de l'acide sulfurique le plus concentré possible. Comment saurons-nous que l'acide est en effet ce qu'il doit être ? Nous le saurons avec l'aréomètre. Si l'acide marque 66 degrés, il remplit les conditions voulues ; il ne les remplit pas s'il marque un degré moindre. On voit donc que les indications de l'aréomètre de Baumé, sans rien nous apprendre de précis sur la densité des liquides examinés, nous donnent toutefois de précieux renseignements.

7. Aréomètre pour les liquides moins lourds que l'eau. — Cet aréomètre ne diffère du précédent que par son mode de graduation. On fait un mélange de 10 parties en poids de sel marin et de 90 parties d'eau, et l'on plonge l'instrument dans la dissolution. Le lest est réglé de manière que l'instrument s'enfonce à peu près jusqu'au bas de sa tige. On marque zéro au point d'affleurement. Comme l'aréomètre est destiné à apprécier des liquides plus légers que l'eau ordinaire, à plus forte raison que l'eau salée, pour obtenir un degré supérieur au zéro donné par de l'eau salée, il faut prendre un liquide plus léger. On est convenu de prendre de l'eau pure. On plonge donc l'appareil dans ce liquide ; il s'enfonce plus que tout à l'heure. Au point d'affleurement, on marque 10. L'intervalle entre les deux repères obtenus, d'une part avec l'eau salée, d'autre part avec l'eau pure, est divisé au compas en 10 parties égales, et l'on achève la graduation en portant une de ces divisions sur le haut de la tige, autant de fois que le permet sa longueur.

Pas plus que le précédent, cet aéromètre ne donne des indications précises sur la densité des liquides ; il dit seulement qu'un liquide, où il s'enfonce davantage, est moins dense qu'un autre, où il s'enfonce moins. L'industrie cependant le consulte avec fruit. L'expérience a enseigné en effet que l'éther du commerce doit marquer 56 degrés à l'aréomètre, et qu'il peut en marquer 65 quand il est pur ; que l'alcali volatil marque, suivant sa richesse en gaz ammoniac, de 22 à 25 degrés. Si ces liquides tombent au-dessous du degré commercial, ils n'ont pas la valeur vénale qu'on leur attribue ; s'ils ont un degré supérieur, ils peuvent supporter l'addition de l'eau.

RÉSUMÉ

1. Les aréomètres sont destinés à trouver la densité des solides et des liquides, où à évaluer comparativement la richesse de certains mélanges liquides et de certaines dissolutions. Les aréomètres de Nicholson et de Fahrenheit sont à volume constant et à poids variable. L'aréomètre de Baumé et l'alcoomètre de Gay-Lussac sont à poids constant et à volume variable.

2. L'aréomètre de Nicholson sert à trouver la densité des corps solides, en donnant le poids de ces corps et le poids d'un égal volume d'eau.

3. L'aréomètre de Fahrenheit sert à trouver la densité des corps liquides. Il donne le poids d'un liquide et le poids de l'eau ayant même volume que la partie immergée de l'aréomètre.

4. L'alcoomètre centésimal de Gay-Lussac donne, en centièmes de volume, la richesse alcoolique des eaux-de-vie, esprits-de-vin, trois-six. Si dans un esprit-de-vin il indique 65 degrés, par exemple, cela signifie que le liquide renferme, sur 100 litres, 65 litres d'alcool et 35 litres d'eau. Les indications de l'alcoomètre ne donnent directement la richesse alcoolique du liquide qu'à la température de 15°. Pour une autre température, le degré fourni par l'instrument doit subir des corrections d'après les tables qui l'accompagnent.

5. Les aréomètres de Baumé indiquent qu'un liquide est **plus dense** ou moins dense qu'un autre sans rien préciser.

6. Il y a deux sortes d'aréomètres de Baumé : l'aréomètre destiné aux liquides plus denses que l'eau, et l'aréomètre destiné aux liquides moins denses que l'eau. Le premier s'appelle, suivant son emploi, pèse-acide, pèse-sel, pèse-sirop, etc. Son zéro est au haut de la tige. Il s'obtient par l'immersion dans l'eau.

7. Le second s'appelle pèse-éther, pèse-esprit, etc. Son zéro est au bas de la tige. Il s'obtient par l'immersion dans de l'eau salée contenant 10 parties en poids de sel marin pour 90 parties d'eau.

CHAPITRE XI

1. Les liquides tendent à reprendre leur niveau. — Nous avons déjà vu, au sujet du niveau des eaux de la mer, qu'un liquide, par suite de sa mobilité, gagne la même hauteur dans les différentes cavités en communication libre l'une avec l'autre. Revenons encore sur ce point important des propriétés des liquides. Sur le canal B, communiquant avec le vase A plein d'eau (fig. 33), on visse un tube sinueux CD. Dès que le robinet R est ouvert, l'eau s'élance dans le tube et monte jusqu'à l'horizontale correspondant au niveau du vase et représentée, dans la figure, par la ligne ponctuée. Au lieu du tube sinueux D, on aurait pu visser le tube droit et vertical D', ou bien le tube penché D''. Dans tous les cas, l'eau serait arrivée au même niveau, à la hauteur de la ligne ponctuée. Ce résultat était facile à prévoir, d'après ce que nous savons sur la pression des liquides, pression qui ne dépend pas de la forme du vase ni de la quantité de liquide contenue, mais seulement de l'étendue de la paroi pressée et de la hauteur verticale du liquide au-dessus de cette paroi. Imaginons, en effet, dans le canal B une tranche de liquide formant une cloison idéale. Quand tout le liquide est en repos, cette tranche est immobile ainsi que le reste du contenu. Elle est donc pressée également à droite et à gauche. Mais à gauche, elle éprouve la pression du liquide contenu dans le vase **A** ; à droite, elle éprouve la pression du liquide contenu dans le vase **D**. Pour que ces deux pressions s'entre-détruisent et laissent la tranche immobile, il faut qu'elles soient égales ; ce qui exige une même hauteur verticale de l'eau, et dans le vase **A** et dans le vase **D**. Ainsi donc, quel que soit le tube vissé

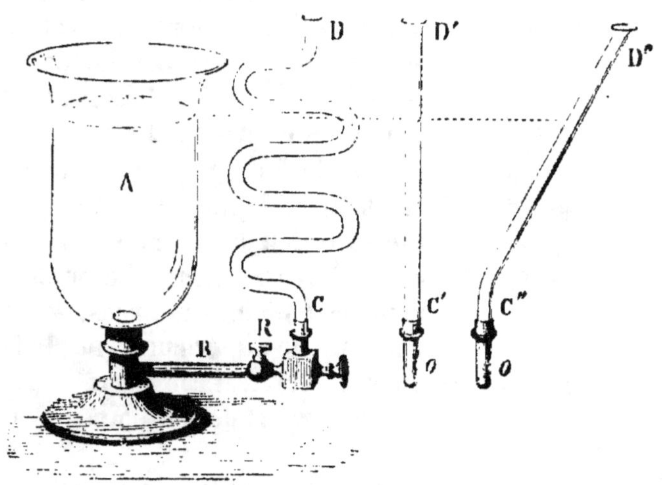

Fig. 33.

sur le canal de communication B, qu'il soit droit ou sinueux, vertical ou penché, large ou étroit, l'eau s'y élèvera au même niveau que dans le vase A ; et, lorsqu'il sera question de la hauteur à laquelle le liquide monte dans ces différents tubes, il ne faudra pas entendre la longueur réelle de ces tubes, fort inégale suivant leur forme droite ou sinueuse, mais bien la hauteur mesurée suivant la verticale, hauteur exactement la même pour tous.

2. **Distribution de l'eau dans les villes.** — Telle est la cause qui fait couler les fontaines de nos villes. Amenée d'un réservoir plus ou moins éloigné, par des canaux cachés sous terre, l'eau s'élève pour regagner son niveau, dans un conduit ménagé dans la maçonnerie de la fontaine, et s'écoule si l'orifice de cette fontaine ne dépasse pas en élévation verticale le niveau du réservoir d'où elle est partie. C'est ce que représente la fi-

gure 34. Le réservoir, qui peut être situé à une grande distance,

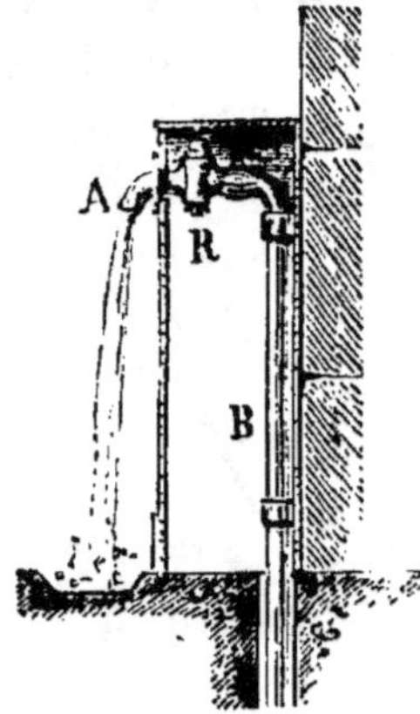

Fig. 54.

n'est pas figuré; mais puisque la fontaine coule, on est sûr que son niveau atteint au moins l'orifice A ou même le dépasse. Le canal B amène sous terre et enfin dans la maçonnerie de la fontaine l'eau du réservoir. R est un robinet qui permet d'arrêter l'écoulement si l'économie de l'eau l'exige. Rien n'empêcherait, on le comprend, de faire monter l'eau aux différents étages d'une maison, à la condition que le niveau du réservoir fût encore plus élevé. Mais si l'orifice d'écoulement, soit pour les fontaines des rues, soit pour les fontaines de l'intérieur de nos habitations,

était supérieur au niveau du réservoir, l'eau s'arrêterait dans les tuyaux de conduite au niveau précis de son point de départ, et ne coulerait pas.

3. Jets d'eau. — Supposons maintenant que sur le canal B (fig. 35) on visse un tube ouvert au sommet ou percé en pomme

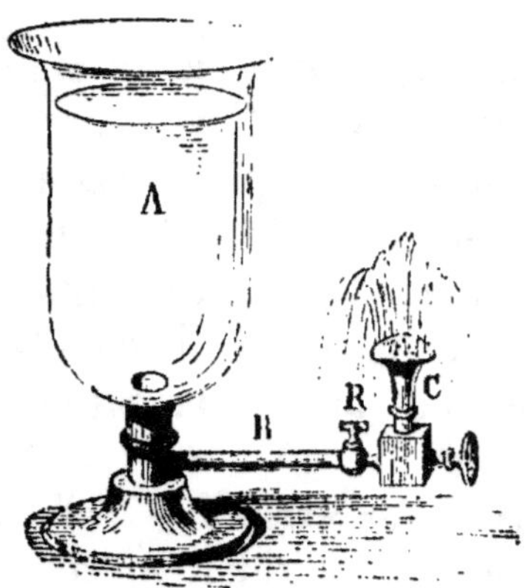

Fig. 55.

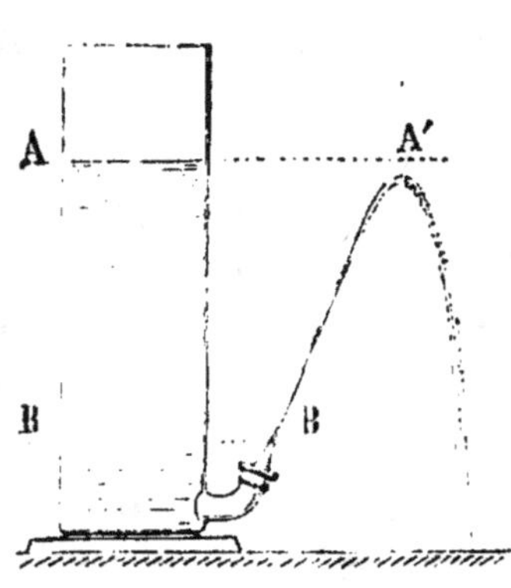

Fig. 56.

d'arrosoir. Dans ce cas, l'eau s'élèvera toute seule en l'air, en formant un seul jet si le tube est librement ouvert, une gerbe s'il est en forme d'arrosoir. L'eau s'élance par le tube C pour reprendre le niveau qu'elle a dans le réservoir A, et théoriquement le jet devrait atteindre ce niveau. Mais diverses causes s'y opposent : le frottement de l'eau dans le canal, la résistance de l'air et le choc des gouttes liquides qui, en retombant, amortissent la vitesse de celles qui partent. On diminue ce dernier inconvénient en inclinant un peu le jet, ce qui porte le filet liquide descendant en dehors du filet ascendant (fig. 36). Le jet monte alors un peu plus haut ; mais il est moins gracieux, il ne forme plus de gerbe régulière. La cause des eaux jaillissantes, soit naturelles, soit artificielles, réside donc dans la tendance des liquides à reprendre leur niveau. Imaginons un réservoir élevé, communiquant par des canaux souterrains avec un orifice dirigé en l'air. Si cet orifice est situé plus bas que le niveau du réservoir, l'eau jaillira violemment et atteindra la ligne de niveau du réservoir lui-même, abstraction faite de l'amoindrissement du jet occasionné par le frottement dans le canal, la résistance de l'air et le choc du liquide descendant. Ainsi, la hauteur d'un jet d'eau dépend, avant tout, de la distance verticale de l'orifice d'écoulement au niveau du réservoir.

4. **Eaux souterraines.** — Les diverses couches dont le sol se compose ne se laissent pas également pénétrer par l'eau, ou, comme on dit, ne sont pas également perméables. Les unes, spécialement les couches argileuses, s'opposent à l'infiltration de l'eau ; les autres, en particulier les couches sablonneuses, s'imbibent avec une grande facilité. Supposons, dans l'épaisseur du sol, diverses assises, dont deux argileuses, A et B, comprenant, entre elles, une couche de sable C (fig. 37). Ces assises peuvent, à cause des dislocations, des plissements de toute nature que l'écorce terrestre a subis, se trouver en un lieu à une certaine profondeur, et en un autre se relever et remonter à la surface. Imaginons donc que la couche de sable C, profondément située dans la partie du sol ici représentée, se redresse et soit à découvert quelque part, par exemple sur la droite de la figure. Là, cette couche peut se trouver comprise dans le lit d'un fleuve, d'un lac, d'un étang ; ou bien faire partie d'une montagne neigeuse, d'une dépression où s'amassent les eaux pluviales, d'une colline où les brouillards de la nuit déposent leur humidité.

Dans tous les cas, à cause de sa grande perméabilité, elle s'imbibe d'eau, qui gagne l'intérieur du sol et s'amasse entre les deux lits imperméables d'argile. Il se forme, de la sorte, une nappe d'eau souterraine plus ou moins abondante, plus ou moins

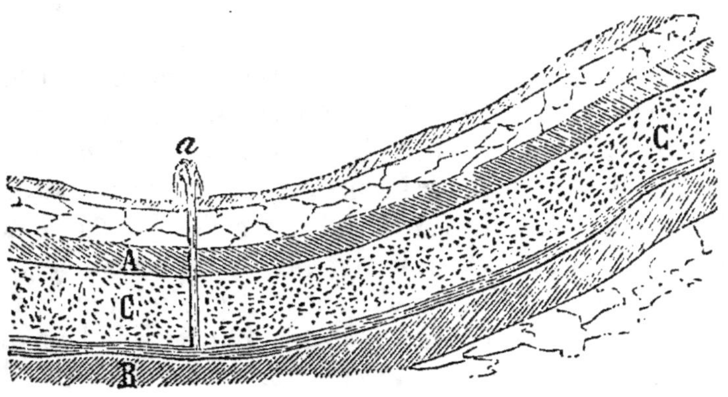

Fig. 37.

étendue. Si, quelque part, la couche de sable reparaît à découvert, par exemple sur le flanc d'une vallée qui entaille profondément le terrain ; ou bien si quelque fissure naturelle du sol, quelque crevasse la met en rapport avec l'extérieur, en ces points une source surgit, alimentée par la nappe souterraine. Mais il peut se faire que la couche imbibée ne reparaisse pas en dehors; et, dans ce cas, les eaux souterraines sont ignorées. A notre insu, elles sont là, sous nos pieds, quelquefois recouvertes par un terrain des plus arides. Pour les ramener à la surface et pouvoir les utiliser, il suffirait de leur ouvrir une issue.

5. **Puits artésiens.**— Supposons donc qu'au point *a* (fig. 37) on perce le sol. Dès que la couche d'argile qui l'emprisonne supérieurement sera percée, l'eau montera dans le passage qui lui est ouvert et gagnera la ligne de niveau du réservoir, étang, lac, ou rivière, d'où elle provient. Elle jaillira même au dehors, si l'orifice du puits que l'on vient de pratiquer est moins élevé que le niveau du réservoir ; dans le cas contraire, elle s'arrêtera dans le puits à la hauteur de ce niveau. Pour atteindre les couches imbibées par les cours d'eau du voisinage, il suffit, le plus sou-

vent, de creuser à une médiocre profondeur. On pratique alors des puits ordinaires, qui s'emplissent jusqu'au niveau du fleuve, de la rivière du lac, dont les infiltrations les alimentent. Si le niveau des eaux s'élève ou s'abaisse dans le fleuve, le niveau des eaux s'élève ou s'abaisse en même proportion dans les puits tributaires. — Mais si la nappe d'eau souterraine est profondément située, on a recours au forage de *puits artésiens*, ainsi nommés parce qu'ils sont, depuis longtemps, connus et pratiqués dans l'Artois. A l'aide d'une puissante tarière, que manœuvrent des barres de fer, ajoutées bout à bout à mesure qu'il en est besoin, on creuse un trou cylindrique, d'un à deux décimètres de largeur, à travers les diverses assises du sol, graviers, marnes, calcaires, argiles, jusqu'à ce que l'on atteigne la nappe aquifère, située parfois à plusieurs centaines de mètres de profondeur. Si l'on rencontre une roche trop dure, on commence par la triturer avec une espèce de trépan ; cela fait, avec une cuiller appropriée à cet usage, on extrait la boue et les menus débris du fond de la cavité. Pour préserver les parois du puits de l'éboulement et empêcher l'eau ascendante de se répandre dans les couches environnantes, s'il y en a de perméables, on garnit le trou de sonde d'un tube de métal. Les puits artésiens sont parfois très-profonds ; et, chose bien remarquable, les eaux qui, par la voie de ces puits, remontent du sein de la terre, ont toujours une température élevée, la même en hiver et en été. Le puits de Grenelle, à Paris, descend à 547 mètres de profondeur, et l'eau qui en jaillit a constamment 28 degrés de température. L'eau des puits ordinaires n'a que 10 degrés. Celui de Passy, creusé à près d'une lieue de distance de celui de Grenelle, et à 586 mètres de profondeur, fournit également de l'eau à 28 degrés. Les eaux du puits artésien de New-Salswerck, en Westphalie, montent d'une profondeur de 622 mètres, et leur température est de 32 degrés. Celles du puits de Mondorf, sur la frontière de la France et du Luxembourg, proviennent de plus bas encore, de 700 mètres au-dessous du sol ; et leur température est de 35 degrés. On attribue cette température élevée des eaux fournies par les puits artésiens d'une profondeur considérable, à la chaleur propre du globe terrestre. Cette chaleur serait telle que, pour une trentaine de mètres d'épaisseur que la sonde traverse, le thermomètre marque un degré de plus.

RÉSUMÉ

1. Dans des cavités communiquant entre elles, un liquide se met au même niveau.

2. C'est sur ce principe qu'est basée la distribution de l'eau dans les villes. L'eau part d'un réservoir élevé, et, au moyen de canaux souterrains, se rend aux diverses fontaines, dont l'orifice d'écoulement est situé plus bas que le niveau de ce réservoir.

3. Si l'orifice d'écoulement est dirigée en l'air, l'eau jaillit pour regagner le niveau du réservoir, et forme ce qu'on appelle un jet d'eau. Le jet liquide n'atteint pas tout à fait le niveau du réservoir, à cause du frottement dans le canal, de la résistance de l'air, et surtout du choc de l'eau retombant sur elle-même.

4. Les eaux souterraines proviennent des infiltrations des eaux de la surface dans des couches perméables, particulièrement dans les couches de sable ou de gravier. Une couche ainsi imbibée, comprise entre deux lits imperméables d'argile, constitue une nappe d'eau souterraine.

5. Si la couche aquifère est peu profonde, on l'atteint en creusant un puits ordinaire, dans lequel l'eau remonte jusqu'au niveau des eaux voisines qui l'alimentent. Si elle est profonde, on l'atteint au moyen d'un puits artésien, ou trou de sonde pratiqué à travers les diverses couches du sol. L'eau remonte par ce canal pour regagner le niveau du réservoir naturel d'où elle provient, fleuve, lac, étang, etc., et jaillit même si ce réservoir est plus élevé que l'orifice du trou de sonde. Les puits artésiens ont souvent une grande profondeur, et l'eau qu'ils fournissent est plus ou moins chaude.

CHAPITRE XII

1. **Variété des gaz.** — La variété que présentent les corps solides et les corps liquides, se retrouve, aussi nettement prononcée, dans les substances aériformes ou gaz; seulement,

comme ces substances sont invisibles dans la grande majorité des cas, elles échappent à notre attention, à moins que, douées d'une odeur forte, elles ne trahissent leur présence par leur action sur l'odorat. C'est ainsi que le soufre en ignition dégage une substance aériforme, le gaz sulfureux, d'une odeur très-piquante, bien connue de tous. Ce gaz est invisible, mais on ne peut douter de sa présence quand il affecte si vivement l'odorat. C'est ainsi encore que l'alcali volatil répand une odeur qui fait pleurer, rougit les yeux et entre dans les narines comme de fines aiguilles. Cette odeur est due à un gaz, le gaz ammoniac, invisible lui aussi et doué cependant de propriétés énergiques. Le gaz carbonique fait sauter les bouchons du vin mousseux, il fait écumer la bière. Nous le buvons avec la bière, avec l'eau de Seltz, avec les diverses boissons mousseuses. Mais si nous le respirons en quantité un peu forte, il nous tue. C'est lui qui tue le vigneron imprudemment entré dans la cuve à vendanges. Il est invisible et n'a presque pas d'odeur. L'air lui-même, le plus important de tous les gaz, à l'invisibilité joint le manque total d'odeur. Tous les gaz cependant ne sont pas invisibles. On en connaît possédant des colorations assez intenses pour frapper le regard.

2. **Gaz rougeâtre.** — Sur de la limaille de fer, on verse de l'eau forte, redoutable liquide qui prend, en chimie, le nom d'acide nitrique ou, indifféremment, celui d'acide azotique. La limaille de fer est attaquée avec violence, le mélange devient brûlant, et il se dégage des bouffées d'un gaz rougeâtre dangereux à respirer. Voilà donc bien une substance aériforme, aussi subtile que l'air lui-même, et douée cependant d'une intense coloration. On la nomme gaz hypoazotique.

3. **Gaz violet.** — Dans un ballon en verre, on met une petite pincée d'une matière solide, d'apparence métallique, nommée *iode*. On chauffe légèrement sur la lampe à alcool. Le ballon s'emplit de matière gazeuse d'un magnifique violet. Cette matière gazeuse n'est autre que de l'iode amené à l'état de gaz par la chaleur. Si on laisse le ballon se refroidir, son contenu aériforme violet disparaît peu à peu, et il se dépose sur les parois du vase de petites paillettes miroitantes noires. Ces paillettes sont

de l'iode revenu, par le refroidissement, à son état primitif, l'état solide. Le mot iode signifie violet. Il fait allusion à la belle couleur violette de cette substance devenue gazeuse par la chaleur.

4. Gaz verdâtre. — La cornue de la figure 38 contient un

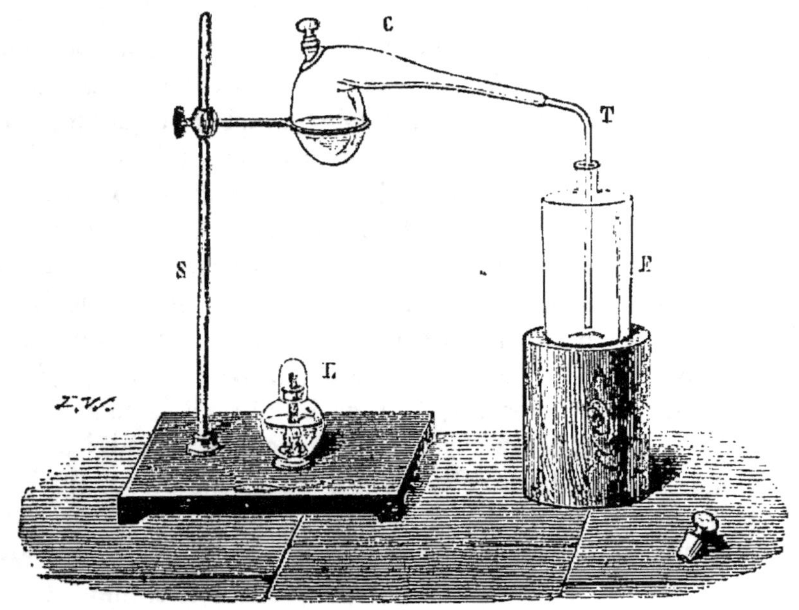

Fig. 38.

mélange d'un liquide appelé acide chlorhydrique, et d'une poudre noire nommée bioxyde de manganèse. Le tube T, de la cornue, plonge dans un flacon F, ne contenant que de l'air ; il arrive à peu près au fond. Avec une lampe L, on chauffe doucement. Un gaz apparaît, doué d'une faible coloration jaune verdâtre, d'où le nom de chlore qu'on lui a donné. Chlore, en grec, signifie vert. Un gaz verdâtre apparaît, disons-nous, au fond du flacon, là où l'a conduit le tube ; et ce gaz reste en place sans s'échapper hors du flacon, parce qu'il est plus lourd que l'air. Peu à peu, la couche verte gagne en épaisseur, elle remonte en poussant l'air devant elle. Enfin, le flacon est plein; la teinte jaune verdâtre envahit le goulot. De cette expérience, nous conclurons qu'un certain gaz, le chlore, a une faible teinte d'un jaune vert, et, en même temps, qu'il est plus lourd que l'air. Le chlore est dangereux à respirer. La moindre bouffée provoque une toux violente, difficile à calmer. Après le gaz qui fait pleurer, l'ammoniac, en voilà un qui fait tousser.

Ce petit nombre d'exemples est suffisant pour montrer quelle variété de propriétés les substances aériformes peuvent présenter. Mais qu'elles soient incolores ou colorées, visibles ou invisibles, odorantes ou non odorantes, inoffensives ou dangereuses, toutes ces substances ont un caractère commun : c'est un extrême subtilité comparable à celle de l'air ordinaire. Le mot gaz, par lequel on les désigne, fait allusion à cette subtilité. Il est emprunté à la langue allemande et signifie esprit. L'air est le plus important des gaz. C'est avec lui que nous étudierons les propriétés physiques des matières gazeuses ; mais les résultats qu'il nous fournira devront s'appliquer à tous les autres gaz indistinctement.

5. **Différence entre les gaz et les liquides.** — L'état liquide est caractérisé par une mobilité des molécules, qui permet à celles-ci de glisser les unes sur les autres en toute liberté. Aussi une substance liquide coule, elle s'échappe des doigts qui cherchent à la saisir. Dans les gaz, la mobilité moléculaire est encore plus grande, ce qui entraîne, à un haut degré, l'impossibilité d'être saisi et la faculté de couler. Les substances gazeuses coulent mieux encore que les substances liquides. Le vent, en particulier, n'est-il pas un énorme torrent d'air qui se déplace dans l'atmosphère et gagne de nouvelles régions? Le souffle que nous chassons avec force de notre bouche, n'est-ce pas un jet d'air ? Sous le rapport de la mobilité moléculaire, de l'aptitude à couler, gaz et liquides se ressemblent donc. En quoi alors un gaz diffère-t-il d'un liquide ?

Si, dans un flacon absolument vide, on laissait pénétrer une petite quantité d'huile, cette huile gagnerait le fond du vase et y formerait une couche plus ou moins épaisse, suivant son volume ; mais d'elle-même elle ne se gonflerait pas pour achever de remplir la capacité du flacon. Au contraire, de l'air ou tout autre gaz introduit en petite quantité dans ce flacon vide, au lieu de former une couche au fond, gonflerait son volume de manière à remplir le vase en entier.

Soit l'appareil de la figure 39. BC est une profonde cuvette, terminée par un évasement A. Elle est pleine de mercure. Un tube D, lui-même rempli de mercure, moins une certaine portion DE occupée par de l'air ou n'importe quel gaz, plonge dans la cuvette. En enfonçant davantage ce tube ou en le soulevant, l'espace DE diminue ou augmente. A un certain moment, cet espace a, supposons, un décimètre de longueur. Il est plein alors de gaz, ce qui s'appelle plein. Soulevons le tube. L'espace DE occupera deux décimètres, trois, quatre, davantage si bon nous semble. Eh bien, dans tous les cas, le gaz primitif remplira exactement la capacité qui lui est ainsi faite. Il remplissait le volume un, il remplira le volume double, le volume triple, etc., bien qu'il ne gagne rien en substance évidemment. A mesure qu'un espace plus grand lui est offert, il se dilate, se gonfle et l'occupe en entier. Les gaz diffèrent donc des liquides par leur tendance à s'épandre en tous sens. Ils occupent un volume de plus en plus grand si rien ne fait obstacle

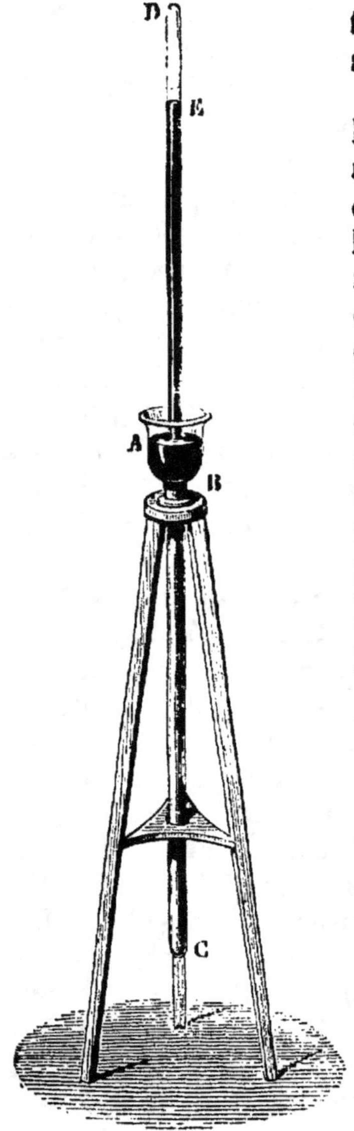

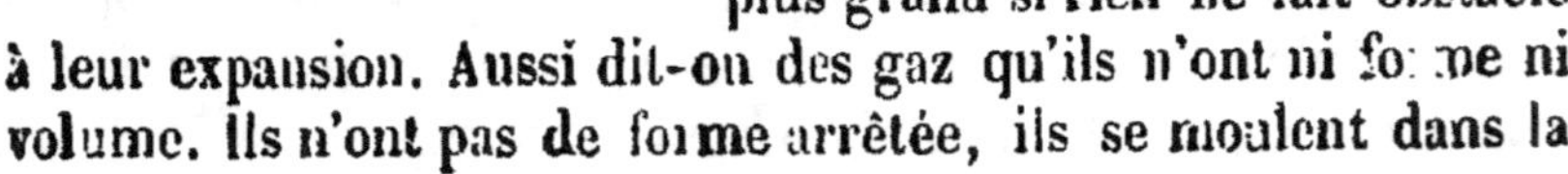

Fig. 39.

à leur expansion. Aussi dit-on des gaz qu'ils n'ont ni forme ni volume. Ils n'ont pas de forme arrêtée, ils se moulent dans la cavité des vases qui les contiennent ; ils n'ont pas de volume, ils tendent à en acquérir toujours un plus grand si rien ne les arrête. Les liquides n'ont pas davantage de forme arrêtée. Comme conséquence de leur mobilité moléculaire, ils prennent la forme des vases qui les renferment. Mais ils ont un volume. Un litre d'eau ne peut devenir deux litres, trois, quatre, indéfiniment ; ce que font les gaz en vertu de leur expansion.

6. Force élastique des gaz. — Puisqu'un gaz tend à occuper un volume de plus en plus grand, il y a en lui une force spéciale, dont l'effet est de dilater son volume quand il n'y a pas d'obstacles, ou de lutter contre ces obstacles s'opposant à son expansion. On peut le comparer, en quelque sorte, à un ressort tendu, qui fait effort pour se détendre et presse contre les objets qui s'y opposent. Si la cause d'arrêt disparaît ou est insuffisante pour résister, le ressort se déploie, se détend. Si l'obstacle qui s'oppose à l'expansion de l'air disparaît ou cède, le gaz augmente de volume ; on pourrait dire qu'il se détend. Or, on nomme *force élastique* ou tout simplement *élasticité*, l'effort que fait un gaz pour augmenter de volume. Dans les circonstances habituelles, l'élasticité d'une masse d'air déterminée ne se manifeste pas parce qu'elle est entravée par des obstacles, en particulier par la résistance de l'air environnant. qui, lui aussi, s'efforce d'occuper un plus grand volume. Il y a lutte de masse d'air à masse d'air ; et de l'opposition de forces égales résulte une apparente inactivité là où réellement règne une activité incessante, ainsi que vont nous le démontrer quelques exemples.

7. La vessie ridée qui se gonfle dans le vide. — On presse entre les mains une vessie assouplie dans l'eau, de manière à en chasser la majeure partie de l'air et l'on noue son orifice d'un cordon. Elle est alors toute ridée. Le peu d'air qu'elle renferme encore fait effort cependant pour augmenter de volume ; si rien ne s'y opposait, à lui seul il gonflerait la vessie. Pourquoi alors celle-ci reste-t-elle flasque et ridée ? C'est l'air environnant qui en est cause. Il fait effort de son côté pour augmenter de volume ; il presse sur l'air de la vessie avec la même force que ce dernier presse sur lui. Si deux ressorts, d'égale puissance, agissent l'un sur l'autre, ils se maintiennent mutuellement en repos. Ainsi font l'air contenu dans la vessie ridée et l'air extérieur. Leur lutte d'élasticité à élasticité n'amène pas de résultat sensible, parce qu'il y a parité entre les efforts respectifs. Mais supprimons l'air enveloppant, et l'air de l'intérieur manifestera sa puissance expansive. On y parvient avec la machine pneumatique, sorte de pompe qui aspire les gaz. Nous verrons plus tard sa manière d'agir; pour le moment, il est inutile de s'en préoccuper. On met donc la vessie sous une cloche, et avec une machine pneumatique on enlève l'air que cette cloche contient. Aux premiers coups de piston, on voit la vessie s'enfler peu à peu comme si l'on y soufflait dedans. L'air qu'elle renferme, n'ayant plus autour de lui qu'un obstacle insuffisant pour arrêter son expansion, ou même n'en ayant pas du tout quand la pompe a fonctionné quelque temps, augmente de volume et gonfle la vessie, qui finit par être toute rebondie et par remplir la cloche. L'expérience est des plus concluantes : l'air dilate son volume quand rien n'entrave son élasticité. Avec un autre gaz, le premier venu, le résultat serait absolument le même.

Maintenant on laisse rentrer un peu d'air dans la cloche. Aussitôt la vessie se ride. A mesure qu'il en rentre plus, elle se ride davantage, et quand la cloche est pleine d'air comme elle l'était au début, la vessie a repris sa flaccidité première. Pour quel motif la vessie, une fois gonflée par l'expansion de son contenu aérien, ne conserve-t-elle pas son état rebondi quand l'air extérieur rentre dans la cloche? Le gaz dilaté ne pourrait-il lutter à parité de force avec l'air introduit? Précisément. A mesure que l'air augmente de volume par le fait de sa propre élasticité, il perd de sa puissance expansive, de même qu'un ressort perd de sa vigueur à mesure qu'il se détend davantage. L'air dilaté ne peut donc, en l'état où il est, résister à la pression de celui qui rentre dans la cloche ; et telle est la cause qui fait rider la vessie. Mais lorsque, par la contraction de son volume, il s'est en quelque sorte de nouveau tendu, il tient tête à l'air extérieur, et la vessie cesse de se rider. La comparaison d'un gaz avec un ressort est, on le voit, d'une exactitude frappaute. Un ressort gagne en force quand il est ramassé sur lui-même, quand il occupe le moins de place possible ; il perd ses énergies quand il est déployé, détendu. De même, un gaz gagne en puissance expansive, en élasticité, lorsque son volume se contracte ; il perd en puissance expansive lorsque son volume se dilate.

Avec une vieille pomme ridée, avec des raisins à peau flasque, on peut, sous une autre forme, reproduire l'expérience de la vessie. Mis sous la cloche de la machine pneumatique, on les verra, à mesure que l'air de la cloche **sera** enlevé, se gonfler et reprendre la forme et la grosseur qu'ils avaient à l'état de fraîcheur. L'expansion des matières aériformes contenues dans ces fruits en est cause.

8. **Jet d'eau dans le vide.** — Dans un flacon A, plein à demi d'eau, à demi d'air, on engage, à peu près jusqu'au fond, un tube effilé par en haut et fixé à un bouchon qui ferme exactement le col du flacon (fig. 40). Par suite de sa force expansive, l'air contenu dans le flacon presse sur le liquide et tend à le refouler au dehors par le tube et à le faire jaillir. Mais dans les conditions ordinaires, l'air extérieur agit avec la même force à l'orifice et dans le canal du tube ; aussi le liquide reste-t-il en repos. Enlevons l'air extérieur, et l'eau jaillira, chassée par la poussée de l'air intérieur. On met donc le flacon sous une cloche, d'où l'on extrait l'air avec la pompe pneumatique. Bientôt l'eau jaillit, en jet de peu de vigueur d'abord, parce que l'air extérieur est encore trop abondant ; mais après quelques coups de piston, cet air est assez raréfié et le jet atteint le haut de la cloche. En cessant à ce moment la manœuvre de la pompe, on peut reconnaître que le jet diminue rapidement de hauteur. La cause en est facile à saisir. A mesure que de l'eau s'en va,

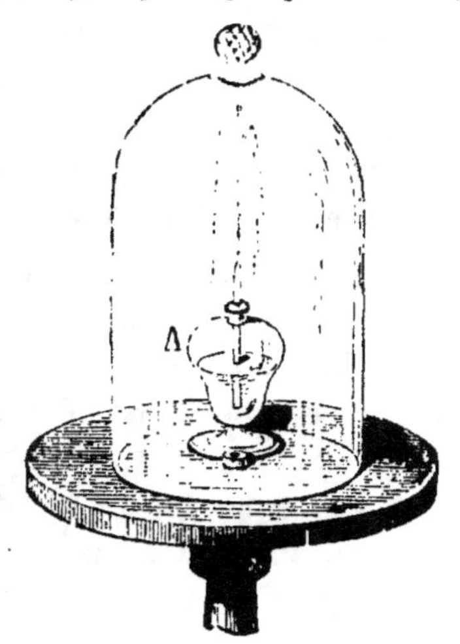

Fig. 40.

l'air du flacon se dilate et en occupe la place. Cette augmentation de volume est accompagnée d'une diminution de force élastique; la poussée qu'éprouve le liquide restant s'affaiblit, et le jet est de moins en moins élevé.

Laissons, enfin, rentrer l'air dans la cloche. L'élasticité de cet air, venu du dehors, étant plus grande que celle de l'air dilaté contenu dans le flacon, les choses ne peuvent rester en l'état actuel. Il faut que l'égalité de force expansive s'établisse à l'intérieur et à l'extérieur du flacon. A cet effet, l'air extérieur pénètre par le tube dans le flacon. On le voit, bulle à bulle, se dégager par l'extrémité inférieure du tube, et traverser l'eau qui re-te encore, jusqu'à ce que le surcroît de force élastique qu'il amène avec lui, ajouté à la force de l'air dilaté du flacon, contre-balance exactement la poussée de l'air extérieur. Alors tout rentre dans le repos.

Nous avons vu, dans un autre chapitre, que la coquille d'un œuf est percée d'une foule de pores, et que l'œuf lui-même contient de l'air. Si l'on met un œuf sous la cloche de la machine pneumatique, cet air agit comme dans l'expérience précédente; il refoule le contenu liquide et le chasse par les pores de la coquille. On voit, en effet, le blanc de l'œuf suinter à travers la coque et couvrir celle-ci d'écume.

9. Expansion des gaz contenus dans la vessie natatoire des poissons. — Beaucoup de poissons possèdent, nous le savons, un organe particulier, la vessie natatoire, qui leur permet de monter ou de descendre dans l'eau en augmentant ou en diminuant un peu le volume du corps. Les gaz contenus dans cette vessie ont une force expansive capable de contre-balancer celle de l'air extérieur, qui agit jusqu'à eux par l'intermédiaire de l'eau. Mettons sous la cloche de la machine pneumatique un bocal où nage un poisson, et retirons l'air de la cloche. Les gaz de la vessie natatoire, n'étant plus maîtrisés dans leur expansion, se dilatent et gonflent l'animal. Le poisson vient ainsi, en dépit de ses efforts, flotter à la surface, le ventre en l'air. Il a beau frétiller, jouer de la queue et des nageoires, il ne peut plus descendre. Sa vessie natatoire, dilatée outre mesure, le retient à la surface. Si on laisse rentrer l'air dans la cloche, les gaz de la vessie natatoire reprennent leur volume primitif, celle-ci se dégonfle et le poisson tombe au fond.

10. Pression exercée par les gaz sur les parois des vases qui les contiennent. — Un flacon est plein d'air et hermétiquement bouché. Toute communication avec le dehors est interceptée. En vertu de sa puissance expansive, cet air fait effort contre les parois pour occuper un volume plus grand, et tend à briser le flacon, non susceptible de se gonfler, comme la vessie, pour lui faire du large. S'il ne le brise pas, c'est qu'il n'est pas assez fort. Il y a, d'ailleurs, l'air extérieur qui pousse en sens inverse et annule la pression du premier. Toutefois, même en l'absence de cet air extérieur, sous la cloche de la machine pneumatique, par exemple, la rupture du flacon n'aurait pas lieu par la poussée de l'air contenu. Cette poussée est trop faible par rapport à la résistance des parois. Mais supposons que, dans le flacon déjà plein d'air, on parvienne à en introduire encore autant. La chose est possible à cause de la grande compressibilité des gaz. Le contenu aérien, rendu ainsi deux fois plus riche en substance, réunira, en un effort commun, les efforts respectifs des deux masses d'air logées dans un espace qui, naturellement, n'en contiendrait qu'une. La puissance expansive sera double. Le flacon éclatera-t-il sous la poussée doublée ? Pas encore ; mais on comprend que si l'on continue à refouler de l'air dans le flacon, au moyen d'un appareil injecteur, dont nous aurons bientôt à nous occuper, la puissance expansive augmentera autant qu'on le voudra, et finira par faire éclater les parois qui s'opposent à son essor. Un gaz accumulé artificiellement, dans un espace beaucoup trop étroit pour le contenir dans les conditions naturelles, acquiert une puissance d'expansion énorme. Il en est de même d'un gaz que l'on refoule de force dans un espace de plus en plus étroit. Prouvons-le d'abord par l'expérience que voici : Dans un tube bien cylindrique, bouché à un bout, AB (fig. 41), s'engage un piston C que manœuvre une tige D armée d'une poignée. Le tube est plein d'air. D'abord le piston pénètre dans le canal sans difficulté ;

Fig. 41.

mais, à mesure qu'il plonge plus avant, on sent la résistance s'accroître, et bientôt l'effort de la main n'est plus suffisant pour le faire avancer davantage. Si vigoureux que l'on soit, on ne peut parvenir à faire arriver le piston au bout du cylindre. L'air contenu dans le canal est cause de cette indomptable résistance. Refoulé par le piston, il diminue de volume et, par cela même, il gagne en puissance expansive, en élasticité. Un moment arrive donc où il ne cède plus sous l'effort. Si l'on cesse d'agir sur la tige, l'air chasse devant lui le piston et reprend son volume primitif.

11. Effets de la poudre à tirer. — La poudre à tirer est un mélange intime de charbon, de soufre et de salpêtre dans certaines proportions. Ce mélange est susceptible de subir une inflammation soudaine et de se convertir en divers produits gazeux, dont l'ensemble occuperait, si rien ne le gênait, un volume un millier de fois plus grand que la poudre qui l'a produit. Il n'en faut pas davantage pour expliquer les terribles effets de la poudre. La charge est mise dans le canon d'un fusil. Elle occupe, supposons, un centimètre cube. Par-dessus, la balle fait office de tampon. La poudre s'enflamme. Aussitôt elle est convertie en gaz, qui, libre, occuperait mille centimètres cubes, mille fois le volume occupé par la poudre elle-même. Ce gaz, ainsi accumulé dans un espace mille fois trop étroit pour lui, fait effort contre tout ce qui l'entrave dans son expansion. Il fait effort contre les parois du canon, effort contre le fond, effort contre la balle. Celle-ci, moins résistante, cède et part, chassée par la fougueuse poussée du gaz, comme part, mais avec incomparablement moins de force, le piston de l'appareil ci-dessus quand on l'abandonne à la poussée de l'air comprimé. Les effets de la poudre résultent donc de l'expansion subite d'un gaz qui, engendré par l'inflammation de la matière solide, et enfermé dans un espace trop étroit pour lui, se détend avec violence pour occuper le volume qui lui convient.

12. Fusil à vent. — Il est dès lors visible qu'un gaz quelconque, accumulé dans un espace étroit, doit produire les mêmes effets que le gaz engendré par l'inflammation de la poudre. L'air ordinaire lui-même peut lancer des projectiles. Le fusil à

vent en fait foi. La pièce principale de cette pièce d'arme est
une crosse creuse C (fig. 42), dans laquelle on accumule de l'air
au moyen d'une pompe
spéciale. Une soupape ab,
s'ouvrant de dehors en
dedans, arrête l'air com-
primé. Sur la crosse ainsi
préparé, on visse un canon
dans lequel on glisse la
balle comme à l'ordinaire.

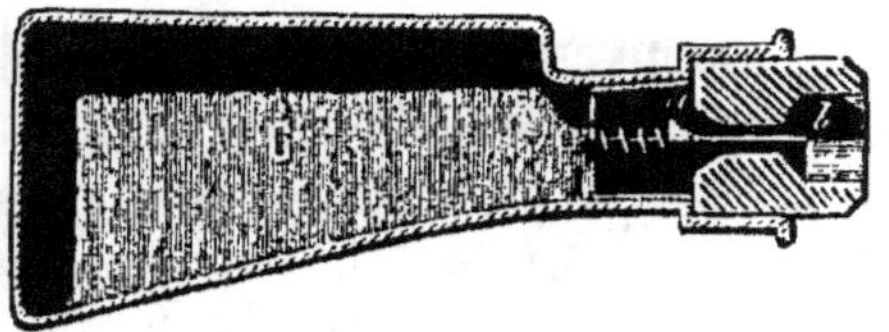

Fig. 42.

La détente du fusil ouvre la soupape, qui se referme aussitôt.
Une certaine quantité d'air se précipite de la sorte avec violence
par la voie qui lui est ouverte, et chasse le projectile devant lui.
On peut tirer ainsi plusieurs coups sans recharger la crosse;
mais, à mesure qu'il s'échappe de l'air, la portion restante a
moins de force expansive, et le jet de la balle diminue de portée.

13. Recul des armes à feu. — Un gaz agissant par sa
force élastique sur les parois d'un appareil clos de partout,
presse également dans tous les sens; et comme les points diamétralement opposés de ces parois éprouvent deux à deux le
même effort, l'appareil reste en repos. Rappelons-nous ce qui se
passe avec les liquides. Ceux-ci pareillement pressent, en vertu
de leur poids, sur les parois des vases qui les renferment; mais
ces vases restent en repos tant que les pressions se détruisent
deux à deux. Si l'on vient à pratiquer un orifice en un point de
la paroi, en ce point la pression ne s'exerce plus, parce que la
paroi n'existe plus; mais elle s'exerce toujours sur le point
opposé. De là résulte un recul du vase, un mouvement en sens
inverse de celui de l'écoulement. Le chariot hydraulique, le
tourniquet, nous en ont offert des exemples. La pression en tous
sens amenée par la force élastique des gaz, produit des effets
pareils. Tant que l'espace où le gaz est renfermé est clos de
partout, aucun mouvement ne se manifeste; mais si un orifice
vient à s'ouvrir et laisse écouler le gaz, un recul se produit.
Telle est l'origine du recul des armes à feu. Par l'inflammation de
la poudre renfermée dans la culasse d'un canon ou d'un fusil, il se
développe soudainement une grande masse de gaz, qui presse

avec une égale force sur toutes les parois qui l'emprisonnent. La paroi la moins résistante, formée par la balle ou le boulet, cède ; et le fond de la culasse du fusil ou du canon est poussée en sens inverse du projectile avec une force égale. Mais la vitesse de recul est loin d'égaler la vitesse du projectile, parce que le poids de l'arme à feu est bien plus considérable que celui de la balle ou du boulet. Il est visible, en effet, que, pour une même force, la vitesse imprimée doit être d'autant moindre que le corps mis en mouvement est plus lourd. Si le fusil pèse 500 fois le poids de la balle, la vitesse de recul qu'il acquiert par l'explosion de la poudre est 500 fois moindre que la vitesse acquise par la balle. Du reste, cette vitesse de recul est rapidement anéantie dans le fusil ou dans le canon par la résistance de l'épaule du tireur ou par le frottement contre le sol des roues de la pièce d'artillerie.

14. Pièces d'artifice. — Une fusée est un fort cylindre de papier rempli de poudre, guidé dans son ascension par une longue tige. Elle prend feu par le bas. Les gaz que produit l'inflammation de proche en proche de la poudre fortement tassée, s'écoulent en liberté par l'orifice de la partie inférieure de la fusée ; mais ils exercent leur pression contre le haut, dépourvu d'issue. Il se produit ainsi, en sens inverse du jet gazeux, un véritable recul qui lance la fusée en l'air.

Les soleils d'artifice sont des assemblages de fusées sur une circonférence pouvant tourner autour d'un axe. La combustion des fusées amène un recul qui, par suite de la disposition de l'appareil, se transforme en un mouvement de rotation en sens inverse de l'écoulement des gaz. Ces pièces d'artifice tournent par l'effet des gaz qui s'échappent, absolument comme tourne le tourniquet hydraulique par l'écoulement de l'eau. Si à un premier circuit de fusées brûlant dans un sens, en succède un autre brûlant en sens contraire, la rotation des soleils d'artifice change brusquement de direction.

RÉSUMÉ

1. Les gaz présentent la plus grande variété pour l'aspect, l'odeur, a saveur, le poids, etc. La plupart sont incolores et par conséquent

invisibles. Exemples : l'*air*, le *gaz carbonique*, le *gaz ammoniac*, le *gaz sulfureux*, etc.

2. Il y en a cependant de colorés et visibles. Tel est le gaz *acide hypoazotique*, qui se dégage d'un mélange d'eau forte et de limaille de fer. Il est rougeâtre.

3. Telle est encore la matière gazeuse d'un beau violet en laquelle se résout l'*iode* chauffé.

4. Tel est enfin le *chlore*, gaz d'un jaune verdâtre.

5. Les liquides et les gaz sont, les uns et les autres, doués d'une grande mobilité moléculaire. Mais les liquides, si la température ne change pas, conservent leur volume, tandis que les gaz tendent à augmenter indéfiniment de volume si rien n'y met obstacle.

6. Cette tendance à augmenter indéfiniment de volume s'appelle *force élastique* ou simplement *élasticité* des gaz.

7. Une vessie toute ridée, se gonfle par l'expansion du peu d'air qu'elle contient, quand on la met sous la cloche d'une machine pneumatique et qu'on enlève l'air environnant, faisant obstacle à l'expansion du premier. Un gaz est comparable à un ressort, d'autant plus puissant qu'il est plus ramassé sur lui-même. Il gagne en force expansive quand son volume est amoindri par la contraction ; il perd en force expansive quand son volume augmente.

8. Un flacon à demi plein d'air et à demi plein d'eau dans laquelle plonge un tube effilé, produit un jet de liquide par l'effet de l'élasticité de l'air contenu quand, placé sous la cloche de la machine pneumatique, il n'est plus soumis à la pression de l'air extérieur.

9. Les gaz contenus dans la vessie natatoire d'un poisson augmentent de volume sous la cloche de la machine pneumatique, et l'animal vient forcément flotter à la surface, le ventre en l'air.

10. Par l'effet de leur élasticité, les gaz exercent une pression sur toute l'étendue des parois des vases qui les renferment. Cette pression est d'autant plus énergique, que le gaz est accumulé en plus grande abondance dans un même espace.

11. La poudre à tirer développe, par son inflammation, une quantité de gaz qui occuperait, dans les circonstances ordinaires, un volume un millier de fois plus grand que la matière qui l'a produite. L'énorme puissance de ce gaz accumulé dans un petit espace est cause des violents effets de la poudre.

12. Un gaz quelconque, accumulé dans un espace en masse suffisante, produit les mêmes effets que la poudre. Dans le fusil à vent, c'est de l'air ordinaire, accumulé dans la crosse creuse, qui chasse la balle.

13. Si un orifice est ouvert dans les parois qui l'emprisonnent, le gaz s'écoule; et, par sa pression sur le point opposé, qui n'a plus alors d'antagoniste, produit un mouvement de recul. Les armes à feu reculent en sens inverse de l'écoulement gazeux, comme recule le chariot hydraulique en sens inverse de l'écoulement du liquide. C'est ce mouvement de recul qui chasse les fusées en l'air.

14. C'est encore ce mouvement de recul qui occasionne la rotation des soleils d'artifice. Ceux-ci tournent par l'effet de l'écoulement du gaz, de même que le tourniquet hydraulique tourne par l'écoulement de l'eau.

CHAPITRE XIII

1. L'atmosphère. — L'air est invisible parce qu'il est transparent et à peu près incolore. Mais s'il forme une couche très-épaisse à travers laquelle plonge le regard, sa faible coloration devient sensible. Vue en petite quantité, l'eau paraît également sans couleur; vue en couche profonde, dans la mer, dans un lac, dans un fleuve, elle est bleue ou verte. Il en est de même de l'air : sous une faible épaisseur, il semble dépourvu de coloration; sous une épaisseur de quelques lieues, il est bleu. Un paysage éloigné nous paraît bleuâtre, parce que l'épaisse couche d'air qui nous en sépare lui communique sa propre teinte. Le bleu si pur du ciel n'a pas d'autre cause que la coloration de l'air. Pendant le jour, au-dessus de nos têtes, semble s'arrondir une voûte lumineuse et bleue, que nous appelons le ciel. Or cette coupole azurée est une illusion occasionnée par l'air, qui, de toutes parts, couvre la Terre, et lui forme une enveloppe nommée *atmosphère*, d'une quinzaine de lieues d'épaisseur, suivant les évaluations les plus modérées. L'atmosphère constitue donc un immense océan aérien, dont le fond repose aussi bien sur les mers que sur les continents, et dont la surface se perd dans de hautes régions que le sommet de la montagne la plus élevée est bien loin d'atteindre, et que l'aile de l'oiseau n'a jamais explorées.

2. L'air est pesant. — Comme tout ce qui est matière, l'air est pesant. Pour s'en convaincre, il suffit de peser deux fois un même vase, d'abord plein d'air, puis vide. La première pesée fournit un poids plus fort. Toute la difficulté dans cette opération consiste à enlever l'air du vase. On y parvient au moyen de la machine pneumatique. Soit le ballon de la figure 43. Son goulot porte une armature en cuivre munie d'un robinet et susceptible d'être vissée sur la machine pneumatique. Par le crochet de son armature, on le suspend au plateau d'une balance tandis qu'il est plein d'air. On lui fait équilibre dans l'autre plateau avec de la grenaille de plomb. Alors on en retire l'air avec la pompe pneumatique ; et cela fait, on le suspend une seconde fois au plateau de la balance. L'équilibre n'a plus lieu, le ballon se trouve allégé. Pour rétablir l'équilibre, il faut ajouter des poids du côté du ballon. Les poids ajoutés représentent évidemment le poids de l'air enlevé. Si l'on connaissait le volume du ballon, on pourrait de cette pesée déduire le poids d'un litre d'air.

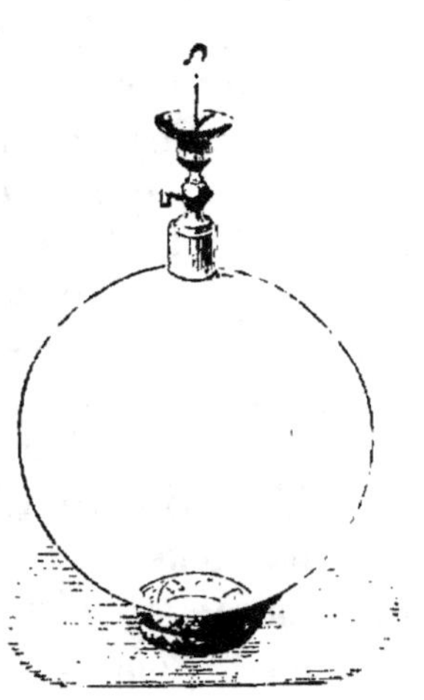

Fig. 43.

Ce volume peut se trouver de la manière suivante. Le ballon est équilibré vide dans la balance. Il est équilibré une seconde fois plein d'eau pure. Le surcroît de poids de la seconde pesée sur la première donne le poids de l'eau contenue. Or, à chaque kilogramme d'eau correspond le volume d'un litre ; à chaque gramme d'eau correspond le volume d'un millilitre. La connaissance du poids de l'eau contenue donne donc le volume du vase contenant. En comparant ce volume au poids de l'air qu'il contient, on trouve qu'un litre d'air, à la température de 0° et à la pression de 760 millimètres de mercure, pèse à peu près 1^{gr},3. Nous verrons bientôt ce qu'il faut entendre par cette pression des 760 millimètres de mercure.

3. Pression que l'air exerce sur les corps dans tous les sens. — Puisque l'air est pesant, et que d'autre part il est doué d'une extrême mobilité moléculaire qui permet la transmission des pressions dans tous les sens, il doit, à la manière des liquides, presser les objets qu'il baigne ; il doit les presser en dessus, en dessous, à droite, à gauche indifféremment.

Rappelons-nous ce qui se passe au sein de l'eau. Le liquide exerce sa pression sur l'objet immergé, dans le sens de bas en haut comme dans le sens de haut en bas ; de droite à gauche comme de gauche à droite. Il presse de partout indifféremment, et la valeur de la pression est égale au poids d'une colonne d'eau ayant pour base la surface considérée, et pour hauteur la distance verticale de cette base, supposée horizontale, au niveau de l'eau [1]. Ce qui se produit au sein des eaux de l'océan liquide se produit au sein des gaz de l'océan aérien. Un gaz, en effet, n'est-ce pas un fluide, plus léger, plus subtil que l'eau il est vrai, mais enfin doué de poids ? Plongé dans la mer ou dans l'atmosphère, dans un fluide liquide ou dans un fluide gazeux, un corps éprouve dans l'un et l'autre cas des pressions de sa part du fluide environnant. La pression que les objets éprouvent dans les profondeurs de l'océan des eaux n'a plus rien qui puisse nous surprendre ; attendons-nous à trouver des pressions analogues dans les profondeurs de l'océan aérien où nous vivons. Nous avons au-dessus de nos têtes une épaisseur d'air d'une quinzaine de lieues pour le moins. Nous supportons la pression de cette couche aérienne au fond de notre océan gazeux, de même que les poissons supportent, en outre, au fond de leurs abîmes liquides, la pression de la couche des eaux.

4. Hémisphères de Magdebourg. — On nomme ainsi deux calottes en cuivre A et B, en forme de moitié de sphère creuse. Un rebord plan C, muni d'une rondelle de cuir graissé, permet d'appliquer exactement les hémisphères l'un contre l'au-

---

[1] Si la surface pressée n'est pas horizontale, sa distance verticale au niveau de l'eau se compte à partir du milieu de cette surface. On a ainsi une moyenne entre la distance la plus petite, celle du bord supérieur de la surface pressée, et la distance la plus grande, celle du bord inférieur.

tre (fig. 44). Enfin, un canal muni d'un robinet D, peut être
vissé sur le conduit de la machine pneumatique, et sert à retirer
l'air de la sphère creuse quand les deux ca-
lottes sont assemblées. Avant que le vide soit
fait, les deux hémisphères se séparent l'un de
l'autre sans difficulté aucune ; car, remar-
quons-le bien, ils ne sont que juxtaposés.
Maintenant, enlevons l'air de l'appareil, et
avant de dévisser l'instrument de dessus le
conduit de la pompe pneumatique, fermons
le robinet D pour empêcher l'air de rentrer.
Cela fait, les deux hémisphères, qui tantôt se
séparaient sans la moindre difficulté, opposent
à leur séparation une résistance énorme. Pour
peu que leur surface soit égale à celle d'une
grosse orange, l'effort des deux mains est im-

Fig. 44.

puissant à les séparer. Du reste, leur résistance est d'autant plus
grande qu'ils présentent plus de superficie. Un savant de Magdebourg, Otto de Guéricke, à qui l'on doit l'invention de ce curieux
appareil, fit construire des hémisphères assez grands pour résister
à vingt chevaux tirant de toutes leurs forces sur l'anneau de la ca-
lotte supérieure. Ce que nous ne pouvons faire de nos deux mains
avec les hémisphères ordinaires des cabinets de physique, ce
qu'un attelage de vingt chevaux ne pouvait faire avec les hémisphères d'Otto de Guéricke, se fait sans le moindre effort quand
on laisse rentrer l'air dans la sphère creuse en ouvrant le
robinet. Et remarquons qu'une fois l'air rentré, on pourrait re-
fermer le robinet sans amener d'obstacle à la séparation. Pourquoi les hémisphères se séparent-ils sans difficulté quand l'appareil est plein d'air ; pourquoi ne peut-on plus les séparer quand
l'appareil est vide ? Vide ou pleine, la sphère est toujours pressée
au dehors par l'air environnant, qui pèse sur elle de tout le poids
de la colonne aérienne s'étendant de l'appareil aux limites supérieures de l'atmosphère ; elle supporte la pression de l'air qui
la surmonte, de même qu'un objet plongé dans l'eau supporte la
pression de la colonne liquide qui repose sur lui. Pleine et le
robinet ouvert, elle éprouve en outre de dedans en dehors une

pression pareille, car la poussée de l'air extérieur se communique sans entraves par l'orifice du robinet. Ces deux pressions inverses et égales s'entre-détruisent, et les hémisphères sont sans résistance à la séparation. Même chose a lieu quand le robinet est fermé et que la sphère est pleine d'air. On ne peut dire alors, il est vrai, que la poussée de l'air extérieur se transmet à l'intérieur de l'instrument, puisque toute communication entre le dedans et le dehors est fermée. Mais l'air contenu agit en vertu de son élasticité; c'est une espèce de ressort tendu qui cherche à se détendre, et il est tendu juste au point où il faut pour contre-balancer la pression de l'air extérieur. Aussi les deux hémisphères, poussés également de dedans en dehors par la force expansive de l'air contenu, de dehors en dedans par la pression de l'air extérieur, n'obéissent ni à l'une ni à l'autre de ces pressions et se séparent très-aisément. Mais s'il n'y a plus d'air à l'intérieur, la poussée du dehors agit seule et maintient les deux calottes solidement fixées l'une à l'autre.

Avec les hémisphères de Magdebourg, on peut reconnaître que la pression de l'atmosphère s'exerce dans tous les sens indistinctement. De quelque manière, en effet, que l'on tienne l'appareil quand on cherche à séparer les deux calottes, qu'on le tienne vertical, horizontal ou incliné de telle façon que l'on voudra, la séparation reste également difficile; preuve évidente de la pression de l'air de haut en bas, de bas en haut, de droite à gauche, de gauche à droite, dans tous les sens enfin.

5. **Crève-vessie.** — Sur un fort cylindre de verre ouvert aux deux bouts, A (fig. 45), on dispose une membrane mouillée que l'on fixe solidement avec un cordon. En se desséchant, la membrane se retire et se tend. L'appareil ainsi préparé est mis sur le plateau de la machine pneumatique. Avant que le vide soit fait dans le cylindre, la membrane est plane. Au dehors, elle supporte la pression de l'atmosphère; au dedans, elle est pressée avec une égale puissance par la force expansive de l'air contenu. De ces deux poussées égales qui s'annulent mutuellement, rien de sensible ne peut résulter. Mais enlevons l'air contenu dans le cylindre. Dès les premiers coups de piston de la pompe, on voit la membrane céder à la pression extérieure, qui devient prédo-

minante; elle se gonfle en dedans du cylindre, se tend de plus
en plus, et à un certain moment finit
par crever avec fracas. Elle éclate
sous l'effort de la pression de l'air
extérieur non contre-balancée par l'é-
lasticité de l'air intérieur. Quant au
bruit accompagnant la rupture, il est
occasionné par la rentrée violente de
l'air dans le cylindre vide. — Si l'on
inclinait le plateau de la machine
pneumatique de manière que la membrane du crève-vessie, au lieu d'être
horizontale, fût verticale ou inclinée,

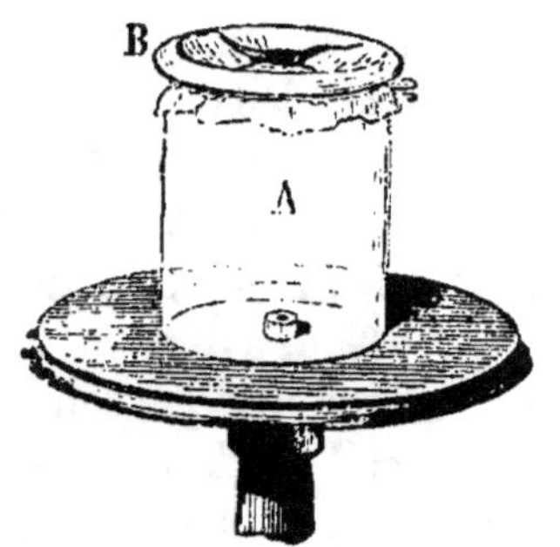

Fig. 45.

ou même renversée sens dessus dessous, la rupture aurait lieu
tout aussi aisément. Nouvelle preuve de la pression de l'air
s'exerçant dans tous les sens.

6. **Ascension des liquides dans les tubes dont l'air
est aspiré**. — Plongeons dans l'eau un tube AB, ouvert aux
deux bouts (fig. 46), et aspirons par l'orifice A. Chacun sait
que l'eau monte, ne serait-ce que pour s'être
amusé une fois à boire avec une paille. Pour
quel motif l'eau monte-t-elle dans le tube; et,
pour procéder par ordre, qu'est-ce que aspirer
avec la bouche? — La bouche communique,
d'une part avec l'estomac, cavité digestive où
se rendent les aliments; d'autre part avec les
poumons, organe respiratoire où va l'air nécessaire à l'entretien de la vie. Aspirer, c'est gonfler ses poumons pour y faire place à l'air du
dehors. Quand donc nous aspirons par l'orifice
A du tube, l'air contenu dans celui-ci se ré-
partit à la fois dans les cavités pulmonaires
que nous lui offrons et dans le tube lui-même.

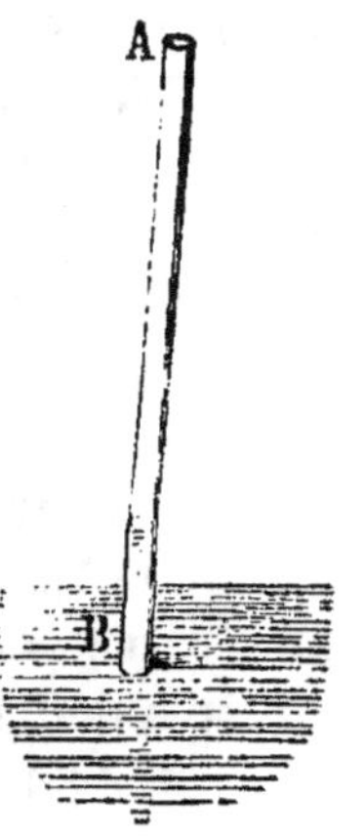

Fig. 46.

Le tube se trouve ainsi privé d'une partie de l'air contenu
d'abord; ce qui manque s'est introduit dans les poumons.
Cela dit, considérons le tube avant l'aspiration. La pression
atmosphérique s'exerce sur la nappe liquide et tend à refouler

l'eau dans l'intérieur du tube ; mais elle s'exerce aussi au dedans du tube, et met par là obstacle à l'ascension de l'eau. Également pressée au dedans et au dehors du tube, l'eau garde un même niveau. Si nous aspirons, les conditions changent. Ce qui reste d'air dans le tube, après l'aspiration, n'a plus la force expansive nécessaire pour lutter à parité d'énergie avec la pression extérieure. Nous avons vu en effet qu'un gaz diminue de force élastique à mesure que son volume devient plus grand. L'air du tube n'occupait au début que la capacité de ce dernier ; maintenant, il occupe en plus la capacité des poumons. La force expansive est ainsi considérablement amoindrie ; et la pression atmosphérique extérieure, n'étant plus contre-balancée, refoule l'eau dans l'intérieur du tube. On comprend dès lors que la hauteur à laquelle l'eau monte doit dépendre de la vigueur de l'aspiration, c'est-à-dire de la capacité des poumons. Plus les poumons auront de place vide à offrir, plus l'air diminuera dans le tube en force élastique, et plus aussi l'eau montera par l'excès de poussée extérieure. Telle personne peut donc faire monter l'eau par l'aspiration à une certaine hauteur ; telle autre, suivant la vigueur de ses poumons, à une hauteur plus grande.

7. Ascension des liquides de densité différente. — La suspension du liquide dans l'intérieur du tube par lequel on aspire, est due à une force étrangère à ce liquide, car, par lui-même il se mettrait au même niveau au dedans et au dehors du tube. Cette force qu'est-elle ? Elle est l'excès de la pression atmosphérique s'exerçant au dehors, sur la pression exercée au dedans du tube par l'air amoindri en puissance expansive au moyen de l'aspiration. Cet excès de pression nous est inconnu en valeur, mais enfin il est capable d'un certain effet déterminé, par exemple de tenir suspendue dans le tube une colonne d'eau d'un mètre de hauteur verticale. Le même excès de pression tiendrait-il suspendue une égale colonne de mercure, de treize à quatorze fois plus lourd que l'eau ? Mais évidemment non. Une force d'une valeur arrêtée ne peut soutenir des poids aussi différents que ceux de deux colonnes d'eau et de mercure d'égale longueur. Le mercure, treize fois plus lourd que l'eau, doit donc monter treize fois moins dans le tube d'aspiration. Le fait est facile à vérifier. Une personne aspire de l'eau avec un tube suffisamment long. En y employant toute la vigueur de ses poumons, elle parvient à la faire monter à deux mètres et demi, par exemple. Elle aspire ensuite du mercure. Malgré tous ses efforts, elle ne le fait monter que de deux décimètres, ce qui est à peu près la treizième partie de l'eau soulevée. Ainsi, plus un liquide est lourd, moins il s'élève par le fait de l'aspiration ; moins il est lourd, plus il s'élève.

8. Limites de l'ascension des liquides aspirés. — L'aspiration pulmonaire, si vigoureuse qu'elle soit, ne peut enlever tout l'air contenu dans le tube. Effectivement cet air se partage, en proportion de la place qui lui est faite, entre la cavité du tube et la cavité des poumons. Il en reste donc toujours une certaine quantité dans le tube, quantité qui, par sa force expansive, empêche le liquide de monter autant qu'il pourrait le faire s'il n'y avait absolument aucun obstacle à son ascension. Ce que les poumons ne peuvent obtenir, la disparition à peu près totale de l'air du tube, la machine pneumatique l'obtient en quelques coups de piston. Elle aspire l'air à la manière des poumons, mais avec bien plus d'énergie. Il est alors fort intéressant de rechercher à quelle hauteur monteraient l'eau et le mercure dans le tube d'aspiration, si l'air contenu dans ce dernier était enlevé à très-peu près totalement. Les deux liquides monteraient-ils indéfiniment, ou s'arrêteraient-ils à une certaine hauteur ? Puisque l'ascension est provoquée par la pression de l'air extérieur non contre-balancée par une pression intérieure suffisante, il est clair que la hauteur à laquelle le liquide peut arriver doit être limitée, car la pression atmosphérique, résultat du poids de la colonne d'air s'étendant de l'appareil aux extrêmes limites de l'atmosphère a, elle aussi, une valeur limitée et ne peut tenir suspendue une colonne de mercure ou d'eau d'une longueur quelconque. Voyons ce que dit l'expérience. — Un tube de caoutchouc relie l'orifice d'aspiration de la machine pneumatique avec le haut d'un tube plongeant dans du mercure, et d'un mètre environ de hauteur. Dès que la machine fonctionne, le mercure monte dans le tube comme si quelqu'un l'aspirait avec la bouche. Il monte rapidement à deux décimètres, à trois, à quatre, à cinq, résultat que nos poumons n'obtiendraient pas, tant s'en faut. Il monte toujours ; il est à six décimètres, à sept. Il monte encore un peu, et puis c'est fini : il s'arrête à 76 centimètres. Mais alors il n'y a plus d'air dans le tube, la machine l'a tout enlevé. En ce moment, la pression extérieure agit sans entraves, toute sa force est employée à la suspension de la colonne mercurielle, et celle-ci ne peut dépasser la hauteur verticale de 76 centimètres. Le poids d'une colonne de mercure de 76 centimètres de hauteur est donc la mesure extrême de la pression de l'air atmosphérique. — Si l'on avait à sa disposition un tube suffisamment long, on pourrait répéter la même expérience avec de l'eau, et l'on verrait celle-ci monter à $10^m,3$ de hauteur verticale et s'arrêter définitivement en ce point. Le poids d'une colonne d'eau de $10^m,3$ de. hauteur est donc aussi la mesure extrême de la pression de l'air atmosphérique. — L'eau monte plus haut que le mercure, par l'effet de la même poussée de l'air, parce qu'elle est plus légère ; elle monte à $10^m,3$, c'est-à-dire à 13 fois et demi la hauteur du mercure, 76 centimètres, parce qu'elle est 13 fois et demi moins lourde. La pression de l'air peut donc tenir suspendue à une hauteur déterminée une colonne de chaque espèce de liquide, et cette hauteur est d'autant moindre que le liquide est plus lourd.

9. Suspension de l'eau dans les vases immergés par l'orifice. — Plongeons dans l'eau une éprouvette de chimie, une cloche, ou tout simplement une carafe. Une fois la carafe pleine, soulevons-la, en la tenant par le fond. On peut alors la sortir de l'eau presque en entier ; pourvu que l'orifice reste immergé, l'eau qu'elle contient ne s'écoulera pas. Pour quel motif le contenu de la carafe reste-t-il suspendu au-dessus du niveau extérieur de l'eau, lorsque, par sa fluidité, il tend à revenir à ce niveau ? C'est encore un effet de la pression atmosphérique. Cette pression s'exerce sur le liquide extérieur, et, se communiquant par son intermédiaire jusqu'à l'orifice de la carafe, elle maintient l'eau de celle-ci suspendue au-dessus du niveau de la cuve. C'est ainsi que les éprouvettes et les cloches du chimiste se maintiennent pleines d'eau sur la cuve à recueillir les gaz.

Dans notre expérience, tant que l'orifice de la carafe, de

l'éprouvette, etc., est immergé, l'eau renfermée reste suspendue au-dessus du niveau de l'eau extérieure par l'effet de la poussée de l'air. Qu'arriverait-il si l'éprouvette avait une très-grande longueur? Demeurerait-elle pleine en entier lorsqu'on la soulèverait hors de l'eau, moins l'orifice? Evidemment non, d'après ce qui précède. Si l'éprouvette avait moins de $10^m,3$ de hauteur verticale, elle se maintiendrait pleine d'eau étant soulevée; mais si elle dépassait cette hauteur, toute la portion excédant $10^m,3$ serait vide, car la poussée de l'atmosphère ne peut tenir soulevée qu'une colonne d'eau de $10^m,3$ de hauteur. — Avec du mercure, la suspension du liquide s'arrêterait à 76 centimètres de hauteur verticale; au delà, l'éprouvette serait vide.

10. **Suspension de l'eau dans les vases dont l'orifice n'est pas immergé.** — La suspension des liquides dans les vases par l'effet de la pression de l'air, peut être rendue plus frappante comme il suit. Après avoir rempli entièrement d'eau une carafe ou une éprouvette, on applique sur l'orifice une rondelle de papier mouillé; et, tout en maintenant cette rondelle en place avec la main, on renverse doucement le vase sens dessus dessous. On peut alors retirer la main qui retenait le papier, sans que l'eau s'écoule de la carafe renversée (fig. 47). C'est toujours la poussée atmosphérique, s'exerçant aussi bien de bas en haut que de haut en bas, qui

Fig. 47.

retient l'eau et s'oppose à son écoulement. Le rôle du papier est d'empêcher l'air de s'insinuer dans la masse liquide, de la diviser, ce qui amènerait aussitôt la fuite de l'eau.

RÉSUMÉ

1. La Terre est entourée d'une enveloppe aérienne d'une quinzaine de lieues au moins d'épaisseur et nommée *atmosphère*. C'est à l'atmosphère qu'est due la couleur du ciel.

2. L'air est pesant. Il pèse, à très-peu près, $1^{gr},3$ par litre.

3. De même que l'eau presse dans tous les sens les objets immergés, de même aussi l'air, par suite de sa fluidité et de son poids, presse dans tous les sens les objets qui y sont plongés.

4. On constate la pression de l'air avec les hémisphères de Magdebourg.

5. On la constate encore avec le crève-vessie.

6. La pression atmosphérique est cause de l'ascension des liquides dans les tubes d'où l'on aspire l'air avec la bouche.

7. L'aspiration avec la bouche fait monter plus haut les liquides moins lourds, et moins haut les liquides plus lourds.

8. L'ascension des liquides dans un tube par l'aspiration totale de l'air au moyen d'une machine pneumatique a une limite. Elle est de $10^m,3$ pour l'eau, de $0^m,76$ pour le mercure. Une colonne verticale d'eau de $10^m,3$, et une colonne verticale de mercure de $0^m,76$ représentent l'une et l'autre la valeur totale de la pression de l'air atmosphérique.

9. C'est à la pression atmosphérique qu'est due la suspension des liquides dans les vases dont l'orifice reste immergé, dans les cloches et les éprouvettes des chimistes par exemple. La plus grande hauteur de cette suspension est $10^m,3$ pour l'eau, de $0^m,76$ pour le mercure.

10. C'est enfin la pression atmosphérique qui maintient l'eau dans une carafe renversée quand l'orifice est muni d'une rondelle de papier.

CHAPITRE XIV

1. **Galilée, Torricelli, Pascal.** — L'antiquité n'avait aucun soupçon de la pression de l'air. Trois grands noms, tous les trois de l'époque moderne, apparaissent dans l'historique de cette découverte fondamentale : Galilée, Torricelli, Pascal. Les deux premiers appartiennent à l'Italie ; le troisième, à la France. Galilée naquit à Pise en 1564. Les odieuses tracasseries qu'il subit pour avoir soutenu que la Terre tourne, ont rendu son nom populaire. Par ses belles découvertes, qui ont ouvert la voie à la science moderne, il est le père de la mécanique et

de l'astronomie. Torricelli, son disciple, s'est immortalisé par une expérience que nous allons répéter tout à l'heure. Enfin Blaise Pascal est de Clermont, en Auvergne. Il naquit en 1623. Son effrayant génie se manifesta dès le bas âge. Encore enfant, accroupi sur le parquet de sa chambre, il traçait avec du charbon des ronds et des barres, et, sur une simple définition, par hasard entendue, imaginait la géométrie. Il n'avait pas encore seize ans lorsqu'il écrivit un traité de haute géométrie, regardé par les contemporains comme un prodige de sagacité. Trois ans plus tard, il faisait connaître sa fameuse machine arithmétique qui groupe, assemble, combine les nombres et remplace le calculateur. On lui doit des expériences mémorables qui fixèrent désormais l'opinion de la science sur la pression de l'air ; on lui doit de belles conceptions mathématiques ; on lui doit la presse hydraulique ; on lui doit surtout deux des livres les mieux écrits de notre langue. Blaise Pascal est un des plus nobles exemples de la puissance de l'esprit humain.

2. Expérience de Galilée. — On doit à Galilée la découverte du poids de l'air. Le savant italien n'avait pas à sa disposition les appareils si commodes connus aujourd'hui. La machine pneuma·tique n'était pas inventée et ne pouvait l'être encore, car, pour y arriver, il fallait que le jour se fît dans cette question pas même soupçonnée de la pression de l'air. On établit aujourd'hui que l'air est pesant en équilibrant dans une balance d'abord un ballon plein d'air, puis le même ballon vidé avec la machine pneumatique. Le résultat plus fort de la première pesée démontre que l'air possède un poids, malgré son extrême subtilité. L'expérience de Galilée est précisément l'inverse de la nôtre. Au lieu de retirer l'air du ballon, ce qu'il ne pouvait faire, il y en accumula davantage en le refoulant de force. Le poids du ballon à air refoulé fut notablement plus fort que celui du ballon à air ordinaire. Ainsi fut établi par l'expérience que l'air est pesant. Mais l'auteur de cette découverte, si riche en résultats, n'en vit pas l'importance. Il est si difficile de faire un pas dans la bonne direction quand tout est ténèbres autour de vous ! En possession de cette vérité : l'air est pesant, Galilée n'entrevit donc point que, en vertu de son poids, l'air doit presser sur les objets qui y sont plongés. Effectivement, un peu plus tard, les fontainiers du duc de Florence vinrent lui soumettre une difficulté qui leur survenait. Ils avaient établi une pompe pour faire monter l'eau à une grande hauteur. Arrivée à une dizaine de mètres d'élévation, l'eau brusquement avait cessé de monter malgré la manœuvre de la pompe. Pourquoi l'eau s'élevait-elle à dix mètres, et arrivée là n'avançait-elle plus?—Pris au dépourvu, Galilée répondit d'une manière probablement satisfaisante pour les fontainiers, mais pas du tout pour lui. En ce temps, pour expliquer l'ascension des liquides dans les tubes par lesquels on aspire avec la bouche ou autrement, on s'en tenait à une expression, dépourvue de sens, il est vrai, mais léguée par l'antiquité et consacrée par l'usage. On disait que la nature a horreur du vide et que le liquide se précipite dans le tube d'aspiration pour remplir le vide qu'on y fait. Galilée, pour se tirer d'embarras, aurait, dit-on, répondu aux fontainiers que la nature n'a horreur du vide que jusqu'à dix mètres de hauteur. Que les fontainiers se soient contentés de cette réponse, c'est ce que l'histoire ne dit pas ; mais certainement Galilée n'en fut pas satisfait. Il chercha sans doute : d'autres préoccupations le détournèrent apparemment du problème des fontainiers et la pression de l'air lui échappa.

5. Expérience de Torricelli.—C'est à Torricelli, disciple et successeur de Galilée, que revient l'honneur d'avoir le premier entrevu la pression de l'air. Le raisonnement de l'illustre Italien dut être à peu près celui-ci. — Si réellement la nature a horreur du vide, comme on le répète sur la foi des anciens ; si les liquides se précipitent dans les tubes où il n'y a rien en vertu d'une tendance à combler le vide, tous les liquides sans exception, lourds ou légers, doivent monter l'un aussi haut que l'autre pour combler le vide fait. L'horreur du vide ne doit pas faire de différence entre une substance lourde et une autre légère ; que cette substance bouche l'espace inoccupé, et tout sera fini. Le mercure remplit le vide ni mieux ni plus mal que l'eau Eau et mercure doivent alors rester suspendus à la même hauteur.—Si, au contraire, la suspension des liquides dans les tubes est due à une force qui les refoule, cette suspension doit se faire à une hauteur d'autant moindre que le liquide expérimenté est plus lourd. Le mercure, treize fois plus lourd que l'eau, doit rester suspendu à une hauteur treize fois moindre. — Guidé par des considérations de ce genre, Torricelli imagina la célèbre expérience que nous allons reproduire après lui.

On remplit entièrement de mercure un tube en verre fermé à l'une de ses extrémités et long de huit à neuf décimètres. Une fois plein, on le bouche avec le doigt et on le renverse pour en plonger l'extrémité ouverte dans une cuvette pleine de mercure. Le doigt est alors retiré: le mercure descend un peu et s'arrête, dans le tube, à une hauteur de 76 centimètres environ, à partir du niveau de la cuvette (fig. 48).

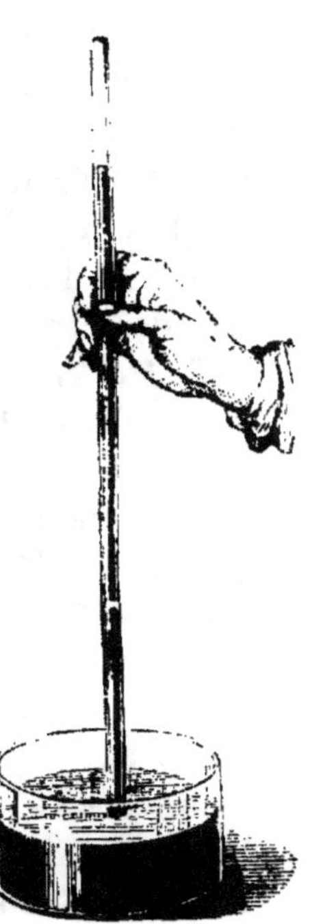

Fig. 48.

Cette hauteur, 76 centimètres, est précisément la treizième partie de 10 mètres, hauteur à laquelle l'eau reste suspendue dans les canaux d'aspiration des pompes. Les liquides restent donc suspendus, au-dessus de leur niveau, d'autant plus haut qu'ils sont plus légers, d'autant plus bas qu'ils sont plus lourds. C'est donc une poussée d'une valeur arrêtée, et non l'horreur du vide, qui les maintient suspendus. Telle dut être la conséquence à laquelle arriva Torricelli à la suite de son expérience ; cependant l'idée de la pression de l'air ne se faisait pas jour encore.

4. Pascal. Expérience de Rouen. — Les fontainiers de Florence avaient appris à Galilée que l'eau reste suspendue à 10 mètres de hauteur dans les canaux d'aspiration des pompes, et, parvenue en ce point, cesse de monter. Il importait de constater ce point avec la méthode expérimentale adoptée par Torricelli ; il fallait vérifier si effectivement les divers liquides restent suspendus dans le tube de Torricelli à des hauteurs plus ou moins grandes, suivant que ces liquides sont plus légers ou plus lourds. C'est ce qu'entreprit Pascal, trois ans après l'expérience de Torricelli. Il répéta l'expérience du savant Italien et la varia

de toutes les façons imaginables, avec des tubes plus longs, plus
courts, plus gros, plus étroits et remplis tantôt de mercure, tantôt d'huile, d'eau, de vin, etc. Toujours le liquide resta suspendu à une hauteur verticale en raison inverse de sa densité.
La plus remarquable de ces expériences fut faite à Rouen en 1646.
Un tube de verre de 46 pieds de long (15 mètres) fut rempli de
vin, d'une densité à peine différente de celle de l'eau. On ferma
son orifice avec un bouchon. Le tube fut alors redressé verticalement à l'aide des cordes et de poulies. L'extrémité inférieure
étant plongée dans un baquet d'eau, on enleva le bouchon. Le vin
descendit d'abord dans le tube, puis s'arrêta suspendu à une hau-
teer de 32 pieds (10ᵐ, 4).

5. Pascal. Expérience du Puy-de-Dôme. —Enfin, l'idée
vint à Torricelli que, puisque l'air est pesant, comme l'avait démontré son maître Galilée, il pourrait bien, par sa pression, être
la cause de la suspension des liquides dans les tubes. Pascal,
averti de cette pensée, la trouva ingénieuse, et, comme c'était
une simple conjecture dont rien encore ne prouvait la vérité ou
la fausseté, il se proposa de la soumettre au contrôle de l'expérience. Si, disait-il, on examine le mercure suspendu dans le tube
de Torricelli au bas d'une montagne et au sommet, et si, comme
je le pense, la hauteur de la colonne mercurielle est moindre au
haut qu'en bas, il s'ensuivra que la pression de l'air est la cause
de cette suspension, puisqu'il y a plus d'air qui pèse sur le pied
de la montagne que sur son sommet, tandis qu'on ne saurait dire
que la nature a horreur du vide en un lieu plus qu'en un
autre.

Pascal, faute d'une élévation suffisante dans le voisinage de
Paris, où il se trouvait alors, chargea son beau-frère Périer de
vérifier ses soupçons sur le Puy-de-Dôme, à proximité de Clermont. Le 19 septembre 1648 est la date de cette mémorable
expérience. Pendant toute la journée au couvent des Minimes,
au bas de la montagne, le mercure se maintint dans le tube de
Torricelli à 712 millimètres. Au sommet du Puy-de-Dôme, à 974
mètres environ au-dessus de la première station, le mercure,
dans un tube pareil, ne s'élevait qu'à 626 millimètres. Ce qui,
dit Pascal, ravit les opérateurs d'admiration et d'étonnement.

L'expérience du Puy-de-Dôme fut un trait de génie. Elle amenait avec elle l'évidence. Dès lors, la suspension des liquides dans un tube par l'effet de la pression de l'air fut une vérité acquise. Comment douter quand on voit le mercure du tube de Torricelli baisser peu à peu à mesure qu'on transporte l'appareil dans une région plus élevée? La couche d'air qu'on laisse au-dessous de soi est de moins dans la pression exercée sur le liquide de la cuvette, et le mercure refoulé avec moins de force reste suspendu à une hauteur moindre.

6. La vessie ridée qui se gonfle sur une montagne. — On doit encore à Pascal l'expérience suivante sur la pression de l'air atmosphérique. Une vessie, à demi pleine d'air et dont l'orifice est noué, est transportée, toute molle et flasque, à une grande hauteur sur une montagne. A mesure qu'on s'élève, on la voit se distendre, se gonfler toute seule. En redescendant, on la voit redevenir flasque. Elle se gonfle en montant, parce que la couche d'air dont elle supporte la pression diminue d'épaisseur, ce qui permet à l'air contenu d'obéir à sa force expansive ; elle se dégonfle en descendant, parce qu'elle plonge plus avant dans la profondeur de l'atmosphère et qu'elle supporte la pression d'une couche plus épaisse.—Sous la cloche d'une machine pneumatique, nous avons vu une pareille vessie se gonfler quand l'air de la cloche est raréfié, et reprendre sa flaccidité quand l'air rentre. Dans le premier cas, la pression supportée par la vessie diminue ; dans le second cas, elle reprend sa valeur première. Pareille chose absolument se passe quand la vessie est transportée au sommet d'une montagne ou redescendue dans la plaine. La pression de l'air est plus ou moins forte suivant la profondeur de la région atmosphérique, de même que la pression de l'eau est plus ou moins forte suivant la profondeur à laquelle l'objet pressé est plongé. Dans la plaine, ou plutôt au niveau des mers, la pression de l'air tient suspendue une colonne de mercure de 760 millimètres de hauteur en moyenne ; sur une montagne, cette colonne mercurielle est moindre et d'autant moindre que la montagne est plus élevée ; enfin, s'il était possible d'atteindre les limites extrêmes de l'atmosphère, la hauteur du mercure se réduirait à rien, parce qu'il n'y aurait plus alors de pression. La vessie ridée se gonfle donc à mesure qu'elle est située plus haut, parce que la puissance expansive de l'air contenu trouve au dehors une résistance moindre ; elle se dégonfle à mesure qu'elle redescend, parce que cette puissance expansive est entravée par une résistance plus forte.

7. Pression atmosphérique sur un centimètre carré de surface. — La pression qu'un liquide exerce sur une surface située dans ses profondeurs, est égale au poids de la colonne liquide qui s'élève verticalement depuis cette surface jusqu'au niveau supérieur. Pareillement, l'air exerce sur une surface déterminée une pression dont la valeur est égale au poids de la colonne aérienne, s'élevant verticalement depuis cette surface jusqu'aux extrêmes limites de l'atmosphère. Ne connaissant pas la hauteur précise de l'atmosphère, ne connaissant pas davantage comment varie la densité de l'air avec la hauteur, il nous serait à tout jamais impossible de calculer le poids de cette colonne aérienne sans les belles expériences de Torricelli et de Pascal. Mais ces expériences nous enseignent que la pression atmosphérique tient suspendue, en moyenne et au niveau des mers, soit une colonne d'eau de $10^m,33$ de hauteur, soit une colonne de mercure de 76 centimètres ; c'est-à-dire que ces colonnes liquides exercent une même pression, possèdent le même poids que la colonne aérienne reposant sur la même base. Pour faire image en notre esprit, représentons-nous un canal à deux branches verticales, communiquant par leur partie inférieure, et s'étendant depuis le sol jusqu'à la limite supérieure de l'atmosphère. Si l'une de ces branches était en entier pleine d'air, et que dans l'autre il y eût seulement de l'eau jusqu'à $10^m,33$ de hauteur, il y aurait égalité dans les poussées réciproques de l'air et de l'eau ; en d'autres termes, le poids de la colonne d'eau serait égal au poids de la colonne d'air. Avec la seconde branche contenant du mercure jusqu'à 76 centimètres de hauteur, le même résultat aurait lieu. Rien n'est plus simple alors que de calculer le poids d'une portion de l'atmosphère s'élevant verticalement sur une surface déterminée : il suffit de calculer le poids d'une colonne d'eau de $10^m,33$ de hauteur et reposant sur la même base, ou, ce qui revient au même, le poids d'une colonne de mercure de 76 centimètres de hauteur. Effectuons ce calcul pour un centimètre carré de surface, en nous servant d'abord de la colonne d'eau.

Coupons, par la pensée, la colonne d'eau qui représente la pression ou le poids atmosphérique en tranches d'un centimètre d'épaisseur. Nous aurons 1033 de ces tranches, puisque la colonne d'eau est de $10^m,33$. Chacune de ces tranches ayant un centimètre en longueur et en largeur, à cause du centimètre carré pris pour base, et un centimètre en hauteur, est un centimètre cube. Mais un centimètre cube d'eau pèse un gramme, donc le poids total de la colonne d'eau est de 1033 grammes. C'est-à-dire que sur chaque centimètre carré de surface pèse une colonne d'air dont le poids est de 1033 grammes ; c'est-à-dire encore, et d'une manière plus simple, que la pression atmosphérique est de 1033 grammes par centimètre carré de surface.

Recommençons le même calcul en nous servant de la colonne de mercure, dont la hauteur est de 76 centimètres. Coupée en tranches d'un centimètre d'épaisseur, cette colonne fournirait 76 tranches d'un centimètre cube chacune. La densité du mercure, si nous consultons la table des densités, est 13,6. Cela veut dire que le mercure pèse 13 fois et 6 dixièmes autant que l'eau sous le même volume ; cela veut dire, enfin, que le poids d'un centimètre cube de mercure est de $13^{gr},6$, puisque le poids d'un pareil volume d'eau est de 1 gramme. Le poids total de la colonne mercurielle est donc de $13^{gr},6\times76$, ou bien de 1033 grammes [1].

8. **Poids total de l'atmosphère**. — Le poids d'une colonne d'air ayant toute la hauteur de l'atmosphère et reposant sur une base de 1 centimètre carré, est donc de 1033 grammes. Le poids d'une colonne d'air reposant sur un décimètre carré de base, est alors de 103 kilogrammes ; et celui d'une colonne d'air reposant sur un mètre carré de base, de 10336 kilogrammes. Si nous savions en mètres carrés la surface de la Terre, mers et continents compris, nous aurions, par une simple multiplication, le poids total de l'atmosphère. Or, cette surface est

____

[1] Plus exactement $1033^{gr},6$.

connue; on la déduit du tour de la Terre, qui est de 40 millions de mètres. On peut donc avoir le poids de l'atmosphère entière, comme si la pesée pouvait s'en faire avec une balance. L'étendue de l'atmosphère est telle, que son poids, malgré la subtilité de l'air qui la compose, dépasse tout ce que l'imagination pourrait d'abord se figurer. S'il était possible de placer tout l'air atmosphérique dans l'un des plateaux d'une immense balance, et dans l'autre des poids pour l'équilibrer, les poids les plus forts à notre usage seraient insignifiants; il faudrait en imaginer de nouveaux. Figurons-nous donc un cube de cuivre ayant un kilomètre de côté; ce dé métallique, d'un quart de lieue en tout sens, sera l'unité de poids. Le cuivre pesant bien près de 9 kilogrammes par décimètre cube, chacun de ces dés représente environ neuf millions de kilogrammes. Eh bien, pour faire équilibre au poids de l'atmosphère, il faudrait, dans l'autre bassin de la balance, placer 585000 dés pareils. Et cependant l'atmosphère est composée d'une substance des plus légères, d'un gaz subtil, invisible; et sur la Terre, elle occupe bien peu de place. Comparativement, le duvet d'une pêche en occupe plus sur ce fruit. Ah! que nous sommes matériellement peu de chose, nous qui nous agitons, atomes d'un jour, au fond de la mer atmosphérique; mais que nous sommes grands par la pensée, qui se fait un jeu de peser l'atmosphère et la Terre-elle même!

9. **Pression de l'atmosphère sur le corps de l'homme.** —Étendons devant nous la main ouverte. Elle supporte de la part de l'air une pression, un poids d'une centaine de kilogrammes. Ne perdons pas de vue : l'air pèse indifféremment sur tous les corps, sur nous-mêmes comme sur le premier objet venu. Rien que sur la main ouverte, pèsent 100 kilogrammes d'air environ, comme cela a lieu pour un décimètre carré d'une surface quelconque. Cela nous paraît d'abord impossible; on se demande comment la main seule peut supporter, sans efforts, un poids aussi considérable, tandis que, en employant toutes nos forces, on aurait bien de la peine à soulever un fardeau de même valeur; et comment encore, sous une telle pression, la main n'éprouve aucune gêne. Tout cela s'explique en remarquant que, si l'air placé au-dessus de la main pèse sur elle, l'air placé au-dessous

la soutient, la soulève avec une force égale. Rien de mieux ; mais alors la main devrait être écrasée entre ces deux pressions en sens inverse. Pas du tout : dans son épaisseur, la main elle-même est pénétrée d'air comme une éponge mouillée est imbibée d'eau ; elle est en outre imprégnée de liquides, de sang particulièrement ; et cet air, ces liquides intérieurs, toujours prêts à devenir des gaz, des vapeurs, tiennent en respect la poussée de l'air extérieur, si bien que la main n'a pas à souffrir de la pression, et qu'elle jouit même d'une complète liberté de mouvements. Une expérience peut nous démontrer le rôle incessant de ces fluides intérieurs contre-balançant, par leur élasticité, la pression de l'air extérieur. On place sur le plateau de la machine pneumatique un cylindre ouvert aux deux bouts, dans le genre de celui du crève-vessie (fig. 49). On bouche l'orifice supérieur avec la paume de la main et on fait le vide. A mesure que l'air disparaît du cylindre, la main est fortement pressée contre

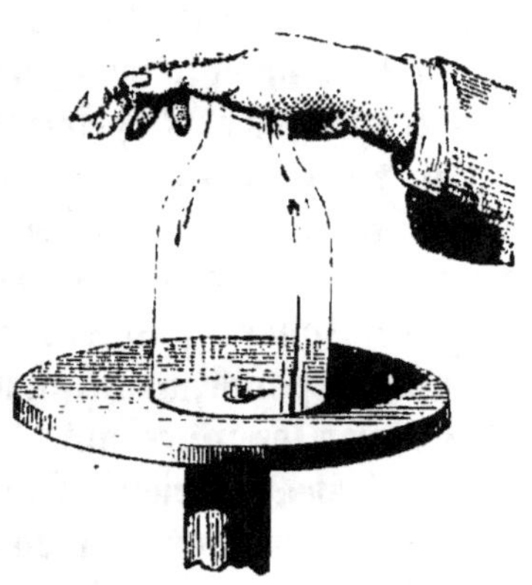

Fig. 49.

les bords de l'ouverture ; la peau se gonfle dans l'intérieur du récipient et devient toute rouge. L'expansion des fluides intérieurs, ne trouvant plus obstacle du côté du cylindre, est cause de ce gonflement, de cette rougeur de la peau. C'est, à très-peu près, le même cas que celui de la vessie natatoire des poissons se gonflant dans le vide.

Allons plus loin : on peut évaluer la surface entière du corps, pour une personne de moyenne grandeur, à 1 mètre carré et 3/4. A cette surface correspond une pression atmosphérique de 18088 kilogrammes. Telle est l'énorme pression que, sans en être écrasés, sans en être gênés dans nos mouvements, nous éprouvons en réalité de la part de l'air. Ce qu'il peut y avoir d'étrange dans ce résultat disparaît, si l'on considère que la pression atmosphérique se contre-balance elle-même en s'exerçant en tout sens ; et que, d'autre part, les pressions contraires ne peuvent amener l'écrasement, parce que les liquides et l'air, dont le corps est tout imprégné, résistent à ces pressions. Nous péririons écrasés par le poids de l'atmosphère si l'air qui est en nous venait, par impossible, à disparaître; nous péririons également si nous étions déchargés de la pression atmosphérique, car alors l'air intérieur, n'ayant plus rien qui lui résistât, se détendrait comme un ressort comprimé qu'on abandonne à lui-même, et déchirerait nos organes en les ballonnant. La main qui se gonfle et devient douloureusement rouge sur le récipient de la machine pneumatique, nous dit assez ce qui nous adviendrait si le corps cessait d'éprouver la pression de l'air.

10. **Pression éprouvée dans une enceinte fermée**. — Qu'en plein air, en l'absence de tout abri, la colonne d'air à laquelle nous servons de base, et comprenant l'épaisseur entière de l'atmosphère pèse sur nous de tout son poids, cela se comprend sans peine; mais quand nous sommes dans nos habitations, abrités par les murs, abrités par le toit, portons-nous toujours le même fardeau aérien? Oui, absolument le même. Il est visible d'abord que si l'appartement où nous nous trouvons communique au dehors par une fenêtre, ou un orifice quelconque, la pression extérieure se transmet par cet orifice et arrive à nous avec toute sa force; de même que la pression d'un liquide s'exerce avec une égale puissance sur le fond d'un vase, quelle que soit la forme du vase, très-large ou très-rétrécie, toute droite ou toute sinueuse. Faisons mieux : supposons que l'appartement soit de partout exactement clos, sans la moindre communication avec le dehors. Eh bien, dans ce cas, nous éprouvons la même pression qu'à l'air libre. Et, en effet, l'air, avons-nous déjà dit, est comparable à un ressort tendu. Il y a en lui une incessante propension à se détendre, et il presse sur les objets qu'il enveloppe en raison de sa tension. Or, l'air, tel qu'il est à la surface du sol, est comprimé, tendu par le poids de l'épaisseur atmosphérique qu'il supporte; il est tendu au point de lutter à égalité de force avec ce poids. Si donc nous emprisonnons cet air dans un appartement clos, sans doute il ne pressera pas sur nous en vertu de son poids, chose insignifiante, mais il pressera sur nous en vertu de sa tension, de son élasticité, dont la puissance équivaut au

poids de la colonne atmosphérique. Nous éprouverons ainsi, de sa part, la même pression que si nous supportions réellement le poids de toute l'epaisseur de l'atmosphère. D'une manière générale : de l'air pris quelque part et enfermé dans un vase exactement clos, agit par son élasticité sur les parois du vase, comme agirait, par son poids et au même lieu, la colonne atmosphérique pénétrant en liberté dans le vase.

11. Pressions estimées en atmosphères. — La pression atmosphérique équivant au poids d'une colonne de mercure de 76 centimètres de hauteur en moyenne ; c'est-à-dire que, sur une surface déterminée, un décimètre carré par exemple, l'air presse avec la même force qu'une colonne de mercure haute de 76 centimètres, et s'élevant sur cette surface pour base. Le poids de la colonne mercurielle est le poids de la colonne atmosphérique de même base ; la pression éprouvée par cette base est de même valeur dans les deux cas.

Pour exprimer la valeur des pressions que les gaz et les vapeurs font éprouver, par la force expansive, aux parois des vases où ils sont renfermés, on est convenu de prendre pour unité la pression atmosphérique, c'est-à-dire la colonne de mercure de 76 centimètres de hauteur. Ainsi, lorsqu'on dit qu'un gaz a une tension, une force élastique de trois atmosphères, par exemple, cela signifie que, sur chaque centimètre carré des parois qui l'enferment, ce gaz presse comme presserait une colonne de mercure haute de trois fois 76 centimètres, et élevée sur ce centimètre carré pour base. Cela signifie, en d'autres termes, que le gaz presse les parois qui l'entourent avec trois fois plus de puissance que ne le ferait l'air ordinaire.

La puissance de la vapeur, qui fait mouvoir les machines, est exprimée en atmosphères. Proposons-nous la question que voici : La vapeur fournie par une chaudière est à cinq atmosphères. Le piston sur lequel elle agit est de 12 décimètres carrés. Quelle est la pression qui fait mouvoir le piston? — Cette pression est égale au poids d'une colonne de mercure de 12 décimètres carrés de base, et de 5 fois 76 centimètres de hauteur, puisque la vapeur a une force élastique de 5 atmosphères. Calculons le poids de cette colonne mercurielle, et nous aurons, en kilogrammes, la pression éprouvée par le piston. Cinq fois 76 centimètres font 38 décimètres. Le volume de la colonne de mercure est alors de 12×38 ou 456 décimètres cubes. Un décimètre cube de mercure pèse $13^{kg},6$. Le poids de la colonne mercurielle est donc de $13^{kg},6 \times 456$ ou 6201 kilogrammes. Le piston est donc mis en mouvement par une poussée de 6201 kilogrammes.

En nous servant des résultats précédemment obtenus, on aurait pu arriver plus rapidement à la solution. Il a été dit que la pression de l'atmosphère sur un décimètre carré de base, est de 103 kilogrammes, et avec plus de précision de $103^{kg},36$. La vapeur agit avec une force de 5 atmosphères. La pression, sur chaque décimètre carré du piston, est donc de $5 \times 103,36$ ou de $516^{kg},8$. Et comme le piston a 12 décimètres carrés de surface, la pression totale éprouvée par lui, de la part de la vapeur, est de $516^{kg},8 \times 12$ ou de 6201 kilogrammes, résultat conforme au précédent.

RÉSUMÉ

1. La pression de l'air, ignorée des anciens, a été démontrée par les recherches de Galilée, de Torricelli et de Pascal.

2. Galilée établit expérimentalement que l'air est pesant, en comprimant de l'air dans un vase. Plein d'air comprimé, le vase pèse plus que plein d'air ordinaire.

3. Torricelli observa le premier que le mercure reste suspendu dans un tube fermé par le haut, à une hauteur moyenne de 76 centimètres.

4. Pascal varia l'expérience de Torricelli de toutes les façons. Il démontra que les divers liquides restent suspendus à des hauteurs qui sont en raison inverse des densités. On cite spécialement son expérience de Rouen, dans laquelle on vit le vin s'arrêter dans le tube à $10^m,4$ de hauteur.

5. Pour vérifier l'idée de Torricelli, qui attribuait la suspension des liquides dans les tubes à la pression de l'air, Pascal imagina l'expérience du Puy-de-Dôme, où l'on vit la colonne mercurielle de Torricelli diminuer de hauteur à mesure qu'on la transportait plus haut sur la montagne. La pression de l'air fut dès lors une vérité acquise.

6. On doit encore à Pascal l'expérience de la vessie qui se gonfle au haut d'une montagne, parce que la pression de l'air extérieur est

moins forte, et se dégonfle étant rapportée dans la plaine, parce que la pression extérieure augmente.

7. La pression exercée par l'atmosphère sur une surface donnée est égale au poids d'une colonne de mercure de 76 centimètres de hauteur ou d'une colonne d'eau de $10^m,3$, et reposant sur cette surface pour base. Cette pression est de 1033 grammes par centimètre carré.

8. De ce nombre, on peut déduire, connaissant l'étendue superficielle de la Terre, le poids total de l'atmosphère. Ce poids est égal à celui de 585000 cubes de cuivre d'un kilomètre de côté.

9. Le corps de l'homme supporte, de la part de l'air, une pression de 18000 kilogrammes en moyenne. Cette pression ne nous fait éprouver aucune gêne, parce qu'elle est contre-balancée par la force expansive des fluides de l'organisation.

10. De l'air ordinaire sans communication avec l'extérieur exerce, par sa force expansive, la même pression que l'atmosphère.

11. La force expansive des gaz et des vapeurs s'exprime en atmosphères. Une atmosphère équivaut à la pression d'une colonne de mercure de 76 centimètres de hauteur.

CHAPITRE XV

1. **Baromètre.** — Dans le tube de Torricelli, le mercure, par l'effet de la pression atmosphérique, reste suspendu au-dessus du niveau de la cuvette (fig. 48) d'une quantité égale en moyenne à 76 centimètres quand on opère dans la plaine ou, pour mieux dire, au niveau des mers ; et il reste un espace vide au-dessus du mercure. Mais si l'appareil était déplacé, s'il était porté à une altitude plus ou moins grande, le niveau se tiendrait plus bas, ainsi que l'a appris, pour la première fois, l'expérience du Puy-de-Dôme. D'autre part, l'atmosphère subit journellement des perturbations d'équilibre qui, en un point déterminé du sol, modifient sa pression et amènent des changements de temps. Le mercure du tube de Torricelli ne

se maintient donc pas toujours au même niveau : il monte ou il descend suivant l'altitude du lieu et suivant les variations atmosphériques. L'appareil constitue ainsi une sorte de balance propre à donner, à chaque instant, la pression variable de l'air. Pour compléter cette espèce de balance atmosphérique, il suffit de l'accompagner d'une échelle divisée en millimètres et dont le zéro correspond au niveau du mercure dans la cuvette. La lecture de la division de l'échelle où s'arrête, à un moment donné, la colonne mercurielle, fournit la mesure de la pression atmosphérique à ce moment. L'instrument, ainsi disposé, s'appelle *baromètre*, mot signifiant *mesure de la pression*.

2. Construction du baromètre. — Pour construire un baromètre, on choisit un tube en verre, fermé par un bout, de 80 centimètres environ de longueur et de 1/2 à 1 centimètre de diamètre intérieur. On le remplit de mercure. Une condition importante à observer, c'est que le mercure et le tube lui-même soient débarrassés de toute trace d'humidité et d'air, qui, s'introduisant plus tard dans l'espace vide de la partie supérieure de l'instrument, presseraient sur la colonne mercurielle soit par la force expansive des vapeurs formées, soit par l'élasticité directe de l'air, et empêcheraient le mercure de s'élever à une hauteur en rapport avec la pression atmosphérique supportée. Nous voulons avoir une mesure exacte de cette pression ; il faut donc que rien n'entrave la colonne mercurielle dans son ascension, il faut que rien ne gêne son niveau supérieur. On y parvient comme il suit : On verse dans le tube 20 centimètres environ de mercure ; puis, inclinant le tube sur des charbons ardents, on le chauffe peu à peu, en allant du niveau de mercure à la partie inférieure, jusqu'à ce que l'ébullition du métal ait lieu. La chaleur chasse complétement l'humidité et l'air. On ajoute une nouvelle quantité de mercure à peu près égale à la première, et l'on recommence l'ébullition en chauffant toujours graduellement de haut en bas. On continue de la sorte jusqu'à ce que le tube soit entièrement plein. On bouche alors celui-ci avec le doigt, on le renverse, et l'on plonge son orifice dans une cuvette pleine de mercure bien sec. Le doigt est alors retiré, et le mercure descend

un peu pour se maintenir suspendu à une hauteur de 76 centimètres environ, à partir du
niveau de la cuvette. L'espace
vide AC (fig 50), surmontant
la colonne mercurielle, s'appelle *vide barométrique* ou
chambre barométrique. Le baromètre ainsi construit n'est,
en somme, que le tube de Torricelli. Lorsqu'on veut s'en servir, c'est-à-dire mesurer la hauteur de la colonne mercurielle
suspendue, deux précautions
sont indispensables. Premièrement, le tube doit être vertical,
parce que c'est suivant la verticale que se mesure la longueur d'une colonne liquide
dont on considère la pression ;
secondement, la lecture du nombre de millimètres doit se faire
à partir du niveau du mercure
dans la cuvette, niveau indiqué
par la pointe d'une vis D, que
l'on tourne dans un sens ou dans
l'autre, pour mettre exactement

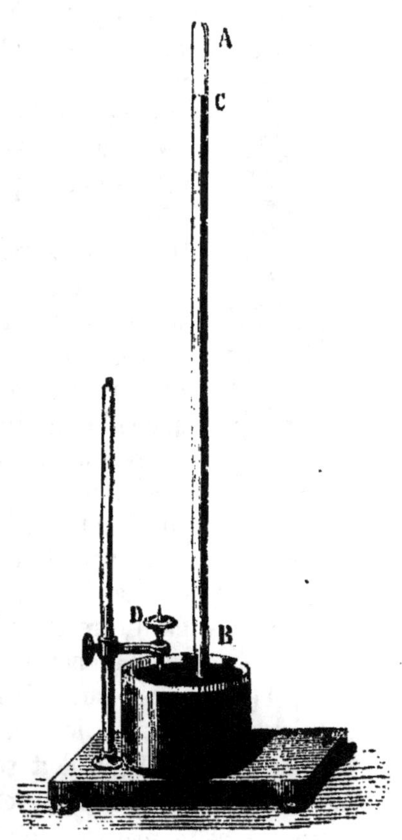

Fig. 50.

cette pointe en contact avec la surface du mercure. Le baromètre, tel que nous venons de le décrire, s'appelle *baromètre à
cuvette*.

3. Baromètre de Fortin. — Le baromètre précédent est
fort incommode. Il n'est pas transportable ; il est lourd, et sa
cuvette large, librement ouverte, au moindre faux mouvement
peut amener des pertes de mercure et même la rentrée de l'air
dans le tube. Aussi est-il d'un emploi à peu près nul. On le
remplace par d'autres baromètres d'un transport et d'un maniement plus facile. L'un d'eux est le baromètre de Fortin.

La cuvette du baromètre de Fortin (fig. 51) est fermée en

haut par un couvercle percé de quelques fines ouvertures, qui permettent à l'air d'entrer et d'exercer librement sa pression,

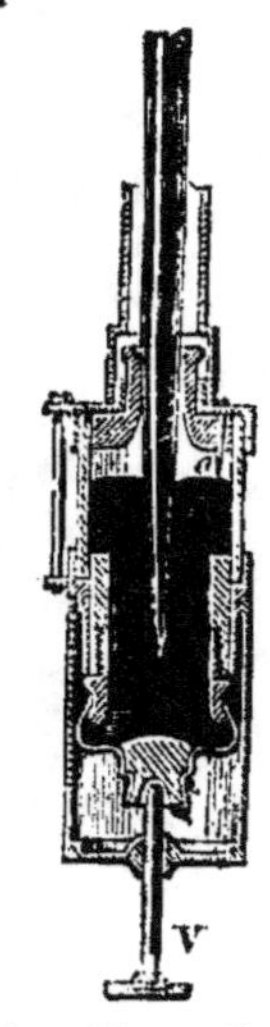

Fig. 51. — Cuvette du baromètre de Fortin.

mais sont trop étroites pour laisser écouler le mercure si l'instrument est tenu renversé. La pression exercée sur une surface par un gaz, de même que la pression exercée par un liquide, ne dépend en rien de la forme du vase qui le contient. Que ce vase soit rétréci, étranglé en certains points, c'est sans influence sur la pression exercée sur le fond. L'air atmosphérique presse donc sur le mercure de la cuvette de Fortin à travers les fines ouvertures du couvercle, avec la même force que si la cuvette était librement ouverte. La paroi latérale de la cuvette de Fortin est formée supérieurement d'un fort cylindre de verre qui laisse voir le niveau du mercure, et inférieurement d'un cylindre de buis, dont le fond est fermé par un sac en peau de chamois· Une vis V, engagée dans une garniture en cuivre, faisant corps avec la cuvette, touche, par son extrémité, le fond de ce sac et peut, étant tournée dans un sens ou dans l'autre, le soulever ou l'abaisser. Examinons le rôle de cette vis. — La hauteur de la colonne barométrique doit se mesurer à partir du niveau du mercure dans la cuvette, et l'échelle divisée en millimètres servant à cette mesure, doit, par conséquent, avoir son zéro juste à ce niveau. Mais si le mercure, par l'effet d'une pression atmosphérique plus forte, vient à monter un peu plus dans le tube, ou bien s'il vient à descendre par l'effet d'une pression plus faible, le niveau change dans la cuvette. Le mercure baisse dans la cuvette quand il monte dans le tube ; il monte dans la cuvette quand il baisse dans le tube. C'est inévitable ; le mercure introduit en plus dans le tube manque dans la cuvette, et celle-ci reçoit ce qui sort du premier. Eh bien, la vis V sert à ramener le niveau variable de la cuvette toujours au zéro de l'échelle en millimètres. Le niveau baisse-t-il dans la cuvette? On serre la vis, qui refoule dans le haut le fond en peau de chamois, et le mercure regagne le niveau voulu. Au contraire, le

niveau monte-t-il dans la cuvette? On desserre la vis, la peau de
chamois s'affaisse un peu, et le niveau s'abaisse d'autant. Le fond mobile en peau de chamois et la vis servent donc à ramener le niveau au point voulu dans la cuvette. Reste à reconnaître que le niveau, ainsi modifié, correspond bien au zéro de l'échelle. A cet effet, le couvercle porte une pointe en ivoire *o*, dont l'extrémité correspond au zéro de l'échelle. On manœuvre donc la vis jusqu'à ce que l'extrémité de cette pointe effleure, mais tout juste, la surface du mercure. Cela a lieu quand cette extrémité touche sa propre image, réfléchie par le mercure comme par un miroir.

Le tube barométrique est effilé dans la partie plongeant dans la cuvette, ce qui rend impossible l'introduction de l'air. Enfin, il est enveloppé d'un étui métallique, percé de deux fentes longitudinales qui permettent de voir

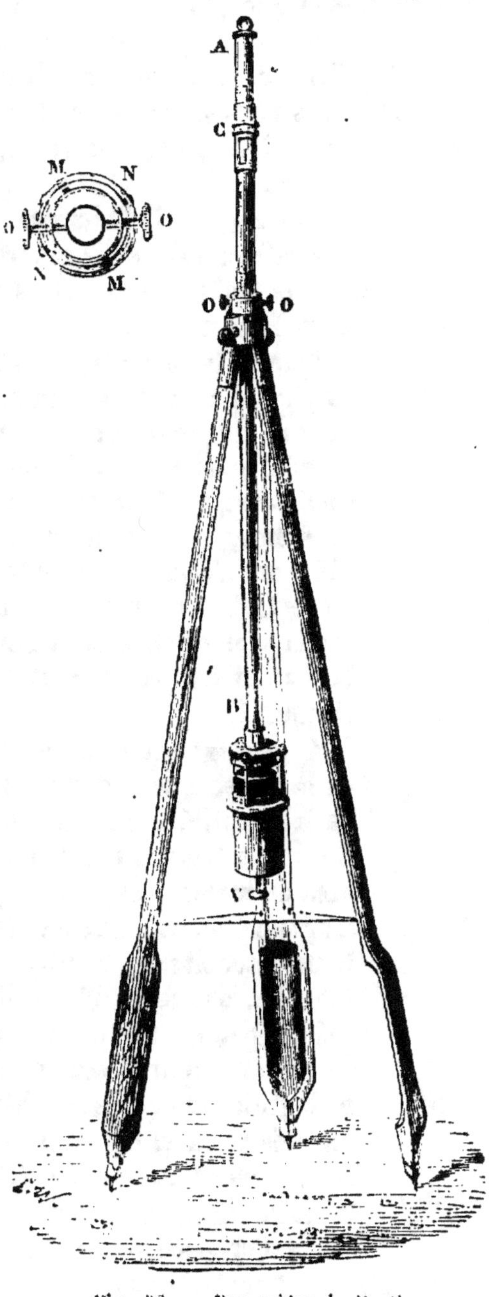

Fig. 52. — Baromètre de Fortin.

la colonne mercurielle. L'une de ces fentes porte, sur un bord, des divisions en millimètres, dont le zéro est en face de l'extrémité de l'aiguille d'ivoire. Le baromètre est suspendu à un trépied, dont les branches peuvent se rapprocher et loger l'appareil dans une sorte de canne creuse, quand on veut le transporter en voyage (fig. 52).

Suspendu à son trépied, le baromètre doit être vertical pour fournir des indications exactes. La verticalité est obtenue au moyen d'un mode de suspension très-ingénieux. L'armature métallique du tube est soutenue par les pointes de deux vis opposées OO, de sorte que le baromètre peut osciller autour de cet axe. Ces vis sont fixées à un anneau qui peut osciller autour d'un axe perpendiculaire au premier, et est lui-même soutenu par un dernier anneau. La mobilité de ce mode de suspension laisse au baromètre la liberté de prendre, de lui-même, la direction verticale, comme le ferait un fil à plomb. Quand on veut transporter l'instrument, on serre la vis V jusqu'à ce que le mercure, refoulé par la peau de chamois, remplisse en entier le tube. Le baromètre peut être alors renversé sans aucun risque.

4. **Baromètre à siphon.** — On peut reprocher au baromètre de Fortin d'être un peu lourd, à cause de la quantité de mercure contenu dans la cuvette. On en construit de plus légers, auxquels on donne le nom de baromètres à siphon, à cause de la forme de leur tube. On nomme siphon un tube courbé en deux branches. Soit donc le tube de la figure 53. Sa grande branche, longue de 80 centimètres environ, est fermée, sa petite branche est ouverte. On remplit ce tube de mercure pur et sec en prenant les précautions d'ébullition indiquées plus haut. On retourne le tube une fois plein et l'on voit le mercure d'abord descendre, puis s'arrêter en un certain point, en laissant derrière lui un espace vide ou chambre barométrique. La pression atmosphérique s'exerce par l'ouverture de la petite branche, et son effet est de tenir suspendu le

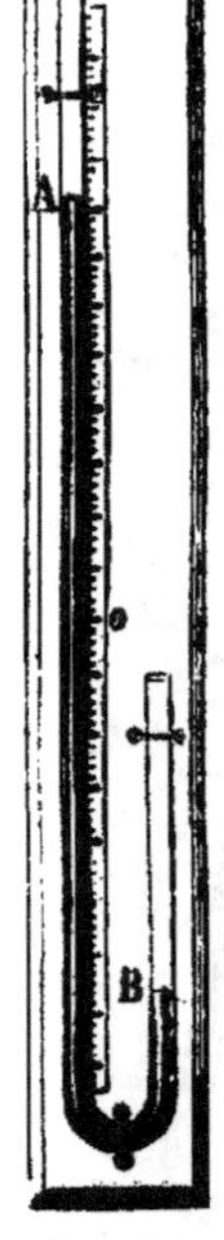

Fig. 53.
Baromètre
à siphon.

mercure à un niveau plus élevé dans la grande branche. Evidemment ici la hauteur de la colonne mercurielle, équilibrée par la pression de l'air, doit se mesurer du niveau B de la petite branche au niveau A de la grande. Mais le niveau B est variable : il monte quand le niveau A descend ; il descend si l'autre monte. On ne peut donc pas faire correspondre le zéro de l'échelle à ce point, changeant d'un instant à l'autre. L'échelle divisée en millimètres, qui accompagne l'appareil, a son zéro en un point arbitraire situé entre les niveaux des deux branches. A partir de ce zéro, les divisions en millimètres se succèdent en montant du côté de A, en descendant du côté de B. Pour avoir la longueur de la colonne mercurielle de B en A, on fait deux lectures : l'une du zéro au niveau A, l'autre du zéro au niveau B. En additionnant les deux nombres, on a la hauteur de la colonne BA.

5. Baromètre de Gay-Lussac. — Tel que nous venons de le décrire, le baromètre à siphon ne pourrait être transporté en voyage : la petite branche laisserait rentrer l'air et écouler le mercure. Pour parer à ces inconvénients, un savant français, Gay-Lussac, imagina la disposition que voici : La petite branche AB, au lieu d'être tout d'une venue avec la grande F, est reliée à celle-ci par un canal très-étroit EC (fig. 54). La petite branche n'est pas librement ouverte à sa partie supérieure ; elle est seulement percée d'un trou fort étroit O, qui permet à l'air extérieur de pénétrer dans l'appareil, et de presser sur le ni-

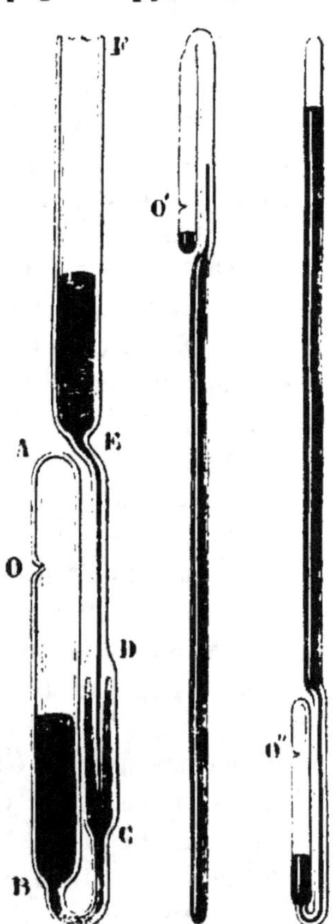

Fig. 54. — Baromètre de Gay-Lussac.

veau du mercure sans laisser écouler celui-ci lorsque l'instrument est renversé. Plus tard, un notable perfectionnement a été apporté au baromètre primitif de Gay-Lussac. Le canal étroit reliant les deux branches est formé de deux parties, une inférieure DC plus large, une supérieure ED plus étroite. L'extrémité de cette dernière se termine en pointe effilée et plonge dans l'autre avec laquelle elle est soudée. Par cette disposition, si une bulle d'air, dans les retournements du baromètre, vient à s'introduire dans le canal, elle se loge en D, entre la pointe effilée et son enveloppe, et n'arrive pas dans la chambre barométrique. L'observation n'est ainsi gênée en rien. Il est, du reste, facile de l'expulser en retournant le baromètre et en lui imprimant quelques secousses. Comme celui de Fortin, le baromètre de Gay-Lussac est enveloppé d'une gaîne métallique, percée de deux fentes longitudinales, à travers lesquelles le mercure se voit ; sur l'un de ses bords, une des deux fentes porte des divisions en millimètres. Le zéro est vers le milieu de l'appareil. Deux lectures sont nécessaires : une pour le niveau supérieur, l'autre pour le niveau inférieur. La somme des deux donne la hauteur barométrique. Quand on veut mettre l'instrument dans son étui de voyage, on le renverse. La chambre barométrique se remplit de mercure et l'introduction de l'air est impossible.

6. Usage du baromètre pour la mesure des hauteurs. —La baromètre donne, en un lieu et à un instant quelconques, la mesure de la pression de l'air. Or, cette pression est variable, d'abord suivant l'altitude du lieu où se fait l'observation, ensuite suivant l'état atmosphérique au moment de cette observation. De à, deux usages principaux du baromètre : la mesure de l'élévation verticale d'un lieu, et l'étude des variations qui se produisent dans l'état de l'atmosphère.

A mesure qu'on s'élève plus haut, la colonne barométrique s'abaisse parce que la couche de l'atmosphère qui se trouve en dessous, ne pèse plus sur la cuvette de l'instrument. S'il était possible d'atteindre l'extrême limite de l'atmosphère, le mercure descendrait dans le tube du baromètre tout juste au niveau de la cuvette, parce qu'il n'y aurait plus alors de pression pour le tenir soulevé. Il y a donc un certain rapport entre la hauteur de la colonne barométrique et l'altitude du lieu où l'instrument se trouve. Au niveau des mers, une ascension de 10 mètres fait baisser le baromètre de 1 millimètre environ ; toutefois, pour des différences d'altitude considérables, le rapport entre la quantité dont le baromètre baisse et l'élévation du lieu où il a été transporté, est fort loin de conserver cette simplicité. Il faut des calculs savants, dont il est impossible de donner ici même une idée, pour déduire la hauteur où l'on est arrivé de la quantité dont s'est abaissée la colonne mercurielle. Pour déterminer la hauteur d'une montagne, il faut deux observations simultanées : l'une au pied de la montagne, par une personne qui constate la température de l'air et la hauteur barométrique à un certain moment ; l'autre au sommet de la montagne, par une seconde personne qui, au même moment, fait des observations pareilles. Des quatre nombres ainsi obtenus, deux températures et deux pressions atmosphériques, le calcul déduit la hauteur de la montagne. Par la même méthode, l'aéronaute détermine la hauteur des régions aériennes qu'il a visitées. C'est ainsi, pour n'en citer qu'un exemple, que Gay-Lussac, dans une mémorable ascension aérostatique, vit le baromètre qui marquait 76 centimètres au niveau du sol, descendre à 33 centimètres au point le plus élevé de son voyage aérien ; et le thermomètre baisser de 28° au-dessus de zéro à 9° au-dessous de zéro. De ces quatre nombres, l'illustre aéronaute déduisit qu'il s'était élevé à 7000 mètres de hauteur.

7. Usage du baromètre pour la prévision du temps. — Toute perturbation un peu profonde dans l'état atmosphérique amène un changement de temps, pluvieux ou sec, calme ou tempétueux. Or ces perturbations influent sur le baromètre en modifiant la pression qu'il supporte. Le baromètre, par ses changements de niveau, nous avertit donc des troubles qui surviennent dans les hauteurs de l'atmosphère, et nous permet ainsi des prévisions plus ou moins probables sur le temps qu'il va faire. Une longue expérience a appris que, dans nos régions occidentales de l'Europe, le baromètre est haut par un temps sec, et qu'il est bas par un temps pluvieux. Le temps doit se mettre au beau si le baromètre monte peu à peu ; il doit se mettre à la pluie si le baromètre descend graduellement. Un abaissement brusque et considérable de la colonne mercurielle est un signe de tempête, même alors que rien ne l'annonce dans l'air. En moyenne, la hauteur à laquelle se tient le baromètre pour les différents états atmosphériques sous le climat de Paris, est celle-ci :

Très-sec.	785 millimètres.
Beau fixe.	776 —
Beau.	762 —
Variable.	758 —
Pluie ou vent.	749 —
Grande pluie.	740 —
Tempête.	731 —

Du reste, il ne faut pas perdre de vue que les pronostics du temps, tirés des indications barométriques, ne sont que des probabilités. Le baromètre ne fait connaître, d'une manière positive, qu'une chose : la pression de l'atmosphère au moment de l'observation. A un trouble dans cette pression peut correspondre, sans doute, un changement de temps ; mais compter sur ce changement, ce serait aller trop loin. Il est seulement probable. Les prévisions basées sur le baromètre peuvent donc être fautives. Elles ont pour elles d'autant plus de probabilité, que les variations du baromètre sont plus brusques et plus considérables. Si le baromètre baisse beaucoup en peu de temps, c'est un présage à peu près certain de tempête.

8. **Baromètre à cadran.** — Lorsque le baromètre est exclusivement destiné à la prévision du temps, on lui donne une forme particulière qui en fait un élégant meuble de salon, et rend visibles les oscillations de la colonne mercurielle au moyen d'un cadran gradué. C'est un baromètre à siphon, dont la petite branche est librement ouverte (fig. 55). Un petit cylindre en fer A flotte sur le mercure de la petite branche, et se trouve relié à un contre-poids B, un peu moins lourd, par un fil délié, s'enroulant sur une poulie P. Celle-ci porte une aiguille qui se meut sur un cadran où se trouvent inscrits les

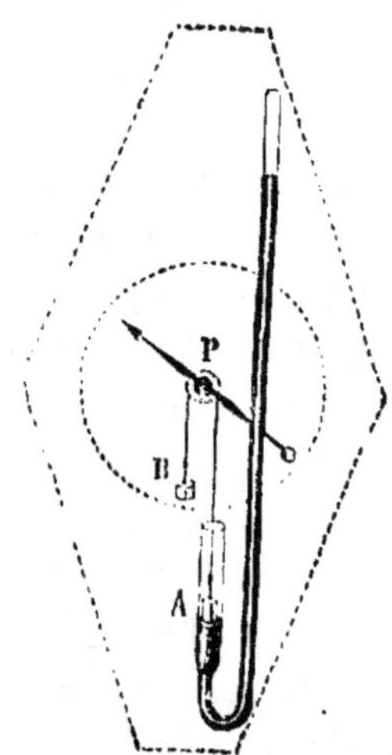
Fig. 55. — Baromètre à cadran.

principaux états atmosphériques : beau, variable, pluie, tempête, etc., et, en nombres, les hauteurs barométriques correspondantes, comme elles sont indiquées dans le tableau du paragraphe précédent. Si le mercure du baromètre baisse dans la grande branche, il monte dans la petite et pousse devant lui le cylindre A. Le contre-poids descend de la sorte et, par l'intermédiaire du fil, fait tourner la poulie. L'aiguille marche alors de la droite à la gauche du cadran. Elle atteint, suivant la quantité dont le baromètre baisse, les indications : pluie, grande pluie, tempête. Si le mercure monte dans la grande branche, il baisse dans la petite. Alors le cylindre flotteur, un peu plus lourd que son contre-poids, entraîne celui-ci, et l'aiguille tourne de la gauche à la droite du cadran, s'acheminant vers les indications : beau, beau fixe, très-sec. Le baromètre à cadran, malgré tout le luxe de sa monture, est un appareil grossier qui ne mérite pas la confiance qu'on lui accorde trop souvent.

RÉSUMÉ

1. Le mot *baromètre* signifie mesure de la pression (sous-entendu de l'air). Cet instrument sert en effet à mesurer en un lieu et à un instant donnés la valeur de la pression atmosphérique.

2. Le baromètre est le tube de Torricelli plus ou moins modifié. Sa construction exige certaines précautions relatives à l'air et à l'humidité contenus dans le mercure ou adhérant au verre. Le mercure doit être, par portions, chauffé jusqu'à ébullition dans le tube. Le vide que la colonne mercurielle laisse derrière elle dans le tube s'appelle *vide barométrique* ou *chambre barométrique*.

3. Le *baromètre de Fortin* est un baromètre à cuvette à fond mobile. Ce fond est en peau de chamois. Une vis qui presse plus ou moins contre ce fond permet de ramener le niveau du mercure de la cuvette au zéro de l'échelle.

4. Le *baromètre à siphon* est formé d'un tube à branches inégales, la grande fermée, la petite ouverte. C'est par celle-ci, faisant l'office de cuvette, que s'exerce la pression atmosphérique. Le zéro de l'échelle est placé vers le milieu de l'appareil. Deux lectures, l'une pour le niveau de la grande branche, l'autre pour le niveau de la petite, donnent, par leur somme, la hauteur barométrique.

5. Le *baromètre de Gay-Lussac* est un baromètre à siphon dis-

posé pour pouvoir être transporté en voyage. Sa petite branche n'a qu'un très-petit orifice, insuffisant pour laisser écouler le mercure, mais suffisant pour l'accès de l'air. Comme le précédent, il exige deux lectures.

6. Le baromètre sert à mesurer les hauteurs.

7. Il fournit aussi des renseignements utiles pour la prévision du temps. Dans nos climats, le baromètre monte lorsque le temps est au beau ; il baisse quand le temps est à la pluie. Un abaissement brusque et considérable du baromètre est signe de tempête.

8. Le *baromètre à cadran* est un baromètre à siphon dont le mercure, par ses oscillations, fait mouvoir une aiguille sur un cadran où sont inscrits les principaux états atmosphériques. C'est un instrument grossier aux indications duquel il ne faut pas ajouter une foi aveugle.

CHAPITRE XVI

1. Machine d'Otto de Guéricke. — Nous nous sommes servis jusqu'ici de la machine pneumatique sans nous rendre compte de son jeu. Il est temps de voir comment fonctionne ce précieux instrument. Examinons d'abord, comme point historique et comme introduction à des appareils plus complexes, la première machine à faire le vide, telle que l'imagina, en 1650, Otto de Guéricke, consul de Magdebourg.

Cette machine, d'une extrême simplicité, se composait d'un cylindre E (fig. 56) ou *corps de pompe*, dans lequel glissait un *piston* mû par une tige armée d'une poignée F. Le canal CD, du corps de pompe, portait sur le côté une sorte de bouchon r' qui, étant enlevé ou tourné d'une certaine façon, mettait le corps de pompe en communication avec l'air extérieur. Remis en place, il interceptait toute communication du corps de pompe avec le dehors. Un récipient A, dans lequel on se proposait de faire le vide, communiquait par son col B, avec le canal du corps de pompe. Un robinet r, tourné tantôt d'une manière, tantôt de l'autre, permettait de faire communiquer le récipient avec le corps de pompe ou d'interrompre cette communication. Ces dispositions comprises, voyons ce que va produire le mouvement de va-et-vient du piston combiné avec le jeu du robinet *r* et du bouchon *r'*.

Le robinet *r* est ouvert, le récipient communique avec le corps de pompe; le bouchon *r'* est en place, le corps de pompe n'a pas de communication avec le dehors. On retire le piston en tirant à soi la poignée F. Le piston laisse derrière lui, dans le corps de pompe, un espace vide. L'air contenu dans le

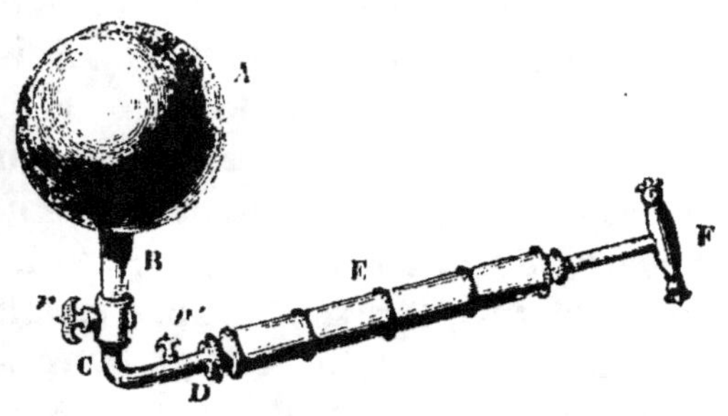

Fig. 56. — Machine d'Otto de Guéricke.

récipient A, en vertu de sa force expansive qui lui fait occuper un volume plus grand si rien n'y met obstacle, se précipite dans le corps de pompe et le remplit. L'air se partage entre le récipient et le corps de pompe proportionnellement à la capacité de chacun d'eux. Cela fait, on ferme le robinet *r* et l'on ouvre *r'*. On refoule alors le piston, qui chasse devant lui l'air du corps de pompe et le fait écouler par l'orifice *r'*. On remet en place le bouchon *r'* et l'on ouvre de nouveau le robinet *r*. Le piston, retiré une seconde fois, laisse derrière lui un vide que remplit aussitôt l'air resté dans le récipient. Fermons *r*, ouvrons *r'*, et le piston refoulé expulsera, pour la seconde fois, l'air introduit dans le corps de pompe. Il est inutile d'insister davantage. On voit que toutes les fois que le piston est retiré, le robinet *r* étant ouvert et l'orifice *r'* fermé, une nouvelle quantité d'air s'introduit du récipient dans le corps de pompe; on voit également que, toutes les fois que le piston est refoulé, le robinet *r* étant fermé et l'orifice *r'* ouvert, l'air du corps de pompe est expulsé. En répétant un nombre suffisant de fois cette manœuvre, l'air du récipient s'appauvrit de plus en plus, se raréfie, parce que chaque fois il cède une partie de sa masse au corps de pompe qui la chasse dehors. Le récipient est ainsi amené à ne contenir que de l'air extrêmement raréfié, c'est-à-dire à peu près rien.

2. La machine pneumatique ne peut pas faire un vide complet. — Nous disons à peu près rien et non absolument rien ; et la raison de cette restriction, la voici : Toutes les fois que le piston est retiré, le contenu aérien du récipient se partage entre celui-ci et le corps de pompe, suivant le rapport de leurs capacités respectives ; mais jamais le contenu du récipient ne passe en entier dans le corps de pompe. Supposons, pour donner plus de précision aux idées, que le corps de pompe ait une capacité égale à la capacité du récipient. A la première manœuvre, le récipient cédera au corps de pompe la moitié de l'air qu'il renferme, et ce sera autant d'expulsé. A la seconde, il cédera la moitié de ce qui lui reste ; à la troisième la moitié de ce qui lui reste encore, et ainsi de suite ; de sorte que le récipient, conservant chaque fois la moitié du contenu, tel que l'ont laissé les manœuvres précédentes, renferme toujours quelque chose. Il est vrai que ce résidu, diminuant toujours, peut, du moins d'après la théorie qui ne se préoccupe pas des imperfections de la machine, atteindre tel degré de raréfaction que l'on voudra, sans jamais toutefois se réduire à rien. Les diverses machines pneumatiques plus savantes, qui ont remplacé celle de l'inventeur, celle d'Otto de Guéricke, ne peuvent pas davantage obtenir un vide complet, parce qu'elles sont toutes basées sur la répartition de l'air entre le récipient et le corps de pompe, proportionnellement à leurs capacités respectives.

3. Soupapes remplaçant les robinets de la machine primitive. — La machine d'Otto de Guéricke était d'une manœuvre pénible ; ses robinets, qu'il fallait à tour de rôle ouvrir et fermer, rendaient l'opération bien longue. On les a remplacés par des soupapes qui s'ouvrent et se ferment en temps voulu, sans que l'opérateur ait à s'en préoccuper. La figure 57 nous expliquera le jeu de ces soupapes.

C'est un corps de pompe C, dans lequel, au moyen d'une tige, se meut un piston P, non plus plein comme dans la machine d'Otto de Guéricke, mais percé d'un conduit que recouvre une soupape S'. Cette soupape est une petite rondelle de métal qu'on

peut se représenter tournant autour d'une charnière, et s'ouvrant ou se fermant à la ma-
nière d'un couvercle. Le corps
de pompe se continue par un
canal d'aspiration, dont l'entrée est armée d'une soupape
S, pareille à la première et,
comme celle-ci, s'ouvrant de
bas en haut. Le canal d'aspiration vient déboucher au
centre d'un plateau de verre
bien uni, qu'on nomme la
platine. C'est sur la platine
qu'on dispose la cloche R,
dans laquelle on veut faire le
vide. Les bords de la cloche,
bien enduits de suif, sont ap-

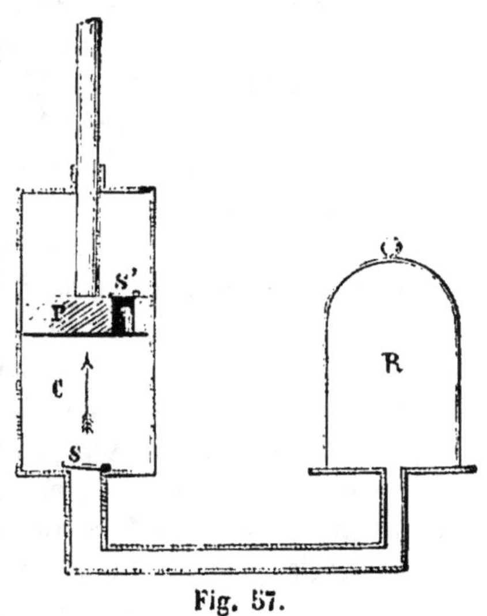

Fig. 57.

pliqués avec soin sur le plateau de verre, et toute communication avec l'extérieur est ainsi rendue impossible. Examinons
maintenant le jeu de l'appareil ainsi disposé.

On soulève le piston. Derrière lui, il laisse un espace vide
dans le corps de pompe. Pendant cette ascension, la soupape S'
s'est fermée par son propre poids, et elle est exactement appliquée contre l'orifice par l'effet de la pression atmosphérique
s'exerçant en liberté sur la face supérieure du piston. En même
temps que cela se passe, la soupape S s'ouvre, poussée de bas
en haut par la force élastique de l'air du récipient R, force
élastique qui n'est pas contre-balancée du côté du corps de
pompe, puisqu'il n'y a rien dans celui-ci en ce moment. L'air de
la cloche se répand donc dans le corps de pompe, et quand la
répartition est faite proportionnellement aux capacités, la soupape S, pressée également en dessus et en dessous, se renferme
par son propre poids. Alors le piston descend. L'air contenu dans
le corps de pompe est refoulé dans un espace décroissant, à mesure que le piston s'abaisse. Il augmente donc de puissance expansive et fait effort pour s'échapper. Mais il ne peut plus rentrer dans la cloche, car la soupape S est fermée, et d'autant plus

hermétiquement que l'air du corps de pompe presse davantage. Il ne reste ainsi à l'air du corps de pompe qu'une seule voie, celle d'en haut. La soupape S' s'ouvre donc, poussée de bas en haut, par l'air emprisonné, et celui-ci s'écoule en dehors. Quand le piston est arrivé au bas du corps de pompe, l'expulsion est complète.

On relève le piston. La soupape supérieure S' se maintient fermée par son propre poids et la pression de l'air extérieur; la soupape inférieure S s'ouvre par l'effet de la poussée de bas en haut de l'air encore contenu dans le récipient, et une partie de cet air pénètre dans le corps de pompe. Le piston s'abaisse. La soupape S, fermée par son poids et par la pression croissante de l'air du corps de pompe, empêche le retour dans la cloche; tandis que la soupape S' à un certain moment s'ouvre, lorsque l'air emprisonné, diminuant de volume par la descente du piston, a acquis assez de force expansive pour la soulever et vaincre la résistance de la pression atmosphérique extérieure. Quand le piston est arrivé au bas de sa course, une nouvelle quantité d'air se trouve ainsi expulsée. En somme, on voit que, à chaque ascension du piston, une certaine quantité d'air pénètre du récipient dans le corps de pompe en soulevant, par sa propre force élastique, la soupape inférieure; et que, à chaque descente du piston, l'air du corps de pompe, gagnant en force élastique en raison de sa diminution de volume, finit par soulever la soupape supérieure et par s'écouler au dehors. On voit aussi, comme nous l'avons dit plus haut, que le vide complet ne saurait être obtenu, si longtemps que fonctionne l'appareil. Chaque fois la cloche cède au corps de pompe la même partie de ce qui lui reste et non le tout. Il doit donc lui rester toujours quelque chose.

4. Disposition de la soupape inférieure. — Revenons encore au jeu des deux soupapes. Celle d'en haut s'ouvre, malgré la résistance qu'oppose la pression atmosphérique extérieure, quand l'air, contenu dans le corps de pompe, a une force expansive suffisante pour la soulever. Or, cette force expansive arrive tôt ou tard, car l'air du corps de pompe diminue indéfiniment de volume, est comprimé par la descente du piston et acquiert ainsi une élasticité croissante. La soupape supérieure peut donc toujours être soulevée. Il n'en est pas de même de la soupape inférieure. Cette dernière est soulevée par la force expansive de l'air du récipient. Mais cet air, de plus en plus raréfié, perd de sa force élastique à mesure qu'il perd de sa substance, et il doit arriver un moment où il n'est plus capable de soulever la soupape pour se répandre dans le corps de pompe. Accordons, par exemple, à cette soupape une surface d'un centimètre carré. L'air, dans les conditions ordinaires, exerce sur un centimètre carré de surface une pression de 1033 grammes, pression largement suffisante pour vaincre la résistance que la soupape peut opposer. Mais quand, par le jeu de la pompe, l'air de la cloche sera réduit de moitié, il n'exercera plus qu'une pression moitié moindre ou de 516 grammes. S'il est réduit au centième, au cinq-centième, il n'exercera plus qu'une pression de 10^{gr},33, de 2^{gr},06. A un certain moment, il sera donc impossible à l'air encore contenu dans la cloche de soulever la soupape et de se répandre dans le corps de pompe. A partir de ce moment, la machine fonctionnera sans résultat; la raréfaction n'avancera plus. Il faut donc que la soupape inférieure s'ouvre par un moyen indépendant de la pression même de l'air. On y arrive comme il suit :

La soupape inférieure se compose d'un bouchon métallique I (fig. 58), de forme conique, pouvant s'engager dans un orifice de même forme. Il termine une tige III qui passe, à frottement serré, à travers le piston B. Celui-ci est muni d'une soupape disposée comme à l'ordinaire. Cette soupape est engagée dans l'épaisseur du piston et ne se voit pas dans la figure. La tige qui porte la soupape inférieure traverse le couvercle du corps de pompe [1]; mais, au-dessous de ce couvercle, elle présente un arrêt K, qui l'empêche, quand le piston monte, d'être entraînée au delà d'un parcours de quelques millimètres. Les autres dispositions, représentées dans la figure actuelle, seront expliquées

[1] Ce couvercle n'empêche en rien l'air expulsé de sortir. La tige du piston et celle de la soupape inférieure sont loin de boucher complètement les ouvertures qui leur livrent passage. D'ailleurs ce couvercle est percé d'une autre ouverture.

plus tard. Pour le moment, bornons-nous au jeu de la soupape
inférieure.—Le piston est, supposons, au bas du corps de pompe.
On le soulève. La tige IK est entraînée avec lui, et la soupape
inférieure se trouve ainsi ouverte comme il est nécessaire que
cela soit pendant l'ascension du piston, afin que l'air du réci-

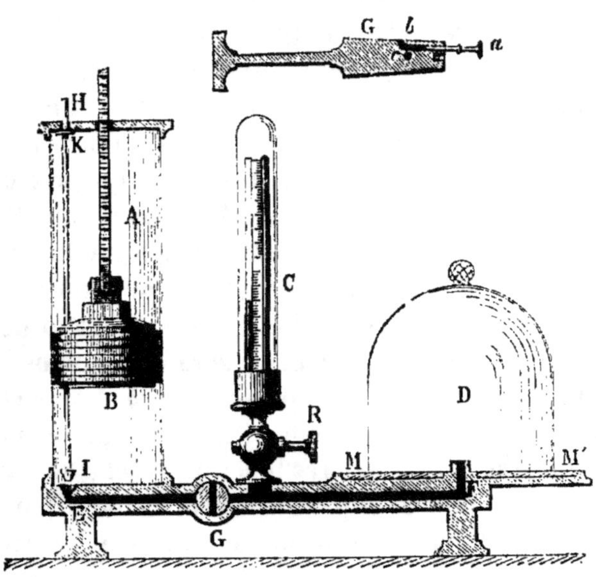

Fig. 58.

pient D se répande dans le corps de pompe. Mais à peine cette
soupape est-elle soulevée que l'arrêt K vient buter contre le
couvercle et empêche désormais le déplacement de la tige. Alors
le piston continue son ascension en glissant le long de la tige
immobile. Maintenant le piston descend. Il faut que la soupape
inférieure se ferme pour empêcher l'air répandu dans le corps
de pompe de rentrer dans le récipient. C'est ce qui a lieu, car le
piston, dès qu'il commence à descendre, entraîne avec lui la tige
et place le bouchon I dans l'ouverture E. A partir de ce moment,
la tige est fixe et le piston glisse le long de cette tige sans l'entraîner davantage. Par ce mécanisme, la soupape d'en bas s'ouvre
et se ferme, au moment voulu, sans l'intervention de l'air, et la
raréfaction peut être amenée au loin.

5. Association de deux corps de pompe. — Avec un seul corps de pompe, la manœuvre de la machine serait très-pénible vers la fin. Remarquons effectivement que le piston, dans sa partie supérieure, éprouve constamment la pression de l'air atmosphérique extérieur. Tant que l'air du corps de pompe possède une force expansive capable de contre-balancer, ou à peu près, la pression extérieure, le piston, également pressé en dessus et en dessous, n'oppose d'autre résistance que celle qui provient de son propre poids et du frottement contre le corps de pompe. Mais quand la raréfaction est amenée à un certain point, l'air du corps de pompe n'a presque plus de force élastique, et alors le piston, toujours pressé en dessus par l'atmosphère avec la même puissance, oppose à la main qui le soulève une résistance considérable. Supposons, par exemple, que le piston ait une surface d'un décimètre carré, et que, dans le récipient, le vide soit fait ou à peu près. Pour soulever le piston, il faudra vaincre en entier la pression qu'il supporte en dessus, car la pression en dessous est en ce moment nulle ou peut s'en faut; il faudra vaincre une pression de 103 kilogrammes. Avant d'en arriver là, il aurait fallu vaincre des résistances moins considérables sans doute, mais toujours fort pénibles et d'une valeur croissante. On évite cet inconvénient en associant deux corps de pompe. Par ce moyen, l'opération marche plus vite, et la résistance atmosphérique est annulée par les actions contraires exercées sur les deux pistons.

La figure 59 montre les deux corps de pompe associés. Les tiges des pistons sont des crémaillères T et T', qui s'engrènent sur une roue dentée. Un levier MM', armé de poignées, fait alternativement osciller la roue de droite à gauche et de gauche à droite; et l'un des pistons monte tandis que l'autre descend. Sur les deux pistons, la pression atmosphérique s'exerce à la fois avec la même force; et comme ces pistons sont solidaires l'un de l'autre, à cause de la roue dentée qui les met en rapport, leurs pressions s'équilibrent mutuellement comme s'équilibrent des poids égaux dans les deux bassins d'une balance. L'opérateur n'a ainsi à vaincre que les frottements inhérents à la machine.

6. Clef de la machine pneumatique. — On nomme ainsi

10.

un robinet d'une forme spéciale, qui sert à établir ou à interrompre la communication entre les corps de pompe et le récipient, et à laisser rentrer l'air dans le récipient lorsqu'on le
désire. La clef est figurée à part (fig. 58). C'est un robinet G, en
laiton, percé transversalement d'un canal c, pareil à celui des

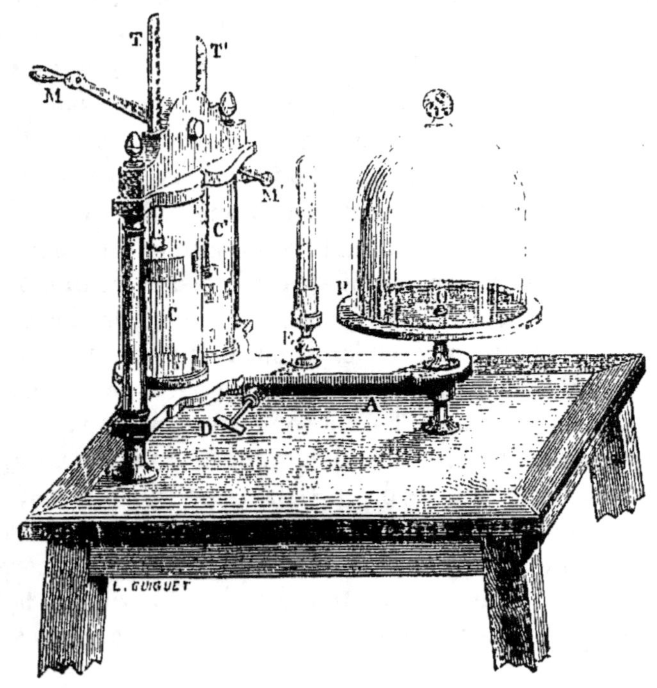

Fig. 59. — Machine pneumatique.

robinets ordinaires. En outre, un conduit courbe b le parcourt
dans sa longueur et débouche d'une part sur le flanc du robinet
et de l'autre à sa face antérieure. Un bouchon ou tige en métal a
le tient fermé tant que besoin en est. Ce robinet se trouve sur le
canal d'aspiration de la machine. Sa section est vue en G à la
figure 58. Il est représenté fermé. Le canal d'aspiration EF est
interrompu par le robinet tourné convenablement.

Les usages de la clef sont au nombre de trois. Premièrement,
interrompre, quand le vide est fait, toute communication entre
les corps de pompe et le récipient, afin que l'air ne trouve pas à

rentrer par les jointures toujours un peu imparfaites de la machine. Le robinet est alors tourné comme le représente la figure 58 ou bien la figure 60, plan d'une machine pneuma-

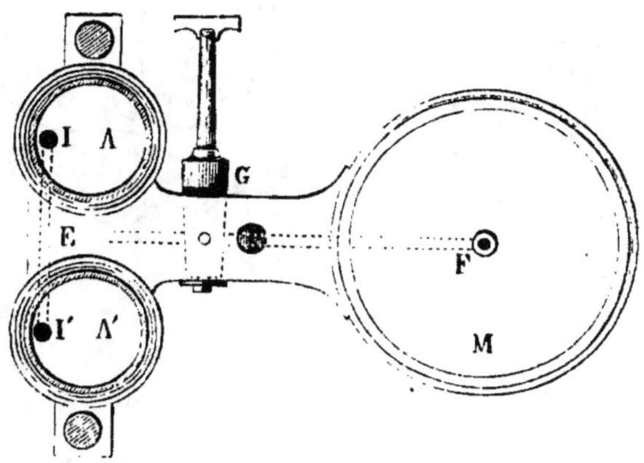

Fig. 60.

tique. A et A' sont les corps de pompe; I et I' les soupapes inférieures; EF, le canal d'aspiration; M, la platine; G, la clef dont le canal transversal est en croix avec le canal d'aspiration de la machine.

Secondement, établir la communication entre les corps de pompe et le récipient, pour faire le vide dans celui-ci. La clef est alors tournée comme le représente la figure 61, c'est-à-dire que son canal transversal ab est dans l'alignement du canal d'aspiration EF.

Troisièmement, laisser rentrer l'air dans le récipient. Dans les deux opérations précédentes, le conduit latéral du robinet n'a pas d'usage; il est maintenu bouché avec sa tige. Dans le cas actuel, on tourne la clef de manière que ce conduit vienne déboucher dans le canal d'aspiration du côté du récipient, comme le représente la figure 62, et l'on enlève la tige a. L'air exté- rieur se précipite en sifflant par la voie abF et envahit le réci- pient. Sans cette rentrée de l'air, on ne pourrait plus enlever

une cloche de dessus la platine à cause de l'énorme pression
qu'elle supporte de la part de l'atmosphère.

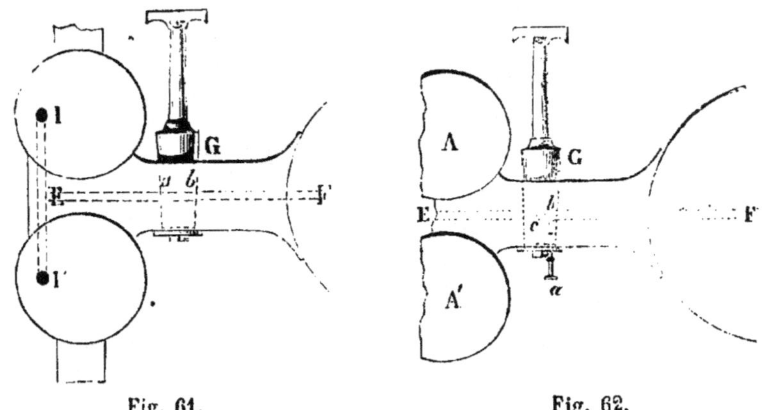

Fig. 61.   Fig. 62.

7. Éprouvette. — Revenons à la figure 58. L'appareil CR
est ce qu'on nomme l'éprouvette de la machine pneumatique.
C'est une solide cloche de verre en rapport avec le canal d'aspiration de la machine. Un robinet R permet, du reste, d'établir
ou d'interrompre la communication à volonté. Dans cette cloche
se trouve un baromètre à siphon incomplet, c'est-à-dire dontla
branche fermée n'a qu'une partie de la longueur qu'il faudrait
lui donner pour la mesure de la pression atmosphérique. C'est,
comme on dit, un *baromètre tronqué*. En d'autres termes,
l'appareil est formé d'un tube de verre à branches égales, l'une
fermée, l'autre ouverte. La branche fermée est en entier pleine
de mercure, la branche ouverte ne l'est qu'en partie. Le mercure
est soutenu dans la première branche, au-dessus du niveau de
la seconde, par la pression de l'air de la cloche ; mais il n'y a
pas de vide barométrique, parce que la branche fermée est
trop courte. Si l'air est raréfié dans le récipient et, par suite,
dans l'éprouvette en rapport avec ce dernier par le canal d'aspiration, la pression devient, à un certain moment, insuffisante
pour tenir soulevée toute la colonne de mercure, et l'on voit
celui-ci descendre peu à peu dans la branche fermée et monter,
d'une quantité égale, dans la branche ouverte. Si le vide était

rigoureusement fait, la pression serait nulle et le mercure se
mettrait au même niveau dans les deux branches. Mais cela ne
peut avoir lieu, nous en savons la cause; il reste toujours un
peu d'air dans le récipient, et le mercure de l'éprouvette se
maintient toujours un peu plus élevé dans la branche fermée
que dans la branche ouverte. La différence entre les deux niveaux est la mesure de l'élasticité de l'air restant. Une échelle,
divisée en millimètres, accompagne la colonne mercurielle et
donne la distance entre les deux niveaux. Imaginons qu'à un
moment donné, l'éprouvette marque 5 millimètres, c'est-à-dire
que la différence du niveau, entre la branche fermée et la
branche ouverte, soit de 5 millimètres, que déduire de ce fait?
On en déduit que l'air, encore contenu dans le récipient, peut
tenir soulevée une colonne de mercure de 5 millimètres, enfin,
que sa force élastique est représentée par 5 millimètres de mercure. Si au début, l'air du récipient possédait la force élastique
normale, celle d'un atmosphère ou de 760 millimètres de mercure, l'éprouvette nous apprend que la force élastique actuelle
n'est que les $\frac{5}{760}$ de la force initiale et que, par conséquent, l'air
a été raréfié dans le rapport de 760 à 5. Elle nous apprend,
enfin, que l'air primitif étant supposé partagé en 760 parties
égales, il n'en reste plus maintenant que 5 dans le récipient.
L'éprouvette nous renseigne donc sur la marche de la raréfaction de l'air; elle nous dit le rapport entre ce qui reste et ce qui
a été enlevé. La branche fermée de l'éprouvette porte, dans le
haut, un étranglement qui a pour effet de ralentir l'ascension du
mercure quand l'air rentre dans l'appareil. Sans cette précaution le mercure, brusquement refoulé, viendrait choquer avec
violence la paroi supérieure du tube, et pourrait en occasionner
la rupture.

RÉSUMÉ

1. La machine pneumatique a été inventée en 1656 par Otto de
Guéricke, consul de Magdebourg.

2. La machine pneumatique ne peut faire complétement le vide,
parce que le contenu aérien du récipient se partage entre celui-ci et

le corps de pompe proportionnellement à leurs capacités respectives.

3. Les robinets de la machine, telle que la conçut Otto de Guéricke, sont aujourd'hui remplacés par des soupapes qui s'ouvrent et se ferment sans que l'opérateur ait à s'en préoccuper. Il y en a deux : l'une dans le piston même, l'autre au fond du corps de pompe. La première est ouverte et la seconde fermée quand le piston descend ; la première est fermée et la seconde ouverte quand le piston monte.

4. Si la soupape inférieure s'ouvrait par la poussée de l'air du récipient, à un certain moment, la raréfaction ne pourrait plus être continuée, parce que l'air restant n'aurait pas la force de soulever la soupape. On évite cet inconvénient en faisant ouvrir et fermer la soupape par le va-et-vient même du piston.

5. On associe deux corps de pompe pour balancer par des effets inverses la pression atmosphérique et annuler la résistance des pistons à être soulevés.

6. La clef de la machine sert : 1° à établir la communication entre les corps de pompe et le récipient ; 2° à intercepter cette communication ; 3° à laisser rentrer l'air dans le récipient.

7. L'éprouvette est un baromètre tronqué. Elle sert à suivre la marche de la raréfaction ; elle donne en millimètres de mercure la force élastique de l'air restant dans le récipient.

CHAPITRE XVII

1. Transmission des pressions par le gaz. — Les gaz ont une mobilité moléculaire encore plus grande que celle des liquides. Ils doivent donc, comme ces derniers, transmettre en tous sens la pression qu'on exerce sur eux. On le constate avec l'appareil suivant (fig. 63). Un vase plein d'air, et de forme quelconque, est armé d'un corps de pompe A, dans lequel peut glisser un piston plein. A ce vase sont adaptés divers tubes recourbés B, C, D, qui, dans leurs coudes, contiennent de l'eau au même niveau dans les deux branches quand le piston n'agit pas. Si l'on enfonce le piston, on voit le liquide monter dans la branche extérieure des trois tubes, et monter de part et d'autre de la

même quantité. Cette ascension de l'eau est évidemment occasionnée par l'air con-
tenu dans le vase, air
qui transmet, dans
tous les sens, la pres-
sion que lui fait subir
le piston. Comme l'eau
monte de partout
d'une même quantité,
n'importe l'ampleur
du tube correspon-
dant, on voit que la

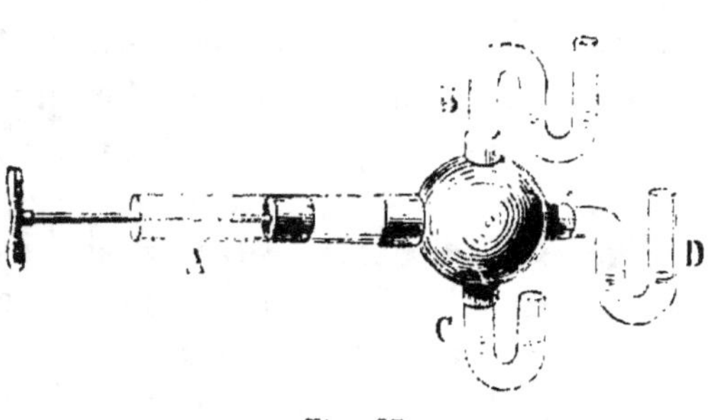

Fig. 63.

pression transmise est proportionnelle à la surface pressée, car,
pour une même hauteur, le poids de la colonne d'eau soulevée
est proportionnel à l'étendue de la base. Les liquides nous ont
offert absolument la même propriété.

Il résulte de là qu'une pression fort médiocre, exercée sur une
masse de gaz, peut, si elle est transmise à une surface considérable, vaincre une résistance relativement très-grande. Il y a pour
les gaz un fait analogue à celui que nous ont montré les liquides
dans la presse hydraulique. Soit une vessie ou une poche en caoutchouc à demi pleine d'air, et armée d'un canal à robinet. Sur cette
poche, on place une planchette que l'on charge d'un poids de
quelques kilogrammes. On ouvre le robinet et l'on souffle par le

Fig. 64.

canal soit avec la bouche, soit avec un soufflet (fig. 64). Quel
effort le soufflet peut-il exercer sur l'air du canal? L'effort d'un
gramme, peut-être. Mais cet effort se transmet, par l'intermédiaire de l'air, sur les parois du sac et, comme celles-ci ont une
étendue superficielle quelques milliers de fois plus grande que

la section du canal, la pression transmise est suffisante pour soulever le poids. La poussée d'un gramme se trouve répétée autant de fois que la paroi du sac contient, en étendue, la section du canal, et le poids est soulevé. Cet appareil, ou tout autre analogue, est pour les gaz ce que la presse hydraulique est pour les liquides.

2. Le principe d'Archimède s'applique aux gaz comme aux liquides. — La propriété précédente résulte de la fluidité des gaz, de leur mobilité moléculaire, qui leur permet de propager, dans toutes les directions, l'effort exercé en un point de leur masse. Mais les gaz sont en outre pesants. Ils doivent donc, par suite de leur fluidité et de leur poids à la fois, exercer en tous sens une pression sur les corps qui s'y trouvent plongés. Ils doivent les presser en dessus, en dessous, sur les côtés, dans toutes les directions enfin, comme le font les liquides, avec plus d'énergie, parce qu'ils sont plus lourds. Il faut alors répéter, pour les gaz, ce que nous avons appris au sujet des liquides. Or, un liquide exerce des pressions en tous sens sur le corps qui s'y trouve plongé ; et, déduction faite des poussées inverses qui s'entre-détruisent mutuellement, il reste, pour le corps immergé, une poussée de bas en haut égale au poids du liquide dont il occupe la place. Pareillement, déduction faite des poussées inverses, annulées l'une par l'autre, un corps plongé dans un gaz éprouve une poussée de bas en haut égale au poids du gaz déplacé. Le principe d'Archimède s'applique au gaz comme aux liquides, ce que l'on énonce en disant :

Un corps plongé dans un gaz éprouve, de sa part, une poussée de bas en haut égale au poids du gaz dont il occupe la place ; ou bien, car cette poussée de bas en haut contre-balance une partie du poids du corps : *un corps plongé dans un gaz perd une partie de son poids égale au poids du gaz dont il occupe la place.*

3. Baroscope. — Démontrons, par une expérience, cette perte de poids des corps plongés dans un gaz, spécialement dans l'air. Aux deux extrémités du fléau d'une balance, on équilibre à l'air libre, d'une part une grosse boule creuse B, et de l'autre un corps massif C, de bien moindre volume (fig. 65). L'équi-

libre étant bien établi, il semble que le corps C représente réellement le poids de la boule creuse B.

Il n'en est rien. Recouvrons l'appareil d'une cloche, comme le montre la figure, et retirons l'air de
cette cloche avec la machine pneumatique. Aussitôt la balance penche, elle penche du côté de la grosse
boule. Pour quel motif? A l'air libre, les deux objets perdaient de
leur poids, mais la grosse boule davantage, parce qu'elle déplace un
plus grand volume d'air. Malgré
cette plus grande perte de poids, la
boule équilibrait le corps C. Maintenant que l'air est enlevé, la boule

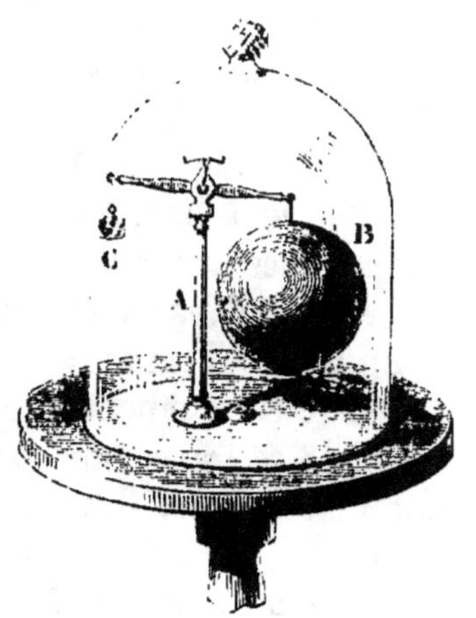

Fig. 65. — Baroscope.

reprend ce qu'elle perdait d'abord, le corps C également; et la
balance penche du côté de l'objet qui, perdant d'abord le plus,
gagne maintenant le plus, c'est-à-dire du côté de la grosse boule.

4. Montgolfières. — C'est à la poussée de bas en haut de
l'air atmosphérique qu'est due l'ascension des ballons. — Deux
fabricants de papier de la petite ville d'Annonay, dans l'Ardèche,
les frères Montgolfier, conçurent les premiers l'idée de s'élever
dans l'atmosphère à l'aide d'un grand globe de toile, doublé de
papier et rempli d'air chaud. L'ascension d'un ballon est devenue
aujourd'hui chose si commune, qu'il n'est guère de localités où
cette belle expérience ne soit connue.

Au milieu d'un cercle de spectateurs, gît à terre une masse
informe de toile, enchevêtrée de cordages. On allume quelques
brassées de paille, et, au-dessus de la flamme, on présente
l'orifice d'une espèce d'immense bourse, que forme cette toile.
La bourse se déploie, s'emplit d'air chaud, se gonfle et finit par
étaler ses flancs rebondis. C'est bientôt une vaste machine qui
se balance mollement dans l'air, retenue prisonnière par des
mains vigoureuses. Sa forme est celle d'une poire dont la pointe,
largement ouverte, est en bas, au-dessus de la paille qui flambe.
Un réseau de cordages l'enveloppe dans sa partie supérieure. De

ce réseau, vers le milieu du ballon, partent d'autres cordes qui pendent au-dessous de l'orifice et se rattachent à une grande corbeille d'osier, appelée nacelle. Tout est prêt : l'aéronaute se met dans la nacelle avec les engins dont il peut avoir besoin dans son voyage; et, à un signal donné, les gens qui retiennent le ballon le lâchent à la fois. Le ballon s'élève majestueusement; en quelques instants, il a atteint la région des nuages.

Les premières expériences des frères Montgolfier, faites dans le midi de la France, à Annonay, à Avignon, eurent bientôt un grand retentissement. Chacun prenait un vif intérêt à leur tentative de se frayer une route dans les airs. Un essai mémorable eut lieu à Versailles, le 19 novembre 1783, en présence de Louis XVI. Personne n'osant encore se confier à la nouvelle machine qu'on appelait *Montgolfière*, du nom de ses inventeurs, on suspendit au ballon une cage contenant un mouton, un coq et un renard. Ces premiers navigateurs aériens revinrent sains et saufs de leur voyage; l'ascension et la descente se firent sans accidents. Bientôt après, deux hardis jeunes gens, Pilâtre des Rosiers et le marquis d'Arlandes, s'aventurèrent dans la nacelle. Le ballon, retenu à l'aide d'une longue corde, s'éleva, à plusieurs reprises, à une centaine de mètres de hauteur. La réussite de cette entreprise les encouragea, et, le 20 novembre 1783, les deux aventureux voyageurs s'élevèrent dans une montgolfière libre de tous liens (fig. 66). Le ballon traversa Paris dans toute sa longueur, aux acclamations enthousiastes de la foule, et, sans accidents, descendit, au bout d'un quart d'heure, à deux lieues du point de départ. Pilâtre des Rosiers devait bientôt payer de sa vie son effrayante témérité. Il résolut de traverser en ballon le bras de mer qui sépare la France de l'Angleterre; mais, peu après le départ, le ballon prit feu et l'aéronaute, précipité du haut des airs, périt fracassé sur la plage.

5. **Cause de l'ascension des montgolfières.** — Examinons maintenant comment l'air chaud peut élever les montgolfières. La chaleur augmente le volume de l'air, elle le dilate. C'est on ne peut plus facile à vérifier. Prenons une vessie, et, après l'avoir ramollie dans l'eau, insufflons-y de l'air de manière à ne la remplir qu'à moitié; puis, nouons l'orifice avec un cordon.

En cet état, la vessie est flasque et ridée; mais approchons-la du
feu, chauffons-la; et nous la verrons se dérider, se ballonner,
devenir toute rebondie. En s'échauffant, l'air se dilate donc et
finit par acquérir un volume suffisant pour gonfler entièrement

Fig. 66. — Montgolfière de Pilâtre des Rosiers.

la vessie. Maintenant, éloignons-la du foyer. En se refroidissant,
elle se dégonfle en partie, preuve que l'air reprend son volume
primitif. Ainsi, par l'effet de la chaleur, l'air augmente de volume ou se dilate; par l'effet du refroidissement, il diminue de
volume ou se contracte. Il ne faut pas de longues réflexions pour

comprendre que, à volume égal, l'air chaud est plus léger que l'air froid. Si, par exemple, un litre d'air froid, qui pèse $1^{gr},3$, est dilaté par la chaleur jusqu'à occuper deux litres, un seul litre de cet air chaud pèsera la moitié de $1^{gr},3$. On voit également bien que l'air sera d'autant plus léger qu'il sera plus chaud, parce que sa dilatation sera plus grande.

Supposons une montgolfière de 10 mètres de diamètre. Ce ballon, bien gonflé, a un volume de 565 mètres cubes. L'air chaud dont il est plein ne pèse, par exemple, que 1 gramme par litre, tandis que l'air froid, dont il occupe la place, pèse $1^{gr},3$. Le poids total de l'air chaud est alors de 565 kilogrammes, et celui de l'air froid déplacé de 734 kilogrammes. L'air chaud, sollicité de haut en bas par son propre poids, de bas en haut par la poussée de l'air froid qu'il déplace, tend donc à s'élever avec une force égale à la différence de ces deux poids, c'est-à-dire à 169 kilogrammes. Alors, si le poids de la toile, des cordages, de la nacelle, de l'aéronaute et de ses instruments, n'atteint pas cette valeur de 169 kilogrammes, le ballon s'élèvera parce que son poids total sera moindre que la poussée de l'air froid. Après l'ascension du ballon, arrive sa descente, occasionnée par le refroidissement graduel de l'air qui le gonfle. En se refroidissant, cet air se contracte, laisse entrer l'air extérieur; et le ballon, peu à peu plus lourd, redescend lentement. Pour maintenir plus longtemps le ballon en l'air, on allume quelquefois du feu à son orifice. Tant que le feu brûle, l'air se conserve chaud et maintient le ballon suspendu.

6. **Aérostats**. — Les ballons à air chaud ne sont plus employés par les aéronautes, car, à moins d'avoir un volume énorme, ils ne peuvent emporter qu'une charge assez faible, le poids de l'air chaud ne différant pas assez de celui de l'air froid. Ils présentent, en outre, le danger d'être incendiés par le feu qu'il faut entretenir au-dessous pour maintenir l'air chaud, quand le voyage aérien doit durer quelque temps. A la toile doublée de papier des montgolfières, on a substitué du taffetas vernissé; et l'air chaud a été remplacé, avec grand avantage, par de l'hydrogène, gaz quatorze fois plus léger que l'air. Les ballons ainsi construits se nomment *aérostats*. L'aéronaute emporte avec lui, dans la na-

celle, un baromètre, une ancre et du lest, c'est-à-dire des sacs
pleins de sable. Le baromètre lui indique s'il monte ou s'il descend. Il monte si la colonne barométrique s'abaisse, il descend si
la colonne barométrique monte. Le même instrument sert encore

Fig. 67. — Gonflement d'un aérostat.

à calculer la hauteur à laquelle l'aérostat est parvenu. La partie
supérieure du ballon est munie d'une soupape que l'aéronaute
ouvre ou ferme à volonté, au moyen d'un cordon qui pend à sa
portée. Lorsqu'il veut descendre, il ouvre la soupape : une partie
de l'hydrogène s'échappe pour faire place à l'air, et le ballon,
devenu plus lourd, descend lentement. C'est alors surtout que le
lest peut être d'une grande utilité. Si le ballon, en arrivant dans
le voisinage de la terre, se trouve au-dessus d'un lieu dangereux,
d'un fleuve, d'une forêt, d'un précipice, l'aéronaute doit remonter
un peu pour aller plus loin opérer sa descente en un endroit pro-
pice. Il remonte en rejetant hors de la nacelle une partie de sa
provision de sable. Le ballon allégé s'élève aussitôt. C'est de la

sorte que l'aéronaute, tant qu'il a du lest à sa disposition, peut

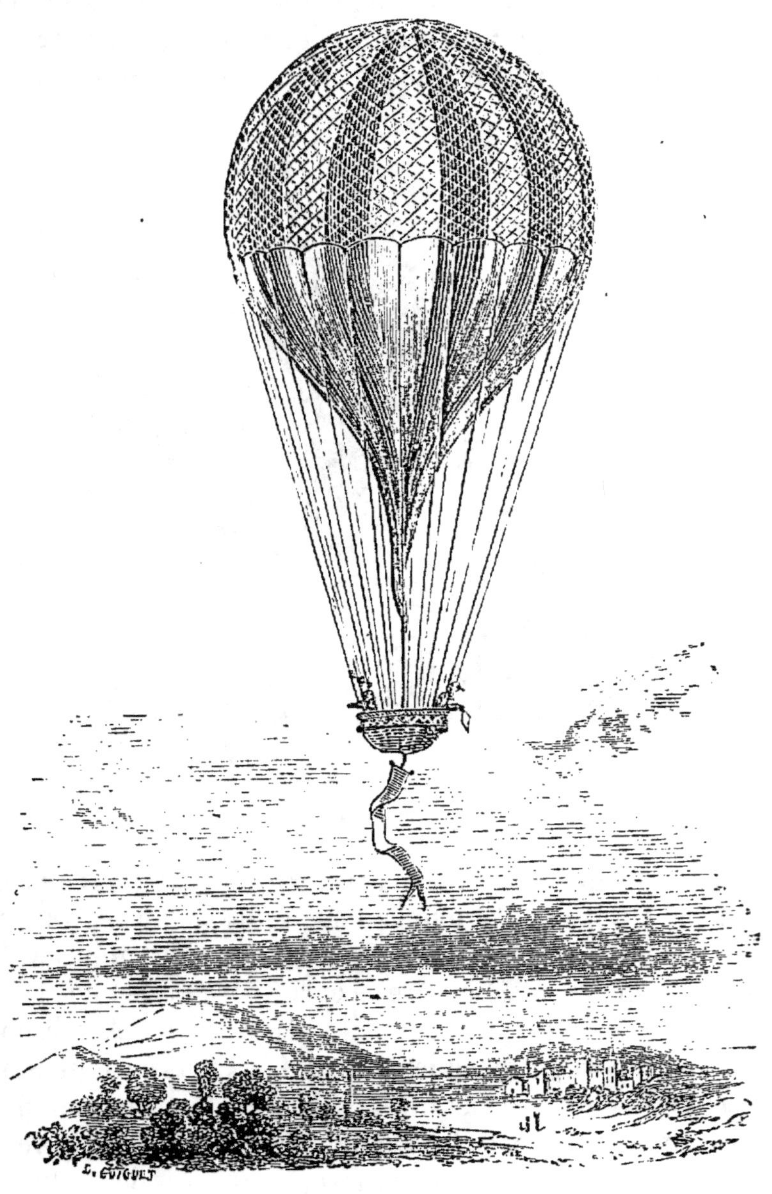

Fig. 68. — Aérostat.

choisir le lieu de sa descente. L'ancre, fixée à une longue corde
est alors jetée. Elle mord sur le sol, fournit un point d'appui, e

permet d'amener graduellement la nacelle jusqu'à terre. Le premier ballon à gaz hydrogène, emportant avec lui des aéronautes, fut lancé à Paris, par Charles et Robert, le 1er décembre 1783, aux applaudissements de trois cent mille spectateurs.

7. Résultats des ascensions aérostatiques. — Les ascensions aérostatiques ne sont pas simplement des spectacles émouvants pour la foule, la science les utilise pour pénétrer un peu avant dans l'épaisseur de l'océan atmosphérique et nous apprendre ce qui s'y passe. Or, des vérités ainsi recueillies, les plus importantes sont celles-ci :

La température décroît rapidement à mesure que l'on s'élève, résultat déjà constaté par l'ascension de hautes montagnes. La loi de cette diminution de température, n'est pas encore bien connue; cependant, tant qu'on ne dépasse pas 3 ou 4 mille mètres de hauteur, on peut l'évaluer, en moyenne, à 1 degré en moins pour 180 mètres d'élévation en plus. Par delà, le refroidissement, après s'être un peu ralenti, s'accélère encore; et tout porte à croire que, dans les régions les plus élevées de l'atmosphère, il règne un froid continuel, comme nos hivers les plus rigoureux ne nous en offrent jamais des exemples. En 1804, Gay-Lussac, parvenu à une hauteur de 7000 mètres, constata une température de 10° environ au-dessous de zéro, pendant qu'à la surface du sol le thermomètre marquait 27° au-dessus de zéro. En 1850, MM. Barral et Bixio atteignirent à peu près la même hauteur, et observèrent une température encore plus basse. Le 5 septembre 1862, MM. Glaisher et Coxwell parvinrent à la hauteur d'environ 10 000 mètres. C'est la plus grande élévation que l'homme ait jamais atteinte. Le baromètre était descendu à 25 centimètres, et le thermomètre marquait 27° au-dessous de zéro.

En second lieu, l'humidité de l'air décroît avec une grande rapidité. Vers 7000 mètres, terme de l'ascension de Gay-Lussac, la sécheresse est telle que le parchemin se tord, se crispe comme devant le feu. Il n'y a donc que les parties les plus basses de l'atmosphère qui soient accessibles à la vapeur d'eau, et, par conséquent, aux nuages. Les régions supérieures, c'est-à-dire les trois quarts au moins de son épaisseur, sont dans une éternelle sérénité. Là, jamais ne montent les vapeurs du sol; là, jamais ne gronde le tonnerre et ne se forment la neige, la grêle, la pluie.

Dans les hautes régions de l'air ne monte aucun bruit de la terre. Il y règne un perpétuel et morne silence, qui porte le découragement dans l'âme. Le sol cesse d'être visible; ou plutôt, plaines, vallées, montagnes, tout se confond en un rideau brumeux où le regard ne saisit aucun détail. Le ciel lui-même change d'aspect, il devient d'un bleu sombre. Un froid pénétrant vous transit; le malaise, le vertige, vous gagnent. A 8850 mètres, Glaisher perdait connaissance; à 10 000, Coxwell ne pouvait plus se servir de ses mains. La respiration devient haletante, la circulation précipitée. Gay-Lussac constatait à son pouls 120 pulsations à la minute, au lieu de 66 qu'il donnait habituellement. Les lèvres se gercent, les yeux s'injectent de sang, les oreilles bourdonnent; tout, enfin, annonce que la vie est grandement en péril dans ces solitudes glacées.

8. **Neiges perpétuelles.** — A cause du refroidissement rapide amené par l'altitude, la température, à une certaine élévation variable suivant les climats, se trouve, toute l'année, au-dessous du point de congélation de l'eau. C'est ce que confirment les ascensions aérostatiques et les ascensions sur les hautes montagnes. Dans ces régions élevées, les vapeurs atmosphériques ne peuvent donc, à cause du froid, se résoudre en pluie, mais bien en neige, et cela en été comme en hiver. En descendant des hauteurs atmosphériques où ils se sont formés, les flocons de neige rencontrent, sur leur passage, des couches d'air de plus en plus chaudes, se fondent en route et arrivent dans les plaines à l'état de gouttes de pluie. Toute pluie partie d'assez haut est de la neige dans le principe. C'est ce que l'on peut aisément constater dans les pays montagneux : après chaque ondée dans les vallées, on voit, sur les cimes voisines, une couche de neige fraîchement tombée. Il neige donc en toute saison, même sous les climats les plus chauds de la terre; seulement, si ce n'est en hiver et dans les climats froids, les flocons se fondent en route avant d'atteindre les plaines et se transforment en gouttes de pluie. Dans nos climats tempérés, la neige ne couvre les plaines

qu'à de rares intervalles, pendant quelques jours de l'hiver seulement ; mais elle blanchit les sommités de hauteur moyenne une bonne partie de l'année, et les plus élevées l'année entière. Les plaines des pays chauds, en aucune saison ne connaissent la neige, tandis que les cimes d'une altitude suffisante y sont couvertes d'une perpétuelle couche neigeuse. Dans les contrées voisines des pôles, le soleil d'été parvient à débarrasser la plaine de ses neiges pour quelques mois, quelques semaines ; mais il ne peut amener la fusion totale de celles que protégent quelques centaines de mètres d'élévation. C'est la conséquence naturelle de l'abaissement de température occasionné par l'altitude. Il y a donc, d'un bout à l'autre de la terre, dans les régions équatoriales, comme dans les zones tempérées, comme dans les zones glaciales, une hauteur, variable suivant le climat, au-dessus de laquelle la chaleur est insuffisante pour amener la fusion complète des neiges de l'année. A partir de cette hauteur, la pluie est inconnue, même au cœur de l'été ; la neige et le grésil la remplacent. La terre, le roc, ne s'y montrent jamais à découvert ; un éternel manteau de frimas les recouvre. La limite à laquelle commencent à se montrer les neiges perpétuelles, doit être évidemment d'autant plus élevée que la contrée considérée possède un climat plus chaud ; et, par suite, d'une manière générale, elle doit s'abaisser progressivement de l'équateur vers l'un et l'autre pôle. Sous l'équateur, les neiges perpétuelles commencent vers 4800 mètres d'altitude ; dans les Alpes et les Pyrénées, vers 2700 mètres ; en Islande, à 936 mètres ; au Spitzberg, à 0, c'est-à-dire au niveau même de la mer.

RÉSUMÉ

1. Comme les liquides, les gaz transmettent en tous sens les pressions qu'on leur fait éprouver.

2. Le principe d'Archimède est applicable aux gaz. — *Un corps plongé dans un gaz éprouve, de sa part, une poussée de bas en haut égale au poids du gaz dont il occupe la place.* Ou bien, ce qui revient au même : *Un corps plongé dans un gaz perd une partie de son poids égale au poids du gaz dont il occupe la place.*

11.

3. La poussée des gaz est démontrée avec le *baroscope*. Deux corps d'inégal volume qui se font équilibre dans l'air, ne se font plus équilibre dans le vide. La balance penche du côté du plus volumineux.

4. Les ballons à air chaud ou *montgolfières*, ont été inventés par les frères Montgolfier, fabricants de papier à Annonay. Pilâtre des Rosiers et d'Arlandes sont les premiers qui s'aventurèrent, en 1783, dans la nacelle d'une montgolfière.

5. L'ascension des montgolfières est due à la différence de poids entre l'air chaud qui remplit l'appareil et l'air froid dont il occupe la place.

6. Les aérostats à hydrogène sont l'invention du physicien Charles. L'hydrogène est un gaz quatorze fois environ plus léger que l'air. L'aérostat descend quand on laisse perdre de l'hydrogène par une soupape placée à sa partie supérieure ; il remonte quand on l'allége en jetant un peu de lest.

7. Les ascensions aérostatiques les plus remarquables faites dans un but scientifique sont celle de Gay-Lussac, qui parvint, en 1804, à une hauteur de 7000 mètres, et celle de Glaisher et Coxwell, qui ont atteint, en 1862, la hauteur d'environ 10 000 mètres, la plus grande élévation où l'homme soit encore parvenu. Ces expéditions aériennes ont constaté, entre autres choses, le rapide abaissement de température et la sécheresse croissante de l'air avec la hauteur.

8. A partir d'une certaine hauteur, variable suivant le climat, l'état liquide de l'eau est impossible, à cause de la basse température qui y règne constamment. Sur les montagnes qui atteignent cette élévation, les neiges se conservent toute l'année, et, pour ce motif, sont dites *neiges perpétuelles*. Sous l'équateur, les neiges perpétuelles commencent vers 4800 mètres d'altitude ; dans les Alpes et les Pyrénées, elles commencent vers 2700 mètres. Dans les régions polaires, il y a des neiges perpétuelles au niveau même de la mer.

CHAPITRE XVIII

1. Machine de compression. — La machine de compression est, pour les gaz, l'inverse de la machine pneumatique ; elle sert à refouler, à comprimer un gaz, l'air en particulier, dans

un récipient, tandis que la machine pneumatique sert à la raré-
fier. Elle se compose d'un corps de pompe A (fig. 69), dans lequel
se meut un piston plein P. Le corps de pompe
peut communiquer au dehors par un robinet
R'; et avec un récipient B, à demi figuré, par
un robinet R. Les deux robinets s'ouvrent et
se ferment alternativement. Quand l'un est
ouvert, l'autre est fermé. Proposons-nous,
avec cet appareil, d'accumuler de l'air dans le
récipient B. R est fermé, R' est ouvert. On
soulève alors le piston. L'air extérieur entre
par R' et remplit le corps de pompe. Quand
le piston est parvenu au haut de sa course,
on ferme R' et l'on ouvre R. Alors le piston
descend. Il refoule devant lui l'air du corps
de pompe et le chasse dans le récipient. Lorsqu'il a atteint le fond du corps de pompe, on
ferme R et l'on ouvre R'. L'air, refoulé dans
le récipient, tend bien à revenir en arrière,
mais le robinet R l'en empêche; et c'est l'air
du dehors qui, pour la seconde fois, remplit
le corps de pompe. Celui-ci plein, R' est fermé
et R ouvert. En descendant, le piston fait pas-

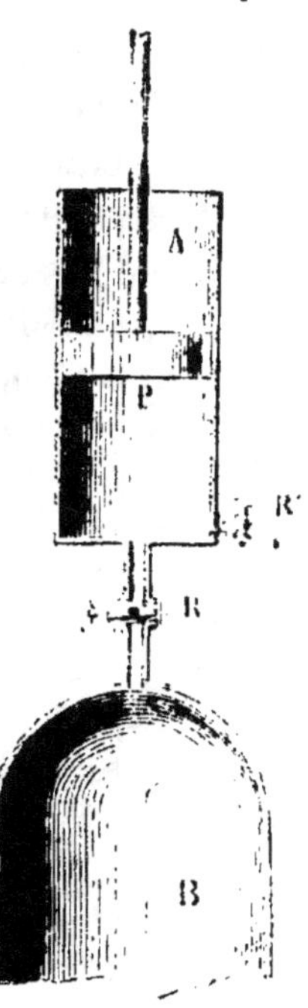

Fig. 69.

ser de force l'air du corps de pompe dans le récipient. Et ainsi
de suite. On voit que, par ce mécanisme, il est possible d'accumuler dans le récipient autant d'air que l'on voudra, à la condition que ce récipient puisse résister à la pression toujours croissante de l'air emprisonné, et que le piston soit poussé avec assez
de force pour vaincre la résistance que le gaz comprimé lui
oppose.

Nous avons supposé à la machine de compression deux robinets que l'opérateur fait mouvoir, mais il est évident qu'on
pourrait les remplacer par des soupapes, s'ouvrant et se fermant en temps voulu, sans que l'opérateur eût à s'en occuper.
Le robinet R serait remplacé par une soupape s'ouvrant de haut
en bas, du corps de pompe vers le récipient. Le robinet R' serait
remplacé par une soupape s'ouvrant du dehors en dedans, de

l'extérieur à l'intérieur du corps de pompe. Pendant l'ascension du piston, la soupape R se fermerait, pressée par la force expansive de l'air comprimé dans le récipient, et empêcherait cet air de revenir en arrière. Au contraire, la soupape R' s'ouvrirait, poussée par l'air du dehors, et permettrait à celui-ci d'entrer dans le corps de pompe. Pendant la descente du piston, la soupape R' se fermerait par la pression de l'air refoulé du corps de pompe, et la soupape R s'ouvrirait par l'effet de la même pression.

Si l'on voulait comprimer, dans le récipient, un gaz autre que l'air atmosphérique, on mettrait l'orifice R' en rapport, par un tube de caoutchouc, avec une vessie ou toute autre capacité pleine de gaz; et l'opération marcherait de la même manière qu'il vient d'être dit.

2. Fontaine à compression. — On peut maintenant se rendre compte de la manière dont on comprime, dans la crosse creuse d'un fusil à vent, l'air qui, par sa force expansive, doit chasser le projectile. Dans l'appareil que représente la figure 69, remplaçons le récipient B par la crosse d'un fusil à vent, et par le jeu de la pompe foulante, l'air sera accumulé dans la crosse au point que nous voudrons.

Avec la même machine à comprimer les gaz, on fait la belle expérience que voici : Un vase en métal, à parois très-résistantes (fig. 70), est à demi plein d'eau. Un canal, continuation du goulot du vase, plonge jusqu'au fond de l'eau. Ce goulot est armé d'un robinet. On visse une pompe à compression sur l'orifice du vase, et l'on refoule, dans celui-ci, de l'air atmosphérique. L'air suit le canal central, traverse la couche d'eau et vient s'accumuler dans la partie supérieure du vase, où il forme comme

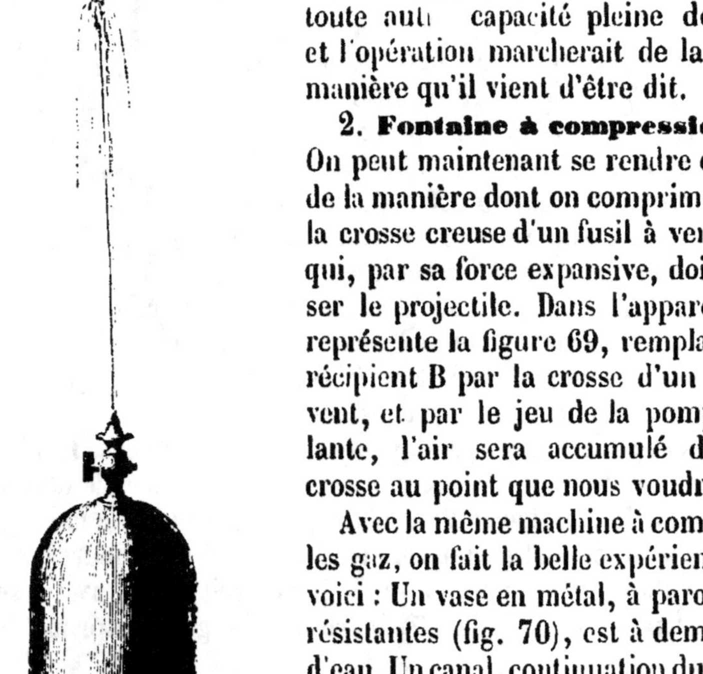

Fig. 70. — Fontaine à compression.

une atmosphère artificielle, douée d'une puissance expansive proportionnelle à la masse gazeuse accumulée. Quand on juge que la compression de l'air est suffisante, on ferme le robinet, on dévisse la pompe foulante et on la remplace par un ajutage à orifice rétréci. Si alors on ouvre le robinet, l'eau, violemment chassée par la puissance expansive de l'air comprimé, s'élance par le tube et forme un jet d'une hauteur considérable. Théoriquement, cette hauteur atteint dix, vingt, trente mètres, etc., si on a logé dans le vase, encore une fois, ou deux fois, ou trois fois autant d'air qu'il y en avait avant l'action de la pompe. Mais des résistances, des frottements inévitables diminuent beaucoup ce jet théorique. La fontaine de compression reproduit, avec d'autres conditions, ce que nous a déjà montré le jet d'eau dans le vide. Sous la cloche de la machine pneumatique, l'eau d'un flacon jaillit par le tube qui y plonge, à cause de l'excès de force élastique de l'air du flacon sur l'air raréfié de la cloche. Dans le cas de la fontaine de compression, l'air extérieur n'est pas raréfié, il conserve sa force élastique; mais l'air du vase est comprimé, et il a sur l'air du dehors un excès de puissance expansive. L'eau jaillit donc de part et d'autre, refoulée par l'excès de la pression intérieure sur la pression extérieure.

Un curieux appareil, dû à un savant de l'antiquité, Héron d'Alexandrie, nous présente encore un exemple d'un jet d'eau obtenu au moyen de l'air comprimé. On nomme cet appareil fontaine de Héron. — Trois vases A, B, C (fig. 71), sont superposés et communiquent par trois tubes d'inégale longueur. Le plus long E fait communiquer la cuvette A avec le vase inférieur C. Le moyen D va de la partie supérieure du vase C à la partie supérieure du vase B. Enfin, le troisième, et le plus court, part du fond du vase B et vient déboucher au centre de la cuvette par un orifice qu'on peut armer d'un ajutage à robinet. Avant de mettre cet ajutage en place, on remplit à demi d'eau le vase B par l'orifice du centre de la cuvette; et à demi aussi le vase C par le moyen du canal E. Cela fait, on place l'ajutage dont le robinet est fermé, et l'on verse de l'eau dans la cuvette A. Cette eau remplit le tube E; elle fait effort pour descendre dans le vase C et se répandre dans l'espace que l'air y occupe. L'air contenu dans C se trouve ainsi comprimé. Il transmet sa compression par le canal D à l'air du vase supérieur B, et l'eau de ce dernier vase, refoulée par la pression de l'air qui la surmonte, s'engage dans le tube central et s'élance en un jet quand on ouvre le robinet de l'ajutage.

5. **Fabrication de l'eau de Seltz.** — Certaines eaux naturelles, celles de Seltz, de Vichy, de Spa, etc., contiennent en dissolution une forte proportion de gaz carbonique, qui leur communique une saveur aigrelette et d'importantes propriétés médicales. Ces eaux petillent et moussent dans le verre où on les verse, à cause du dégagement du gaz qu'elles contiennent. On les imite artificiellement en dissolvant du gaz carbonique dans de l'eau ordinaire par une forte pression. Une pompe à compression, dans le genre de celle que nous venons de décrire, puise le gaz carbonique dans un réservoir et le fait dissoudre dans l'eau, en le refoulant dans un vase à demi plein de ce liquide. La dissolution est d'autant plus riche que la pression est plus forte. On peut ainsi faire absorber à l'eau sept à huit fois son volume de gaz. Le liquide, imprégné de gaz carbonique, est rapidement mis en bouteille et bouché, ficelé avec soin. Le gaz n'est retenu que de force dans la bouteille; aussi, quand on vient à couper les fils qui retiennent le bouchon, celui-ci saute, et le liquide s'échappe en moussant.

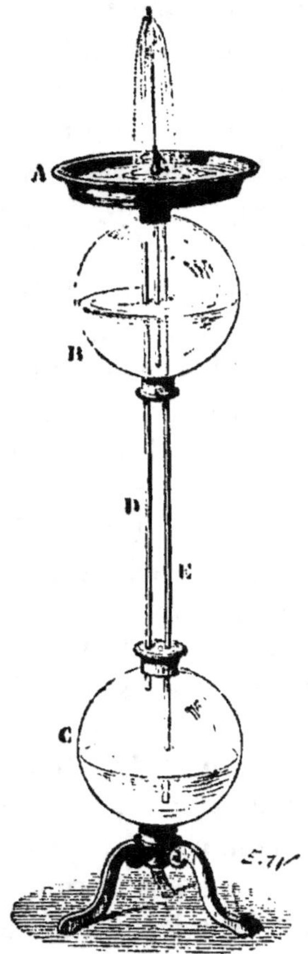

Fig. 71. — Fontaine de Héron

4. **Soufflets et machines soufflantes.** — Les appareils propres à injecter de l'air dans un foyer, pour activer la combustion, les soufflets vulgaires et les machines soufflantes de l'industrie, sont encore des machines à compression.

Le soufflet ordinaire (fig. 72) se compose de deux planchettes, reliées par une peau souple, de manière que le tout constitue une sorte de poche, dont on augmente la capacité en écartant les deux planchettes par leurs poignées A et B, et dont on diminue la capacité en les rapprochant. Une soupape D, s'ouvrant de dehors en dedans, occupe le cen-

Fig. 72. — Soufflet ordinaire.

tre de la planchette intérieure. Enfin, un canal ou tuyère C termine l'instrument. Si l'on ouvre le soufflet, sa cavité augmente; et l'air extérieur s'y précipite par la tuyère, mais surtout par la soupape D. Quand on ferme le soufflet, on comprime l'air qu'il renferme; et celui-ci, fermant par sa pression la soupape D, s'élance avec force par la tuyère.

Le soufflet de forge est disposé de manière à produire un jet d'air continu, tandis que le soufflet ordinaire, dont nous venons de parler, ne donne du vent que lorsque les deux tablettes se rapprochent. Ce jet continu a pour effet d'activer incessamment le foyer et d'éviter l'aspiration par la tuyère qui, plongeant dans le brasier, pourrait amener des cendres brûlantes, des fragments de charbon allumé, dans le soufflet. Pour obtenir ce résultat, on donne au soufflet de forge trois tablettes A, B, C (fig. 73), reliées entre elles par une peau que soutiennent des arcs flexibles. Les deux tablettes inférieures portent chacune une soupape S, S', s'ouvrant de bas en haut. La tablette inférieure, que manœuvre une chaîne par l'intermédiaire d'un levier, porte un poids M, qui la fait baisser quand on cesse de peser sur la chaîne. La tablette supérieure porte également un poids M', destiné à comprimer et à chasser l'air emmagasiné en dessous. Par sa tablette moyenne, le soufflet est divisé en deux chambres, une inférieure, l'autre supérieure, qui seule est en rapport avec le foyer par la tuyère T. —On tire la chaîne; la tablette inférieure se relève; l'air contenu dans la chambre inférieure se comprime; il ferme la soupape S, il ouvre, au contraire, la soupape S', et passe dans la chambre supérieure en soulevant la tablette A et son poids M'.

Mais alors ce poids M' agit sur l'air, le comprime et le chasse avec
force par la tuyère. Pendant que cela se passe, le forgeron cesse
d'appuyer sur la chaîne. Le poids M entraîne la tablette infé-

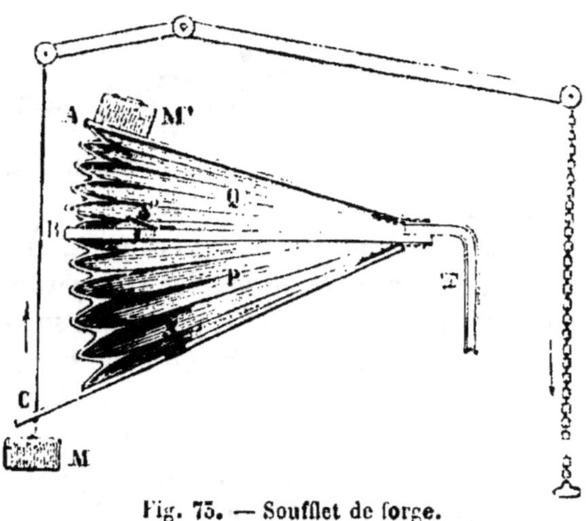

Fig. 75. — Soufflet de forge.

rieure, la soupape S s'ouvre par la poussée de l'air extérieur, et
celui-ci s'introduit dans la chambre inférieure ; de sorte que
cette chambre s'emplit pendant que l'autre se vide en partie. En
pesant de nouveau sur la chaîne, on amène donc une autre provision d'air dans la chambre supérieure avant que la première
soit épuisée, et le vent, quoique à certains moments ralenti, est
du moins contenu.

Les machines soufflantes de l'industrie sont assez variées ; nous
en décrirons une fréquemment utilisée. Dans un corps de pompe A
(fig. 74), fermé de part et d'autre, va et vient un piston plein P,
que meut une tige C, mise en mouvement elle-même par une
machine à vapeur ou autrement. Le corps de pompe se trouve
ainsi divisé par le piston en deux compartiments ou chambres,
de capacité variable suivant la position du piston. La chambre
supérieure communique d'un côté avec l'air extérieur par un orifice armé d'une soupape c', s'ouvrant de dehors en dedans, et de
l'autre avec un canal D, amenant dans le fourneau l'air refoulé.
Ce dernier orifice porte une soupape c, s'ouvrant de l'intérieur du

corps de pompe vers le canal D. La chambre inférieure présente
la même disposition absolument. Des quatre soupapes c, c', c'', c''',
il y en a toujours deux d'ouvertes et deux de fermées alternativement. Les deux ouvertes occupent les extrémités d'une même
diagonale, les deux fermées occupent les extrémités de l'autre,
ainsi qu'on le voit dans la figure.

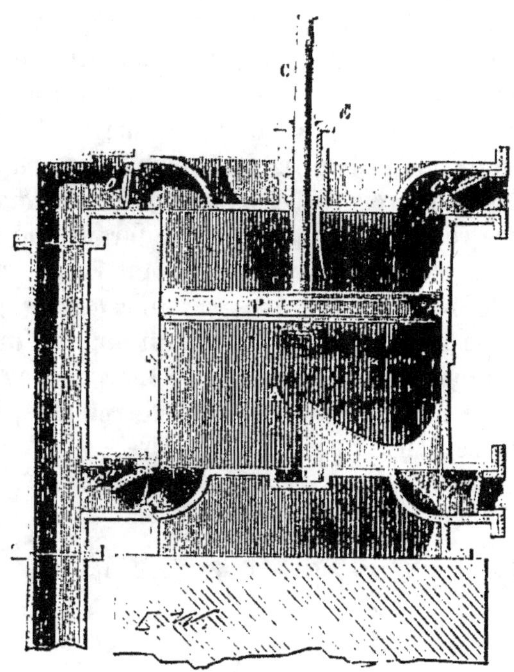

Fig. 74. — Machine soufflante.

Le piston descend, supposons. L'air comprimé du canal D fait
fermer la soupape c, pendant que l'air extérieur fait ouvrir c' et
pénètre dans l'espace laissé en arrière du piston. En même temps
que la chambre supérieure s'emplit de la sorte, la chambre inférieure se vide, car l'air, comprimé par la descente du piston,
ferme c''' et ouvre c'' pour pénétrer dans le tuyau D.

Le piston remonte. La soupape c'' se ferme par la poussée de
l'air du conduit D, c''' s'ouvre par la poussée atmosphérique, et
la chambre inférieure s'emplit. Dans la chambre supérieure,

l'inverse se passe. La soupape c' se ferme par la pression de l'air refoulé, c, au contraire, s'ouvre, et l'air est chassé dans le canal D. Il y a ainsi un courant d'air contenu dans le canal D, puisque, à tour de rôle, chaque chambre du corps de pompe se vide pendant que l'autre s'emplit.

5. Soupapes et piston dans les pompes à liquides. — Dans toute pompe destinée à élever l'eau ou d'autres liquides, se trouvent un cylindre creux ou corps de pompe, dans lequel se meut un piston, et des soupapes, pièces mobiles qui établissent ou interceptent, au moment voulu, la communication entre le corps de pompe et les tuyaux qui l'accompagnent. Examinons d'abord la disposition ordinairement donnée aux soupapes.

On en distingue de trois espèces. La *soupape conique* (fig. 75) consiste en une rondelle métallique de la forme d'un cône tronqué. Elle s'engage dans un orifice de même forme, en manière de bouchon. Pour éviter que, dans ses mouvements, elle ne se dérange de la position convenable, elle est munie d'une tige qui glisse dans une bride fixée aux bords de l'ouverture et la guide dans son va-et-vient. Toutes les fois qu'elle retombe, la soupape est ainsi ramenée dans sa position première.

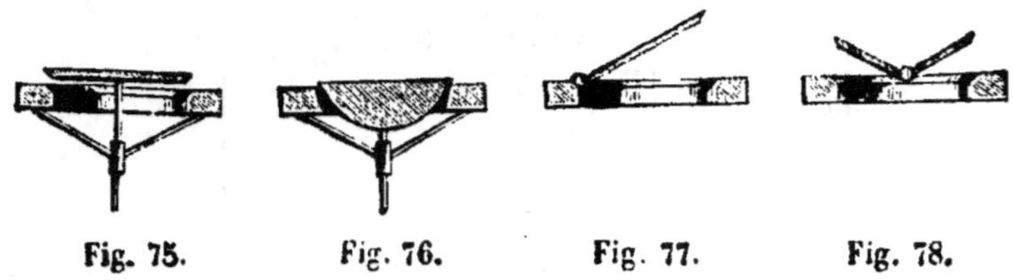

Fig. 75.   Fig. 76.   Fig. 77.   Fig. 78.

La *soupape sphérique* (fig. 76) est formée d'une sphère métallique entière, ou d'une portion de sphère. Comme la précédente, elle est munie d'une tige qui la guide dans ses mouvements.

La *soupape à clapet* (fig. 77) est une rondelle métallique mobile autour d'une charnière fixée sur le bord de l'ouverture. Quelquefois elle est formée de deux rondelles (fig. 78) tournant autour d'une charnière médiane et bouchant chacune la moitié de l'orifice.

Les soupapes coniques et les soupapes sphériques, retombant dans leur position première par leur propre poids, ne peuvent être employées que pour des ouvertures horizontales; les soupapes à clapet, au contraire, s'emploient indifféremment pour toutes les ouvertures.

Le piston est ordinairement un cylindre métallique, d'un diamètre moindre que le corps de pompe. Sur ce cylindre, on enroule un cuir gras ou des étoupes fortement serrées, de manière que le piston remplisse exactement le corps de pompe, tout en conservant la liberté de glisser. Quelquefois le piston est plein, quelquefois il est percé d'un orifice armé d'une soupape. Cette soupape est appelée *soupape mobile*, à cause du déplacement éprouvé par le piston qui la porte. Par opposition, on appelle *soupapes dormantes* celles qui sont adaptées à des orifices fixes.

6. Pompe aspirante. — Elle est composée d'un corps de pompe AB (fig. 79), et d'un canal plus étroit EF, plongeant dans l'eau. On donne à ce canal le nom de tuyau d'aspiration. Une soupape *s*, s'ouvrant de bas en haut, est placée à la jonction du corps de pompe et du tuyau d'aspiration. Une seconde soupape *s'*, s'ouvrant aussi de bas en haut, est à l'entrée d'un orifice, percé dans l'épaisseur du piston. Examinons ce qui doit résulter de ce mécanisme par le mouvement de va-et-vient du piston. L'opération est à son début. L'eau est au même niveau dans le réservoir et dans le tuyau d'aspiration. Celui-ci et le corps de pompe sont pleins d'air, d'une force élastique égale à celle de l'air extérieur.

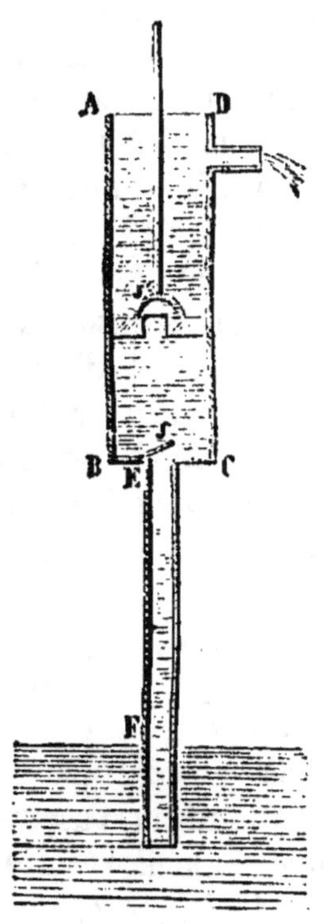

Fig. 79.

Le piston, supposé au bas de sa course, est soulevé, laissant derrière lui un espace vide. Dans cet espace, l'air tend à pénétrer; celui de l'extérieur comme celui de l'intérieur de la pompe. Mais l'air extérieur ne peut entrer, parce que la soupape s' du piston est fermée par son propre poids d'abord, et ensuite par la poussée de l'air du dehors qui presse sur elle. Reste la soupape s du canal d'aspiration. Celle-ci n'éprouve plus de pression en dessus; en dessous, elle est pressée par la force expansive de l'air contenu dans le canal d'aspiration. Elle se soulève donc, et l'air du canal d'aspiration se répand dans le corps de pompe. Or, cet air, qui augmente ainsi de volume, en occupant à la fois le corps de pompe et le tuyau d'aspiration, tandis qu'il n'occupait d'abord que ce dernier, diminue de force expansive, d'élasticité; il ne peut donc plus contre-balancer, comme il le faisait d'abord, la pression que l'air extérieur exerce sur la nappe d'eau du puits, et qui tend à refouler l'eau dans le canal d'aspiration. Cette diminution, dans la pression intérieure, fait que l'eau monte dans le canal d'aspiration. Elle monte jusqu'à ce que la colonne liquide soulevée et l'élasticité de l'air intérieur fassent, à elles deux, équilibre à la pression atmosphérique exercée sur l'eau du puits. Ainsi, cette première ascension du piston occasionne l'introduction de l'eau dans le canal d'aspiration jusqu'à une certaine hauteur, par exemple, jusqu'au tiers de ce canal.

Le piston descend. La soupape s se ferme par son poids et par la pression de l'air refoulé du corps de pompe. Au contraire, la soupape s' du piston s'ouvre quand l'air qu'il comprime a acquis un ressort suffisant, et celui-ci est expulsé dans l'atmosphère.

Cela fait, le piston remonte. La soupape s' se ferme par son poids et par la pression de l'air du dehors, qui tend à rentrer dans le vide du corps de pompe. La soupape s s'ouvre, poussée de bas en haut par la force expansive de l'air contenu encore dans le tuyau d'aspiration, et cet air se répand dans le corps de pompe. De là résulte une nouvelle diminution d'élasticité dans l'air intérieur et, par conséquent, une nouvelle ascension du liquide jusqu'à un niveau tel que la colonne d'eau soulevée au-dessus du niveau du puits et l'élasticité de l'air restant, équilibrent ensemble la pression atmosphérique.

La deuxième descente du piston expulse l'air introduit dans le corps de pompe; son ascension suivante amène l'eau plus haut dans le canal d'aspiration, et ainsi de suite, de sorte que, après un certain nombre de coups de piston, l'eau franchit la soupape et remplit le corps de pompe.

A partir de ce moment, le piston en descendant presse sur l'eau du corps de pompe, ce qui fait fermer *s* et ouvrir *s'*, de sorte que l'eau passe au-dessus du piston. Quand celui-ci remonte, la soupape *s'* se ferme par la pression de l'eau placée en dessus ; la soupape *s* s'ouvre, au contraire, par la poussée de l'eau inférieure que la pression atmosphérique refoule dans le corps de pompe ; de sorte que le corps de pompe s'emplit, tandis que le piston en montant soulève et fait déverser, par le canal D, l'eau placée au-dessus de lui. A partir de ce moment, la pompe reste pleine d'eau ; elle est, comme on dit, amorcée. Chaque fois que le piston

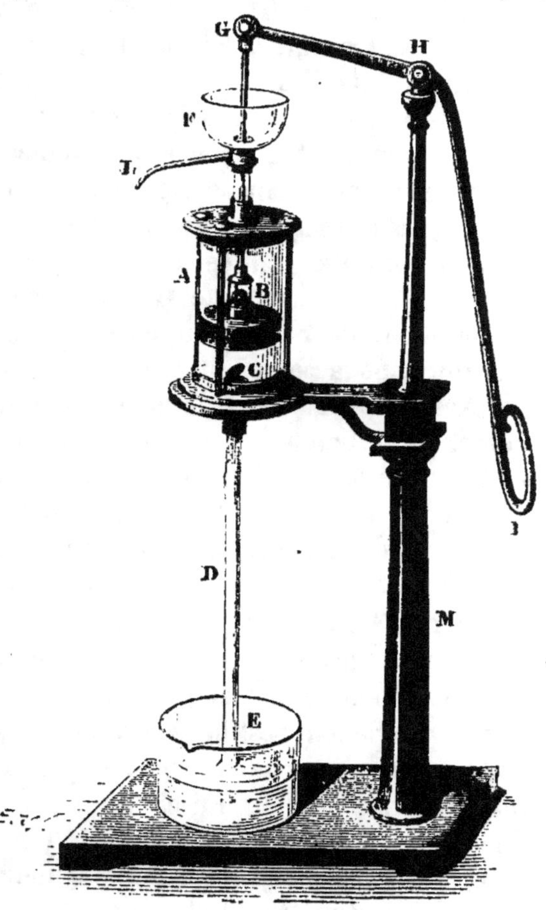

Fig. 80. — Pompe aspirante.

descend, il fait passer au-dessus de lui l'eau dont la pression atmosphérique vient de remplir le corps de pompe ; chaque fois qu'il monte, il amène au déversoir un volume d'eau égal au volume du corps de pompe, et, en même temps, celui-ci se remplit. La figure 80 reproduit un petit modèle de pompe aspirante, comme on en trouve dans les cabinets de physique pour la démonstration.

7. Hauteur la plus grande du canal d'aspiration. — L'eau monte dans le canal d'aspiration par l'effet de la pression atmosphérique s'exerçant sur la nappe liquide du réservoir. Or, nous l'avons vu, la pression atmosphérique peut soulever une colonne d'eau de $10^m,3$ et pas plus. Si donc la soupape inférieure s se trouvait à une hauteur plus grande au-dessus du niveau du puits, l'eau ne pourrait la franchir pour pénétrer dans le corps de pompe; et, malgré tous les coups de piston que l'on pourrait donner, la pompe ne fonctionnerait pas. Arrivée à $10^m,3$ de hauteur dans le canal d'aspiration, l'eau resterait stationnaire. C'est le cas qui se présenta aux fontainiers de Florence, lorsqu'ils vinrent consulter Galilée. Il faut même dire que, dans la pratique, cette hauteur limite $10^m,3$ ne peut être donnée au canal d'aspiration. Pour que l'eau, en effet, parvînt à cette hauteur, il faudrait dans la pompe un vide absolu, vide qu'il est impossible de réaliser à cause des légères imperfections inhérentes à la machine, par exemple la fermeture non rigoureuse des soupapes, et la non exacte application du piston contre le fond du corps de pompe. Ces imperfections, impossibles à éviter, font que l'air n'est pas radicalement expulsé de la pompe; il en rentre un peu par les jointures, il en reste que le piston ne peut déloger. La hauteur $10^m,3$ est donc une limite idéale, dont l'eau s'approche davantage à mesure que la pompe est mieux conditionnée, mais qu'elle n'atteint jamais en réalité.

Si la pompe était destinée à élever des liquides autres que l'eau, il est visible que la hauteur la plus grande de son canal d'aspiration devrait varier en raison inverse de la densité du liquide. Une pompe, par exemple, qui serait employée à élever du mercure, aurait pour la plus grande hauteur de son canal d'aspiration 76 centimètres. Enfin, pour un liquide quelconque, la hauteur la plus grande du canal d'aspiration est celle à laquelle le liquide reste suspendu dans le tube de Torricelli.

8. Force nécessaire pour manœuvrer le piston. — La pompe est supposée en pleine activité. Quand le piston descend, sa soupape est ouverte. La pression atmosphérique, transmise par l'eau, s'exerce donc sur la face inférieure comme sur la face supérieure du piston, puisque l'ouverture de la soupape laisse

cette face inférieure en rapport avec l'atmosphère par l'intermédiaire de l'eau. Également pressé en dessus et en dessous, le
piston n'oppose ainsi d'autre résistance que celle qui résulte du
frottement contre le corps de pompe. Mais il n'en est plus de
même quand le piston monte. Alors la soupape inférieure est
ouverte, et la soupape supérieure fermée. En dessus, le piston
éprouve toujours la pression atmosphérique, c'est-à-dire qu'il est
dans le même cas que s'il était chargé d'une colonne d'eau de
10^m,3 de hauteur. En dessous, il éprouve la pression atmosphérique qui se transmet du dehors par l'intermédiaire de l'eau du
puits, du canal d'aspiration et du corps de pompe. L'ouverture
de la soupape inférieure permet cette transmission. Mais cette
pression par le dessous ne s'exerce pas en entier sur le piston,
une partie est employée à tenir soulevée la colonne d'eau qui va
du niveau du puits au piston. Supposons cette colonne de 7 mètres
de hauteur, pour fixer les idées. Que reste-t-il pour agir réellement sur la face inférieure du piston? Il reste une pression
équivalant à une colonne d'eau de 3^m,3. De la sorte le piston est
pressé au-dessus avec une force équivalant à une colonne d'eau
de 10^m,3; au-dessous, il est pressé avec une force équivalant à
une colonne d'eau de 3^m,3. La différence est en faveur de la
pression supérieure, et cette différence est une colonne d'eau de
7 mètres. Donc, quand le piston monte, déduction faite des
poussées qui s'entre-détruisent, il est pressé de haut en bas par
l'air atmosphérique, comme il le serait par une colonne d'eau
de 7 mètres de hauteur. C'est précisément la hauteur de la colonne d'eau soulevée dans la pompe. Ainsi, pour faire monter le
piston, l'effort est le même que si ce piston était surchargé d'une
colonne d'eau égale à celle qui monte après lui, ou bien que si
l'eau soulevée formait un corps solide appendu à sa face inférieure. On le voit, bien que la pression atmosphérique soit cause
de l'ascension de l'eau dans la pompe, cela ne diminue en rien
la dépense de force à faire pour élever l'eau. Celle-ci monte,
poussée par l'air sans doute; mais, d'un autre côté, l'air s'oppose
à l'ascension du piston avec une force égale à celle qu'il faudrait
employer pour élever directement le liquide. S'il y a économie
dans un sens, il y a dépense de même valeur dans l'autre. Il en

est, du reste, ainsi pour toutes les machines. Elles ne créent pas de puissance; de rien, elles ne font quelque chose. Elles nous rendent, sous une forme, ce que nous leur avons donné sous une autre.

9. Pompe foulante. — Le corps de pompe de celle-ci (fig. 81) plonge directement dans l'eau. Il porte à sa paroi

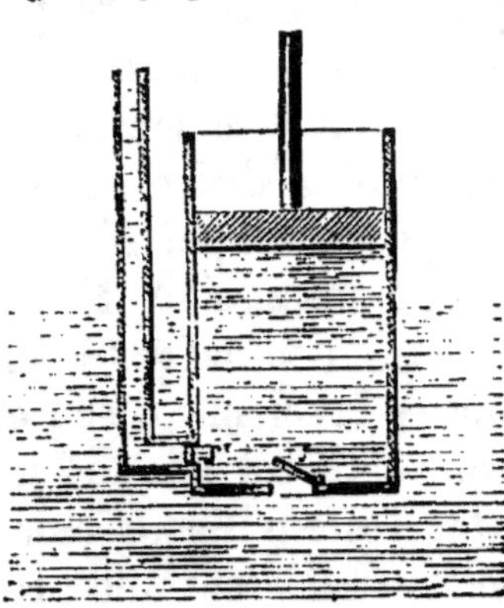

Fig. 81.

inférieure, une soupape s, s'ouvrant de bas en haut, et sur le côté un canal élévatoire. dont l'entrée est munie d'une soupape s', s'ouvrant du corps de pompe vers le canal. Le piston est plein. Quand on le soulève, la poussée de l'eau extérieure fait ouvrir la soupape s, et le liquide pénètre dans le corps de pompe. Quand on l'abaisse, la soupape s se ferme par son poids et par la poussée du liquide refoulé; et celui-ci, ouvrant la soupape s', pénètre dans le canal élévatoire. Le piston est de nouveau soulevé. L'eau du canal élévatoire tend à revenir dans le corps de pompe, mais sa pression fait fermer la soupape s', et le passage lui est barré. L'eau du réservoir pénètre donc seule dans le corps de pompe en soulevant la soupape s. Nouvelle descente du piston et nouvelle introduction de l'eau du corps de pompe dans le canal élévatoire. Ainsi, chaque fois que le piston monte, le corps de pompe s'emplit d'eau; chaque fois qu'il descend, l'eau contenue dans le corps de pompe est refoulée dans le canal élévatoire. Ici, en supposant le corps de pompe en entier immergé, ce qui n'a pas lieu dans la figure, la pression atmosphérique ne remplit aucun rôle; la pompe fonctionnerait de la même manière en l'absence de l'air. Le corps de pompe se remplit par suite de la tendance des liquides à gagner le même niveau; l'eau est injectée dans le canal élévatoire par la poussée du piston qui la refoule devant lui. C'est dire que le canal élévatoire d'une pompe foulante peut avoir telle hauteur que l'on voudra, l'eau montera toujours jusqu'au déversoir, si élevé qu'il soit, pourvu que le piston la refoule avec

assez de force et que les parois de la pompe puissent résister à
la pression développée. Quant à l'effort à faire pour manœuvrer
le piston, il est visible qu'il est nul au moment de l'ascension,
abstraction faite du frottement. Il est nul évidemment de la part
du liquide ; il est nul aussi de la part de la pression atmosphérique qui s'exerce également sur les deux faces du piston, en
dessus sans intermédiaire, en dessous au moyen de la soupape s,
alors ouverte, et par l'intermédiaire de l'eau. Mais les conditions
changent pendant la descente. Alors la soupape s' est ouverte et
le liquide contenu dans le canal élévatoire, presse de bas en
haut sur la face inférieure du piston avec une force égale au
poids d'un volume d'eau ayant pour base le piston, et pour hauteur la hauteur du liquide dans le tuyau élévatoire, à partir du
piston. L'effort à faire croît donc avec la hauteur à laquelle l'eau
est élevée. Il est égal, non au poids de l'eau refoulée, mais au
poids d'une colonne d'eau de même hauteur et ayant pour base
la surface même du piston.

10. **Pompe à incendie.** — La pompe foulante, telle que
nous venons de la décrire,
ne donne un jet de liquide,
par l'orifice de déverse-
ment, que pendant la des-
cente du piston. Ce jet est
donc intermittent : il cesse
quand le piston monte, et
reprend quand le piston
descend. La pompe à in-
cendie produit, au con-
traire, un jet continu.
Elle se compose de deux
pompes foulantes, dont
les pistons P et P' (fig.
82), reliés à un levier
commun, sur lequel des
hommes agissent

Fig. 82. — Pompe à incendie.

alternativement à droite et à gauche, mon-
tent et descendent tour à tour, de sorte que l'un des corps de
pompe se remplit lorsque l'autre se vide. Les deux corps de

pompe sont en rapport avec une bâche C, dans laquelle des gens, faisant la chaine, versent sans cesse de l'eau avec des seaux de toile. Dans la position représentée par la figure, le piston P descend, le piston P' monte ; le premier corps de pompe se vide, le second se remplit. La soupape d, communiquant avec la bâche du côté du piston P, est fermée, et une soupape latérale c est ouverte. Celle-ci laisse rentrer l'eau refoulée par le piston descendant dans un récipient, dont la partie supérieure A est occupée par de l'air. Dans ce récipient plonge, au sein de l'eau, un canal ab, qui se continue par le tuyau b' auquel on adapte un conduit en toile, plus ou moins long, pour diriger l'eau sur tel ou tel point de l'incendie. En pénétrant dans le réservoir, l'eau comprime l'air, et celui-ci, par son élasticité, refoule l'eau dans le canal ab. Pendant que le premier corps de pompe se vide de la sorte, le second s'emplit, car la soupape d' est ouverte et la soupape c' est fermée. A son tour, le piston P' descend, tandis que P remonte, et l'eau du second corps de pompe est injectée de force dans le récipient. Il y a ainsi un jet continu : d'une part à cause du jeu alternatif des pistons, et d'autre part à cause de l'air du récipient qui, par sa force expansive augmentée par la compression, refoule l'eau dans le canal ab, alors même que les pistons, changeant le sens de leur mouvement, amènent une suspension momentanée dans l'injection du liquide. Qnant à la hauteur que l'eau peut atteindre, dans le conduit ajusté à b', il dépend évidemment de la force qui fait manœuvrer les deux pistons.

11. Pompe aspirante et foulante. — Comme son nom l'indique, cette espèce de pompe fait office à la fois de pompe aspirante et de pompe foulante. Elle se compose d'un corps de pompe A, dans lequel glisse un piston plein E (fig. 83). Elle est munie d'un canal d'aspiration B, plongeant dans le liquide XY, et à l'entrée duquel se trouve une soupape s'ouvrant de bas en haut F. Un canal latéral DC part du fond du corps de pompe et porte à son entrée une soupape G, s'ouvrant du corps de pompe vers le canal. Lorsque le piston monte, la machine fonctionne comme pompe aspirante ; la soupape F s'ouvre, la soupape G se ferme, et l'eau monte par l'effet de la pression atmosphérique.

Lorsque le piston descend, la machine fonctionne comme pompe foulante ; la soupape F se ferme, la soupape G s'ouvre, et l'eau est refoulée dans le canal latéral par l'effet de la poussée du piston. En tant que machine aspirante, la pompe ne peut élever l'eau qu'à 10^m,3 de hauteur. La soupape F ne doit donc pas dépasser cette élévation, ni même l'atteindre à cause des imperfections inhérentes à l'appareil. En tant que machine foulante, elle peut injecter l'eau dans le tuyau latéral DC, à telle hauteur que l'on voudra. Quant à la force à dépenser pour manœuvrer le piston, elle change suivant que celui-ci monte ou qu'il descend. Lorsqu'il monte, la pompe est aspirante ; et pour le soulever, il faut une force égale au poids du liquide qui se trouve en arrière de lui jusqu'au niveau du puits. Lorsqu'il descend, la pompe est foulante ; et, pour la manœuvrer, il faut vaincre une résistance égale au poids d'une

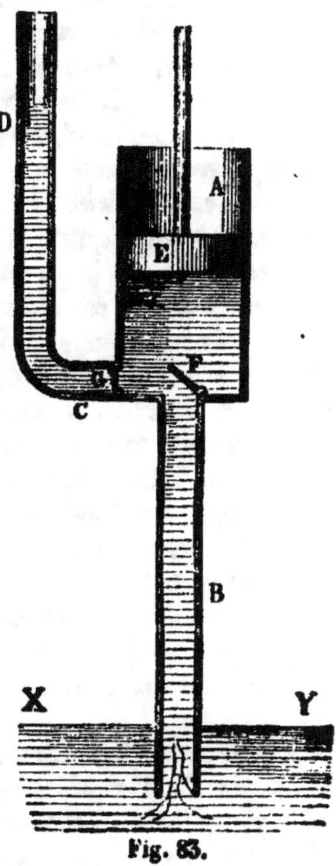

Fig. 83.

colonne d'eau, ayant pour base la surface même du piston, et pour hauteur la hauteur à laquelle l'eau s'élève dans le tuyau latéral, à partir du piston.

RÉSUMÉ

1. Une machine de compression est une sorte de pompe destinée à accumuler, à comprimer de l'air ou tout autre gaz dans un récipient.

2. L'air comprimé chasse le projectile d'un fusil à vent. Il fait jaillir l'eau d'une fontaine de compression à une hauteur qui dépend du degré de force expansive que la compression lui a communiqué.

3. L'eau de Seltz est une dissolution de gaz carbonique dans l'eau.

On l'obtient artificiellement en dissolvant du gaz carbonique dans l'eau au moyen d'une pompe de compression.

4. Un soufflet ordinaire reçoit de l'air dans sa cavité lorsqu'on écarte ses deux tablettes, et il le chasse en le comprimant lorsqu'on les rapproche. — Le vent continu des soufflets de forge est obtenu au moyen d'une double chambre, dont l'inférieure puise de l'air dans l'atmosphère, tandis que la supérieure chasse son contenu dans le foyer. — Les machines soufflantes de l'industrie peuvent consister en un corps de pompe qu'un piston mobile divise en deux chambres. Alternativement, par le va-et-vient du piston et le jeu de quatre soupapes, chacune de ces chambres puise de l'air dans l'atmosphère, ou chasse son contenu dans le fourneau.

5. On distingue trois sortes de soupapes pour les pompes à liquides. La soupape à clapet, la soupape conique, la soupape sphérique.

6. La pompe aspirante comprend un corps de pompe, et un tuyau d'aspiration. Elle a deux soupapes s'ouvrant de bas en haut : l'une dans l'épaisseur même du piston, l'autre à l'entrée du tuyau d'aspiration. L'eau arrive dans le corps de pompe par l'effet de la pression atmosphérique.

7. La plus grande hauteur théorique à laquelle puisse se trouver la soupape du canal d'aspiration est de $10^m,3$. Dans la pratique, elle doit être notablement moindre à cause des imperfections inévitables de la pompe.

8. Abstraction faite du frottement, le piston de la pompe aspirante n'offre pas de résistance quand il descend. Quand il monte, il présente, par suite de l'excès de pression exercée par l'atmosphère sur sa face supérieure, une résistance égale au poids du liquide soulevé du niveau du puits jusqu'à lui. La pression atmosphérique fait monter l'eau dans la pompe; mais d'autre part, il faut, pour vaincre la résistance atmosphérique, dépenser autant de force que si l'on soulevait l'eau soi-même.

9. La pompe foulante se compose d'un corps de pompe immergé dans l'eau et d'un tuyau latéral. Elle a deux soupapes : l'une au bas du corps de pompe, l'autre à l'entrée du canal latéral. La première s'ouvre de bas en haut; la seconde, du corps de pompe vers le canal latéral. L'eau entre dans le corps de pompe par suite de la tendance des liquides à gagner un même niveau; elle est refoulée dans le canal latéral par la poussée du piston. Si le corps de pompe est en entier immergé, la pression atmosphérique ne remplit aucun rôle, et la machine fonctionnerait dans le vide. En montant, le piston ne présente pas de résistance. En descendant, il éprouve une pression de bas en

haut égale au poids d'une colonne d'eau ayant pour base le piston et pour hauteur la hauteur de l'eau dans le canal latéral au-dessus du piston. C'est cette pression qu'il faut vaincre. Une pompe foulante peut élever l'eau à telle hauteur que l'on veut.

10. La pompe à incendie est une double pompe foulante. Son jet est continu à cause du jeu alternatif des pistons et d'une chambre à air qui refoule l'eau par son élasticité.

11. La pompe aspirante foulante fait pendant l'ascension du piston office de pompe aspirante ; et pendant la descente du piston, office de pompe foulante.

CHAPITRE XIX

1. **Pipette et tâte-vin**. — Plongeons en partie dans un liquide un tube étroit AB (fig. 84). Le liquide se met au même niveau à l'intérieur et à l'extérieur, et la partie supérieure du tube reste pleine d'air. On bouche avec le doigt l'orifice d'en haut, et l'on soulève le tube A″B″. Le liquide descend d'abord un peu ; mais, en même temps, l'air contenu dans le tube augmente de volume et, par conséquent, diminue de force expansive. Il arrive donc un moment où la pression atmosphérique intérieure, n'étant plus exactement contre-balancée par l'élas-

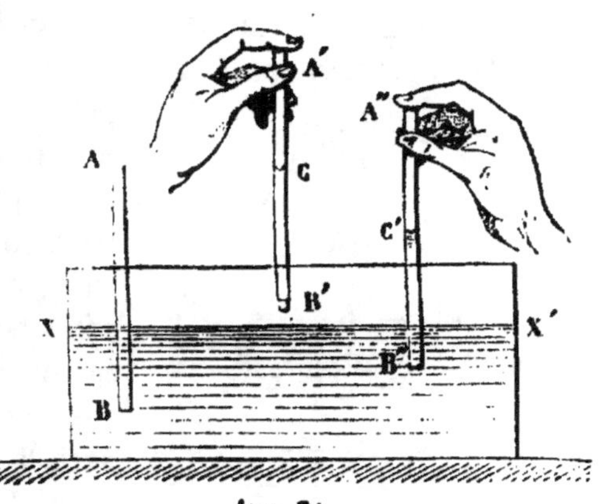

Fig. 84.

ticité de l'air contenu dans le tube, maintient le liquide suspendu dans celui-ci à un niveau supérieur à celui du dehors. On peut même retirer entièrement le tube A′B′ du sein du liquide, sans que son contenu s'écoule, retenu qu'il est par l'excédant de pression de l'air extérieur sur l'air intérieur dilaté. Mais si l'on enlève le doigt, un peu d'air rentre dans le tube, la pression à l'intérieur se rétablit la même qu'à l'extérieur, et le liquide s'écoule entraîné par son poids.

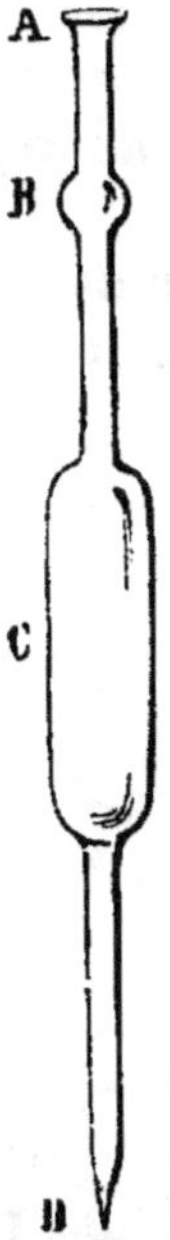

C'est sur ce principe que sont basées les *pipettes*, instruments destinés, en chimie spécialement, à porter d'un vase dans un autre une petite quantité de liquide. On leur donne fréquemment la forme de la figure 85. Elles sont en verre, pour pouvoir être plongées impunément dans toute espèce de liquide. Si l'on plonge une pipette jusqu'au-dessus du renflement C, ce renflement et son canal terminal D se remplissent de liquide. On applique le doigt sur l'orifice A et on soulève. Le liquide reste dans la pipette par l'effet de la pression atmosphérique plus forte que la pression de l'air intérieur un peu dilaté. En enlevant le doigt, le liquide s'écoule dans le vase où il s'agit de le transporter. Si le doigt est soulevé avec ménagement, de manière à ne laisser rentrer l'air que peu à peu, le liquide s'écoule goutte à goutte par la pointe effilée D, et en telle proportion que l'on veut.

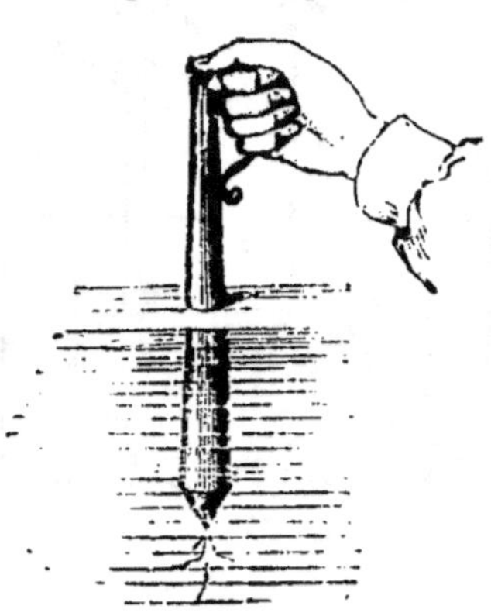

Fig. 85.
Pipette.

Pour prendre, par l'orifice étroit de la bonde d'un tonneau, une petite quantité de vin qu'on doit soumettre à la dégustation, on emploie une pipette en fer-blanc, représentée dans la figure 86. On lui donne, à cause de son usage, le nom de *tâte-vin*. Le tâte-vin est plongé dans la bonde du tonneau, il s'emplit en partie. On bouche son orifice supérieur avec le doigt, et l'on porte son contenu dans un verre où le vin s'écoule dès qu'on soulève le doigt.

Fig. 86. — Tâte-vin.

2. Fontaine intermittente par la raréfaction de l'air. — On trouve dans tous les cabinets de physique une fontaine dite intermittente, parce que son écoulement s'opère et cesse tour à tour. Bien qu'elle n'ait très-probablement rien de commun avec les fontaines intermittentes naturelles, dont nous allons nous occuper bientôt, il convient d'en dire quelques mots, parce que c'est un appareil fort ingénieux, apte à nous familiariser avec le jeu de la pression de l'air à l'état ordinaire et à l'état raréfié.

Un vase A (fig. 87), que ferme hermétiquement un bouchon en verre, est à demi plein d'eau. Un canal B, qui va de sa partie supérieure à une très-petite distance de la cuvette C, met en communication l'air contenu dans le vase avec l'air extérieur. Trois orifices D D' et un troisième, non visible dans la figure, laissent écouler le contenu liquide du vase A. La cuvette C est percée d'un trou central, comme le montre la figure ; et ce trou est d'un diamètre tel que, dans un même temps, il laisse écouler moins d'eau dans le récipient placé au-dessous de la fontaine, que peuvent en verser dans la cuvette C les trois orifices D D', etc. — L'expérience débute. Les trois orifices D D', etc., déversent dans la cuvette l'eau du vase A. La cuvette déverse ce qu'elle reçoit dans le récipient placé sous la fontaine, mais comme elle reçoit plus qu'elle ne donne, à cause de son orifice plus étroit que l'ensemble des trois ajutages D D', etc., le niveau s'élève peu à peu

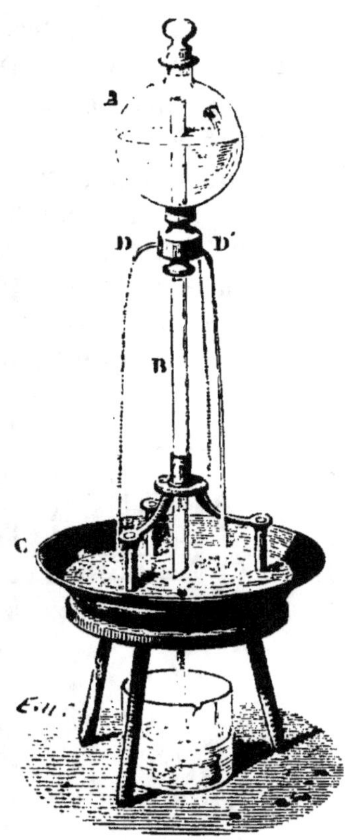

Fig. 87.—Fontaine intermittente.

dans la cuvette, et finit par obstruer l'entrée du canal B. Alors l'air du dehors ne peut plus communiquer avec la partie supérieure du vase A. L'écoulement de ce vase continuant encore un peu, l'air qui surmonte le liquide augmente de volume et diminue ainsi de force expansive. Bientôt il ne peut plus faire équilibre à la pression atmosphérique ; et celle-ci, devenue prédominante, s'oppose à l'issue de l'eau. L'écoulement cesse donc. Pendant cette interruption de l'écoulement par les ajutages D D', etc., l'eau de la cuvette continue à couler ; le niveau baisse et il arrive un moment où l'entrée du tube B se trouve libre. Alors l'air extérieur rentre par ce tube, se rend dans le vase A et rétablit l'égalité de pression. L'écoulement recommence par les orifices D D', mais pour cesser bientôt, car l'eau, en élevant son niveau dans la cuvette, obstrue encore l'entrée du canal B, et empêche l'air extérieur d'arriver dans le vase A et d'établir au dedans de ce vase la même pression qu'au dehors. De là résultent, tour à tour, l'écoulement de la fontaine ou le non-écoulement ; écoulement quand le niveau de l'eau dans la cuvette laisse libre l'entrée du tube B et permet à l'air extérieur de pénétrer ; non-écoulement quand ce niveau dépasse l'entrée du tube et empêche l'accès de l'air extérieur.

3. **Siphon.** — Un siphon est un canal coudé ABC (fig. 88). à deux branches inégales en longueur. La petite branche A plonge dans le liquide qu'on veut faire écouler, et que nous supposons être de l'eau. Si, par l'orifice C de la grande branche, on aspire l'eau avec la bouche de manière à remplir le siphon, et qu'ensuite on abandonne l'appareil à lui-même, l'eau se met à couler par l'extrémité de la grande branche, et l'écoulement continue tant que le niveau dans le vase n'est pas descendu au-dessous de l'orifice A de la petite branche. C'est à la

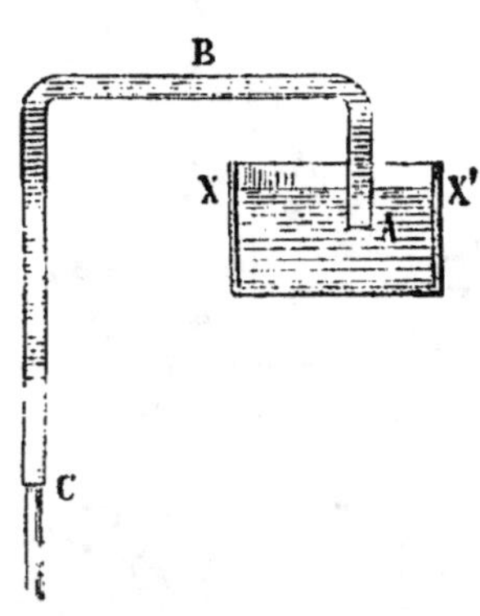

Fig. 88.

pression atmosphérique qu'est dû l'écoulement. Pour donner plus de précision à nos idées, supposons que la petite branche du siphon ait un mètre de hauteur verticale à partir du niveau du liquide, et la grande branche 3 mètres. La poussée atmosphérique, qui s'exerce sur la nappe d'eau XX' contenue dans le vase et se transmet à l'orifice A, pourrait tenir suspendue, dans la petite branche, une colonne d'eau de 10 mètres ; mais comme il y a déjà de soulevée dans cette même branche une colonne d'eau de 1 mètre, la poussée de l'air non employée n'est plus représentée que par 9 mètres d'eau. De même, la poussée atmosphérique s'exerçant à l'orifice C est capable de soutenir 10 mètres d'eau ; et comme elle en soutient déjà 3, il ne reste plus que 7 mètres d'eau pour représenter la partie de cette poussée non employée. Ainsi, du côté de A, il reste encore une poussée représentée par 9 mètres d'eau ; et du côté C, une poussée représentée seulement par 7 mètres. Entre ces deux poussées inégales, le liquide du siphon ne peut rester en repos ; il s'écoule donc par l'orifice de la grande branche, où la poussée est moins forte, et se trouve immédiatement remplacé par le liquide du vase, ce qui produit un écoulement continu. Ainsi, lorsqu'un siphon se trouve rempli ou, comme on dit, *amorcé*, par un moyen quelconque, le liquide s'écoule aussitôt de la petite branche vers la grande, et cela par l'effet de l'inégalité des pressions exercées aux deux orifices.

4. Conditions que doit remplir un siphon. — L'inégalité de pression aux deux orifices, cause de l'écoulement, provient de l'inégalité des deux branches qui, par leur contenu de hauteur différente, annulent une partie plus faible ou plus forte de la pression atmosphérique. Si donc les deux branches du siphon avaient même hauteur verticale, la pression aux deux orifices serait égale, et le contenu de chaque branche, une fois le siphon rempli par l'aspiration, s'écoulerait de son côté, entraîné par son poids seul. Le siphon se viderait sans amener d'écoulement continu.

Si la grande branche plongeait dans le vase, d'où il s'agit d'extraire le liquide, la pression la plus forte, toujours exercée du côté de la petite branche, ferait refluer le liquide du canal dans le vase, et l'écoulement n'aurait pas lieu. Il est donc indispensable que le siphon ait ses deux branches inégales, et que la grande soit en dehors du vase d'où il faut extraire le liquide. On voit même que plus cette branche sera longue, par rapport à l'autre, plus l'écoulement sera rapide, parce que la pression prédominera davantage en faveur de la courte branche.

Une autre observation importante, c'est que la hauteur des

deux branches doit être évaluée suivant la verticale, par la raison que la pression d'une colonne liquide ne dépend pas de la forme de cette colonne, de sa longueur réelle, mais simplement de sa hauteur verticale. Ainsi, pour un siphon ayant la forme de la figure 89, la petite branche aurait pour hauteur la distance verticale AB du niveau du liquide dans le vase à l'horizontale passant par le point H le plus élevé du siphon; et la grande branche aurait pour hauteur DC, distance verticale de son orifice à la même horizontale.

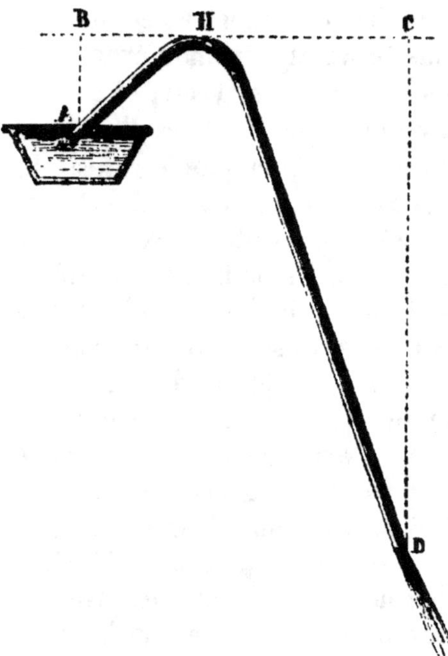

Fig. 89.

La longue branche d'un siphon peut avoir telle hauteur que l'on veut mais la petite a nécessairement une limite. Le liquide, en effet, monte dans cette branche par la poussée atmosphérique. Il faut donc que cette branche n'ait pas plus de 10^{m},3 de hauteur verticale, s'il s'agit de transvaser de l'eau, et pas plus de 76 centimètres s'il s'agit de transvaser du mercure. Sa plus grande hauteur possible pour un liquide est celle à laquelle ce liquide resterait suspendu par la pression de l'air dans le tube de Torricelli.

5. Comment on amorce un siphon. — Amorcer un siphon, c'est le remplir de liquide au début de l'opération. Pour transvaser de l'eau, nous avons supposé qu'on amorçait l'instrument par l'aspiration avec la bouche. Mais le liquide peut être désagréable au goût, il peut même être dangereux, et il faut se garder d'en laisser pénétrer dans la bouche. On a recours alors aux moyens suivants :

Le plus simple est de tenir le siphon renversé et de le remplir directement, en y versant du liquide à transvaser. Quand il est bien plein, on bouche ses deux orifices avec les doigts ou autrement, et on le met en place. On débouche, et l'écoulement se fait.

Ou bien encore, on se sert du siphon que représente la figure 90. Sur sa grande branche, et près de l'extrémité, est soudé un tube AB, portant un renflement C. Le siphon étant mis en place, on bouche D et on aspire, avec la bouche, par l'orifice A. Le liquide se répand dans le siphon; il monte aussi par le canal d'aspiration AB, mais avec lenteur, à cause du renflement C où il s'accumule. Enfin, le siphon est plein, bien avant que le liquide soit arrivé à la bouche. On cesse alors l'aspiration, on ouvre l'orifice D et l'écoulement a lieu.

Quand le siphon a des dimensions par trop considérables, on l'amorce au moyen d'une pompe aspirante, agissant par un orifice à robinet, situé au sommet du siphon. Quand celui-ci est plein, on dévisse la pompe, on ferme le robinet, et c'est fini.

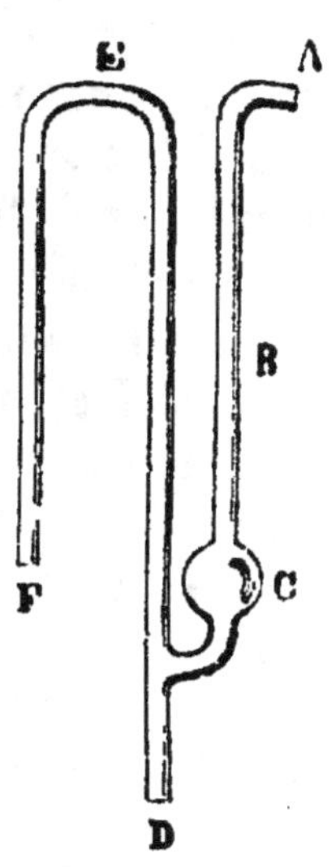

Fig. 90.

Lorsque le diamètre du siphon est assez petit, l'orifice de la grande branche peut, sans inconvénient aucun, se trouver à l'air libre; mais quand ce diamètre est considérable, il est de rigueur que l'orifice de la grande branche soit immergé, sinon l'air s'introduirait dans le siphon à travers la colonne liquide et, par sa pression exercée à l'intérieur, annulerait totalement ou en partie les pressions extérieures exercées aux deux orifices, ce qui mettrait fin à l'écoulement. La figure 91 représente un siphon ABCD, dont les

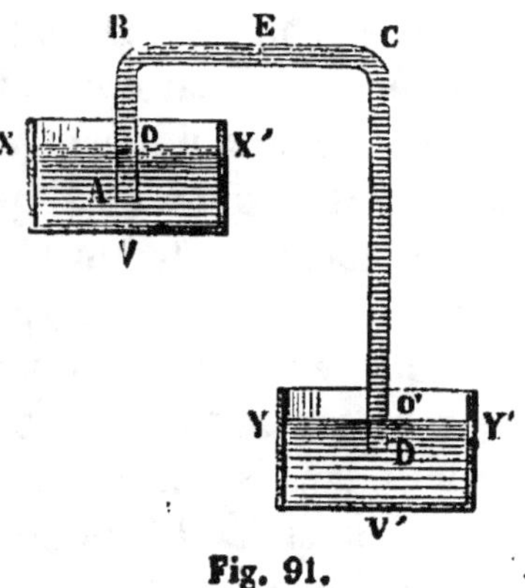

Fig. 91.

deux orifices sont immergés, l'un dans le vase V où le liquide est puisé, l'autre dans le vase V' où le liquide est amené.

6. Fontaines intermittentes naturelles. — On connaît, en divers endroits, des fontaines naturelles qui donnent de l'eau pendant quelques jours, quelques mois, puis s'arrêtent un certain temps et recommencent plus tard à couler. Il en est d'autres qui, dans l'intervalle de quelques heures, de quelques minutes, reprennent et suspendent leur écoulement. Ces curieuses fontaines, dont le flot tarit et reparaît par intervalles réguliers, sont connues sous le nom de fontaines intermittentes. Telles sont, pour nous borner à quelques exemples, la fontaine de Colmars, dans les Basses-Alpes, qui jaillit et tarit de sept minutes en sept minutes ; celle du Puis-Gros, près de Chambéry, qui coule toutes les six heures, au lever et au coucher du soleil, à midi et à minuit ; celle de Haute-Combe, sur les bords du lac du Bourget, en Savoie, qui cesse et reprend son écoulement deux fois par heure ; celle qu'on voit sur le chemin de Touillon à Pontarlier, en Franche-Comté. Au moment où le flux se prépare dans celle-ci, on entend d'abord sous terre un sourd bouillonnement ; puis l'eau monte et jaillit par trois orifices à une hauteur croissante, puis décroissante. Le flux se maintient pendant sept à huit minutes, et reste interrompu pendant deux minutes.

7. Explication des fontaines intermittentes. — L'explication des fontaines intermittentes naturelles se trouve dans le jeu du siphon. Supposons, dans les entrailles du sol (fig. 92), quelque cavité naturelle où les eaux s'amassent par des infiltrations, et communiquent au dehors par une fissure ABC, grossièrement recourbée en siphon, supposons aussi que cette fissure laisse écouler, dans un même temps, plus d'eau que n'en reçoit la cavité. D'abord, la cavité s'emplira, sans écoulement au dehors, tant que le niveau de l'eau ne sera pas arrivé à la ligne ponctuée passant par le sommet du siphon. Mais, arrivée là, l'eau se répandra dans la seconde branche, remplira le siphon en entier, et l'écoulement de la fontaine commencera ; seulement, comme le siphon dépense plus d'eau que n'en reçoit le réservoir, le niveau baissera peu à peu dans celui-ci, jusqu'à atteindre la ligne AG, correspondant à l'orifice de la plus courte branche de la fissure.

A partir de ce moment, l'écoulement cessera, puisque la courte branche du siphon ne plongera plus dans le liquide. Mais les infiltrations, continuant toujours dans la cavité, le niveau remontera en B, et la source se remettra à couler, pour s'arrêter encore quand le niveau sera redescendu en AG. Le merveilleux des fontaines intermittentes est donc au fond chose toute simple.

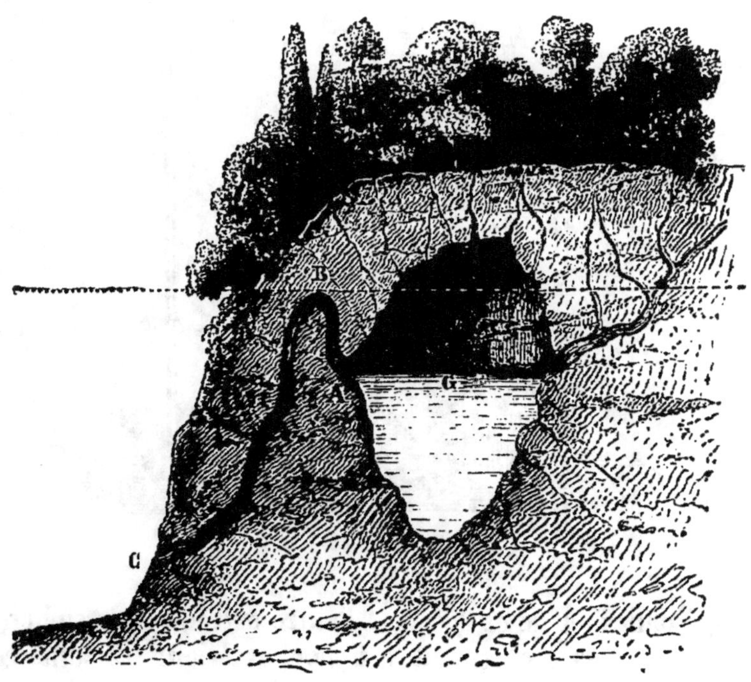

Fig. 92.

8. Siphon laveur. — On a parfois besoin en chimie de laver, sur un filtre, une préparation que l'on vient d'obtenir. Le procédé le plus direct serait de verser, peu à peu, de l'eau dans le filtre à mesure que le lavage se fait; mais cela nécessite la présence de l'opérateur et une attention qui devient fatigante si le lavage se prolonge quelque temps. On a donc imaginé un appareil qui verse de l'eau dans le filtre quand il en est besoin, et cesse d'en verser quand le filtre est suffisamment plein. Cela se fait tout seul, sans que l'opérateur s'en mêle. Voici en quoi consiste cet ingénieux appareil.

Un siphon ordinaire occupe, sans le remplir, le canal d'un second siphon AB, plus gros et plus court (fig. 93). L'ensemble des deux siphons est fixé au bouchon du vase A, à peu près plein d'eau. Le siphon intérieur plonge au fond du liquide, le siphon extérieur s'arrête à la partie supérieure du flacon et a son orifice

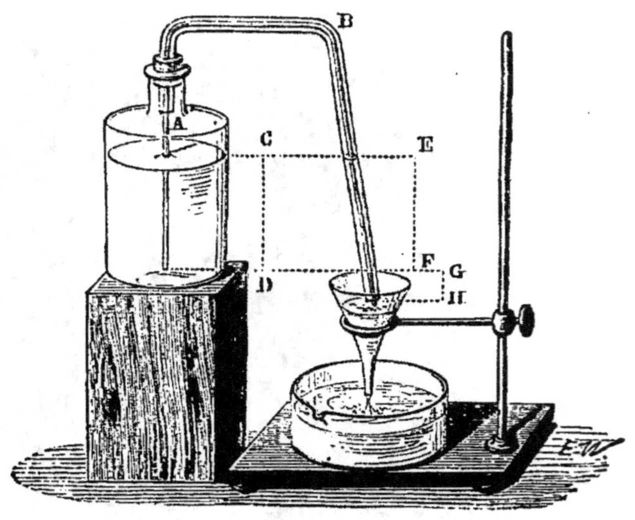

Fig. 93.

plongé dans l'air de ce flacon. A l'autre extrémité, le siphon intérieur déborde légèrement le siphon extérieur. On amorce le siphon intérieur, et l'écoulement se fait comme à l'ordinaire. A mesure que le niveau baisse dans le flacon, l'air que celui-ci contient et qui, par sa pression, est cause de l'écoulement, se dilate et diminue de force élastique. Si donc l'air extérieur ne lui venait en aide, il ne pourrait bientôt plus chasser avec assez de force l'eau dans le siphon, et l'écoulement s'arrêterait pour toujours. Mais remarquons que l'intérieur du vase communique avec l'extérieur par l'intervalle compris entre les deux siphons. L'air du dehors entre donc dans le vase en pénétrant par H et glissant entre les deux siphons, ce qui maintient en dedans du vase une pression égale à celle de l'extérieur, condition nécessaire pour que l'écoulement continue. Toutefois, il arrive un moment où le filtre, qui laisse écouler moins qu'il ne reçoit, se trouve plein.

L'extrémité H du double siphon est alors immergée, l'air ne peut plus entrer dans le vase et l'écoulement s'arrête. Il reprend quand le filtre a perdu assez de liquide pour laisser H à découvert. Un peu d'air rentre alors dans le vase, la pression intérieure se rétablit égale à la pression extérieure, et l'écoulement recommence, pour s'arrêter de nouveau quand H est immergé. Tant que le flacon renferme de l'eau, le filtre se maintient ainsi plein à un degré convenable, sans risque de verser, sans risque d'être à sec.

9. Lampes. —Toute lampe doit remplir une condition indispensable pour donner une lumière continue et égale; c'est que l'huile baigne constamment la partie de la mèche enflammée. Dans les lampes dites astrales (fig. 94), on remplit cette condition par à peu près de la manière suivante : Un réservoir, en forme de couronne, contient l'huile que des canaux *bb* amènent dans le bec central au niveau de la mèche. Comme le réservoir en couronne et le tube central qui forme le bec, communiquent librement entre eux, l'huile se met, de part et d'autre, au même niveau, ainsi que le fait tout liquide dans des vases communiquants. A mesure que la combustion s'opère, l'huile baisse donc à la fois et de la même quantité dans la couronne et dans le bec. Mais comme la couronne est de grande étendue en superficie, la variation de niveau est presque insensible. Dans la lampe astrale, on est donc obligé,

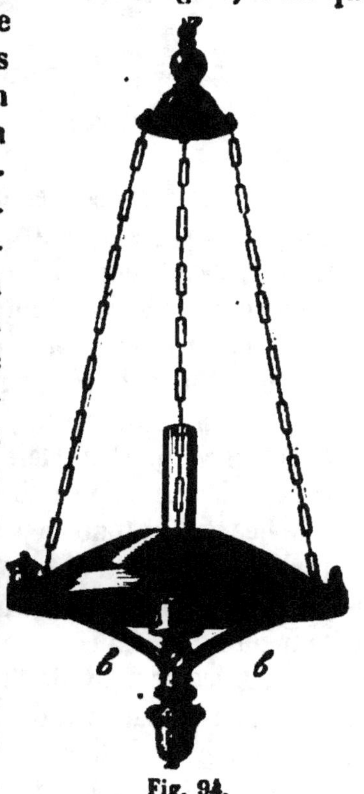

Fig. 94.

pour maintenir l'huile à un niveau peu variable, de suppléer, par une grande étendue horizontale du réservoir, au peu de profondeur qu'on peut donner à ce même réservoir.

Une disposition bien plus convenable pour maintenir l'huile

au niveau de la mèche, n'importe la profondeur du réservoir,
est celle-ci : Le réservoir à huile est un cylindre *abcd* (fig. 95),
plongeant dans un second cylindre, muni en *g*, d'un petit orifice.

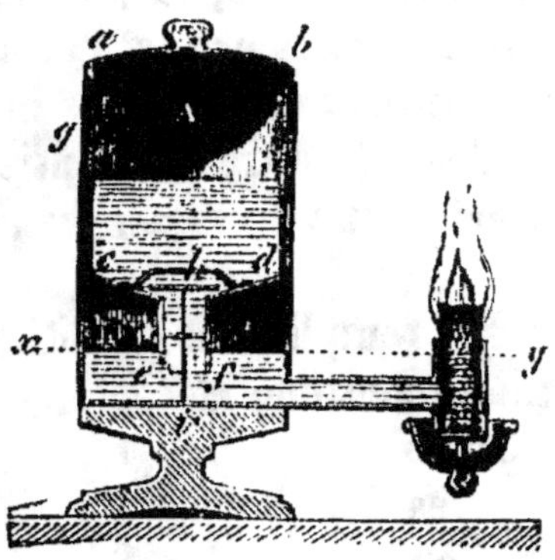

Fig. 95.   Fig. 95 bis.

Le fond du réservoir est percé d'une ouverture que peut boucher
un disque *h*, porté à l'extrémité d'une tige *i*, mobile dans un
frein lui servant de guide. On remplit le réservoir en le tenant
renversé comme le représente la figure 95 *bis*. Le disque *h* descend un peu par son poids et laisse l'ouverture libre à l'huile
qu'il s'agit d'introduire. Le remplissage opéré, on tire la tige *i*;
le disque ferme l'ouverture, et le réservoir peut être renversé
pour être mis en pièce. Mais alors la tige *i* vient buter contre le
fond de la lampe; elle soulève la soupape *h*, et l'huile se répand
dans le bec et dans toute la partie inférieure de l'appareil. Arrivée
au niveau *xy*, c'est-à-dire au niveau de la partie enflammée de
la mèche, l'huile obstrue l'orifice *ef*, et le réservoir cesse de
fournir du liquide, bien que la soupape se maintienne toujours
ouverte. L'écoulement de l'huile n'a plus lieu parce que l'air,
contenu dans la partie A du réservoir, s'est un peu dilaté et ne
peut plus faire équilibre à la pression qui s'exerce sur le niveau *x*, par l'intermédiaire de l'orifice *g* et du léger intervalle
séparant les deux cylindres emboîtés l'un dans l'autre. La pression en A est moins forte que la pression en *x*, et celle-ci, par sa
prépondérance, maintient l'huile suspendue dans le réservoir au-
dessus du niveau extérieur. Cependant la combustion use de

l'huile, le niveau baisse un peu, très-peu en x; l'orifice ef se trouve un instant à découvert et un peu d'air pénètre dans la chambre A. Dès lors l'égalité de pression, au dedans et au dehors du réservoir, permet l'écoulement d'une petite quantité d'huile qui maintient le niveau au point voulu. Nous retrouvons donc dans cette lampe, comme nous l'avons déjà trouvé dans la fontaine intermittente des cabinets de physique et dans le siphon laveur, l'écoulement périodique amené par la rentrée de l'air bulle à bulle. Dans les trois appareils, le liquide s'écoule quand l'air du réservoir communique librement avec l'air extérieur; il cesse de couler quand cette communication est interrompue par le liquide lui-même.

RÉSUMÉ

1. Un *tube* qu'on plonge dans un liquide et qu'on retire en tenant son orifice supérieur fermé avec le doigt, reste plein parce que la pression de l'air intérieur un peu dilaté est moindre que la pression extérieure. Exemples : la *pipette* des chimistes et le *tâte-vin* des celliers.

2. La *fontaine intermittente* des cabinets de physique laisse couler l'eau quand son réservoir communique avec l'air extérieur, et ne la laisse plus couler quand cette communication est interrompue par l'eau elle-même. L'air du réservoir tour à tour dilaté par la fuite d'une certaine quantité d'eau, et ramené à l'état primitif par l'arrivée d'un peu d'air venant de l'extérieur, est cause de cette intermittence de l'écoulement.

3. Un *siphon* est un canal recourbé à deux branches inégales. Il sert à faire passer un liquide d'un vase dans un autre. L'écoulement au moyen du siphon est occasionné par la pression de l'air.

4. Dans un siphon, les deux branches doivent être inégales en hauteur verticale. La plus courte branche doit plonger dans le liquide à transvaser.

5. On amorce un siphon en aspirant avec la bouche par l'extrémité de la longue branche; ou bien encore, surtout si le liquide est dangereux, par un canal soudé à cette longue branche.

6. Les *fontaines intermittentes naturelles* tour à tour coulent ou cessent de couler pendant des périodes variables d'une fontaine à l'autre.

7. Elles s'expliquent par le jeu du siphon.

8. Le *siphon laveur* des chimistes est composé de deux tubes recourbés contenus l'un dans l'autre. Le tube central donne passage à l'eau, l'intervalle qui sépare les deux tubes donne passage à l'air. Le siphon coule quand l'air du flacon communique avec l'air extérieur ; il cesse de couler quand l'extrémité du siphon plonge dans l'eau du filtre, ce qui empêche l'air extérieur d'entrer dans le flacon.

9. Les réservoirs à huile des lampes sont basés sur le même principe. L'huile est maintenue au niveau de la mèche par un écoulement intermittent dont la cause est l'accès et le non-accès tour à tour de l'air extérieur dans le réservoir.

CHAPITRE XIX

1. La chaleur liquéfie. — La matière se présente à nous sous trois états : l'état solide, l'état liquide et l'état gazeux. Ce n'est pas à dire qu'une même substance ait invariablement l'un ou l'autre de ces trois états ; loin de là : la même substance peut, tour à tour, sans changer de nature, devenir, suivant les circonstances, ou solide, ou liquide, ou gazeuse. La chaleur principalement amène ce résultat. — La glace est un corps solide. Beaucoup de pierres ne sont pas plus dures qu'elle. On la met dans un vase sur le feu. On la chauffe, on augmente sa proportion de chaleur. La glace se fond. En quelque temps, elle est devenue substance liquide, elle est devenue de l'eau.—Le soufre, lui aussi, est solide. Si on le chauffe, il coule, il est liquide.—Il faut en dire autant du plomb, de l'étain, du cuivre, du fer, etc. Ces matières si dures, si tenaces, coulent comme de l'eau quand on les chauffe suffisamment. Mais il faut parfois des températures excessivement élevées. Le plomb fondu n'est déjà pas mal chaud ; ce n'est rien encore par rapport à la température nécessaire à la fusion du cuivre et du fer. Ceux-ci ne deviennent liquides qu'à la chaleur rouge et au delà. Il y a même des substances, en particulier un métal appelé platine, qui ne coulent qu'aux températures les plus élevées que l'industrie humaine sache aujourd'hui produire. Enfin, il y a des substances dont on parvient à grand-peine à fondre une parcelle; telle est la chaux, qui résiste à nos foyers les plus violents. Rien ne prouve que les substances en fort petit nombre, qui sont rebelles à la fusion, soient infusibles réellement; au contraire, tout démontre que ces substances résistent à la liquéfaction uniquement parce que nos foyers ne sont pas assez énergiques. Devenons plus habiles en moyens de chauffage, et tout entrera en fusion. A mesure que la science du feu se perfectionne, et que nous disposons de températures plus élevées, le nombre des corps réputés infusibles diminue chaque jour. Tel corps regardé comme infusible hier est fondu aujourd'hui; tel autre, qui résiste à nos moyens actuels, sera fondu demain. Il faut ajouter que certaines substances s'altèrent, se décomposent, soit par l'action seule de la chaleur, soit par l'action combinée de la chaleur et de l'air atmosphérique, et ne peuvent, par conséquent, éprouver la fusion. S'il n'y avait donc certaines restrictions, occasionnées par l'insuffisance de nos moyens et la décomposition que la chaleur amène parfois, la règle serait générale, et l'on pourrait dire : Par un accroissement de chaleur tous les corps peuvent être liquéfiés.

2. **La chaleur volatilise.** — Avec de la chaleur, on fait passer un corps de l'état solide à l'état liquide; avec plus de chaleur encore, on lui fait prendre l'état gazeux. On dit alors que le corps se *volatilise*, c'est-à-dire devient une vapeur subtile, un gaz qui *s'envole* dans l'air.—La glace mise sur le feu d'abord se fond; puis, l'eau qui en provient s'échauffe, se met à bouillir et répand dans l'air d'abondantes vapeurs, qui sont de l'eau à l'état gazeux.—Chauffé dans un ballon de verre, le soufre, après s'être liquéfié, se résout en vapeurs, c'est-à-dire en gaz. — Une foule d'autres substances nous présenteraient les mêmes résultats. Les métaux en particulier, les métaux si compactes, si lourds, lorsqu'on les chauffe convenablement, se volatilisent, s'en vont en vapeurs, tantôt visibles, tantôt invisibles, suivant la nature du métal. La loi est donc générale. A part un petit nombre de substances, pour lesquelles nous ne savons pas produire une température assez élevée, à part d'autres que la cha-

leur décompose, toute matière suffisamment chauffée est volatilisée, amenée à l'état de gaz. En résumé donc, la chaleur fond et volatilise.

3. **Le froid.** — A son tour, le froid que fait-il? Mais d'abord qu'est-ce que le froid? A-t-il une existence propre, est-ce quelque chose d'opposé à la chaleur? Une expérience va nous l'apprendre. — L'eau d'un puits profond, au moment où elle vient d'être tirée, est pour nous froide en été, chaude en hiver; c'est du moins ainsi que nous en jugeons d'après l'impression qu'elle fait sur nous. Mais si dans cette eau, soit en hiver, soit en été, nous plongeons un instrument propre à mesurer la température, en un mot, un thermomètre, l'instrument, essentiellement véridique, accuse, malgré la différence des saisons, une même température. Pour la main, l'eau du puits est fraîche en été, chaude en hiver; pour le thermomètre, elle conserve, dans les deux saisons, la même température. Dans ce conflit, à qui s'en rapporter : à nos organes ou au thermomètre? Évidemment à ce dernier. En effet, si l'eau du puits conserve, d'un bout à l'autre de l'année, une température constante, tandis que l'air qui nous baigne est plus froid qu'elle en hiver et plus chaud en été, en plongeant la main de l'air froid de l'hiver dans cette eau, celle-ci nous paraîtra chaude; en la plongeant de l'air chaud de l'été dans la même eau, celle-ci nous paraîtra froide. — Ainsi, une température réellement toujours la même peut être, tour à tour, qualifiée de froide ou de chaude, suivant les circonstances. Le froid n'a donc pas d'existence propre, ce n'est pas quelque chose d'opposé à la chaleur. Un corps n'est froid que relativement à un autre corps plus chaud; ou pour mieux dire, tous les corps sont chauds, seulement à des degrés divers, et nous les qualifions de chauds ou de froids, suivant qu'ils sont plus chauds ou moins chauds que nos organes mis en contact avec eux. La glace est chaude et même très-chaude, car on peut en abaisser énormément encore la température; les hautes régions, où les neiges ne fondent plus, ont aussi leur chaleur, car la température en est encore plus élevée que celle des régions polaires où le vin se découpe à coups de hache; les régions polaires ont aussi leur chaleur, car les espaces planétaires, dans lesquels la Terre se

meut, sont bien plus froids encore; et ainsi de suite, sans qu'il soit possible de savoir où s'arrête cette progression décroissante de chaleur. La chaleur est donc partout, et le froid n'est qu'un mot servant à désigner les degrés inférieurs de chaleur. Refroidir, ce n'est pas ajouter du froid qui, par lui-même, n'est rien; c'est soustraire de la chaleur. Avec plus de chaleur, un corps s'échauffe; avec moins de chaleur, il se refroidit.

4. Le froid liquéfie les substances gazeuses et solidifie les substances liquides. — Un accroissement de chaleur, d'un liquide fait une vapeur, un gaz. Une diminution de chaleur ou le froid, de cette vapeur refait le liquide. La vapeur de la marmite bouillante, au contact du couvercle froid, perd de sa chaleur et redevient de l'eau; la vapeur de notre souffle, au contact d'un carreau de vitre froid, se refroidit et ruisselle en fines gouttelettes. De même pour toute autre vapeur. Vapeur de soufre, vapeur de métal, vapeur d'alcool, etc., refroidies au point voulu, reprennent l'état antérieur et reviennent soufre liquide, métal liquide, alcool. Les gaz proprement dits, ces substances pour lesquelles l'état habituel est l'état aériforme, se comportent de la même manière. Ils se liquéfient quand on les refroidit assez. Quelques-uns cependant, et de ce nombre est l'air ordinaire, ont résisté jusqu'ici à tous nos moyens de refroidissement. Quand l'art de refroidir sera aussi avancé que l'art de chauffer, ces exceptions disparaîtront sans doute.

Pareillement, par une diminution de chaleur, tout corps liquide peut devenir solide. Retiré de dessus le feu, le plomb fondu se refroidit et se solidifie. Aux premières atteintes de l'hiver, l'huile se fige, durcit; si le froid devient un peu plus vif l'eau se prend en glace; ainsi de suite. Si de rares exceptions à cette règle se présentent, il ne faut les attribuer qu'à l'insuffisance du refroidissement. Tel est le cas de l'alcool, qui prend toutefois un peu de consistance à la plus basse température que l'industrie humaine sache réaliser. — On s'ingénie aujourd'hui à produire du froid, comme de tout temps on s'est ingénié à produire de la chaleur. Refroidir est un art, comme chauffer, mais plus difficile. On est déjà passablement habile dans l'art de refroidir; aussi presque toutes les substances gazeuses ont-elles été amenées à l'état liquide, et presque toutes les substances liquides à l'état solide. Le froid excessif que la science réalise pour solidifier certains liquides, liquéfier certains gaz, a quelque chose d'étrange au plus haut point. Si l'on touche avec les doigts un morceau de métal très-refroidi, on éprouve une cuisante sensation de brûlure, tellement que, si la vue n'avertissait du contraire, on croirait avoir saisi un morceau de fer rougi au feu. La peau se désorganise et se gonfle en ampoules, absolument comme à la suite d'une brûlure. Un froid trop vif agit sur nous comme une chaleur trop forte; ou plutôt, puisque le froid n'est qu'un degré inférieur de température, c'est toujours la chaleur qui désorganise le point atteint, aussi bien lorsqu'elle est trop faible que lorsqu'elle est trop forte.

5. **Dilatation et contraction.** — Une augmentation de chaleur, nous venons de le voir, fait passer un corps de l'état solide à l'état liquide, puis de l'état liquide à l'état gazeux. Une diminution de chaleur amène un résultat inverse. Le corps refroidi revient de l'état gazeux à l'état liquide et, enfin, de l'état liquide à l'état solide. Outre ces modifications profondes, qui changent la manière d'être des corps, la chaleur en produit d'autres qui se traduisent par une augmentation ou une diminution de volume, sans que la matière change d'état. En gagnant de la chaleur, un corps, qu'il soit solide, liquide ou gazeux, n'importe, augmente de volume, s'allonge suivant toutes ses dimensions; enfin, il se *dilate*. En perdant de la chaleur, il diminue de volume, il se raccourcit suivant toutes ses dimensions; enfin, il se *contracte*. Ces effets inverses, résultant d'un gain en chaleur ou d'une perte, s'appellent *dilatation* et *contraction*. Nous allons en donner des exemples pour les trois états de la matière.

6. **Pyromètre à cadran.** — On démontre la dilatation des corps solides au moyen de l'appareil connu sous le nom de *pyromètre à cadran* (fig. 96). Une tringle métallique AB, est fixée solidement au support de droite par une vis de pression C. Elle peut glisser librement dans le trou du support de gauche, et s'appuie, par son extrémité, contre la courte branche d'un levier coudé *gef*, mobile autour du point *e*. La longue branche

ou l'aigüille de ce levier peut parcourir les divisions d'un quart
de cercle gradué. Au début, la tringle étant froide, l'aiguille est
horizontale et correspond au zéro du quart de cercle. Sous la
tringle est une auge DE, que l'on remplit d'alcool, dans lequel
on met tremper des flocons de coton pour servir de mèche. On
allume l'alcool. La tringle s'échauffe, elle s'allonge ; mais,

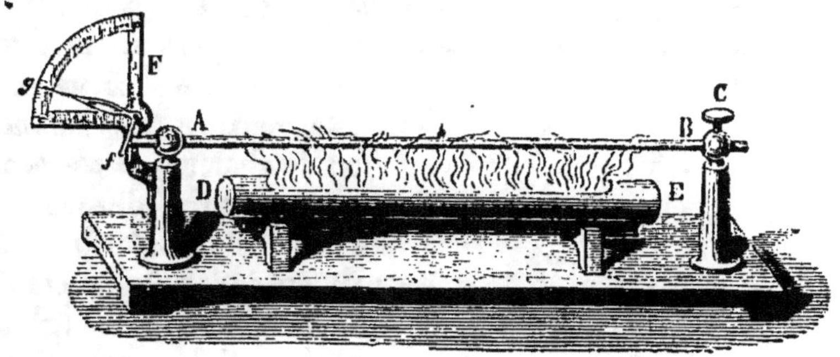

Fig. 96.

comme son extrémité B est fixée par la vis de pression, toute
l'augmentation en longueur se porte du côté de A. La tringle
pousse donc devant elle la petite branche du levier, et l'aiguille g
remonte plus ou moins haut sur les divisions du quart de cercle.
—Le rôle du levier coudé est facile à saisir. La tringle s'allonge
par l'effet de son augmentation de température, mais pas assez
pour que l'œil, si rien ne lui vient en aide, puisse facilement
saisir cet allongement. Le levier coudé a pour but d'exagérer le
déplacement occasionné par la dilatation. Supposons que la longue
branche du levier ait dix fois la longueur de la petite. Si celle-ci,
poussée par la tringle qui s'allonge, se déplace d'un millimètre,
l'aiguille, dix fois plus longue, se déplacera de dix millimètres ;
et la dilatation de la tringle métallique sera ainsi rendue plus
sensible.

On éteint l'alcool. La tringle se refroidit ; elle se raccourcit,
elle se contracte. L'aiguille, en effet, à mesure que l'extrémité
de la tringle recule, retombe peu à peu par son propre poids.
Quand la tringle est revenue à sa température première l'aiguille a atteint son point de départ, le zéro du cadran.

En recommençant l'expérience avec une tringle de même

longueur, mais d'un autre nature, avec une tringle de cuivre, par exemple, on reconnaîtrait que l'aiguille *g*, arrivée au point le plus haut de sa course, occuperait sur le cadran une division différente de celle occupée dans le premier cas. Poussée par la tringle du cuivre, elle monterait plus haut que poussée par la tringle de fer. Les différentes substances ne se dilatent donc pas également ; le cuivre, en particulier, se dilate plus que le fer.

7. Anneau de S'Gravesande. —L'expérience précédente prouve que les corps solides s'allongent par une augmentation de chaleur, et se raccourcissent par une diminution de chaleur. Mais là ne consistent pas, en entier, les effets de la dilatation et de la contraction. Le corps qui s'échauffe, s'agrandit dans tous les sens ; il augmente de volume. Le corps qui se refroidit, s'amoindrit dans tous les sens ; il diminue de volume. Pour le constater expérimentalement, on emploie l'an-

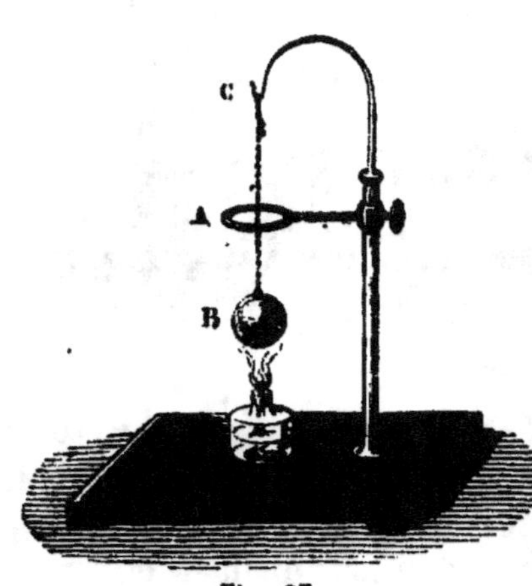

Fig. 97.

neau de S'Gravesande (fig. 97). L'appareil comprend une sphère en métal B et un anneau A, dans lequel la sphère peut passer à froid, mais tout juste. Si l'on chauffe la sphère avec une lampe à alcool, elle ne peut plus passer à travers l'anneau, preuve de son accroissement en dimension dans tous les sens. Quand elle est refroidie, elle y passe sans difficulté, preuve de l'amoindrissement de ses dimensions en tous sens.

8. Dilatation et contraction des liquides. — Un ballon à long col AC (fig. 98) est rempli d'un liquide, et de préférence d'un liquide coloré, pour suivre plus facilement ses variations de hauteur dans le canal BC. Au début, le liquide s'élève en D, par exemple. On chauffe. Le liquide doit se dilater et son niveau D monter. Cependant, c'est tout le contraire que l'on constate au premier coup de feu de la lampe sur le réservoir A B. On voit le niveau D descendre un peu. Pourquoi ?—Remarquons

que la chaleur ne se propage pas simultanément dans la paroi
du ballon et dans son contenu ; elle gagne peu à peu
du dehors au dedans. La paroi est chaude alors que
le liquide n'a rien éprouvé encore. Le ballon se dilate
donc, il augmente de capacité ; et le liquide, non encore dilaté, descend dans le tube pour occuper le surcroît d'espace provenant de la dilatation du ballon.
Bientôt la chaleur pénètre le liquide, et celui-ci se
dilate à son tour. Si le ballon enflait sa capacité, se
dilatait, juste autant que le liquide accroît son volume,
le niveau D resterait stationnaire ; et dupes d'une illusion, provenant de ce que la capacité du contenant
augmente dans la même proportion que le volume du
contenu, nous croirions, par un examen superficiel,
au non-changement des dimensions malgré la chaleur. Si le ballon se dilatait plus que ne le fait le liquide, nous verrions le niveau D descendre toujours ;
et les premières apparences sembleraient indiquer une
contraction du liquide par l'effet de la chaleur. On
comprend donc qu'il faut se tenir en garde contre les

Fig. 98.

résultats bruts présentés par un liquide se dilatant dans un vase,
car, dans ce cas, il y a à tenir compte et de la dilatation du contenu
et de la dilatation du contenant. Toutefois, nos suppositions sont
purement gratuites : jamais un liquide, chauffé dans un vase, ne
reste stationnaire à un même niveau ; jamais, à part la légère
dépression au premier coup de feu, qui amène la dilatation de
l'enveloppe avant que la chaleur ait pénétré plus avant, un liquide chauffé ne descend de plus en plus au-dessous du niveau
occupé d'abord. Cela provient de ce que les liquides se dilatent,
pour une même température, beaucoup plus que les solides. —
Voici, en effet, que la chaleur a gagné le liquide dans notre
expérience ; le niveau un instant descendu au-dessous de D,
regagne la hauteur perdue ; il atteint D, le dépasse et monte
toujours davantage, jusqu'à déverser par l'orifice C, cet orifice
serait-il à une hauteur de plusieurs mètres, si le ballon A est
assez grand. Les liquides se dilatent donc par la chaleur, et ils
se dilatent plus que les solides.

Ils se contractent en perdant de la chaleur. Si, en effet, on laisse le ballon se refroidir, on voit le niveau redescendre graduellement, et revenir enfin en D, son point de départ, à la condition, bien entendu, que l'on n'ait pas fait déverser le liquide en le chauffant.

9. Dilatation et contraction des gaz. — Les gaz sont encore plus susceptibles que les liquides de se dilater et de se contracter, par des variations en plus ou en moins de température. On a déjà parlé, au sujet des montgolfières, de la vessie à demi pleine d'air, qui achève de se gonfler quand on la chauffe, et qui se dégonfle quand on la refroidit. L'appareil suivant (fig. 99) est encore plus commode pour étudier l'effet de la chaleur sur les gaz. Un ballon A, plein d'air ou de tout autre gaz, porte, en guise de col, un tube trèsétroit, par deux fois plié sur lui-même, BCE. Dans l'entonnoir E, on verse une goutte de mercure qui descend dans le canal et s'arrête en un certain point D, quand l'élasticité de l'air emprisonné l'empêche d'aller plus avant. Le petit cylindre de mercure D, logé dans l'étroit canal, s'appelle un *index*, parce qu'il indique, par son déplacement en avant ou en arrière, le changement de volume survenu dans le gaz. Eh bien, si l'on chauffe très-modérément le ballon A, avec l'haleine ou avec la main, cela suffit pour chasser l'index en avant d'une quantité considérable, par l'effet de la dilatation du gaz; si on le refroidit, en le plongeant dans de l'eau froide, l'index recule en suivant le gaz qui se contracte. Les gaz éprouvent donc des variations notables de volume, même pour un faible accroissement ou une faible diminution de température. De toutes les substances, ce sont les gaz qui se dilatent ou se contractent le plus.

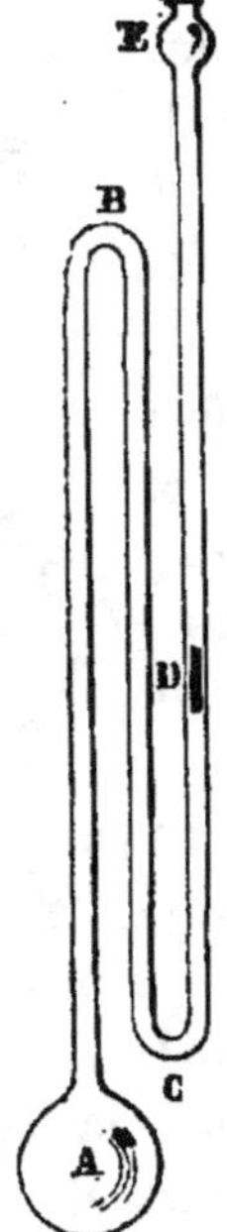
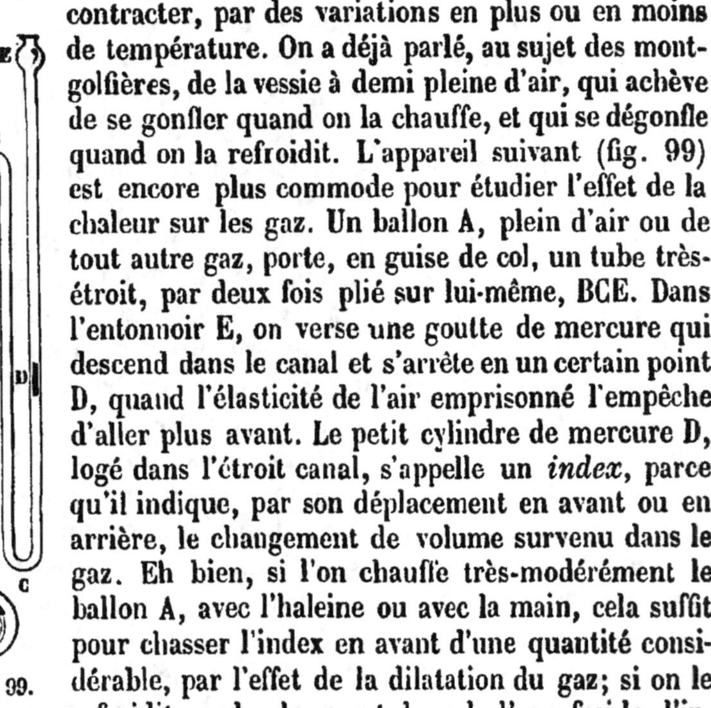

Fig. 99.

RÉSUMÉ

1. La chaleur liquéfie les corps solides. La plupart des corps solides peuvent être liquéfiés. Les exceptions à cette loi proviennent

soit de l'insuffisance des températures que nous pouvons produire, soit de l'altération, de la décomposition que certaines substances éprouvent quand on les chauffe.

2. La chaleur volatilise les liquides, c'est-à-dire les convertit en vapeurs, en substances aériformes, en gaz. Les métaux eux-mêmes, si la chaleur est assez forte, sont volatilisés.

5. Le froid n'est qu'un degré inférieur de chaleur. Tous les corps sont chauds, c'est-à-dire renferment de la chaleur. Refroidir, ce n'est pas ajouter du froid, qui par lui-même n'est rien, c'est retrancher de la chaleur.

4. Le froid liquéfie les substances gazeuses et solidifie les substances liquides. Si des gaz résistent à la liquéfaction, exemple : l'air ordinaire, si des liquides résistent à la solidification, exemple : l'alcool, on ne doit l'attribuer qu'à l'insuffisance de nos moyens de refroidissement. Un froid très-violent désorganise la peau et produit une brûlure comme une chaleur trop forte.

5. Tous les corps augmentent de volume ou se *dilatent* par un accroissement de température. Ils diminuent de volume ou se *contractent* par une diminution de température.

6. On constate l'augmentation en longueur des corps solides par l'effet de la chaleur, et leur diminution par l'effet du froid, au moyen du pyromètre à cadran. Toutes les substances ne se dilatent pas également. Le cuivre, par exemple, se dilate plus que le fer.

7. On constate l'augmentation en volume des corps solides par l'effet de la chaleur, et leur diminution par l'effet du froid, au moyen de l'anneau de S'Gravesande.

8. Les liquides se dilatent ou se contractent suivant qu'on les chauffe ou qu'on les refroidit. Ils se dilatent plus que les corps solides.

9. De toutes les substances, ce sont les gaz qui se dilatent ou se contractent le plus pour une même variation de température.

CHAPITRE XXI

1. **Tube thermométrique.** —Puisque l'effet le plus constant de la chaleur sur les corps est de les dilater, il est tout naturel de se servir de cette dilatation pour mesurer la chaleur.

C'est effectivement sur la dilatation que sont basés les *thermomètres*, instruments destinés, comme leur nom l'indique, à mesurer la température des corps. Toutes les substances sont dilatables; toutes pourraient donc servir à la construction d'un thermomètre; mais il est plus commode et plus avantageux d'employer les substances liquides et, parmi celles-ci, le mercure de préférence, parce qu'il ne s'attache pas aux parois du tube qui le renferme, parce qu'il supporte, avant de bouillir, une température plus élevée que les autres liquides, parce qu'il se laisse facilement pénétrer par la chaleur, et pour d'autres motifs encore.

Pour construire un thermomètre à mercure, on emploie un tube très-étroit, d'un diamètre comparable à celui d'un cheveu et, pour ce motif, appelé *tube capillaire*. L'une des extrémités du tube est renflée en un petit réservoir B, de forme ronde ou de forme cylindrique (fig. 100); l'autre extrémité s'évase en entonnoir A. Il faut d'abord remplir le tube et son réservoir de mercure bien sec et bien pur. A cet effet, on en verse dans l'entonnoir A; mais cela ne suffit pas pour que le liquide descende de lui-même et vienne occuper le réservoir B, comme cela se fait quand on verse du liquide dans un vase ordinaire, à goulot d'une ampleur moyenne. Le canal de notre tube est si étroit, que l'air intérieur ne peut s'échapper pour faire place au mercure; dans ce défilé, que sa finesse fait comparer à un cheveu, il peut y avoir place à la fois pour un courant d'air qui monte et s'échappe et pour un courant de mercure qui descend. L'entonnoir A étant plein de mercure, celui-ci ne descend donc pas dans le tube. L'air intérieur l'en empêche.

Fig. 100.

2. Manière de le remplir. — On chauffe à la lampe l'ampoule B. L'air qu'elle contient se dilate et s'échappe, en partie, à travers le mercure de l'entonnoir. On cesse de chauffer. L'air qui reste se refroidit, se contracte à mesure que, dans son retrait, il laisse un espace libre, le mercure s'y précipite par son poids et par la pression de l'air extérieur. Il pénètre ainsi un peu de mercure dans le réservoir B. On chauffe une seconde fois celui-ci, une nouvelle quantité d'air part, remplacée, au moment du refroidissement, par une quantité correspondante de mercure. Après trois ou quatre opérations de ce genre, l'ampoule et son canal capillaire se trouvent remplis. Il est prudent alors, pour chasser les dernières traces d'air et d'humidité, s'il y en a, de porter un instant le mercure à l'ébullition dans l'ampoule, le tube et l'entonnoir à la fois. Cela fait, on laisse l'appareil se refroidir et on détache avec un trait de lime l'entonnoir, sans usage désormais. Le remplissage est alors terminé. Il ne reste plus qu'à fermer supérieurement le canal capillaire. A cet effet, on chauffe un peu le réservoir, de manière à faire sortir quelques gouttelettes de mercure ; et, pendant que le tube est exactement plein, on ferme son orifice en fondant le verre à la flamme d'une lampe d'émailleur. Le mercure refroidi recule, en se contractant, vers le réservoir. Le peu de liquide qu'on a fait écouler doit être tel, que ce qui reste maintenant ne puisse, par sa contraction, rentrer en entier dans le réservoir et s'arrête à une distance suffisante de celle-ci.

3. Détermination du point fixe inférieur. —Pour rendre tous les services qu'on peut attendre de lui, un thermomètre doit être comparable, c'est-à-dire que, construit par telle personne ou par telle autre, en tel lieu ou en tel autre, il doit fournir des indications comparables entre elles. Si chaque constructeur graduait ses thermomètres à sa guise, tantôt d'une façon, tantôt d'une autre, n'est-il pas visible que les observations, faites avec ces instruments, perdraient toute valeur, n'ayant aucun rapport entre elles ? Il faut donc que la gradation d'un thermomètre soit rapportée à ses températures fixes, les mêmes en tous lieux, les mêmes pour tous les opérateurs. Les deux températures fixes adoptées en France et dans la plus grande partie de l'Europe, sont celle de la *glace fondante* et celle de *l'eau bouillante*. On démontrera, plus loin, que la glace entre en fusion à une température toujours la même, quel que soit le pays, quel que soit le climat ; on démontrera aussi que cette température se maintient invariable tant que la fusion dure, tant qu'il y a de la glace à fondre. On établira encore que, certaines précautions étant prises, l'eau pure entre en ébullition à une température fixe, et conserve cette température pendant toute la durée de l'ébullition.

Pour obtenir le point fixe inférieur du thermomètre, on plonge l'instrument, tel qu'il vient d'être préparé, dans de la glace pilée, contenue dans un vase percé de trous (fig. 101). Ce vase avec son contenu doit avoir séjourné quelque temps dans un appartement à température douce, de manière que la glace soit en pleine fusion. C'est alors que le thermomètre est introduit dans la glace fondante. La colonne mercurielle descend peu à peu, et finit par devenir stationnaire en un certain point du tube thermométrique. En ce point, on fait un trait à la lime et l'on marque 0. C'est le zéro de l'échelle des températures. Il ne faut pas se méprendre sur la dénomination zéro, donnée à ce point du thermomètre. Quand on dit que la température d'un corps est zéro, cela ne signifie pas que ce corps n'est pas chaud, qu'il ne renferme pas de la chaleur; cela veut dire que ce corps a la même température que la glace au moment de sa fusion. Or, la glace fondante possède une certaine température évidemment; elle est plus chaude, par exemple, que la glace qui ne fond pas encore, elle est beaucoup plus chaude que le mercure congelé, dont le contact endolorit et même désorganise les doigts. Ainsi, *zéro* du thermomètre n'est pas synonyme de *rien*; cette notation indique une certaine température, la température de la glace fondante, à partir de laquelle on évalue les autres, plus basses ou plus élevées.

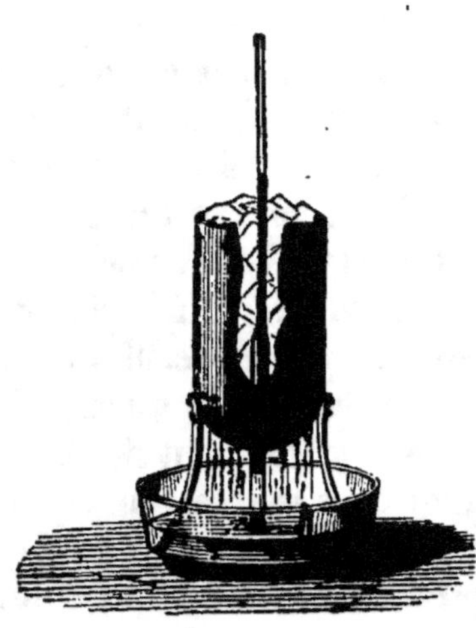

Fig. 101.

4. Détermination du point fixe supérieur. — Le point fixe supérieur du thermomètre est donné par la température de l'eau bouillante. Pour déterminer ce point, des précautions sont à prendre. Pour bouillir, l'eau exige une température plus élevée ou moins élevée, suivant qu'elle renferme, en dissolution, des matières étrangères, comme le font la plupart des eaux ordinaires, ou qu'elle n'en renferme pas, comme le fait l'eau distillée. La nature du vase et la profondeur de la couche d'eau font également varier le point d'ébullition. Dans un vase métallique, et en couche de peu d'épaisseur, l'eau bout plus tôt qu'en couche profonde et dans un vase en terre, en verre. D'ailleurs, quand la couche d'eau est profonde, la température varie un peu avec la profondeur. De quelle eau nous servirons-nous, en quelle épaisseur, dans quel vase?

Pour éviter toute chance d'erreur, on est convenu de faire bouillir de l'eau pure, en couche de peu d'épaisseur, dans un vase en métal et de plonger le thermomètre non dans l'eau, mais dans sa vapeur, possédant la même température que l'eau d'où elle se dégage. La figure 102 reproduit l'appareil employé. Un vase **A**, en cuivre ou en fer-blanc, renferme de l'eau et repose sur un fourneau. Il est surmonté d'une double cheminée. Le thermomètre **T** occupe la cheminée centrale et plonge dans la vapeur. Celle-ci monte par cette cheminée centrale, pénètre dans la cheminée extérieure par des ouvertures pratiquées dans le haut, redescend et s'écoule par l'orifice **I**. La colonne de vapeur, contenue dans la cheminée centrale, est ainsi enveloppée d'un fourreau descendant de vapeur, qui empêche la première de se refroidir par l'action de l'air extérieur. Échauffé par la vapeur, le mercure du thermomètre monte et s'arrête enfin en un certain point. En ce point on fait un trait et l'on inscrit 100.

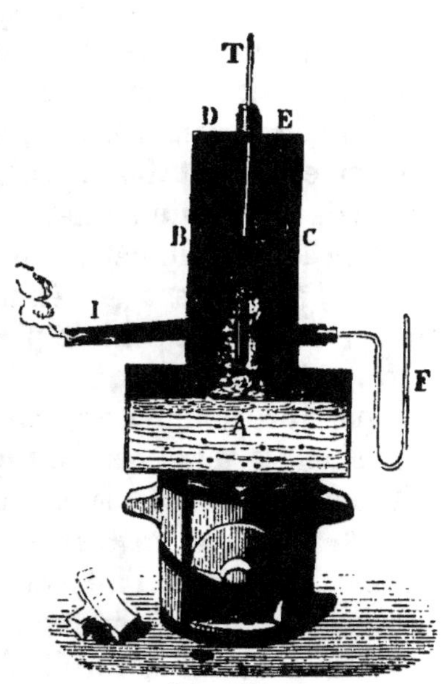

Fig. 102.

En plongeant le thermomètre dans la vapeur de l'eau bouillante, on évite beaucoup de difficultés, mais on ne les évite pas toutes. Nous verrons, plus tard, en effet, que la pression atmosphérique influe considérablement sur la valeur de la température à laquelle se fait l'ébullition. La pression est-elle plus forte, l'eau bout plus tard ; est-elle plus faible, l'eau bout plus tôt. Il faut donc se préoccuper de la pression atmosphérique lorsqu'on détermine le point fixe supérieur de l'échelle thermométrique. On est convenu que le point fixe 100 du thermomètre doit correspondre à la température de l'ébullition de l'eau, quand celle-ci se fait sous une pression atmosphérique représentée par 760 millimètres du baromètre. Si donc le baromètre marque 760 millimètres pendant l'ébullition, le point le plus élevé où arrive le mercure du thermomètre est noté 100. Dans le cas contraire, une correction est faite. L'expérience a appris que la température de l'ébullition s'élève ou s'abaisse d'un degré pour une pression de 27 millimètres en plus ou en moins. Si donc le baromètre, au moment de l'ébullition, indique 787 millimètres au lieu de 760, au point le plus élevé atteint par le mercure du thermomètre, on marque 101 au lieu de 100. Si le baromètre marque 733 millimètres, on marque 99 sur le thermomètre. Pour d'autres variations dans le baromètre, le thermomètre serait soumis à des corrections proportionnelles.

5. **Gradation. Degrés.** — Le point 100 et le point 0 étant obtenus, on divise l'intervalle compris en 100 parties égales. Chacune de ces divisions est 1 *degré* du thermomètre ; et le thermomètre ainsi construit s'appelle thermomètre centigrade, c'est-à-dire thermomètre à cent degrés, depuis la température de la glace fondante jusqu'à celle de l'eau bouillante.

Les degrés thermométriques n'ont pas une longueur fixe ; dans tel thermomètre, ils peuvent avoir une certaine longueur et dans un autre, une longueur double, triple, etc. Dans un thermomètre, un degré correspond à la centième partie de la dilatation totale du mercure contenu, depuis la température de la glace fondante jusqu'à celle de l'eau bouillante. Plus il y a de mercure, plus la dilatation totale est considérable, et plus aussi les degrés sont allongés. La longueur des degrés dépend donc de la quantité de mercure; dans un thermomètre à grand réservoir, les degrés sont plus longs que dans un autre à petit réservoir. Elle dépend aussi du calibre du tube. Plus le tube est étroit, plus les degrés sont longs, parce que, pour une même augmentation de volume, le mercure fournit un filet d'autant plus allongé qu'il est plus rétréci. Pour ce double motif, un thermomètre qui contient beaucoup de mercure et dont le tube est étroit, a des degrés plus longs qu'un autre contenant peu de mercure et dont le tube est moins étroit. Mais, il ne faut pas le perdre de vue, la longueur des degrés thermométriques ne doit nullement être prise en considération pour évaluer une température. Que les degrés soient longs ou soient courts, l'indication 100 d'un thermomètre correspond toujours à la température de l'eau bouillante; l'indication 50 correspond toujours à une température moyenne entre celle de l'eau bouillante et celle de la glace fondante. Enfin, un nombre quelconque de degrés d'un thermomètre indique, relativement à la chaleur, précisément ce qu'indique ce même nombre dans un autre thermomètre à degrés plus longs ou plus courts.

Pour la facilité de la lecture, il est bon que les degrés aient une longueur suffisante. Deux moyens se présentent pour l'obtenir, moyens qui peuvent être employés simultanément, car leurs effets s'ajoutent. Ces moyens sont : d'abord, de donner au thermomètre un gros réservoir; et ensuite, de lui donner un tube très-étroit. Reste à savoir lequel des deux est préférable. Un thermomètre qui renfermerait beaucoup de mercure, outre les inconvénients du maniement, présenterait une grave difficulté : ce serait un instrument paresseux, c'est-à-dire qu'il serait lent à prendre la température du milieu où il serait plongé. Beaucoup de temps se passerait avant que son mercure se fût échauffé dans toute sa masse et eût éprouvé toute la dilatation en rapport avec la température ambiante. Si cette température était peu stable, si elle variait d'un moment à l'autre, le thermomètre la poursuivrait sans pouvoir l'atteindre, sans l'indiquer jamais d'une manière sûre. Il est donc préférable de recourir à un thermomètre sensible, qui prenne rapidement la température du milieu où il est plongé. Il lui faut alors peu de mercure ; mais, en compensation, pour que les degrés soient lisibles, le tube doit être très-étroit. Tel est le motif qui fait construire le thermomètre avec des tubes capillaires.

6. Limites du thermomètre à mercure. — La distance entre le point de la glace fondante et celui de l'eau bouillante est, disons-nous, divisée en cent parties égales appelées degrés. Mais là ne s'arrête pas l'échelle du thermomètre à mercure. Une de ces divisions est prise avec le compas, et on la porte au-dessus

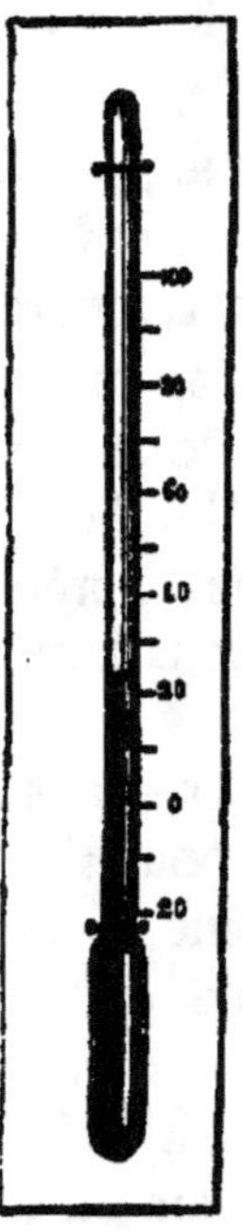

Fig. 103.

de 100, autant de fois que le permet la longueur du tube, sans dépasser cependant 350, température de l'ébullition du mercure. Au delà, le thermomètre ne peut plus servir immédiatement, car le mercure en ébullition briserait l'instrument. On porte aussi une de ces divisions au-dessous de 0, et l'on s'arrête quand on l'a répétée une quarantaine de fois, parce que, à ce degré de température, le mercure se congèle et, par suite, ne peut plus remplir ses fonctions thermométriques. On distingue les divisions au-dessus du zéro par le signe + qui se prononce *plus*, et les divisions au-dessous du zéro par le signe — qui se prononce *moins*. Le signe °, placé au haut d'un nombre, se lit *degré*. En nous servant de cette notation, on voit que les limites du thermomètre à mercure sont + 350°, température au-dessus de laquelle le mercure entre en ébullition ; et — 40°, température à laquelle le mercure se congèle. Rarement un thermomètre à mercure renferme son échelle entière ; il n'en contient d'ordinaire que la partie moyenne. Quant aux degrés, ils sont tracés sur le tube lui-même ou inscrits sur une planchette portant l'instrument. La figure 103 reproduit un thermomètre de ce dernier genre.

7. Thermomètre à alcool. — Pour les températures supérieures à 0°, le thermomètre à mercure possède une amplitude convenable, puisqu'il peut s'élever jusque vers 350° ; mais, pour les températures inférieures, il s'arrête bientôt, à —40°. Si donc il faut évaluer une température très-basse, le thermomètre à mercure ne peut être employé. On se sert alors d'un thermomètre à alcool, liquide que l'on n'a pu congeler encore, même avec les froids les plus violents que la science sache réaliser. Le thermomètre à alcool ne diffère pas, quant à la forme, du thermomètre à mercure. Le liquide qu'il contient est d'ordinaire coloré en rouge, pour rendre la lecture plus facile. Sa graduation se fait de la manière suivante. On le plonge dans de la glace fondante; et au point où s'arrête l'alcool, on marque 0°. Mais le second point fixe, celui de l'eau bouillante, ne peut être obtenu par la raison que l'alcool entre en ébullition à $+ 78°$. La difficulté est tournée en graduant le thermomètre à alcool par comparaison avec le thermomètre à mercure. On plonge ensemble, dans de l'eau un peu chaude, le thermomètre à alcool qu'il s'agit de graduer et un thermomètre à mercure déjà gradué lui-même. Celui-ci accuse 50°, par exemple. Au point où l'alcool s'est arrêté dans l'autre, on marque 50°. L'intervalle entre les deux points ainsi obtenus, par l'immersion dans la glace fondante et par l'immersion dans l'eau chaude, est divisé en 50 parties égales. Une de ces divisions est portée avec le compas au-dessus de 50 jusqu'à la limite 78, température de l'ébullition de l'alcool; elle est portée, en outre, au-dessous de zéro, autant que le permet la longueur du tube, et sans limite connue, car l'alcool ne se congèle à aucune des basses températures que l'on sache produire. Ce thermomètre sert principalement à évaluer les températures très-basses; dans les usages vulgaires, pour les températures moyennes, il est aussi employé concurremment avec le thermomètre à mercure.

8. **Thermomètre de Réaumur.** — On emploie encore aujourd'hui un thermomètre dit de Réaumur, dont l'échelle diffère de celle du thermomètre centigrade, généralement usité. Dans le thermomètre de Réaumur, le point de la glace fondante est marqué 0, et celui de l'eau bouillante est marqué 80; de sorte que 80 degrés Réaumur équivalent à 100 degrés centigrades, ou bien en simplifiant :

4 degrés Réaumur = 5 degrés centigrades.

Deux questions peuvent se présenter au sujet du thermomètre

Réaumur et du thermomètre centigrade comparés entre eux, savoir : 1° convertir un certain nombre de degrés Réaumur en degrés centigrades ; 2° convertir un certain nombre de degrés centigrades en degrés Réaumur.

1ᵉʳ Cas. Dans une étuve, le thermomètre Réaumur marque 64° ; que marquerait le thermomètre centigrade ? — Puisque 4 degrés Réaumur valent 5 degrés centigrades, 1 Réaumur vaut 4 fois moins ou $\frac{5}{4}$, et 64 Réaumur valent 64 fois plus, ou $\frac{5 \times 64}{4} = 80$. — Le thermomètre centigrade marquerait 80 degrés.

2ᵉ Cas. Dans l'eau d'une baignoire, le thermomètre centigrade marque 35° ; que marquerait le thermomètre Réaumur ? — Puisque 5 degrés centigrades en valent 4 Réaumur, 1 degré centigrade vaut 5 fois moins, ou $\frac{4}{5}$, et 35 centigrades valent 35 fois plus, ou $\frac{4 \times 35}{5} = 28$. — Le thermomètre Réaumur marquerait 28 degrés.

9. **Thermomètre de Fahrenheit.** — En Angleterre et dans l'Amérique du Nord, on emploie un thermomètre dit de Fahrenheit, dont le zéro correspond au plus grand froid observé en Islande, température bien inférieure à celle de la glace fondante. Ce serait ici le lieu, si nous ne l'avions déjà fait, de faire observer que le zéro du thermomètre ne correspond pas à une température nulle, à une proportion de chaleur zéro ; qu'il indique seulement une température arbitrairement choisie pour point de départ. En France, on a préféré prendre pour point de départ la température de la glace fondante ; en Angleterre, la température la plus basse observée en Islande ; mais ni l'une ni l'autre de ces températures ne se réduit à rien. La chaleur est partout. La glace fondante est chaude ; l'Islande, en ses plus grands froids, a sa chaleur, car en d'autres pays il fait plus froid encore.

Le zéro Fahrenheit serait un point bien vague si, pour le déterminer, on s'en rapportait uniquement à la température la plus basse observée en Islande. Cette température peut varier beaucoup. Rien ne dit que le froid qu'il fera au prochain hiver ne dépasse tout ce qui a été observé. Alors, pour obtenir le zéro Fahrenheit, il faut recourir nécessairement à un moyen artificiel, qui donne toujours la même température. Ce point est donné par la température que donne un mélange de glace et de sel ammoniac. Quant au point fixe supérieur, il est donné par l'eau bouillante. On marque 0 au point fixe inférieur, et 212 au point fixe supérieur. Le point 32 du thermomètre Fahrenheit correspond au 0 de notre thermomètre centigrade. De ce point à celui de l'eau bouillante, il y a 212 moins 32, ou 180 degrés. Donc 180 degrés Fahrenheit équivalent à 100 degrés centigrades : ou, en simplifiant :

$$9 \text{ degrés Fahrenheit} = 5 \text{ degrés centigrades.}$$

Deux exemples vont nous montrer comment on convertit des degrés Fahrenheit en degrés centigrades.

1° Au fort Reliance, dans les régions septentrionales de l'Amérique du Nord, Back a observé une température de 70° au-dessous du zéro Fahrenheit. A quelle division de notre thermomètre cela correspond-il?

La première condition à remplir pour résoudre une pareille question, c'est de partir du même point fixe. Or le zéro Fahrenheit est de 32 degrés de son échelle au-dessous de notre zéro. Ces 32 degrés, ajoutés aux 70° observés par Back, donnent 102 degrés Fahrenheit au-dessous de notre zéro. La question est donc de convertir 102 degrés Fahrenheit en degrés centigrades. — Puisque 9 Fahrenheit valent 5 centigrades, 1 Fahrenheit vaut 9 fois moins, ou $\frac{5}{9}$; et 102 Fahrenheit valent 102 fois plus, ou $\frac{5 \times 102}{9} = 56$. — La température observée par Back au fort Reliance, était donc de 56 degrés au-dessous de notre zéro.

2° La plus haute température observée à Philadelphie, par Franklin, a été de 86 degrés Fahrenheit. Traduire ce nombre en degrés de notre thermomètre.

Partons d'abord du même point fixe, c'est-à-dire retranchons des 86 degrés Fahrenheit les 32 degrés qui correspondent à notre zéro. Nous aurons 54 degrés Fahrenheit au-dessus de notre zéro. La question est maintenant de convertir ces 54 degrés Fahrenheit en degrés de notre échelle. — Si 9 degrés Fahrenheit en valent 5 centigrades, 1 Fahrenheit vaut 9 fois moins, ou $\frac{5}{9}$, et 54 degrés valent 54 fois plus, ou $\frac{5 \times 54}{9} = 30$. — La température la plus grande observée à Philadelphie, par Franklin, a été de 30 degrés centigrades.

Le problème inverse a pour nous moins d'importance. Nous nous bornerons à en donner un exemple.

Le thermomètre centigrade marque 28 degrés dans l'eau du puits de Grenelle, à Paris. Que marquerait le thermomètre Fahrenheit?

Puisque 5 degrés centigrades valent 9 degrés Farenheit, 1 degré centigrade vaut 5 fois moins, ou $\frac{9}{5}$, et 28 centigrades valent 28 fois plus, ou $\frac{9 \times 28}{5} = 50$. Ces 50 degrés Fahrenheit sont comptés à partir de notre zéro; mais puisqu'il faut évaluer la température à partir du zéro Fahrenheit, à ces 50 degrés il faut ajouter 32, ce qui donne 82. Le thermomètre Fahrenheit marquerait donc 82 degrés dans les eaux du puits de Grenelle.

RÉSUMÉ

1. Un *thermomètre* se compose d'un tube capillaire, c'est-à-dire d'un diamètre très-fin, comparable à celui d'un cheveu, et d'une ampoule pleine de mercure.

2. Pour remplir l'ampoule de mercure, il faut en chasser l'air par la chaleur. Le mercure alors rentre par l'effet de la pression atmosphérique.

3. Le point fixe inférieur du thermomètre centigrade est donné par la *température de la glace fondante*. Ce point est numéroté 0.

4. Le point fixe supérieur du thermomètre centigrade est donné par la *température de l'eau bouillante*. Ce point est marqué 100.

5. Les degrés d'un thermomètre sont d'autant plus longs que le mercure est plus abondant et le tube plus étroit. Un thermomètre à grosse ampoule serait lent à prendre la température du milieu où il serait plongé. Il faut donc ne donner aux thermomètres qu'une petite ampoule; mais, en compensation, pour rendre les degrés suffisamment longs et lisibles, il faut que le tube soit très-étroit.

6. Le thermomètre à mercure peut être employé entre — 40°, température de la congélation du mercure, et + 350, température de l'ébullition du mercure.

7. Pour les températures très-basses, on se sert du thermomètre à alcool, qui ne se congèle à aucune température connue.

8. Dans le thermomètre Réaumur, le point de glace fondante est

marqué 0, et celui de l'eau bouillante est marqué 80, ce qui fait que
4 degrés Réaumur valent 5 degrés centigrades.

9. Dans le thermomètre Fahrenheit, le degré 32 correspond à notre
zéro ; et le degré 212, à notre degré 100. En retranchant 32 de 212,
on a 180. Donc 180 degrés Fahrenheit valent 100 degrés centigrades;
ou, ce qui est plus simple, 9 degrés Fahrenheit valent 5 degrés centigrades.

CHAPITRE XXII

1. Cerclage des roues de voitures. — Clous à river. —
Les corps se dilatent par la chaleur, ils se contractent par le refroidissement. Dans une foule de circonstances, même des plus
vulgaires, les variations dans les dimensions d'un corps, par
l'effet d'une température plus basse ou plus élevée, ont un rôle
important dont nous allons donner quelques exemples pour les
solides, pour les liquides et pour les gaz.

Une opération pratiquée par les charrons nous fournira le premier exemple. Une roue de voiture se compose de diverses parties.
C'est d'abord un morceau de bois tourné, appelé moyeu, qui en
occupe le centre et reçoit, dans un canal qui le traverse, une
grosse barre de fer appelée essieu. Des bâtons, appelés rais ou
rayons, s'emboîtent par un bout dans le moyeu, et par l'autre
dans des pièces de bois, formant le bord de la roue et nommées
jantes. Tout cela est fort compliqué et demande cependant une
grande solidité. Pour assembler toutes ces pièces avec la solidité
désirable, voici ce que fait le charron. Il prend un grand cercle
en fer un peu plus étroit que la roue en bois, de telle sorte qu'il
est impossible, dans les conditions actuelles, d'y faire entrer
la roue. Il chauffe ce cercle ; celui-ci s'élargit en tous sens, et,
pendant qu'il est encore chaud, le charron y enchâsse la roue
sans aucune difficulté, grâce à la dilatation du métal. Puis le
fer est refroidi avec de l'eau. La contraction du collier de fer

est tellement énergique, que les jantes se resserrent sous une pression irrésistible, et que toutes les pièces de la roue sont désormais fixées l'une à l'autre très-solidement. Il est bien entendu qu'en outre de ce service, résultant de la dilatation et de la contraction du métal, le cercle en fer en rend un autre : celui de préserver les jantes du frottement contre le sol et de les empêcher de s'user trop vite.

Pour assembler exactement de fortes pièces en tôle, comme celles dont se composent les chaudières à vapeur, pour les river l'une à l'autre, on emploie des clous à grosse tête que l'on enfonce tout rouges de feu dans des trous préalablement préparés. Pendant que les clous sont encore rouges, on façonne leur extrémité qui dépasse en une tête semblable à la première ; et les deux pièces de tôle sont assemblées par un énergique martelage. Cela fait, les clous se refroidissent ; ils se contractent et, par leur indomptable raccourcissement, achèvent de rapprocher les deux pièces à river.

2. **Rails, grilles.** — On tient compte de la dilatation dans la construction des chemins de fer. Les barres en fer ou rails, qui, placées bout à bout, forment les lignes sur lesquelles roulent les wagons, ne se touchent pas à leurs jonctions. Le léger intervalle laissé d'un rail au suivant, a pour but de laisser un libre jeu à la dilatation pendant les chaleurs de l'été. Sans ces intervalles, les rails dilatés se pousseraient l'un l'autre avec une force impossible à maîtriser et seraient arrachés de la voie. Dans le passage de l'hiver à l'été, une ligne de rails de 100 kilomètres s'allonge d'environ 70 mètres.

Il nous semblera peut-être bien difficile que les tiraillements occasionnés par des alternatives de contraction et de dilatation, puissent arracher un rail de la voie ; voici alors un exemple qui pourra nous convaincre. On place des barreaux de fer à une fenêtre pendant les chaleurs de l'été, chaque barreau est solidement scellé au mur par ses deux bouts. L'hiver arrive, le fer se raccourcit et alors il arrive de deux choses l'une : ou bien la maçonnerie cède aux tiraillements des barreaux et se disjoint, ou bien, si elle résiste, les barreaux se cassent. — Si la grille était posée pendant l'hiver, les barreaux, en s'allongeant pendant l'été, prendraient une forme courbe. — Pour empêcher les barreaux d'une grille de se rompre en hiver, de se courber en été, il faut donc que l'une de leurs extrémités, au lieu d'être inébranlablement scellée au mur, puisse jouer assez pour obéir à la contraction et à la dilatation.

3. **Toitures en zinc. — Tuyaux de conduite. — Flacons à l'émeri.** — Les lames en zinc employées pour toiture arracheraient leurs clous ou se déchireraient en se contractant l'hiver, tandis qu'elles se plisseraient, se courberaient en se dilatant l'été, si elles étaient clouées sur tout leur contour à leur support de planches. Pour éviter ces déformations, on ne les cloue que par un seul côté, et on laisse les bords libres se recouvrir simplement l'un l'autre.

Les tuyaux de fonte servant à la conduite des eaux ou des gaz de l'éclairage, au lieu d'être invariablement soudés, s'emboîtent à frottement l'un dans l'autre, afin que les variations de température n'aient d'autre effet que de faire avancer ou reculer plus ou moins l'extrémité de l'un dans la cavité du tuyau voisin. Sans cette précaution, les variations de longueur occasionnées par les changements de température amèneraient tôt ou tard la rupture des tuyaux.

Certains flacons, spécialement ceux qu'on emploie en chimie, sont fermés avec un bouchon de verre qui s'adapte exactement au goulot. On les dit flacons à l'émeri parce que le bouchon et le goulot ont été travaillés de manière à s'ajuster avec précision l'un à l'autre, avec une poudre très-dure appelée émeri. Or, parfois le bouchon adhère tellement au goulot, qu'il est impossible de l'enlever. On casserait le bouchon, on briserait le goulot, si l'on voulait de force ouvrir le flacon. Une faible dilatation vient à bout de ce que ne peut faire la violence. On chauffe légèrement le goulot à la flamme d'une lampe : mais sans attendre que la chaleur se soit propagée jusqu'au bouchon. L'ouverture s'élargit un peu, et le bouchon, non dilaté encore, s'enlève sans difficulté. Si l'on attendait trop, le goulot et le bouchon également pénétrés de chaleur, se dilateraient dans la même proportion, et la difficulté resterait la même.

4. **Redressement de murs par la contraction du fer.—**

Rien, mieux que l'opération suivante, ne donnerait une idée de l'énorme puissance développée par un corps qui se contracte. — Au Conservatoire des arts et métiers, à Paris, deux murailles latérales d'une galerie s'étaient inclinées en dehors, surchargées par le poids du plafond qu'elles soutenaient, et compromettaient la solidité de l'édifice. Pour les ramener à la verticale, on imagina de les faire traverser dans le haut par de fortes barres de fer, se terminant en dehors des murailles par des vis recevant de larges écrous. Les barres mises en place et armées de leurs écrous furent portées au rouge. A mesure qu'elles s'allongeaient, on serrait les écrous. Cela fait sur toute la longueur de la galerie en même temps, on laissa les barres se refroidir. Comme elles étaient invinciblement retenues en dehors de la maçonnerie par les écrous, les barres ne pouvaient se contracter qu'en rapprochant les murailles. C'est ce qu'elles firent. Les murs, entraînés peu à peu par la contraction du fer, malgré le faix immense qu'ils supportaient, reprirent la direction verticale.

5. **Pendule et instruments d'horlogerie.** — A l'extrémité d'un fil, attachons une balle de plomb (fig. 104). Si l'extrémité libre de ce fil est fixée quelque part, en A, la balle, après quelques moments, reste immobile, et le fil prend la direction verticale. Soit AB cette direction. Maintenant transportons la balle dans la position C et abandonnons-la à elle-même. Si le fil ne la retenait pas, elle tomberait suivant la verticale ; mais à cause du fil elle ne peut le faire, et alors, entraînée par la traction terrestre dans le seul sens compatible avec le lien qui la rattache au point de suspension, elle glisse suivant l'arc de cercle CD, dont le centre est en ce même point de suspension. Elle gagne donc la position B, qu'elle dépasse pour remonter l'arc jusqu'en D. Arrivée là, elle retombe, ou pour mieux dire elle glisse de nouveau et revient dans la position C, qu'elle

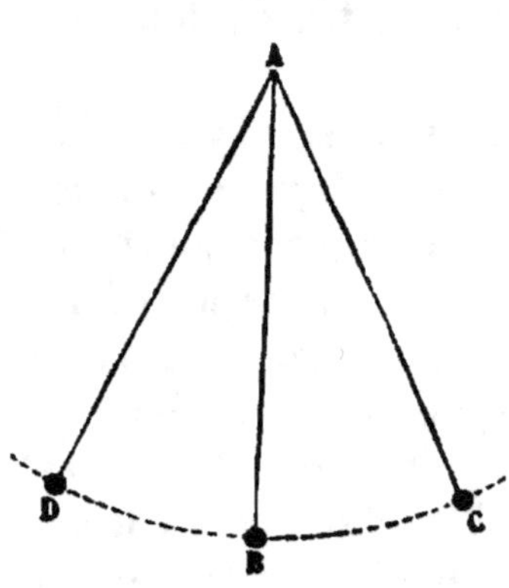

Fig. 104.

abandonne encore pour revenir en D, et ainsi de suite pendant
très-longtemps jusqu'à ce que la résistance de l'air ait peu à peu
annulé son mouvement, ce qui n'arrive qu'après un temps assez
considérable, si la suspension du fil au point A est faite avec tous
les soins voulus. Chacune de ses allées et venues de la balle, de C
en D et de D en C s'appelle une *oscillation* ; et l'appareil lui-
même, la balle avec son fil, s'appelle un *pendule*. Les oscillations du pendule sont occasionnées par la même force qui fait
tomber les corps abandonnés à eux-mêmes, en un mot par l'attraction de la Terre. Elles constituent une espèce de chute gênée
par le fil de suspension.

Pour mesurer le temps, on se sert d'horloges et de pendules.
Ce sont des appareils d'un mécanisme compliqué, où diverses
roues, s'engrenant les uns dans les autres, font tourner les aiguilles du cadran. Un ressort, ou un contre-poids, met le tout
en mouvement. Or pour régler la marche de l'ensemble, pour
empêcher les rouages d'aller ou trop vite ou trop lentement, il y
a dans toute horloge, dans toute pendule, une pièce fondamentale, un régulateur, un balancier, qui va et vient, oscille toujours avec la même vitesse, et entretient, dans la marche des
rouages, l'uniformité de mouvement qu'il possède lui-même. Ce
balancier n'est autre chose qu'un pendule qui, au lieu d'être
composé d'une balle et d'un fil comme le pendule élémentaire
que nous venons de décrire, est formé d'une masse lenticulaire
de métal appendue à un tringle également en métal. Il ne faut
pas confondre le pendule avec la pendule : la première expression désigne le balancier seul ; la seconde, l'appareil entier d'horlogerie. La pendule est l'instrument complet destiné à donner
l'heure ; le pendule est la pièce qui en régularise le mouvement.
Si le balancier, si le pendule vient à osciller plus vite, les rouages
qu'il règle vont également plus vite ainsi que les aiguilles, et la
pendule, l'horloge, avancent ; s'il oscille plus lentement, les
rouages sont ralentis, et la pendule, l'horloge, retardent.

**6. Effets de la variation de température sur la marche
des horloges.** — Or, parmi les causes qui peuvent accélérer ou
ralentir les oscillations d'un pendule, il faut citer en première
ligne la longueur de sa tige ou de son fil de suspension. Con-

struisons deux pendules avec deux balles pareilles et deux fils inégalement longs. Nous verrons le pendule le plus court aller plus vite que l'autre, et d'autant plus vite qu'il sera plus court. Cela compris, on conçoit sans difficulté qu'une horloge doit avancer quand il fait froid et retarder quand il fait chaud. Avec le froid, la tige de son balancier se raccourcit un peu ; les oscillations pendulaires deviennent plus rapides, et les rouages accélérés dans leur marche font avancer l'aiguille des heures plus qu'il ne convient. Avec la chaleur, au contraire, la tige du balancier s'allonge, les oscillations deviennent plus lentes, et l'aiguille des heures est en retard.

7. **Pendule compensateur.** — Pour éviter ces irrégularités de la marche des horloges, on fait usage d'un pendule, dit *compensateur*, qui conserve une longueur invariable par l'antagonisme des dilatations et des contractions de deux métaux différents. La figure 105 représente un pendule compensateur des plus simples. Les deux traverses AA', EE' sont reliées par deux tiges en fer F, F''. La traverse inférieure EE' porte en outre deux tiges en cuivre C, C'; la traverse BB', qui joint supérieurement ces deux tiges, porte à son tour une tige en fer F', à laquelle la masse lenticulaire L du pendule est fixée. La tige F' passe par un trou de la traverse EE' et peut y glisser librement. Examinons quel sera l'effet de la dilatation de ces diverses tringles associées. Les tiges en fer F, F'', en se dilatant, pressent la traverse EE' que rien n'arrête, et allonge le pendule. Il en est de même de la

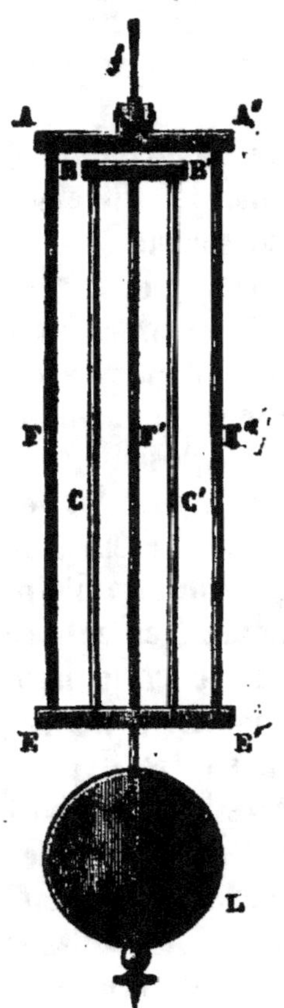

Fig. 105.

tige F', qui glisse librement dans la traverse EE'. La dilatation des tringles de fer a donc pour effet d'augmenter la longueur du pendule. Mais les tringles en cuivre C et C', arrêtées en bas par la traverse EE' et libres de pousser devant elles la traverse BB', qui les relie dans le haut, ont pour effet de raccourcir le pendule. De la sorte, les tringles en fer tendent à allonger le pendule quand elles se dilatent; les tringles en cuivre tendent à le raccourcir. Les premières sont plus longues que les secondes, mais le fer se dilate moins que le cuivre, comme nous l'a appris le pyromètre; on peut donc disposer les longueurs respectives des tringles en fer et des tringles en cuivre de manière que les dilatations agissant en sens inverse, se compensent mutuellement et laissent au pendule une longueur constante. Ce que nous disons de la dilatation doit se dire de la contraction. Les tiges en cuivre se contractent par le refroidissement plus que ne le font les tiges en fer. Celles-ci, en se raccourcissant, tendent à diminuer la longueur du pendule, les autres tendent à l'augmenter, comme on peut s'en convaincre en consultant la figure. La longueur inégale des tiges et l'inégale contraction du fer et du cuivre peuvent donc être facilement combinées de telle sorte que le pendule conserve une invariable longueur.

8. **Rupture des flacons par le liquide dilaté.** — Le thermomètre nous offre la plus belle application de la dilatation des liquides; il est inutile d'y revenir. Nous examinerons plus tard les remarquables résultats que présentent la dilatation et la contraction de l'eau. Pour le moment, nous citerons un seul exemple des applications que peut nous fournir la dilatation des liquides. — Est-il prudent, surtout par une basse température, de remplir en entier une bouteille d'un liquide quelconque? Évidemment non, car à la première élévation de température, le liquide augmentera de volume plus que ne le fera la bouteille; et alors il arrivera de deux choses l'une: ou le bouchon cédera à la pression du liquide qui se dilate, ou il résistera et la bouteille sera elle-même brisée. Il est donc nécessaire de laisser entre le bouchon et le liquide un intervalle qui permette à celui-ci une libre dilatation.

9. **Mouvements dus à la dilatation de l'air.** — La dilatation de l'air par la chaleur a reçu dans les mongolfières une frappante application. C'est elle encore qui est la principale cause du vent. L'écoulement de l'air d'une région de l'atmosphère dans une autre, le vent enfin, est dû en grande partie à l'inégale

répartition de la chaleur solaire. En s'échauffant, l'air se dilate, devient plus léger, et s'élève, poussé de bas en haut par l'air froid environnant. Cette ascension de l'air chaud présente une telle importance qu'il ne sera pas de trop, pour bien graver dans notre mémoire ce fait fondamental, d'appeler à notre aide quelques expériences.

Lorsque, au-dessus d'un poêle allumé, on secoue un morceau de papier enflammé, on voit les parcelles carbonisées s'élever comme entraînées par un courant. Ce courant est produit par l'air qui s'échauffe au contact du poêle. C'est l'air chaud ascendant qui fait tourner les spirales de papier suspendues sur une pointe au-dessus d'un poêle ; c'est par lui que la fumée est entraînée dans le conduit d'une cheminée. Mais de tous les exemples que l'on pourrait choisir, le plus remarquable est celui-ci :

En hiver, ouvrons la porte qui fait communiquer un appartement chauffé avec un autre qui ne l'est pas, et présentons une bougie allumée, tantôt au haut de l'ouverture de la porte, tantôt au bas. Dans le premier cas, nous verrons la flamme de la bougie se diriger de l'appartement chauffé vers l'appartement froid ; dans le second cas, ce sera le contraire : la flamme se dirigera de l'appartement froid vers celui qui est chaud. Cette double direction de la flamme, en sens diamétralement opposés, accuse deux courants : l'un d'air chaud, à la partie supérieure de la porte, où la flamme est chassée de l'appartement chauffé vers celui qui ne l'est pas ; et l'autre, d'air froid, à la partie inférieure de la porte, où la flamme se dirige de l'appartement froid vers celui qui est chaud. Chacun n'a-t-il pas observé qu'un air froid vous gagne les jambes lorsqu'on est assis devant le feu, et que pour l'éviter il faut recourir à un paravent ? Cet air froid, d'où vient-il ? Il vient du dehors par les fissures inférieures des portes ; il vient remplacer l'air chaud qui s'échappe par les fissures supérieures ou par la cheminée. L'air chaud, plus léger par suite de sa dilatation, occupe donc les parties supérieures d'un appartement ; l'air froid, plus lourd, à cause de sa contraction, en occupe les parties inférieures.

10. Le vent. — L'air ne s'échauffe que très-difficilement par l'action directe des rayons solaires. C'est ce que prouve la faible température des hautes régions de l'atmosphère. Il s'échauffe très-bien, au contraire, au contact du sol, échauffé lui-même par le soleil. Devenu plus léger, l'air chaud quitte le sol et s'élève dans l'atmosphère, tandis que l'air froid des contrées plus ou moins éloignées accourt prendre sa place. Il se produit ainsi un double courant : l'un supérieur, allant de la contrée chaude à la contrée froide ; l'autre inférieur, dirigé de la contrée froide vers la contrée chaude. C'est en tout pareil à ce qui se passe quand on ouvre la porte de communication de deux appartements, et qu'on met en rapport l'air chaud de l'un avec l'air froid de l'autre. Il n'est pas rare de pouvoir constater, à l'aide des nuages, la marche inverse des deux courants atmosphériques. On voit, en effet, les nuages des régions élevées se diriger dans un sens, et ceux des régions inférieures se diriger dans l'autre. La dilatation de l'air, plus échauffé en certaines régions du sol qu'en d'autres, est donc une des principales causes du vent.

11. Effets de la variation de température sur la quantité d'air respiré. — L'air est indispensable à l'entretien de la vie. Il pénètre dans les poumons par la respiration; il se répand dans la masse du sang et produit dans tout le corps une sorte de combustion dont le résultat est la chaleur animale, qui, pour chaque espèce, ne peut varier sans les plus graves périls. Le combustible nécessaire à ce foyer vital est fourni par l'alimentation. Pour l'animal, le comestible est du combustible. En nous servant d'une comparaison triviale, mais fort juste, nous pouvons dire que le corps de l'homme, comme celui des animaux, est un poêle dont il faut entretenir la température à un degré constant, malgré les variations extérieures, par une charge convenable de combustible et un tirage proportionné. Fait-il froid au dehors, le poêle est en voie de se refroidir; il lui faut plus du charbon, et plus d'air pour le brûler. Fait-il chaud, le poêle, pour se maintenir à la même température, exige moins de combustible, et par suite moins d'air. C'est dire, en laissant l'expression figurée, que pour entretenir à son invariable degré la température du corps, il faut plus de nourriture en hiver qu'en été, parce que nous sommes exposés à un plus fort refroidissement. Qui n'a observé, en effet, que le besoin des aliments est bien plus impérieux en hiver qu'en été? Si la nourriture, si le combustible est plus abondant, ne faut-il pas que la respiration, que le tirage du foyer pour ainsi dire, augmente dans la même proportion? C'est évident. En hiver pourtant, la respiration ne paraît pas être plus active qu'en été; mais en allant au fond des choses, nous verrons tout le contraire. La capacité des poumons a une valeur qu'il ne nous est pas possible de modifier. A chaque inspiration, nous introduisons en nous un volume d'air toujours à très-peu près le même, en hiver comme en été; mais à ce volume de valeur constante correspond une masse d'air variable suivant la saison. En hiver, l'air contracté par le froid est plus dense, plus riche; en été, dilaté qu'il est par la chaleur, il est moins dense, moins riche. Aussi, bien que le volume d'air introduit dans les poumons à chaque inspiration ne varie pas d'une saison à l'autre, en réalité, la respiration est plus active en hiver, parce que l'air est plus dense. C'est de la sorte que le tirage du foyer vital reste en rapport avec la quantité de combustible exigée par la température extérieure.

Mais les aliments, pour devenir combustible du foyer de la vie, ont besoin d'une préparation, ils ont besoin d'être digérés. Les fonctions digestives doivent donc marcher de pair avec les fonctions respiratoires; et celles-ci pareillement doivent se conformer aux fonctions digestives; sinon le combustible sera trop abondant pour le tirage, ou le tirage sera trop abondant pour le combustible, et, dans les deux cas, la santé sera compromise. Pour mettre d'accord estomac et poumons, il faudrait dans certains cas que la température extérieure exigeât de notre part moins de nourriture et moins d'air. Tel est le motif qui, pour des poitrines délicates, rend l'air tiède du Midi préférable en hiver à l'air vif du Nord. Sous un climat plus doux, la respiration est moins active parce que l'air est plus dilaté; et le besoin d'alimentation est moins impérieux parce que la température extérieure ne nous refroidit pas autant.

RÉSUMÉ

1. Les roues de voiture sont consolidées par la contraction de leur cercle de fer. Les pièces des chaudières à vapeur sont étroitement assemblées par la contraction de leurs clous.

2. On laisse un léger intervalle d'un rail à l'autre pour donner un libre jeu à la dilatation. — Les barreaux des grilles, s'ils sont invariablement fixés par leurs deux extrémités, peuvent se rompre en se contractant l'hiver, ou se courber en se dilatant l'été.

3. Les feuilles en zinc des toitures ne sont clouées que par un bord pour éviter les déchirements ou les plis qu'amèneraient les changements de température. — Les tuyaux de conduite des eaux sont emboîtés l'un dans l'autre par leurs extrémités pour éviter les ruptures que la dilatation et la contraction occasionneraient infailliblement s'ils étaient fixés l'un à l'autre d'une manière invariable. — On débouche un flacon à l'émeri qui résiste, en chauffant le goulot.

4. La force de contraction du fer a été appliquée au redressement des murs dérangés de la verticale par le poids de leur plafond.

5. Le régulateur, le balancier d'une horloge, d'une pendule, est ce qu'on nomme en physique un *pendule*, c'est-à-dire un corps pesant suspendu à l'extrémité d'une tige et pouvant osciller autour d'un point de suspension.

6. Le pendule se raccourcit et oscille plus vite quand il fait froid. L'horloge alors avance. Il s'allonge et oscille plus lentement quand il fait chaud. L'horloge alors retarde.

7. On obtient un pendule qui conserve une longueur invariable malgré les changements de température, par l'association de tringles de cuivre et de tringles de fer qui, se dilatant ou se contractant en sens inverse, annulent mutuellement leurs effets contraires. C'est ce qu'on nomme un *pendule compensateur*.

8. Un flacon exactement plein peut se rompre par la dilatation du liquide contenu.

9. L'air chaud se dilate, devient plus léger et s'élève, remplacé par l'air froid voisin. Dans un appartement, l'air chaud occupe la partie supérieure ; l'air froid, la partie inférieure.

10. Le vent a pour principale cause l'ascension de l'air chaud qui s'élève du sol et l'afflux de l'air froid qui le remplace.

11. La respiration est plus active en hiver qu'en été, parce que l'air introduit dans les poumons, toujours à volume à peu près le même, est plus dense à cause de sa contraction par le froid.

CHAPITRE XXIII

1. Fusion des corps. — Par une élévation suffisante de température, les corps solides entrent en fusion, c'est-à-dire deviennent liquides. Les uns se liquéfient à une basse température : tel est le mercure, qui devient fluide à 40 degrés au-dessous de zéro ; telle est la glace, qui entre en fusion à zéro. D'autres exigent une température moyenne : le suif, qui se fond à 33 degrés ; l'huile d'olive, qui devient liquide à 10 degrés. Plus haut se trouvent le plomb, fusible à 320 degrés ; l'étain, fusible à 235. Ce sont là déjà des températures très-chaudes pour nous. Ce n'est rien encore cependant par rapport à la température qu'exige le fer, de 1500 degrés à 1600 ; par rapport surtout à la température qu'exige le platine, métal dont la fusion nécessite la plus violente chaleur que nous sachions produire. Les diverses substances entrent en fusion à des températures fort variables d'une substance à l'autre ; mais, chose fort remarquable, chacune d'elles a un point de fusion qui lui appartient en propre et ne varie jamais. Ainsi, la glace entre en fusion à zéro, jamais plus tôt, jamais plus tard ; l'étain se liquéfie à 235 degrés, et l'activité du foyer ne peut ni avancer ni retarder ce point de fusion. Tant que la glace n'a pas atteint la température zéro, elle ne se fond pas ; quand elle y est arrivée, elle se fond sans plus attendre. L'étain reste solide jusqu'à 235 degrés. A ce point de température, il se liquéfie infailliblement. Il n'est donc pas sans intérêt de connaître, pour chaque substance, son point de fusion ; car ce point de fusion est un des caractères distinctifs de la substance.

2. Tableau des points de fusion. Ses usages. — Voici, rangés d'après l'ordre croissant de la température, les points de fusion de quelques substances :

Noms des corps.	Points de fusion.	Noms des corps.	Points de fusion.
Mercure	—40°	Plomb	320°
Glace	0°	Zinc	360°
Huile d'olives	+10°	Antimoine	432°
Suif	35°	Argent	1000°
Phosphore	43°	Or	1250°
Cire	62°	Fonte	1100 à 1200°
Soufre	115°	Acier	1300 à 1400°
Étain	235°	Fer	1500 à 1600°

Une table des points de fusion, non comme la nôtre, que nous réduisons pour plus de simplicité, aux corps vulgairement connus, mais embrassant toutes les substances, serait d'une incontestable utilité. Remarquons, en effet, que chaque substance est caractérisée par un point de fusion spécial. Tant que la substance est pure, son point de fusion reste le même; si elle est associée à des matières étrangères, son point de fusion s'élève ou s'abaisse suivant la nature des matières associées. On peut donc reconnaître si une substance est pure ou associée à des matières étrangères, même en quantité fort minime, en constatant si son point de fusion est oui ou non le point normal de fusion donné par les tables.

3. Défaut de fusion des corps décomposables par la chaleur. Expérience de Hall. — Beaucoup de corps, principalement ceux d'origine organique, c'est-à-dire provenant des animaux ou des plantes, ne peuvent entrer en fusion parce qu'ils se décomposent par l'action de la chaleur. Tels sont le bois, le sucre, la gomme, l'amidon, etc. Lorsqu'on les chauffe à l'air libre, la décomposition n'est que plus profonde : l'air intervient et les brûle. Certaines matières minérales, spécialement celles qui renferment un principe volatif, échappent encore à la fusion par leur décomposition. Lorsque le chaufournier chauffe de la pierre calcaire dans son four, il n'amène pas la fusion de la pierre parce que celle-ci se décompose en gaz carbonique, qui s'échappe dans l'atmosphère, et en chaux qui reste dans le four. Mais si le calcaire était renfermé dans un vase métallique, par exemple dans un canon de fusil hermétiquement clos, le gaz carbonique n'aurait plus d'issue pour s'exhaler, et la décomposition ne se ferait pas. Alors la matière fond sans altération, et après un refroidissement lent, qui rend la cristallisation possible, le calcaire primitif, la pierre à bâtir vulgaire, la craie sans consistance, se trouvent transformés en une masse compacte de marbre blanc, d'un aspect aussi cristallin que le sucre. Cette curieuse expérience, qui permet de changer la craie pulvérulente en marbre blanc au moyen de la fusion, est due au physicien sir James Hall. Dans les mêmes circonstances, la sciure de bois devient un charbon bitumineux, une espèce de houille susceptible de brûler avec une flamme brillante.

4. La température reste invariable pendant toute la durée de la fusion. — On met sur le feu un vase plein de glace et muni d'un thermomètre. Une fois la fusion commencée, on reconnaît que le thermomètre se maintient invariablement au même point, à zéro, tant qu'il reste une parcelle de glace à fondre ; vainement on activerait le foyer, on ne ferait que rendre la fusion plus rapide sans faire monter le thermomètre. — On recommence l'expérience avec du suif. La température monte d'abord jusqu'à 33 degrés. Arrivé à ce point, le thermomètre reste stationnaire, quelle que soit la violence du feu. Mais alors la fusion de la matière se fait, et tant qu'elle dure, le thermomètre se maintient à 33 degrés. Une fois la glace en entier fondue, une fois le suif en entier fondu, le thermomètre monte, et pas plus tôt. Deux faits très-importants sont donc à considérer dans la fusion des corps : 1° chaque substance exige pour se fondre une certaine température qui lui est spéciale ; 2° pendant toute la durée de la fusion, la température se maintient au même point.

5. Chaleur latente et chaleur sensible. — Puisque la température ne s'élève pas au-dessus de zéro dans le vase plein de glace en fusion, on ne peut manquer de se demander ce que devient la chaleur, car le foyer sur lequel est le vase en fournit, et abondamment. — Cette chaleur sert à résoudre la glace en liquide, à la transformer en eau qui n'est pas plus chaude que la glace elle-même. Ainsi employée, elle cesse à l'instant d'être chaleur ordinaire, chaleur chaude, si l'on peut se servir de cette expression ; elle est, pour nous et pour le thermomètre, comme si elle n'existait pas. La chaleur est une force, une puissance; et, comme toute force, elle ne peut produire à la fois deux effets dont chacun exige sa valeur entière. Employée à liquéfier un corps, à séparer ses molécules, à les maintenir à la distance nécessaire pour la fluidité, la chaleur ne peut en même temps produire ses effets ordinaires, ses effets thermométriques, par la raison toute simple que ce qui fait un travail ne peut en même temps en faire un autre. — La chaleur nécessaire pour donner à un corps solide la manière d'être liquide et le maintenir dans cet état sans en élever la température, s'appelle *chaleur latente*, qui veut dire chaleur cachée; celle qui produit la température d'un corps sans en modifier l'état, prend le nom de *chaleur sensible*. Il faut donc, dans les effets de la chaleur, distinguer deux cas différents. Dans le premier cas, la chaleur change l'état d'un corps sans en modifier la température; elle fait passer ce corps de l'état solide à l'état liquide, ou de l'état liquide à l'état gazeux, mais elle n'impressionne pas nos organes, elle n'a pas d'influence sur le thermomètre. C'est la chaleur latente. Dans le second cas, elle élève la température d'un corps sans en modifier l'état, elle impressionne nos organes et fait monter le thermomètre. C'est la chaleur sensible.

6. **Chaleur de fusion de la glace.** — On peut aisément trouver quelle est la chaleur latente nécessaire à un kilogramme de glace pour se fondre. — Mélangeons un kilogramme de glace à zéro, et réduite en menus morceaux, avec un kilogramme d'eau chauffée à 79 degrés. Il semble tout d'abord naturel que de ce mélange de deux corps inégalement chauds doive résulter une répartition égale de chaleur. Moins chaude, la glace ne prendra-t-elle pas de la chaleur pour s'échauffer; plus chaude, l'eau n'en perdra-t-elle pas, de telle sorte que la température finale soit la moyenne, c'est-à-dire de 39° 1/2? Il n'en est rien cependant. La glace prend de la chaleur, mais sans s'échauffer; et la température finale n'est pas 39° 1/2, mais zéro; zéro pour la glace tout comme au début, zéro pour l'eau avec laquelle on l'a mélangée. Qu'est alors devenue la chaleur fournie par l'eau chauffée à 79 degrés? Voici : la glace ne s'est pas échauffée, c'est vrai, mais elle s'est fondue, en entier fondue; et du mélange sont résultés deux kilogrammes d'eau dont la température commune

est de zéro. Évidemment, la fusion de la glace s'est opérée aux dépens de la température de l'eau chaude; et puisque celle-ci, pour effectuer la fusion, s'est refroidie jusqu'à zéro, on voit qu'un kilogramme de glace à zéro, pour se réduire en eau également à zéro, exige une quantité de chaleur latente égale à celle de la chaleur sensible qu'il faut pour échauffer de 79 degrés un kilogramme d'eau. La même proportion de chaleur, appliquée à la glace ou à l'eau, produit la fusion de la première sans en élever la température, ou élève la température de la seconde de 79 degrés. Ou bien encore, car la quantité de chaleur dégagée est proportionnelle à la quantité de combustible brûlée, le charbon nécessaire pour fondre un kilogramme de glace à zéro sans en élever la température, s'il était employé à chauffer un kilogramme d'eau, élèverait la température de celle-ci de 79 degrés. Le même fait se répète pour les diverses substances. Toutes, quelles qu'elles soient, nécessitent pour se fondre une certaine quantité de chaleur latente, variable d'une substance à l'autre. Les unes en demandent plus, les autres moins, mais enfin toutes en exigent. C'est là le motif qui maintient à un degré invariable la température d'un corps tant que dure la fusion. La chaleur fournie par le foyer, dès que la fusion commence, est employée à effectuer le changement d'état sans modifier la température.

7. **Solidification.** — Le retour de l'état liquide à l'état solide ou la solidification présente également deux circonstances remarquables. D'abord, la solidification d'un corps s'effectue précisément à la même température qui provoquerait la fusion si le corps était solide. L'eau devient glace à zéro, de même que la glace devient eau à zéro; la cire fond à 62 degrés, elle redevient solide au même degré ; le phosphore en fait autant à 43 degrés, etc. Secondement, la température se maintient invariable pendant toute la durée de la solidification. Pour obtenir ce dernier point, on met dans un mélange de glace et de sel marin, mélange qui peut abaisser la température à une douzaine de degrés au-dessous de zéro, on met, disons-nous, côte à côte, deux éprouvettes contenant, l'une de la glace à zéro, et l'autre de l'eau liquide à zéro aussi. Chacune des éprouvettes est munie

d'un thermomètre. Dans ces conditions, on voit le thermomètre
de l'éprouvette où se trouve la glace s'abaisser rapidement et
atteindre la température du mélange réfrigérant, soit — 12°,
tandis que celui de l'éprouvette occupée par l'eau se maintient
fixe à zéro. En même temps, cette eau se congèle, et quand elle
est en entier convertie en glace, le thermomètre qui l'accompagne commence à baisser pour atteindre la température du mélange réfrigérant, comme l'a fait depuis longtemps celui de la
première éprouvette.

8. **Retour de la chaleur latente à l'état de chaleur
sensible.** — D'où provient cet étrange retard? L'eau s'échauf-
ferait-elle par cela même qu'elle se congèle? Y aurait-il ici
quelque source de chaleur qui nous échappe, puisque, en devenant glace, l'eau résiste à l'action réfrigérante du mélange, et
se maintient à zéro lorsqu'elle devrait descendre à une douzaine
de degrés plus bas? Et en effet cette source de chaleur existe;
en voici l'origine : L'eau, nous l'avons vu, ne devient et ne se
maintient liquide qu'à la faveur d'une quantité considérable de
chaleur latente. Si l'état liquide cesse pour faire place à l'état
solide, la chaleur latente de liquéfaction, dont le rôle est alors
inutile, se dégage peu à peu et reparaît, avec ses caractères
ordinaires, en devenant chaleur sensible. On conçoit alors très-
bien que le dégagement graduel de cette chaleur sensible puisse
empêcher le liquide de se refroidir au-dessous de son point de
congélation, en lui restituant sans cesse la chaleur que lui enlève le mélange réfrigérant. Mais, une fois la congélation effectuée, il n'y a plus de chaleur sensible dégagée, et la glace formée
se refroidit désormais sans entraves. Quelque paradoxal que cela
puisse paraître d'abord, il reste donc établi que la formation de
la glace, et généralement la solidification d'un corps, est accompagnée d'un dégagement de chaleur.

9. **Contraction ou expansion des corps au moment
de la solidification. Moulage.** — La plupart des corps, au
moment où ils se solidifient, éprouvent une diminution de volume, une contraction. Tels sont le soufre, le cuivre, le plomb,
l'étain, la cire, et une foule d'autres. Si on les verse dans un
moule pour en prendre la forme, ils remplissent sa cavité tant

qu'ils sont liquides, ils cessent de la remplir exactement en devenant solides, et le moulage obtenu est plus ou moins défectueux. La masse solidifiée a des espaces vides et ne reproduit pas fidèlement le moule. Avec d'autres corps en plus petit nombre, la fonte de fer, l'antimoine, l'eau, etc., il y a au contraire augmentation de volume, dilatation, au moment où la matière liquide se solidifie. Dans ce cas, l'empreinte du moule est prise avec une fidélité parfaite. Cette propriété de se dilater au moment de la solidification rend la fonte de fer très-précieuse pour le moulage. Pour obtenir une foule d'objets de l'emploi le plus fréquent, poêles, marmites, grilles, tuyaux de conduite, etc., on verse la fonte dans des moules en sable fin ; en se solidifiant, elle reproduit, par l'effet de sa dilatation, les plus fins détails des moules.

RÉSUMÉ

1. Chaque substance entre en fusion à une température spéciale.

2. Le point de fusion d'une substance varie si celle-ci est associée à des matières étrangères. D'après le point de fusion, on peut ainsi juger de la pureté d'une substance.

3. Certains corps n'entrent pas en fusion parce qu'ils se décomposent par l'effet de la chaleur. La craie enfermée dans un tube de fer hermétiquement clos ne peut rien perdre de ses éléments et se transforme par la fusion en marbre blanc. Dans les mêmes conditions, la sciure de bois devient matière coulante et se change par la solidification en une espèce de houille.

4. La température se maintient à un degré fixe pendant toute la durée de la fusion.

5. La chaleur fournie par le foyer est employée à produire la fusion sans élever la température du corps. La chaleur remplit deux offices. Tantôt, elle fait passer un corps de l'état solide à l'état liquide et le maintient dans ce dernier état sans modifier en rien la température. Ainsi employée, la chaleur est sans action sur nos organes et sur le thermomètre. C'est la *chaleur latente*. Tantôt elle modifie la température du corps sans amener de changement d'état. Ainsi employée, la chaleur impressionne nos organes et influence le thermomètre. C'est la *chaleur sensible*.

6. La chaleur latente nécessaire pour fondre un kilogramme de

glace à 0° et en faire de l'eau à 0°, est égale à la chaleur sensible qui élève de 79 degrés un kilogramme d'eau.

7. Une substance se solidifie à la température même qui amènerait la fusion si la substance était solide. — Pendant toute la durée de la solidification la température reste la même.

8. Au moment de la solidification, la chaleur latente de fusion devient sensible et maintient le corps à une température fixe.

9. La plupart des corps se contractent en devenant solides. D'autres en plus petit nombre se dilatent. Les premiers prennent mal l'empreinte du moule dans lequel on les a versés à l'état de fusion; les autres en reproduisent les plus fins détails. La fonte de fer est dans ce dernier cas.

CHAPITRE XXIV

1. A 4°, l'eau est plus lourde qu'à toute autre température. — Il est de règle générale que les corps se dilatent par un accroissement de température, et se contractent par une diminution de température. Par une exception fort remarquable, l'eau, dans certaines limites, se comporte d'une manière inverse. Avec plus de chaleur, elle se contracte, elle devient plus lourde; avec moins de chaleur, elle se dilate, elle devient plus légère. Ces anomalies n'ont lieu, il est vrai, que dans des limites assez étroites; elles sont toutefois d'un trop haut intérêt, à cause du rôle immense de l'eau, pour qu'on les passe sous silence. Voici comment l'expérience étudie cette curieuse question :

Dans une éprouvette AB, pleine d'eau (fig. 106), se trouvent deux thermomètres traversant la paroi, l'un t, placé dans les couches supérieures du liquide, l'autre t', placé dans les couches inférieures. Un manchon en cuivre C est plein de glace et sert à refroidir l'eau de l'éprouvette. Les premiers effets du refroidissement de l'eau, dont la température initiale est celle de l'appartement dans lequel on opère, sont de faire baisser le thermomètre inférieur plus que le thermomètre supérieur. On voit, par exemple, le thermomètre t' accuser 8°, 7°, 6°, etc., pendant que le thermomètre t accuse 10°, 9°, 8°, etc. D'où provient

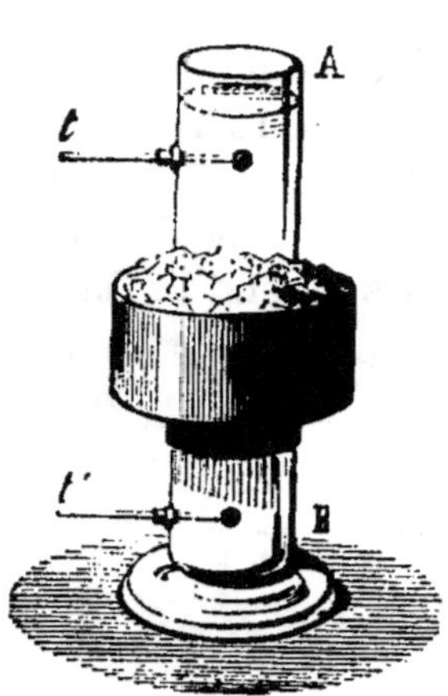

Fig. 106.

cette marche inégale des deux thermomètres, plus rapide pour celui d'en bas? — Le refroidissement, l'évidence le dit, ne peut s'effectuer simultanément dans la masse entière du liquide; il se propage de proche en proche. A un moment donné, il y a donc à la fois dans l'éprouvette de l'eau plus froide, de l'eau moins froide, et chacune d'elles gagne telle ou telle région de l'éprouvette, suivant sa densité. La plus lourde descend au fond, la plus légère monte à la surface. Eh bien, en ce moment la température est plus élevée à la surface qu'au fond; c'est ce que disent les deux thermomètres. Nous en concluerons qu'à 10, à 9, à 8, à 7 degrés, etc., l'eau est plus légère qu'à 8, à 7, à 6, à 5; résultat conforme à ce que nous présente l'ensemble des corps qui se dilatent et deviennent plus légers par un surcroît de température. — Un moment arrive où les deux thermomètres, dont la différence va en décroissant, atteignent l'un et l'autre 4°. A partir de ce moment, l'ordre des indications thermométriques est renversé. Le thermomètre supérieur indique une température plus basse que le thermomètre inférieur; il marque, par exemple, 3, 2, 1, tandis que l'autre marque 4, 3, 2. Comme incontestablement le liquide le plus léger occupe toujours le haut de l'éprouvette, et le plus lourd le fond, il résulte de cette seconde partie de l'observation qu'à 3 degrés, à 2, à 1 l'eau est plus légère qu'à 4 degrés, à 3, à 2. — Ainsi, d'une part, l'eau devient plus légère à mesure que sa température est plus élevée, à partir de 4°; d'autre part, elle devient plus légère à mesure que sa température s'abaisse, à partir de 4°. C'est donc à 4° que l'eau est la plus lourde possible, ou, en d'autres termes, qu'elle possède son *maximum de densité*. A partir de cette température elle devient plus légère, elle augmente de volume, soit qu'elle devienne plus chaude, soit qu'elle devienne plus froide. On comprend maintenant pour quel motif le centimètre cube d'eau, dont le poids doit faire le *gramme*, est pris à la température de 4°. C'est la température la plus remarquable de l'eau, puisqu'elle correspond à la densité la plus forte de ce liquide.

2. Expansion de l'eau lorsqu'elle gèle. La glace flotte. — L'accroissement de volume de l'eau au-dessous de 4° se maintient jusqu'au point de congélation, jusqu'à 0°. L'augmentation de volume de la glace est même très-sensible; elle est égale aux 88 millièmes du volume de l'eau à zéro; c'est-à-dire qu'un litre d'eau à 0° produit, en se solidifiant, un litre et 88 millilitres de glace. Cette augmentation de volume fait que la glace est plus légère que l'eau et, par suite, flotte sur ce liquide.

Il peut paraître d'abord assez indifférent que la glace flotte ou qu'elle descende au fond. Cependant, aucune des propriétés de l'eau, dont le rôle est capital, ne doit être un résultat fortuit; elles répondent toutes à quelques conditions de l'ordre général, et ne pourraient changer sans amener les plus graves désordres. Si la glace était plus lourde que l'eau, les populations aquatiques seraient condamnées à une destruction certaine, dans tous les pays où l'hiver est rigoureux. En effet, la glace se forme à la surface de l'eau que refroidit l'air extérieur. Si la première couche formée descend au fond, le contact glacial de l'air s'exerce sur une nouvelle nappe de liquide et la congèle à son tour. La glace descend encore, et l'eau, se trouvant de la sorte toujours en rapport avec l'air froid, finira par geler dans toute son épaisseur. Les fleuves, devenus solides, cesseront de couler; les lacs, les étangs, seront convertis, de la surface au fond, en assises de glace. Est-il nécessaire de dire qu'une fois enveloppés de partout par la glace, les animaux qui peuplent ces fleuves, ces lacs, ces étangs, doivent infailliblement périr? Mais heureusement la glace flotte, elle couvre l'eau d'une couche plus ou moins épaisse, et la préserve désormais des atteintes du froid. C'est par ce mécanisme, admirable de simplicité, que, malgré les rigueurs de l'hiver, l'eau se maintient liquide sous la glace, comme l'exige la conservation des êtres vivants qui l'habitent. Bien mieux : au moment des grands froids, l'eau qu'abrite la glace possède une température assez douce relativement à celle de l'air; elle possède la température de 4° dans ses profondeurs; puisqu'à cette température l'eau est plus lourde qu'à toute autre et doit, par cet excès de poids, descendre au fond, à l'abri du contact de l'air froid, à l'abri du contact de la glace.

3. **Glaces polaires.** — Aux deux extrémités de la Terre, redoutables domaines du froid, l'eau généralement est à l'état solide; elle y forme un sol de glace, des rochers, des îles, des montagnes de glace. La mer, gelée à une grande profondeur y prend la dureté du roc, se soude aux terres voisines, et le tout forme un continent de neige et de glace, dont les limites avancent ou reculent suivant la saison, mais sans jamais fondre en entier. Les navigateurs qui pénètrent, dans la belle saison, au sein des mers arctiques, rencontrent d'abord des glaçons flottants, détachés de la masse polaire et entraînés vers le Sud par les courants océaniques. Ces blocs de glace affectent toutes les formes. Ce sont des tours en ruine, des donjons démantelés, des murailles percées à jour, des flèches, des aiguilles, des obélisques. Les uns figurent une colline avec sa crête à double versant, un cratère ébréché, un quartier de montagne, une île avec ses falaises, un promontoire avec ses escarpements; les autres se recourbent en demi-voûtes, qu'on prendrait pour des fragments de coupoles bâties de main d'homme, ou s'ouvrent en ponts rustiques à une ou plusieurs arches. Un miracle d'équilibre retient leurs voussoirs toujours près de crouler. Celui-ci se dresse en édifice gigantesque, comme l'imagination n'oserait en rêver; celui-là s'excave en grotte, en repaire digne d'abriter quelque monstre marin. On a vu de ces glaçons qui mesuraient trois kilomètres. Leurs flèches dominaient la mer d'une cinquantaine de mètres de hauteur, et leur base plongeait de 200 mètres dans les eaux. Il n'est pas rare de rencontrer, sur ces glaces flottantes, quelque ours blanc embarqué pour de nouvelles rives. Passager d'un vaisseau digne d'elle, la monstrueuse bête explore la mer, à la recherche d'une proie. Il est moins rare encore de voir incrustés, dans leurs flancs, des quartiers de roc, des éclats de promontoire arrachés aux terres d'où elles sont parties.

Les glaces flottantes ne proviennent pas toutes, en effet, de la mer congelée, puis disloquée en fragments par quelque tempête; elles viennent ainsi de l'intérieur des terres par la voie des glaciers. Au Groënland, par exemple, il se forme des fleuves de glace encore plus considérables que ceux des hautes régions des Alpes. Ces fleuves progressent lentement; ils marchent, mais ils ne coulent jamais; ils restent solides depuis leur source, au sein des neiges perpétuelles, jusqu'à leur embouchure. Au lieu de verser des eaux à la mer, ils y versent des montagnes de glace. Le fleuve solide s'avance donc au milieu des flots, tout d'une pièce, avec les blocs de pierres recueillis en route ou enclavés dans la masse. Quelquefois il surplombe, comme un promontoire sapé par la mer. Un jour ou l'autre, une solennelle détonation éclate; mille échos s'éveillent et répercutent le fracas. C'est l'extrémité du glacier qui, par son propre poids et par l'action des vagues, vient de se détacher et de tomber dans la mer. Une houle violente, déterminée par sa chute, se propage à la ronde, et annonce que la flotte des glaçons compte un colosse de plus.

Tantôt les glaçons errent un à un sur la mer; tantôt ils s'avancent, en flotte innombrable, dans toute l'étendue que la vue peut embrasser. C'est alors que le spectacle des glaces polaires est le plus étrange : on croirait voir osciller, sur les flots, les ruines de quelque cité de géants, bâtie avec du cristal, de l'albâtre et du marbre. Mais c'est alors que le danger est grand. Ces masses colossales pirouettent sur elles-mêmes, se penchent et se redressent, s'éloignent ou se rapprochent, suivant les ondulations de la mer; elles frôlent l'une contre l'autre avec des grincements sinistres, s'entre-choquent et se brisent en éclats. Malheur au navire qui se trouverait entre deux glaçons au moment du choc : il serait broyé comme une coquille de noix entre les mâchoires d'un étau. Le navigateur anglais Scoresby, qui a longtemps fréquenté les parages arctiques, raconte qu'en un seul été, plus de trente navires périrent de cette manière. Sous ses yeux mêmes, un fut écrasé entre deux murs de glace et disparut instantanément. Seule, la pointe du grand mât demeura debout au-dessus des glaces rapprochées. Un autre, soulevé par le heurt d'un glaçon, se dressa sur son arrière comme un cheval qui se cabre. Deux autres encore furent percés de part en part par le choc de glaçons terminés en pointe. Et cependant les glaçons flottants ne sont pas encore le danger le plus terrible qui menace le navigateur dans ces mers inhospitalières. Il descend parfois de la mer de Baffin des blocs incomparablement plus volumineux, connus des baleiniers sous le nom de plaines de glace. Scoresby en a rencontré mesurant trente-cinq lieues en long sur dix de large. Souvent brisées et ressoudées en désordre, ces plaines de glace sont hérissées de mille aspérités, de chaînes de monticules, comme le sol d'une île. Une épaisse couche de neige les recouvre en entier. On les prendrait pour des cantons neigeux arrachés à la terre ferme et jetés à la mer, où quelque force mystérieuse les maintiendrait flottants avec leurs plaines, leurs collines et leurs vallées. Leur vitesse de transport par les courants océaniques est effrayante, et la puissance de leur choc n'a pas de terme de comparaison. Que ne doit pas être le choc d'un corps en mouvement dont le poids dépasse dix mille millions de tonnes ! Aussi, le navire qui voit, dans la brume de l'horizon, s'avancer une de ces masses, comme une île qui abandonnerait son archipel, n'a qu'une chance de salut : c'est de fuir au plus vite pour éviter le formidable radeau.

4. Effets de la gelée sur les vases pleins d'eau, les plantes, les pierres gélives. — Lorsqu'elle se forme dans un espace clos dont les parois s'opposent à son augmentation de volume, à son expansion, la glace exerce contre ces parois une poussée énorme qu'on évalue à plus de mille kilogrammes par centimètre carré de surface pressée. De cette poussée ou, comme on dit, de cette *force expansive* de la glace, résultent des effets importants à connaître. — Les carafes pleines d'eau se brisent quand il gèle. Il se forme d'abord dans le col un tampon de glace qui le bouche exactement ; puis, si la congélation se propage dans toute la masse liquide, la glace, qui n'a plus le large nécessaire pour se dilater, exerce de dedans en dehors une poussée qui fait éclater la carafe. Les tuyaux de conduite des fontaines sont fendus, les bassins en maçonnerie sont crevassés, les corps de pompe se déchirent si leur contenu vient à geler en entier.

Mieux que cela : des canons en bronze, remplis d'eau et solidement bouchés, se déchirent comme de minces tuyaux quand on
les expose à la rigueur du froid. Les rochers les plus durs, s'ils
emprisonnent de l'eau dans quelques fentes, se brisent par la
gelée et démontrent toute l'exactitude de cette expression populaire : il gèle à pierre fendre. Certaines pierres qu'on fait entrer
dans les constructions s'imbibent d'eau à la surface. S'il survient
du froid, l'eau emprisonnée dans la pierre augmente de volume
en se congélant, et par sa pression réduit en poudre la couche
extérieure. Ceci se répétant chaque hiver, les constructions faites
avec ces pierres sont en peu d'années profondément détériorées.
Il faut donc éviter l'emploi de ces matériaux qu'on appelle *pierres
gélives*. — On s'explique de la même manière l'effet meurtrier
de la gelée sur les plantes. Dans toute plante se trouvent des
canaux déliés dans lesquels la séve circule, comme le sang circule dans les veines et les artères des animaux. Au chapitre de
la porosité il a été parlé de ces canaux ou *vaisseaux*. En outre,
la plante est composée en grande partie de petites cavités closes
de partout appelées *cellules*. S'il vient à geler pendant que ces
cellules, ces vaisseaux sont pleins de liquide, l'expansion de la
glace les déchire, et la plante périt.

5. Action de la gelée sur les roches. — Terre arable.
— C'est à la force expansive de la glace qu'est due principalement la formation de la terre végétale. La partie fertile du
sol, cette couche de matières pulvérulentes où plongent les
racines des végétaux, cultivés ou non cultivés, en un mot la
terre, qui alimente la végétation et, par suite, toutes les races
animales et l'homme lui-même, la terre est formée de débris de
toute nature arrachés, parcelle à parcelle, aux roches compactes, que la glace a pour mission de pulvériser. En tel endroit le roc est à nu et la stérilité y est complète; en tel autre la
terre végétale forme une épaisseur de quelques centimètres, et
de maigres gazons y commencent à poindre; en d'autres enfin,
elle atteint une épaisseur d'un petit nombre de mètres, et la végétation y arrive à toute sa prospérité. Mais nulle part la terre
végétale ne possède une profondeur indéfinie : à une profondeur
qui n'est jamais bien grande, reparaît le roc vif des montagnes

voisines. Comment s'est formée cette mince couche de terre où tout ce qui vit puise sa nourriture, directement ou indirectement; et comment encore se maintient-elle à peu près dans une même proportion, lorsque tous les cours d'eau, après de grandes pluies, l'entraînent graduellement à la mer avec leurs flots limoneux?

Minées tous les hivers et même toute l'année sur les hautes montagnes, par la glace qui se forme dans leurs moindres fissures, les roches de toute nature éclatent en menus fragments, se divisent en grains de sable, tombent en poussière et fournissent les matières minérales que d'innombrables cours d'eau, grands et petits, charrient et déposent momentanément dans les plaines. Les cailloux roulés, les sables, les limons, la terre arable, n'ont pas, en général, d'autre origine. La glace, par sa puissance expansive, les a détachés de la croupe des montagnes, et les eaux pluviales les ont balayés et transportés plus loin. On peut se faire une idée de l'action de la glace émiettant les rochers pour en faire de la terre et enrichir les plaines, en examinant, au moment du dégel, la surface d'un chemin battu.

Ferme, résistante sous les pieds avant la gelée, la surface d'un chemin est, après le dégel, dépourvue de consistance et soulevée çà et là en petites mottes pulvérulentes, bientôt converties en boue. Au moment de la gelée, l'humidité dont le sol était imprégné est devenue de la glace qui, par sa force expansive, a miné la couche superficielle du chemin et l'a réduite en menus débris. Quand le dégel arrive, ces débris, que la glace n'agglutine plus, forment d'abord de la boue, et plus tard de la poussière. C'est d'une manière exactement pareille que la terre arable s'est formée, avec les débris de roches de toute nature émiettées par la glace, et qu'elle se forme encore aujourd'hui, pour remplacer celle que les eaux courantes charrient sans repos à la mer.

6. Ameublissement de la terre arable par la gelée. — La glace est encore un énergique auxiliaire de l'agriculture pour rendre le sol apte à recevoir et à nourrir la semence. — En automne, de forts attelages labourent péniblement un sol inculte. Le soc mord profondément la terre; de grandes mottes sont arrachées et culbutées en désordre sur le trajet de la charrue. Quand ce labour est fini, la surface du champ paraît comme ravagée : au lieu d'un sol égal, composé d'une terre souple telle qu'en demande la culture, ce n'est encore qu'un pêle-mêle de grosses mottes compactes, de blocs argileux où le grain ne pourrait germer. Si l'homme devait lui-même émietter ces blocs, les pulvériser et en faire de la terre fertile, bien certainement tous ses moyens d'action, si ingénieux qu'ils soient, n'en viendraient jamais à bout. Ce que l'agriculteur ne peut faire, la gelée le fait avec une merveilleuse facilité. Les mottes, imprégnées des pluies automnales, sont saisies par le froid en hiver ; et, se gelant, se dégelant tour à tour, elles finissent par être réduites en poudre par l'action expansive de la glace formée dans leur épaisseur. Au printemps, le sol est ameubli, c'est-à-dire converti en cette terre souple qu'exige la culture. Maintenant la semence peut venir à bien. Cette action bienfaisante de la glace sur la terre arable fait dire aux agriculteurs que les froids de l'hiver *mûrissent* les terres.

7. **Comment les lacs se congèlent.** — Dans un lac, un étang, et en général dans les eaux tranquilles, la congélation a toujours lieu à la surface, et il est impossible qu'il en soit autrement puisque, à partir de 4°, l'eau devient plus légère en se refroidissant, et par suite monte à la surface. Mais il n'en est pas toujours ainsi dans les eaux courantes ; il peut se former alors ce qu'on nomme *glace de fond*. En effet, le mouvement qui mélange sans cesse les couches liquides de température et de densité différente, peut déterminer une température uniforme dans la masse entière de l'eau, celle de 0° ; et dans ce cas, des glaçons apparaissent d'abord sur les corps placés au fond, sur les pierres, les cailloux, les morceaux de bois, etc., qui deviennent autant de centres de solidification. Mais comme le mouvement contrarie la formation d'une glace compacte, uniforme, les glaçons de fond se composent d'une masse spongieuse formée d'aiguilles confusément groupées.

RÉSUMÉ

1. A 4° de température, l'eau acquiert sa plus grande densité. A partir de ce point, elle augmente de volume, soit qu'elle s'échauffe, soit qu'elle se refroidisse.

2. La glace occupe un volume plus grand que l'eau d'où elle provient. C'est pour ce motif qu'elle est plus légère que l'eau et qu'elle flotte.

3. Dans les deux régions polaires du globe, la mer est couverte d'immenses glaçons flottants.

4. L'augmentation de volume de la glace est cause que celle-ci presse avec une force irrésistible contre les obstacles qui gênent son expansion. Cette poussée est appelée *force expansive* de la glace. La force expansive de la glace amène la rupture des vases, des bassins en maçonnerie, des tuyaux de conduite, etc. Elle détériore les constructions en pierres gélives, elle fait périr les végétaux.

5. La force expansive de la glace réduit en poussière les roches. C'est là la principale origine de la terre arable.

6. La force expansive de la glace contribue à la fertilité des terres en les émiettant.

7. Une eau stagnante, comme celle d'un lac, ne peut se congeler qu'à la surface. Une eau courante peut quelquefois se congeler par le fond. Il se produit alors ce qu'on nomme *glace de fond*.

CHAPITRE XXV

1. Évaporation et vaporisation. — Le passage d'un liquide à l'état de vapeurs s'effectue de deux manières : par *évaporation* et par *vaporisation*. Tantôt les vapeurs se forment uniquement à la surface du liquide, qui reste dans un complet repos ; il y a alors évaporation. Tantôt les vapeurs se forment au fond de la masse liquide animée d'un mouvement tumultueux appelé *ébullition*, et viennent, en grosses bulles, crever à la surface. Ce dernier mode de génération s'appelle vaporisation. De l'eau exposée à l'air s'évapore ; de l'eau mise sur le feu dans un vase et chauffée jusqu'à bouillir se vaporise.

2. Conditions qui influent sur la rapidité de l'évaporation. Séchage. Essorage. — Abandonné à l'air libre, un linge mouillé se dessèche ; pareillement une assiette pleine d'eau perd peu à peu son contenu. Dans les deux cas, l'eau se réduit lentement en vapeur et pénètre dans l'espace environnant où elle se répand de partout et se dissipe sous forme invisible. On dit alors qu'il y a évaporation. Examinons les circonstances qui influent sur l'abondance et la rapidité de l'évaporation, en prenant de préférence l'eau pour exemple, à cause du rôle immense de sa vapeur tant dans la nature que dans l'industrie.

L'évaporation s'effectue à toutes les températures, puisqu'un linge mouillé se dessèche pendant l'hiver aussi bien que pendant l'été. La glace elle-même émet des vapeurs. Toutefois, il est incontestable que plus la température est élevée, plus l'évaporation est rapide. Pour s'en convaincre, il suffit de se rappeler avec quelle facilité, pendant l'été, le sol arrosé reprend sa sécheresse primitive. ; avec quelle facilité un linge humide se sèche quand on le présente à la chaleur du foyer.

D'autre part, à mesure qu'elle se forme, la vapeur pénètre dans l'air et s'y dissémine. Mais évidemment, un même espace ne peut admettre, dans les mêmes conditions de température, une quantité indéfinie de vapeur. Il arrive donc tôt ou tard un moment où cet espace atteint son degré extrême d'humidité, un moment où il renferme toute la vapeur qu'il est susceptible de contenir. On dit alors que cet espace est *saturé*, c'est-à-dire qu'il ne peut plus recevoir de nouvelles vapeurs. Il est dès lors évident que dans un espace, dans un air saturé, l'évaporation est impossible. On comprend également bien que, plus l'air sera rapproché de son point de saturation, c'est-à-dire sera déjà plus riche en vapeur, plus l'évaporation y sera difficile. L'air humide entrave donc l'évaporation et l'air sec la favorise.

Ce n'est pas tout : l'air en contact avec les surfaces en évaporation, finit par se saturer plus ou moins de vapeur ; et s'il n'est pas renouvelé, l'évaporation cesse, ou du moins devient laborieuse. Il faut donc encore qu'à mesure qu'il s'imprègne de vapeurs, l'air soit remplacé par d'autre sec, afin que l'évaporation se fasse toujours avec la même rapidité.

En dernier lieu, il est évident qu'un linge mouillé, plié et replié sur lui-même ne séchera que difficilement, parce que la surface qui prendra part à l'évaporation n'aura qu'une faible étendue. Ce linge sera, au contraire, dans les meilleures conditions pour la rapidité de la dessiccation, s'il présente à l'air la plus grande surface possible, enfin s'il est suspendu et bien étalé. On voit donc, en résumé, que les conditions d'une prompte évaporation sont au nombre de quatre : une température élevée, un air sec, une certaine agitation dans l'air, et enfin une grande étendue dans les surfaces d'évaporation.

3. Marais salants. — Toutes ces conditions ne peuvent pas toujours être remplies à la fois lorsqu'il s'agit d'évaporer à peu de frais de grandes quantités d'eau ; mais si l'on ne peut disposer de toutes, on en réalise au moins quelques-unes. Examinons, par exemple, les procédés employés pour extraire le sel des eaux de la mer, ou des sources salées,

Si l'on abandonne au soleil de l'eau salée dans une assiette, l'eau s'en ira peu à peu en vapeurs invisibles et finira par laisser le sel à sec. On ne s'y prend pas autrement pour obtenir le sel dissous dans les eaux de la mer. A cet effet, dans un terrain bas, uni et voisin de la mer, on pratique une suite de bassins de quelques décimètres seulement de profondeur, mais d'une grande étendue, car leur superficie embrasse parfois plus de deux cents hectares. Ces bassins, appelés marais salants, communiquent avec la mer par des rigoles qui permettent l'arrivée de l'eau. Au commencement de la belle saison, on laisse l'eau de la mer entrer dans les bassins ; et, quand ils sont pleins, on ferme les rigoles de communication. Pendant tout l'été, sous les rayons d'un soleil brûlant, il se fait sur ces immenses nappes d'eau une évaporation énorme. Aussi, vers la fin de l'été, le sel n'a plus dans les bassins assez d'eau pour rester dissous, et il se prend en une croûte cristalline qu'on enlève avec des râteaux.

4. Évaporation des eaux des sources salées. — En quelques localités, il existe des sources d'eau salée, dont on extrait

le sel de la manière suivante. On dresse sous un hangar (fig. 107)
un grand tas de fagots d'épines dont la plus grande face est exposée au vent qui règne habituellement dans la contrée. L'eau salée
arrive à l'aide de pompes au sommet du tas ; de là, elle retombe

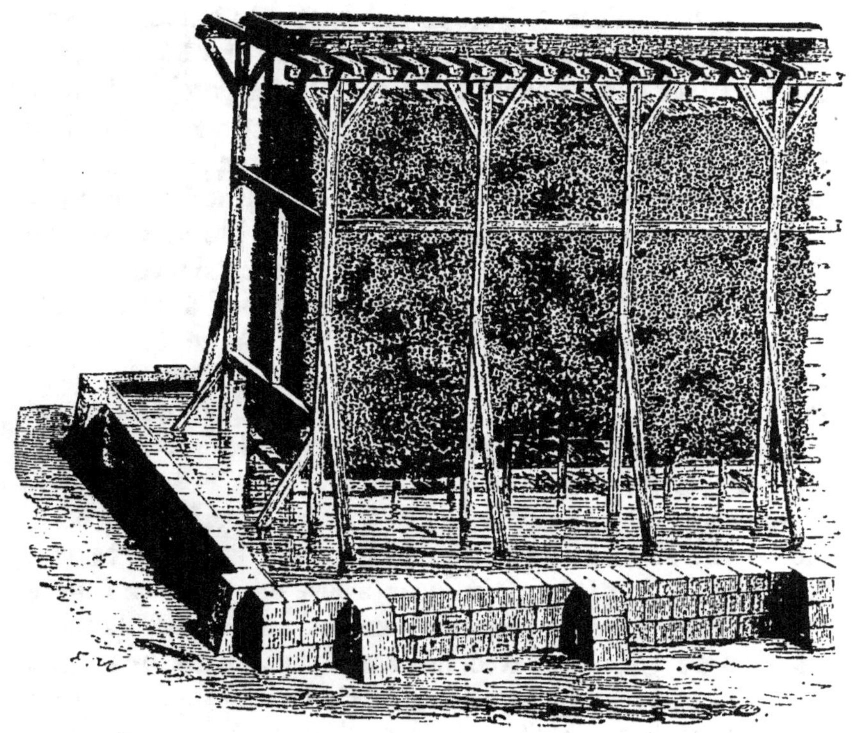

Fig. 107.

en fines gouttelettes, se répand dans le fourré de branchages,
se divise, se subdivise, et éprouve ainsi une rapide évaporation,
en étalant une grande surface au courant d'air qui traverse le
tas de fagots. Quand, après plusieurs opérations de ce genre, l'eau
s'est en grande partie évaporée et que le liquide est devenu
assez riche en sel, on achève l'évaporation dans des chaudières
chauffées sur le feu. Ces deux exemples suffisent pour démontrer que lorsqu'on veut obtenir à peu de frais l'évaporation
d'une grande masse d'eau, il faut tenir compte de l'étendue des
surfaces et du renouvellement de l'air tout autant et même plus
que de la température.

5. Froid produit par l'évaporation. — On a vu précédemment que la glace, pour se fondre, et plus généralement qu'un corps, pour passer de l'état solide à l'état liquide, nécessite une quantité considérable de chaleur, qui dès lors cesse d'être chaude, n'exerce aucune influence sur la température, et borne son rôle à produire et à maintenir l'état liquide. Cette chaleur, nous l'avons appelée chaleur latente. Pareille chose se passe quand une substance liquide passe à l'état gazeux. Ainsi les vapeurs qui s'exhalent de l'eau en évaporation ne se forment et ne se maintiennent qu'à la faveur d'une proportion considérable de chaleur ; et cependant elles ne sont pas plus chaudes que l'eau d'où elles proviennent, car cette chaleur est uniquement employée à produire le changement d'état et non à accroître la température, en un mot elle est latente. Toute évaporation amène donc un refroidissement, parce que les vapeurs, pour se former, prennent aux objets voisins la chaleur qui leur est nécessaire et la rendent latente. Les exemples suivants vont nous familiariser avec cette loi.

Qui ne connaît les frissons qu'on éprouve au sortir d'un bain, même chaud? La mince couche d'eau dont le corps est couvert en est cause. Son évaporation nous enlève une partie de notre chaleur naturelle ; les vapeurs, formées aux dépens de notre température, emportent avec elles, sous forme latente, une partie de notre chaleur propre. Ces frissons cessent dès que, le corps étant essuyé ou replongé dans l'eau, l'évaporation cesse d'elle-même.

Pour avoir de l'eau fraîche on emploie, en Espagne, des vases en terre poreuse, nommés *alcarazas*. L'eau suinte légèrement à travers la paroi de ces vases, dont le dehors est ainsi dans un état continuel d'humidité. Cette humidité extérieure, dont on a soin de favoriser l'évaporation en suspendant le vase dans un courant d'air, rafraîchit l'eau de l'intérieur, à laquelle elle prend la chaleur nécessaire pour passer à l'état de vapeur. Il est clair qu'une carafe enveloppée d'un linge mouillé et suspendue à un courant d'air, produirait le même résultat.

La prudence nous commande, lorsque nous sommes en transpiration, de ne pas nous dépouiller d'une partie de nos vêtements,

et surtout de ne pas nous exposer à un courant d'air. La raison
en est maintenant facile à saisir. En cet état,. nous sommes
comme l'alcarazas, comme la carafe entourée d'un linge humide ; nous pouvons donc, surtout dans un courant d'air, donner lieu à une évaporation active, dont le résultat sera un refroidissement, toujours dangereux, quelquefois mortel.

Le froid occasionné par l'évaporation est d'autant plus vif,
que le liquide employé se réduit plus facilement en vapeurs, ou,
comme on dit, est plus volatil. Aussi l'éther, incomparablement plus volatil que l'eau, produit, versé dans le creux de
la main, une impression de fraîcheur des plus marquées,.
tant il enlève rapidement la chaleur à la main pour se réduire en vapeurs. D'autres liquides, plus volatils encore, amèneraient un froid insupportable et glaceraient la main. Au contraire, l'huile ordinaire, liquide très-peu volatil, n'occasionne
pas d'impression de froid. Ne produisant pas de vapeurs, elle ne
soustrait pas de chaleur aux corps avec lesquels elle est en contact.

6. Gaz et vapeurs. — En réalité, vapeurs et gaz sont
même chose ; mais l'usage, établi d'après un examen superficiel,
n'emploie pas cependant ces deux expressions l'une pour l'autre.
On dit vapeur pour l'état aériforme d'une substance qui nous est
le plus ordinairement connue à l'état liquide ou à l'état solide.
Exemples : les vapeurs de l'eau, de l'alcool, de l'éther, etc. On
dit gaz pour les substances dont l'état habituel est l'état aériforme. Exemples : le gaz carbonique, le gaz ammoniac, etc.
Mais par un refroidissement convenable, on peut amener le gaz
carbonique, le gaz ammoniac et bien d'autres, à l'état liquide
et même à l'état solide. Eh bien, si l'on évapore le liquide carbonique, le liquide ammoniac, qu'obtient-on ? Des vapeurs, absolument comme lorsqu'on évapore le liquide eau ; et ces vapeurs sont le gaz carbonique ordinaire, le gaz ammoniac ordinaire. Vapeurs carboniques, vapeurs ammoniacales et vapeurs
aqueuses sont donc des gaz aux mêmes titres. Toute la différence consiste dans le plus ou le moins de températur qui
détermine la liquidité du corps. La température habituelle nous
donne l'eau à l'état liquide, et pour l'eau volatilisée nous disons

vapeur. La même température nous donne l'ammoniac à l'état aériforme, et pour l'ammoniac volatilisé nous disons gaz. Mais nous dirions vapeurs, si la température ordinaire était assez basse pour maintenir généralement l'ammoniac à l'état liquide. Au fond, gaz et vapeurs ne diffèrent donc pas. Lorsqu'on dit qu'une substance liquide s'évapore, se vaporise, il faut entendre qu'elle prend l'état gazeux, qu'elle devient gaz.

7. Force élastique des vapeurs des divers liquides. — Or un gaz, nous l'avons suffisamment établi, possède une force de ressort, une force élastique en vertu de laquelle il presse sur les parois qui lui font obstacle. Les vapeurs, par cela même qu'elles sont des gaz, doivent avoir une force élastique pareille. Elles doivent exercer une poussée plus ou moins forte sur les obstacles qui gênent leur expansion ; et la valeur de cette poussée doit varier avec la température et avec la nature du liquide engendrant les vapeurs. Le baromètre nous fournit un appareil très-commode pour évaluer la force élastique des vapeurs. Si dans la chambre barométrique on introduisait un peu d'air, on sait que la colonne mercurielle baisserait aussitôt, refoulée par la force élastique de l'air introduit. La quantité dont elle baisserait serait, en millimètres de mercure, la valeur de cette force élastique. De même, quand il se forme de la vapeur d'un liquide quelconque dans la chambre barométrique, le mercure descend et donne, par la valeur de sa dépression, la mesure de la force élastique de la vapeur. Cela compris, disposons quatre baromètres A, B, C, D, dans une même cuvette, comme le montre la figure 108. Au début, ces quatre baromètres se tiennent au même niveau ; ils mesurent, l'un comme l'autre, la pression atmosphérique au moment de l'expérience. L'un d'eux, A, est laissé tel quel ; dans le second, B, on introduit par sa partie inférieure quelques gouttes d'eau qui montent en vertu de leur moindre densité, et se rendent dans la chambre barométrique. On introduit dans le troisième, C, quelques gouttes d'alcool ; et dans le quatrième, D, quelques gouttes d'éther. Eh bien, dès que le liquide pénètre dans la chambre barométrique, on voit le mercure s'abaisser brusquement d'une certaine quantité, moindre pour l'eau, plus grande que l'alcool, plus grande encore pour l'éther; de sorte que le niveau primitif qui était en Y pour les quatre baromètres se trouve en Y′ pour le baromètre à eau, en Y″ pour le baromètre à alcool, en Y‴ pour le baromètre à éther. La dépression de la colonne mercurielle n'est certainement pas occasionnée par le poids de la mince couche d'eau, d'alcool ou d'éther qui la surmonte. Pour l'éther en particulier, liquide si léger, il est impossible qu'une couche insignifiante d'épaisseur ait refoulé par son poids presque nul, la longue colonne de mercure YY‴. Si ce n'est pas le poids de la goutte de liquide introduite qui amène la dépression du baromètre, ce ne peut être que la force élastique des vapeurs formées. Cette expérience nous apprend donc : 1° Qu'un liquide s'évapore instantanément dans le vide, puisque la dépression du mercure s'est opérée brusquement au moment même où le liquide

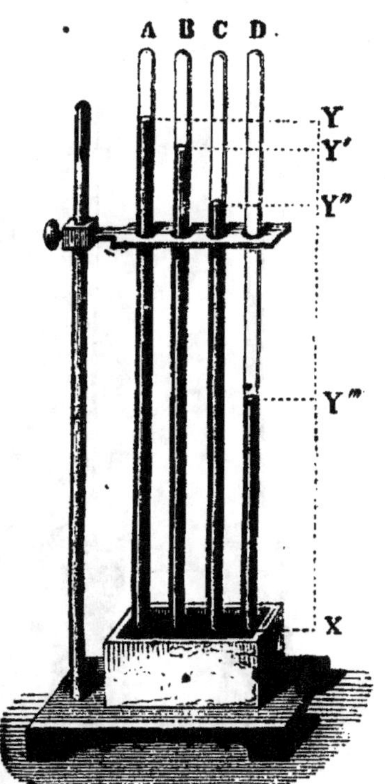

Fig. 108.

a apparu dans la chambre barométrique ; 2° que les vapeurs ainsi formées ont, de même que les gaz ordinaires, une force élastique dont l'effet est de déprimer la colonne mercurielle du baromètre ; 3° que dans les mêmes conditions de température, chaque liquide, suivant sa nature, donne des vapeurs d'une force élastique plus grande ou plus faible. La force élastique des vapeurs de l'eau, mesurée par la dépression YY′, est moindre que la force élastique des vapeurs de l'alcool, mesurée par la dépression YY″, et celle-ci est moindre que la force élastique des vapeurs de l'éther, mesurée par la dépression YY‴. En observant que l'alcool se volatilise, se réduit en vapeurs plus facilement que l'eau ; et que l'éther, à son tour, se volatilise plus facilement que l'alcool, on déduit que, pour une même température, la force élastique des vapeurs est plus grande avec un liquide plus volatil.

8. **Saturation.** — Dans un baromètre à cuvette très-profonde B (fig. 109), on fait passer quelques gouttes d'eau ou de tout autre liquide volatil. Le liquide gagne le haut de la colonne mercurielle et arrive dans la chambre barométrique. Aussitôt des vapeurs se forment et, par leur force expansive, font baisser le mercure. Celui-ci se tenait d'abord à une hauteur équivalente à la pression atmosphérique, à 760 millimètres, par exemple ; maintenant il se tient plus bas, au niveau YY', à 600 millimètres supposons. La quantité dont il est descendu, 160 millimètres, est la mesure de la force élastique des vapeurs formées.

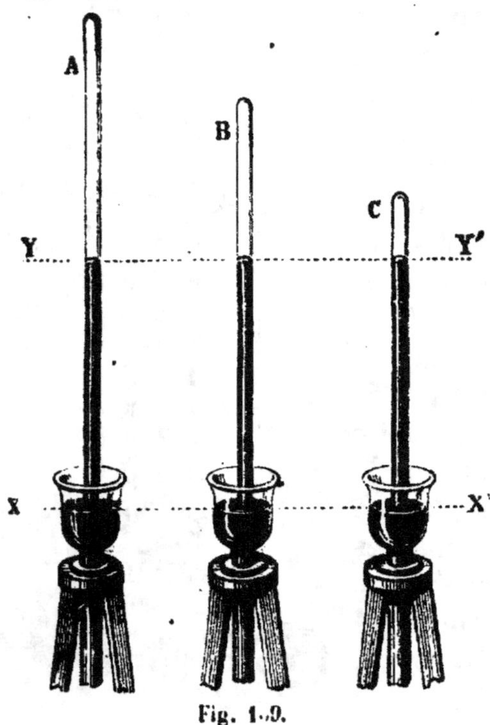

Fig. 109.

Il reste au-dessus du mercure, après la brusque dépression occasionnée par la formation soudaine des vapeurs, il reste une couche de liquide surabondant. Vainement on attendrait ; si la température autour de l'appareil se conserve la même, cette couche de liquide ne disparaît pas par l'évaporation, ne s'amoindrit même pas. Telle elle était dès le premier instant, telle elle sera toujours, à la condition que la température ne change pas. Puisqu'il cesse de se former des vapeurs, bien qu'il y ait encore du liquide à évaporer, il faut que l'espace B, surmontant le liquide, renferme toute la quantité de vapeurs qu'il est susceptible de contenir dans les mêmes conditions de température, et se refuse à en recevoir davantage. On dit alors que l'espace B est *saturé*, et la vapeur qu'il renferme est appelée vapeur *saturante*. On voit donc qu'un espace vide, dans lequel pénètre un liquide, se sature instantanément de vapeur, c'est-à-dire reçoit toute la quantité de vapeur qu'il est susceptible de contenir. La saturation opérée, toute évaporation cesse, et le liquide en excès se conserve tel quel indéfiniment, si la température ne change pas. On voit, enfin, que l'espace est saturé toutes les fois que la vapeur est en présence de son liquide générateur, car, si la saturation n'était pas atteinte, le liquide fournirait aussitôt de nouvelles vapeurs jusqu'à saturer cet espace.

9. Les vapeurs saturantes, à une température déterminée, ne peuvent augmenter ni diminuer de force élastique. — Il a été reconnu qu'un gaz diminue de force élastique quand on augmente son volume, et qu'il augmente en force élastique quand on réduit son volume. La vapeur saturante se comporte d'une autre manière. L'espace B (fig. 109) est plein de vapeurs saturantes. On augmente cet espace en soulevant l baromètre, et on lui donne la longueur A (fig. 109). Si l'on suit attentivement du regard la couche d'eau qui surmonte le mercure, on la voit diminuer un peu d'épaisseur, ce qui prouve la formation d'une nouvelle quantité de vapeurs, pour saturer le surcroît d'espace libre présenté par le tube soulevé. Quant à la force élastique de la vapeur, elle reste absolument la même, elle déprime le mercure de la même quantité. Le mercure, en effet, conserve exactement le niveau YY' qu'il avait dans le premier cas. Ainsi, quand on vient à augmenter l'espace occupé par la vapeur saturante, une nouvelle quantité de liquide passe à l'état de vapeur, la saturation s'établit et la force élastique se conserve avec sa valeur première.

Enfonçons maintenant le tube de manière à réduire l'espace occupé par la vapeur et à lui donner la valeur C (fig. 109). Dans ce cas, on voit la couche de liquide augmenter un peu d'épaisseur, ce qui annonce le retour à l'état liquide d'une partie de la vapeur. La diminution de volume, la compression, a donc pour effet de faire revenir à l'état liquide une partie de la vapeur saturante. Mais la force élastique n'est modifiée en rien, car le niveau du mercure se maintient toujours sur la même horizontale YY'; la colonne barométrique n'est pas plus refoulée après qu'avant. Les vapeurs saturantes présentent donc une propriété fondamentale : c'est de conserver une invariable force élastique malgré les variations de l'espace occupé. Si l'espace augmente, une nouvelle quantité du liquide générateur devient vapeur, et la force élastique se conserve avec sa valeur première; si l'espace diminue, une portion de la vapeur redevient liquide, et la force élastique se maintient la même.

10. Force élastique maximum des vapeurs. — Si, au contraire, l'espace barométrique n'était pas saturé, s'il ne restait pas un excès de liquide, la vapeur se comporterait comme les gaz ordinaires. Elle perdrait en force élastique en gagnant en volume, elle gagnerait en force élastique en perdant en volume. Alors la dépression du mercure, au-dessous du niveau primitif, serait moindre à mesure que l'espace occupé par la vapeur grandirait, plus forte à mesure que cet espace diminuerait. En soulevant ou en enfonçant davantage le tube de la figure précédente, on verrait le mercure changer de niveau, monter, dans le premier cas, parce que la force élastique de la vapeur diminuerait et ne pourrait plus le refouler autant, descendre dans le second parce que la force élastique de la vapeur augmenterait et le refoulerait avec plus de puissance. Mais, à un certain moment, la vapeur, comprimée dans un espace de plus en plus étroit, finirait par atteindre le point de saturation, et, à partir de ce moment, la force élastique cesserait d'augmenter, le niveau du mercure deviendrait constant; un surcroît de diminution dans le volume n'aurait d'autre effet que de faire liquéfier une portion de la vapeur sans augmenter la force élastique. C'est donc lorsqu'elle est saturante que la vapeur possède sa plus grande force élastique, ou, suivant une expression consacrée, sa force élastique maximum.

11. Comment la force élastique maximum de la vapeur d'eau varie avec la température. — Il est important de connaître la force élastique maximum de la vapeur d'eau pour les diverses températures. On y parvient avec l'appareil de la figure 110. Une cuvette C, pleine de mercure, est placée sur un fourneau. Un long manchon de verre AB plonge, par sa partie inférieure, dans le bain de mercure. On le remplit d'eau. Bien que les deux liquides communiquent, puisque le manchon est ouvert inférieurement, l'eau reste suspendue dans celui-ci par la poussée du mercure plus lourd.

Enfin, deux baromètres sont plongés dans l'eau du manchon, l'un F, à l'état normal pour servir de terme de comparaison, l'autre E, contenant un peu d'eau dans sa chambre barométrique. Un thermomètre G les accompagne. On chauffe le mercure de la cuvette C, la chaleur se propage dans l'eau et le thermomètre monte graduellement. Pour chaque température obtenue, on observe les deux baromètres, et l'on voit, à mesure que la température s'élève, le mercure du baromètre à eau descendre de plus en plus, preuve d'un accroissement dans la force élastique des vapeurs formées. En notant à la fois l'indication du thermomètre et la quantité ba, dont la colonne barométrique s'est abaissée par l'effet de la pression de la vapeur, on a, en millimètres de mercure, la force élastique de la vapeur d'eau pour la température correspondante.

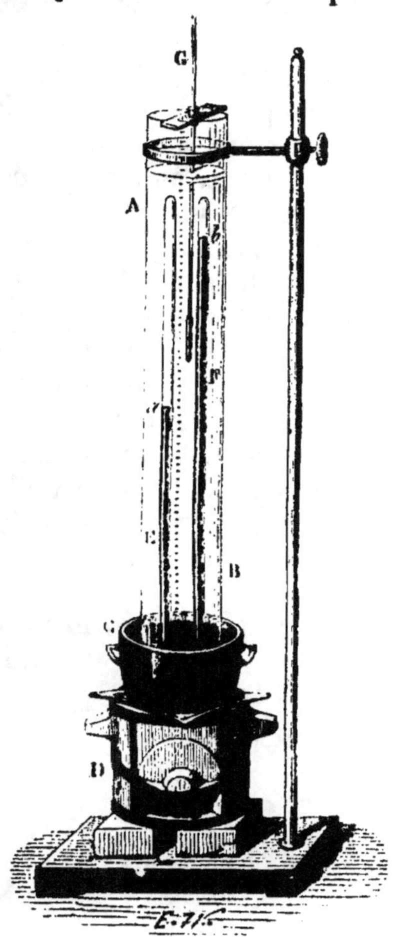

Fig. 110.

On peut ainsi former une table où, en face de chaque degré du thermomètre, se trouve la force élastique, maximum de la vapeur d'eau. — Le niveau a baisse, disons-nous, dans le baromètre à vapeur à mesure que la température augmente, parce que la force élastique des vapeurs, émises par le liquide toujours en excès, augmente elle-même. Quand l'eau du manchon atteint 100° de température, l'eau du baromètre se met à bouillir, et

16.

alors, fait important à se rappeler, le niveau du mercure dans le baromètre atteint le niveau du mercure dans la cuvette; c'est-à-dire que les vapeurs, émises par l'eau bouillante, ont une force élastique capable de déprimer en entier la colonne barométrique. Les vapeurs de l'eau bouillante ont donc une force élastique d'une atmosphère. Avec tout autre liquide, le même résultat se serait offert. Au moment de l'ébullition du liquide dans le baromètre, le mercure se trouverait au même niveau dans l'intérieur du tube et à l'extérieur. Ainsi, tout liquide en ébullition, n'importe la température de son point d'ébullition, émet des vapeurs dont la force élastique est d'une atmosphère.

L'appareil précédent nous donne la force élastique, maximum de la vapeur d'eau, depuis 0° jusqu'à 100°. Avec d'autres appareils, dont la description ne peut trouver place dans ces notions élémentaires, on arrive à déterminer la force élastique maximum de la vapeur d'eau, pour des températures supérieures à 100°; et l'on obtient ainsi une table que nous reproduisons partiellement.

12. Tableau de la force élastique, maximum de la vapeur d'eau.

Température.	Force élastique maximum de la vapeur d'eau en millimètres de mercure.
0°.	4
10°.	9
20°.	17
30°.	31
40°.	55
50°.	92
60°.	149
70°.	233
80°.	355
90°.	525
100°.	760 ou une atm^{re}

Cette table nous montre que la force élastique de la vapeur d'eau augmente bien plus rapidement que la température. A 40°, par exemple, cette force élastique est de 55 millimètres; à une température double, à 80°, elle est de 355 millimètres, c'est-à-dire de 5 à 6 fois plus grande. Par delà 100°, la force élastique s'accroît encore plus vite, à tel point qu'un petit nombre de degrés en plus la fait augmenter d'une atmosphère. On en jugera par la table suivante, où se trouvent les températures nécessaires pour amener la force élastique d'une atmosphère, de deux, de trois, etc.

Température.	Force élastique maximum de la vapeur d'eau évaluée en atmosphères.
100°.	1
121°.	2
134°.	3
144°.	4
152°.	5
160°.	6
165°.	7
171°.	8
176°.	9
180°.	10
184°.	11
188°.	12
195°.	14
201°.	16

Enfin, à 230, elle est de 27 atmosphères et plus.

RÉSUMÉ

1. Un liquide abandonné à lui-même *s'évapore*, c'est-à-dire se réduit lentement en vapeurs sans mouvements tumultueux. L'*évaporation* se fait uniquement à la surface du liquide.

2. *L'évaporation s'effectue à toute température*, même au-dessous de zéro pour l'eau. Elle est d'autant plus rapide que la température est plus élevée, l'air environnant plus sec et plus fréquemment renouvelé, la surface d'évaporation plus grande.

3. Dans les *marais salants*, on donne aux bassins beaucoup d'étendue et peu de profondeur pour obtenir une grande surface d'évaporation et activer la cristallisation du sel.

4. Les eaux des sources salées sont soumises à une active évaporation en traversant en fines gouttes des tas de fagots exposés au vent dominant de la localité. On obtient ainsi à la fois une grande surface d'évaporation et le renouvellement de l'air.

5. *L'évaporation est une cause de refroidissement*, parce que les vapeurs prennent aux objets voisins la chaleur nécessaire à leur formation et la rendent latente. Le froid produit est d'autant plus vif que le liquide est plus volatil, c'est-à-dire se réduit plus facilement en vapeurs.

6. Vapeur se dit d'une substance aériforme dont l'état habituel est l'état liquide ou l'état solide. Gaz se dit des substances aériformes qui habituellement se présentent à nous avec l'état gazeux. Mais au fond *gaz et vapeurs sont même chose.*

7. Comme les gaz, *les vapeurs ont une force élastique* que l'on évalue en millimètres de mercure. Quand on dit d'une vapeur qu'elle a une force élastique de 100 millimètres, par exemple, cela signifie que cette vapeur, par sa force d'expansion, presse chaque point du vase qui la renferme, comme le presserait, par l'effet de son poids, une colonne verticale de mercure de 100 millimètres de hauteur.

Pour une même température, la force élastique des vapeurs est d'autant plus grande que le liquide est plus volatil.

8. Un espace est *saturé* de vapeurs lorsqu'il renferme tout ce qu'i est susceptible d'en contenir à la même température. Les vapeurs contenues dans un espace saturé sont dites vapeurs *saturantes*. Les vapeurs en contact avec un excès de liquide générateur sont toujours saturantes.

9. *A une température déterminée, les vapeurs saturantes ont une force élastique qu'on ne peut augmenter par une diminution de volume, ni diminuer par une augmentation de volume.* Si l'on augmente l'espace que les vapeurs peuvent occuper, le liquide en excès fournit une nouvelle quantité de vapeurs et l'espace se maintient saturé; si l'on diminue cet espace, une portion des vapeurs se liquéfie, et ce qui reste sature l'espace. Dans tous les cas, la force élastique conserve la même vapeur.

10. *Les vapeurs non saturantes*, c'est-à-dire non en rapport avec un excès de liquide générateur, *se comportent comme les gaz*: elles diminuent ou augmentent de force élastique suivant qu'elles occupent un espace plus grand ou plus petit. Leur plus grande force élastique apparaît au moment où la diminution de volume amène la saturation. A partir de ce moment, il est impossible d'augmenter encore leur force élastique parce qu'une nouvelle compression n'a d'autre effet que de liquéfier une partie de la vapeur. *Les vapeurs saturantes possèdent donc le maximum de force élastique.*

11. *La force élastique maximum augmente avec la tempé-ature.* Pour la vapeur d'eau, elle est d'une atmosphère au point

d'ébullition, ou à 100 degrés. Pour les vapeurs d'un liquide quelconque, elle est encore d'une atmosphère au point d'ébullition de ce
liquide.

12. La force élastique maximum de la vapeur d'eau croît *bien plus
rapidement* que la température. A 100°, elle est d'une atmosphère,
à 200°, elle est à peu près de 16 atmosphères ; à 230°, elle est de
27 atmosphères et plus.

CHAPITRE XXVI

1. Ébullition. — On met sur le feu un vase plein d'eau ou
de tout autre liquide. Le vase, en rapport direct avec le foyer,
s'échauffe le premier ; il transmet la chaleur à son contenu, et
celui-ci, après certains mouvements d'ascension des parties plus
chaudes et plus légères, et de descente des parties plus froides et
plus lourdes, finit par répartir à peu près uniformément dans
toute sa masse la chaleur fournie par le foyer. Un moment vient
où de petites bulles de vapeur apparaissent sur la paroi la plus
chaude du vase, sur le fond. Elles montent à travers le liquide,
gagnent des couches où la température est moindre et se con-
densent sans pouvoir atteindre la surface. De cette disparition
soudaine des premières vapeurs dans la masse du liquide résulte
une agitation intime qui se traduit par un frémissement, une
sorte de *chant du liquide*, précurseur de l'ébullition. Mais la
température monte encore un peu, et des bulles plus nombreuses,
plus grosses, plus chaudes, partent du fond du vase, se renou-
vellent sans cesse, s'élèvent à travers le liquide qu'elles mettent
en mouvement tumultueux et viennent crever à la surface. On
dit alors que le liquide est en *ébullition*, et le mode de formation des vapeurs s'appelle *vaporisation*.

2. Points d'ébullition des divers liquides. — Les divers
liquides entrent en ébullition à des températures différentes,
suivant leur nature ; les uns plus tôt, les autres plus tard,

comme en fait foi le tableau suivant où se trouvent cités les principaux liquides avec la température de leur point d'ébullition respectif.

Noms des liquides.	Points d'ébullition.	Noms des liquides.	Points d'ébullition.
Acide sulfureux. . . .	— 8°	Eau.	100°
Ether.	+35°	Essence de térébenthine.	161°
Sulfure de carbone. . .	48°	Acide sulfurique. . . .	326°
Alcool absolu.	78°	Mercure.	500°
Benzine.	80°	Soufre.	400°

Tout incomplet qu'il est, ce tableau montre quelle énorme différence il y a entre les divers liquides sous le rapport de la température nécessaire à leur ébullition. Le mercure, par exemple, exige pour bouillir une température plus élevée que celle du plomb fondu, tandis que l'acide sulfureux liquide entrerait en ébullition, sans autre foyer de chaleur, dans une cavité pratiquée dans la glace à zéro. Cette espèce de chaudière de glace, par elle-même, serait assez chaude pour le faire bouillir. Enfin, l'éther peut entrer en ébullition dans le creux de la main, car la chaleur propre du corps de l'homme est de 38 degrés. L'eau nous a habitués à regarder comme très-chaud un liquide bouillant, car à 100 degrés, point d'ébullition de l'eau, la température est insupportable. Mais, on le voit maintenant, l'association de ces deux idées, ébullition et température brûlante, comporte de singulières restrictions. L'éther qui bout dans le creux de la main nous refroidit, l'acide sulfureux nous glace douloureusement.

3. **La température se maintient invariable tant que dure l'ébullition.** — Dans un vase plein d'eau placé sur le feu, le thermomètre s'élève graduellement, et quand il atteint 100 degrés, l'eau est en ébullition. En ce moment, si l'on active le plus possible l'ardeur du foyer, on constate que l'eau ne fait que bouillir plus vite sans s'échauffer davantage, on reconnaît que le thermomètre marque invariablement 100 degrés. C'est sur cette invariabilité de la température de l'eau en ébullition qu'est basé le point fixe supérieur de l'échelle thermométrique, ainsi qu'on l'a vu dans un autre chapitre. — Avec des liquides différents, avec de l'alcool, avec de l'acide sulfurique, par exemple, on retrouverait des faits

analogues ; quand le thermomètre marquerait 78 degrés pour l'alcool, 326 degrés pour l'acide sulfurique, les deux liquides seraient
en ébullition, et la température, quelle que fût l'ardeur du foyer,
conserverait un degré constant, 78 degrés pour le premier liquide,
326 degrés pour le second. Ainsi, une fois qu'un liquide bout, il
est impossible de le chauffer davantage malgré la violence du foyer.

4. Chaleur latente de vaporisation. — On doit se demander alors ce que devient la chaleur fournie par le foyer,
puisque la température de l'eau qui la reçoit n'augmente plus à
partir du premier moment de l'ébullition. Cette chaleur est
employée à produire le changement d'état ; elle devient latente
et elle est entraînée par les vapeurs, qui lui doivent leur manière d'être sans en recevoir un accroissement de température.
Et, en effet, les vapeurs qui s'échappent de l'eau bouillante,
malgré toute la chaleur qu'elles contiennent en plus, ne sont
pas plus chaudes que l'eau elle-même, et possèdent tout juste
100 degrés de température. — On doit généraliser ces résultats
et dire : premièrement, lorsqu'un liquide a atteint son point
d'ébullition, il ne peut s'échauffer davantage, et la chaleur fournie par le foyer est dès lors employée, sous forme latente, à
constituer le liquide en vapeur, sans en élever la température ;
secondement, les vapeurs qui se dégagent d'un liquide en ébullition, ont précisément la température du liquide lui-même.

5. Influence de la pression sur le point d'ébullition.
— Pour chaque liquide, la vaporisation a lieu à une température spéciale, invariable. C'est ainsi que l'eau entre en ébullition
à la température de 100 degrés, l'alcool à la température de
78 degrés, etc. Mais il faut, pour retrouver toujours la même
température, que rien ne soit changé aux conditions ordinaires
de l'ébullition. Si ces conditions changent, l'eau peut bouillir
aussi bien au-dessus de 100 degrés qu'au-dessous. Or, parmi
les conditions qui influent sur la température à laquelle
se fait l'ébullition, la plus remarquable est la pression que
supporte la surface du liquide. On sait que l'atmosphère presse
sur tous les corps ; elle presse donc sur l'eau qu'on fait bouillir,
à raison d'une centaine de kilogrammes par décimètre carré
de surface. N'est-il pas évident que cette pression de l'air doi

opposer aux vapeurs une résistance considérable, qu'elle doit entraver leur issue hors du liquide et par conséquent retarder l'ébullition? Si la pression atmosphérique augmente, l'ébullition deviendra donc plus laborieuse; elle exigera pour se faire une température plus élevée. Si la pression atmosphérique diminue, l'ébullition sera plus facile; elle exigera une température moindre. Ce dernier cas se constate dans tous les lieux élevés, où la pression de l'air est plus faible que dans la plaine. Au sommet du mont Blanc, à 4800 mètres au-dessus du niveau des mers, l'ébullition de l'eau se fait à 84 degrés. Sur les flancs du volcan l'Antisana, dans l'Amérique du Sud, se trouve une métairie qui est le point habité le plus élevé de la terre. Son altitude est de 4101 mètres. L'eau y bout à 86 degrés. A l'hospice du Saint-Gothard, élevé de 2075 mètres, elle bout à 92 degrés; aux bains du mont Dore, élevés de 1040 mètres, à 96 degrés. Enfin, dans les plaines basses, ou plus exactement au niveau des mers, elle entre en ébullition à 100 degrés. Encore faut-il, dans ce dernier cas, que le baromètre accuse 760 millimètres de pression; s'il est plus haut, l'eau bouillira un peu plus tard; s'il est moins haut, l'eau bouillira un peu plus tôt. On se rappelle que le point fixe supérieur du thermomètre, le point 100°, exige de minutieuses précautions, en particulier l'examen du baromètre. On en voit à présent le motif; si l'on ne tenait compte de la pression atmosphérique au moment de l'ébullition, le degré 100 pourrait se trouver tantôt plus haut tantôt plus bas, suivant la valeur variable de la pression de l'air. Pour obtenir un point réellement fixe, on est convenu de prendre la température de l'ébullition lorsque celle-ci se fait sous une pression équivalant à 760 millimètres du baromètre. — La table que nous venons de donner pour les points d'ébullition de divers liquides, suppose que l'ébullition se fait sous la pression d'une atmosphère équivalant à 760 millimètres de mercure. Supprimons cette condition, et la table ne signifie plus rien, car un même liquide peut bouillir à telle température que nous voudrons, si la pression qu'il supporte est amoindrie ou augmentée convenablement. Dire qu'un liquide bout ne précise donc rien si l'on ne dit pas sous quelle pression l'ébullition a lieu.

6. **Ébullition de l'eau par le refroidissement de la vapeur qui la surmonte.** — Une des expériences les plus frappantes que l'on puisse faire pour démontrer l'influence de la pression sur le point d'ébullition est la suivante. — Un ballon de verre est à demi rempli d'eau, et chauffé sur un fourneau jusqu'à complète ébullition. Pendant que l'eau bout à gros bouil-

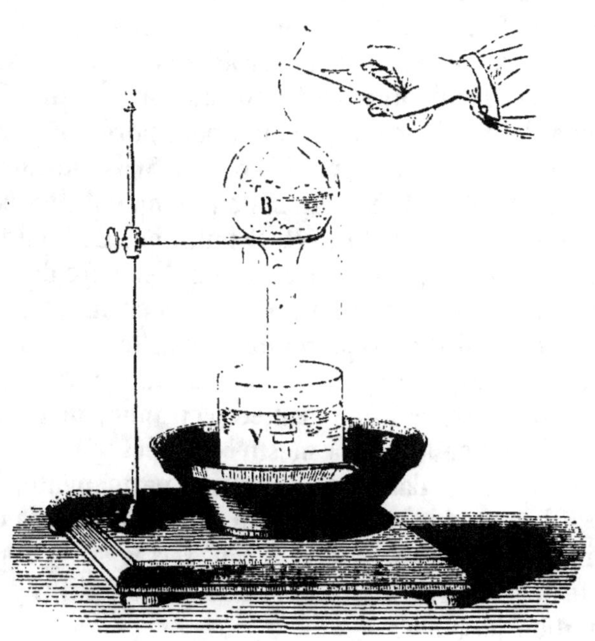

Fig. 111.

ions, on ferme le goulot du ballon avec un bon bouchon enduit de suif. L'appareil est aussitôt retiré de dessus le feu, sinon il éclaterait. Le ballon est alors renversé sens dessus dessous, et l'extrémité de son col est plongée dans un vase V plein d'eau (fig. 111). Cette immersion de l'extrémité du col a pour effet d'empêcher l'air extérieur d'entrer dans le ballon, ce qui pourrait arriver malgré le bouchon. — Actuellement l'eau du ballon B est chaude, fort chaude même ; toutefois elle ne bout pas, elle est en parfait repos. Au-dessus de l'eau, le ballon contient une atmosphère de vapeur sans mélange d'air, car l'air a été

1re ANNÉE.   17

chassé par la vapeur au moment de l'ébullition, alors que le goulot était librement ouvert. Il y a, disons-nous, au-dessus de l'eau, une atmosphère de vapeur douée d'une certaine force élastique. Elle presse donc sur le liquide et l'empêche de bouillir. Si cette atmosphère diminuait de pression, l'ébullition se ferait. Or, pour amoindrir la force élastique de la vapeur, il y a un moyen bien simple, c'est de refroidir cette vapeur. Versons donc de l'eau froide sur le haut du ballon. Une partie de la vapeur se condense, se liquéfie par le refroidissement, et aussitôt le liquide se met à bouillonner en tumulte aussi bien que s'il était sur un foyer ardent. Chose étrange ! ici, pour faire bouillir de l'eau, nous avons recours au refroidissement! Mais de nouvelles vapeurs se forment, et le haut du ballon s'emplit d'une atmosphère dont la pression croissante arrête l'ébullition. Le liquide retombe alors au repos. Une seconde ablution d'eau froide diminue la force élastique de cette atmosphère en condensant en partie les vapeurs, et l'ébullition reprend de plus belle, pour s'arrêter encore quand les vapeurs formées exercent une pression suffisante. Si l'eau froide arrive d'une manière continue, de façon que les vapeurs soient condensées à mesure qu'elles se forment, le contenu du ballon est dans une ébullition permanente, bien qu'il se refroidisse de plus en plus. Enfin, quand le liquide du ballon, son atmosphère de vapeurs et l'eau versée sur l'appareil ont même température, l'ébullition cesse parce qu'il n'y a plus de condensation possible.

7. **Ébullition de l'eau dans le vide.** — Dans la précédente expérience, l'eau était surmontée d'une atmosphère artificielle, d'une atmosphère de vapeur; et en condensant cette vapeur, en diminuant sa force élastique par le refroidissement, nous sommes parvenus à faire bouillir de l'eau à des températures auxquelles elle n'aurait certes pas bouilli dans les conditions ordinaires. Avec la machine pneumatique. on peut faire une expérience analogue, plus concluante même, car l'eau n'est plus surmontée artificiellement d'une atmosphère de vapeur, mais bien d'air qu'on raréfie pour en affaiblir la pression. Un large vase A, à demi plein d'acide sulfurique, est placé sur la platine de la machine pneumatique (fig. 112). Une capsule en cuivre

mince et peu profonde repose par trois pieds sur les bords de ce
vase. Elle est pleine d'eau. Le tout est recouvert d'une cloche.
L'eau de la capsule possède une certaine
température, la température de la salle
où l'on opère. A ce degré de chaleur,
tout faible qu'il est, l'eau peut bouillir ;
si elle ne le fait pas, la cause en est dans
la pression de l'air environnant, pression
trop forte pour permettre l'ébullition à
pareille température. Mais la machine
pneumatique fonctionne; l'air de la cloche
se raréfie, diminue de pression, et après
quelques coups de piston, le liquide se met
à bouillir. Un fait se passe analogue à celui

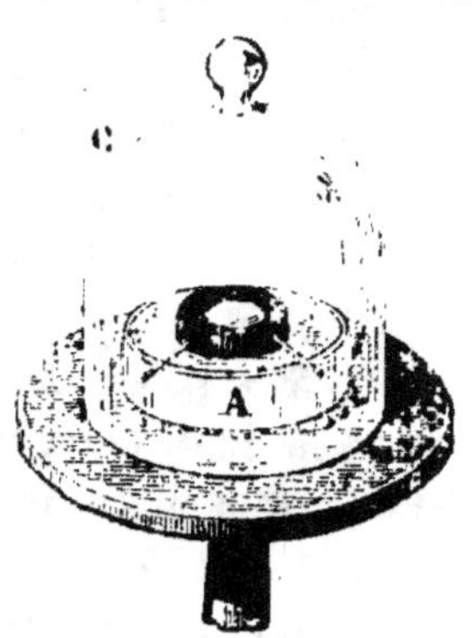

Fig. 112.

qui aurait lieu sur le sommet d'une montagne comme la terre
n'en a pas d'aussi hautes. A la cime du mont Blanc, à 4800 mètres
d'altitude, l'air est assez raréfié pour permettre l'ébullition de l'eau
à 84 degrés. La température de l'ébullition baisserait encore, elle
descendrait à 30 degrés, à 20 degrés, à 10 degrés, etc., si la montagne avait une altitude suffisante. Nulle part sur le globe ne se
rencontre des cimes où la raréfaction de l'air puisse amener pareil
résultat; mais, sous la cloche de la machine pneumatique, cette
raréfaction atteint tel degré que l'on veut, et l'ébullition se fait
sous l'influence seule de la température ambiante. Le liquide
se met donc à se vaporiser. Les vapeurs formées sont immédiatement absorbées par l'acide sulfurique, substance très-avide
d'humidité, de sorte que, sur le liquide, il ne peut pas même y
avoir une atmosphère de vapeurs. Le jeu des pistons soustrait
l'air, l'acide sulfurique absorbe les vapeurs dégagées, et la vaporisation, que rien n'entrave, se continue activement. Alors survient quelque chose d'étrange au plus haut point : tout en
bouillant, l'eau se prend en glace. Au lieu d'eau, la capsule de
cuivre ne renferme bientôt qu'un glaçon aussi dur que si le
liquide avait été saisi par le froid de l'hiver. La chaleur latente
nous fournit l'explication de ce fait remarquable entre tous. Pour
se former et se maintenir dans leur état, les vapeurs ont besoin
d'une grande quantité de chaleur qui devient latente. Cette cha-

leur, un foyer ne la fournit pas ; n'importe, la formation des vapeurs l'exige impérieusement, et il faut qu'elle soit prise quelque part. Elle est prise à la capsule de cuivre, elle est prise surtout à la masse de liquide. L'eau cède sa chaleur thermométrique aux vapeurs qui la rendent latente ; elle se refroidit donc par cela même qu'elle se vaporise, et un moment arrive où elle se congèle.

8. **Marmite de Papin.** — Chauffée dans un vase ouvert, l'eau ne peut dépasser la température correspondant à la pression atmosphérique qu'elle supporte, celle de 100 degrés si la pression est de 760 millimètres, car, dès qu'il est en ébullition, un liquide ne gagne plus en température. Mais, en chauffant l'eau dans un vase exactement fermé, qui ne laisse aucune issue aux vapeurs, on peut lui faire acquérir la température que l'on voudra et retarder indéfiniment son point d'ébullition. Dans ce cas, en effet, les vapeurs accumulées dans la partie supérieure du vase, exercent elles-mêmes sur le liquide une pression qui augmente sans cesse avec la température et permet au liquide, en l'empêchant de bouillir, d'acquérir indéfiniment de la chaleur. Mais il faut que le vase soit d'une solidité à toute épreuve, pour pouvoir résister à la force extraordinaire des vapeurs emprisonnées. La marmite de Papin remplit ces conditions. C'est un épais vase en bronze A (fig. 113) contenant de l'eau. Il

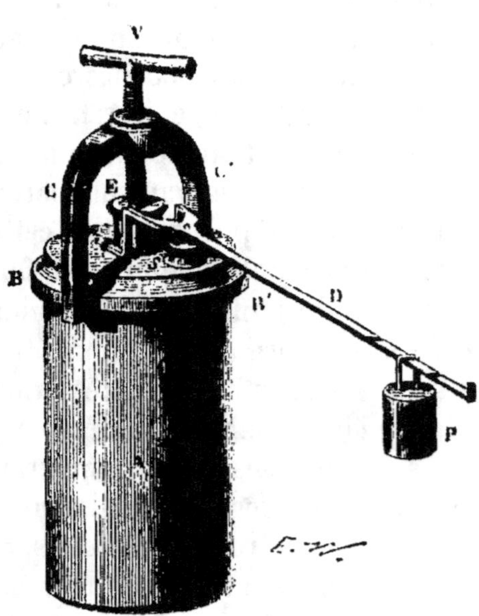

Fig. 113. — Marmite de Papin.

est bouché exactement par un couvercle solide que serre une vis VE, maintenue par un support CC'. En s, le couvercle est percé d'un orifice que ferme une soupape maintenue en place par un levier D, auquel est appendu un poids mobile P. Ce poids est placé plus ou moins loin sur le levier suivant la force élastique que l'on ne veut pas dépasser pour les vapeurs de la marmite. Arrivées à un certain degré de puissance, ces vapeurs, en effet, peuvent soulever par leur pression la soupape *s* et s'écouler au dehors, mais pour cela il leur faut vaincre la résistance du levier, résistance plus grande si le poids est appendu plus loin, plus faible si le poids est plus rapproché. On règle donc ce poids de manière à ne pas dépasser 30, 40 atmosphères par exemple. Quand cette pression sera obtenue, si la température s'élève encore, la soupape s'ouvrira et les vapeurs s'écouleront dans l'air. Dès lors la force élastique ne pourra dépasser la limite que l'on s'est imposée. C'est ce qu'on nomme une soupape de sûreté, parce qu'elle préserve l'opérateur des terribles dangers d'une explosion, en laissant échapper à temps les vapeurs surabondantes. Dans la marmite de Papin, l'eau peut acquérir la température que l'on veut, 200 degrés par exemple si la soupape est réglée pour 16 atmosphères de pression, 230 degrés si la soupape est réglée pour 27 atmosphères, etc. Dans cette eau, aussi chaude qu'on le désire, les os se ramollissent et cèdent avec la plus grande facilité leur matière soluble, la gélatine, substance de la colle ; l'étain, le plomb, entrent même en fusion. Mais il faut se rappeler qu'à ces hautes températures, la vapeur de l'eau est douée d'une puissance formidable, qui exige une prudence extrême et des vases d'une solidité exceptionnelle.

RÉSUMÉ

1. La *vaporisation* est la formation tumultueuse de vapeurs dans le sein d'un liquide. Le mouvement tumultueux provoqué dans le liquide par les bulles de vapeur s'appelle *ébullition*.

2. Sous la pression moyenne de l'atmosphère, chaque liquide entre en ébullition à une température spéciale, 100° pour l'eau, 78° pour l'alcool, 35° pour l'éther, etc.

3. Pendant toute la durée de l'ébullition, la température du liquide se maintient la même.

4. La chaleur fournie par le foyer est employée, sous forme latente,

à produire des vapeurs sans élever la température. Un liquide qui bout ne peut être obtenu plus chaud.

5. Les vapeurs se dégagent du sein du liquide quand elles ont une force élastique suffisante pour vaincre la pression de l'air. Si cette pression diminue, l'ébullition se fait plus tôt ; si elle augmente, l'ébullition se fait plus tard. A la cime d'une montagne, l'eau entre en ébullition à une température moindre que dans la plaine, parce que la pression atmosphérique est plus faible.

6. De l'eau plus ou moins chaude et surmontée uniquement d'une atmosphère de vapeur, entre en ébullition quand on refroidit cette vapeur, parce qu'on diminue la pression supportée par le liquide.

7. Dans le vide, l'eau entre en ébullition à la température ambiante. En même temps, elle se congèle, parce que la formation des vapeurs .ui enlève sa chaleur sensible et l'utilise sous forme latente.

8. En augmentant la pression supportée par le liquide, on retarde indéfiniment son point d'ébullition. C'est ce qui a lieu dans la marmite de Papin, solide vase en bronze exactement fermé, où l'eau acquiert telle température que l'on veut parce que les vapeurs sans issue pressent sur le liquide et en rendent l'ébullition impossible,

---

CHAPITRE XXVII

1. Conductibilité des solides. — Un morceau de charbon peut être impunément saisi avec les doigts par l'une de ses extrémités, pendant que l'autre est tout embrasée; mais on ne saisirait pas sans brûlure, par le bout froid en apparence, une tige de fer, même assez longue, rougie à l'autre bout. La chaleur ne se distribue donc pas avec la même facilité dans tous les corps ; elle se propage aisément dans le fer, elle ne pénètre le charbon qu'avec difficulté. En d'autres termes, le fer *conduit* bien la chaleur, le charbon la *conduit* mal. A ce point de vue, on classe les corps en deux catégories : ceux qui se laissent facilement pénétrer par la chaleur ou qui la conduisent bien, et ceux qui se laissent difficilement pénétrer par la chaleur ou qui la conduisent mal. Les premiers sont appelés *bons conducteurs*, tel est le fer ; les seconds sont appelés *mauvais conducteurs*, tel est le charbon.

2. **Appareil d'Ingenhouz.** — Pour comparer les divers corps solides sous le rapport de leur facilité à conduire la chaleur, on emploie un appareil fort simple connu sous le nom d'appareil d'Ingenhouz. C'est une cuvette rectangulaire en laiton qui, sur l'un de ses flancs, porte, implantées dans la paroi, diverses substances façonnées en baguettes de même grosseur (fig. 114). On plonge à la fois ces baguettes dans un bain de cire fondue, et on les retire aussitôt. Chacune d'elles se trouve ainsi revêtue d'un mince enduit de cire d'égale épaisseur pour toutes. On remplit alors la cuvette d'eau chaude. La chaleur de l'eau se propage dans les baguettes, plus loin pour les unes, moins loin pour les autres, et amène la fusion de la cire. La baguette sur laquelle

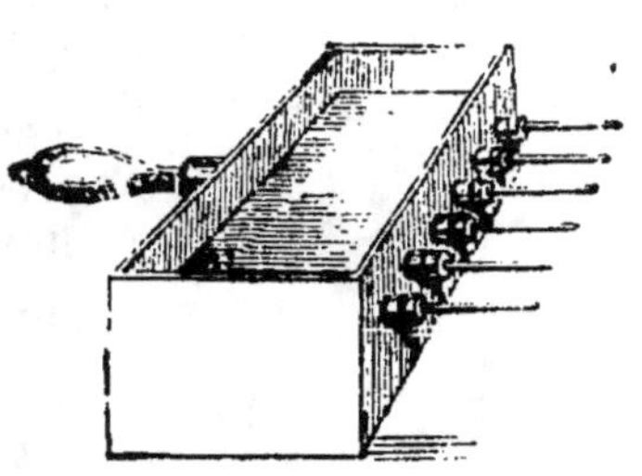

Fig. 114.—Appareil d'Ingenhouz.

la fusion s'est effectuée le plus loin est celle qui conduit le mieux la chaleur ; la baguette où la fusion s'est arrêtée le plus tôt est celle dont la conductibilité est la plus belle. On trouve de la sorte que les métaux, spécialement l'argent, le cuivre, l'or, conduisent mieux la chaleur que les substances non métalliques ; et parmi ces dernières, celles qui conduisent le moins bien la chaleur sont le verre, le charbon, le bois, le soufre, la brique, etc.

3. **Comment les liquides s'échauffent.** — Les substances liquides conduisent mal la chaleur. Pour faire bouillir de l'eau, on fait du feu au-dessous du vase qui la contient, ou au moins tout à côté. Mais si l'on s'avisait de ne faire du feu qu'au-dessus du vase, par exemple sur une feuille de tôle qui en couvrirait l'orifice, l'eau ne s'échaufferait presque pas. En effet, quand le foyer est allumé en dessus, la couche superficielle de l'eau s'échauffe, il est vrai ; mais comme en s'échauffant elle se dilate et devient plus légère, elle reste constamment à la surface. Alors les couches inférieures ne peuvent venir se mettre en rapport avec le foyer, et ne reçoivent d'autre chaleur que celle qui se

transmet de proche en proche, de haut en bas, par l'effet de la conductibilité du liquide. Cette conductibilité étant extrêmement faible, l'eau ne s'échauffe donc que très-peu ou point.

Au contraire, si le foyer est allumé au-dessous du vase, la couche la plus profonde s'échauffe, devient plus légère et monte, aussitôt remplacée par de l'eau plus froide, plus lourde, qui vient s'échauffer à son tour au contact du foyer. Il s'établit ainsi dans le vase un courant d'eau chaude qui monte et un courant d'eau froide qui descend. Ces courants peuvent être rendus sensibles au moyen d'un peu de sciure de bois, dont les parcelles, en suspension dans l'eau, accusent les mouvements de celle-ci par leurs propres mouvements (fig. 115). On peut constater alors que les courants descendants apparaissent vers les parois du vase, parce que c'est là que le liquide est le plus froid à cause du contact de l'air environnant; et que les courants ascendants ont lieu dans les couches centrales abritées par les autres contre le refroidissement. C'est ce qu'indiquent les flèches de la figure. Il est visible qu'à la faveur de ces courants inverses, toutes les parties du liquide doivent, à tour de rôle, gagner le fond du vase et participer également à la chaleur du foyer. C'est donc par suite d'un mouvement qui en mélange toutes les parties et les expose l'une après l'autre à l'action du foyer, que l'eau finit par s'échauffer dans toute sa masse, malgré sa faible conductibilité.

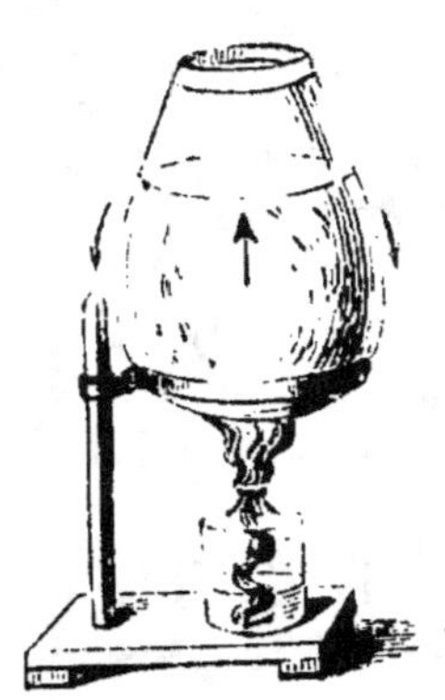

Fig. 115.

4. **Comment les gaz s'échauffent. — Expérience de Rumford.** — L'air et les autres gaz se comportent comme l'eau. Très-faibles conducteurs de la chaleur, ils ne s'échauffent dans toute leur masse qu'à la faveur d'un va-et-vient général. Si ce mouvement est rendu impossible, la propagation de la chaleur à travers les gaz est des plus faibles, comme le constate la singulière expérience suivante.

Rumford, à qui l'on doit de belles recherches sur la chaleur, faisait placer un fromage à la glace au milieu d'un plat. Sur ce fromage, on versait la mousse bien écumeuse obtenue avec des blancs d'œufs battus. Enfin, on recouvrait le tout d'un four bien chaud pour faire prendre rapidement cette mousse. On obtenait ainsi une omelette soufflée brûlante, au milieu de laquelle, sans avoir rien perdu de sa fraîcheur, se trouvait le fromage glacé. La cause de cette singularité est tout entière dans la faible conductibilité de l'air. C'était l'air emprisonné dans l'écume des œufs qui préservait le fromage de l'ardeur du four, arrêtait la chaleur au passage et l'empêchait de pénétrer plus avant.

5. **Suivant leur conductibilité, des corps possédant la même température paraissent plus chauds ou plus froids.** — Des corps possédant en réalité même température produisent sur nous, suivant leur degré de conductibilité une impression différente de froid ou de chaleur. — Un morceau de bois ou un morceau de fer, par exemple, sont l'un et l'autre à l'ombre à une température d'une dizaine de degrés. Ils ne sont ni plus chauds ni plus froids l'un que l'autre ; cependant, si nous touchons le fer, nous éprouvons une sensation de froid, et si nous touchons le bois, nous n'éprouvons rien ou peu s'en faut. La main, plus chaude que le fer, cède au métal une partie de sa chaleur ; et comme celui-ci est doué d'une grande conductibilité, la soustraction de notre chaleur propre est rapide, abondante, et se traduit par une impression de froid. Au contraire, le bois, mauvais conducteur, ne prend que peu ou point de chaleur à la main et n'amène aucune impression bien sensible. — Dans les climats polaires, pendant les rigueurs de l'hiver, il serait imprudent de saisir sans précaution un objet en métal. La grande conductibilité des matières métalliques occasionnerait une perte de chaleur si vive, que la peau se désorganiserait comme par l'effet d'une brûlure. Cependant, un morceau de bois de même température pourrait être saisi sans danger. Sa faible conductibilité l'empêcherait de soustraire rapidement de la chaleur et d'endolorir la main. — Plongée dans de l'huile à la température ordinaire, la main n'éprouve aucune impression de refroidissement ; dans de l'eau, elle éprouve une certaine fraîcheur ; dans le mercure, elle éprouve un froid assez vif. Les trois liquides ont toutefois la même température ; dans

17.

tous les trois le thermomètre se tiendrait au même degré. Mais l'eau conduit mieux la chaleur que l'huile, le mercure la conduit mieux que l'eau et que les divers autres liquides, à cause de sa nature métallique. La main éprouve donc une perte plus ou moins grande de chaleur suivant qu'on la plonge dans l'un ou l'autre de ces liquides, et de là résulte la diversité d'impression dans des milieux en réalité également chauds.

Pareillement, avec des corps d'une même température plus élevée que la nôtre, une impression de chaleur se produit, mais bien différente, suivant la conductibilité. Un corps qui nous refroidit vite quand il est plus froid que nous, nous échauffe vite quand il est plus chaud. Il cède de la chaleur avec la même facilité qu'il en prend. Mais un corps qui, par sa faible conductibilité, ne peut soustraire de la chaleur et refroidir, ne peut aussi céder de la chaleur et réchauffer. — Un morceau de bois et un morceau de fer sont exposés au soleil d'été. Ils ont même température, plus élevée que la nôtre. Nous touchons le bois, nous n'éprouvons rien de bien marqué ; nous touchons le fer, il nous paraît brûlant. Le premier ne cède que fort peu de sa chaleur, le second en cède beaucoup. Qui appliquerait la main sur un poêle en fonte bien chaud ne s'en trouverait pas bien ; qui appliquerait la main sur une brique aussi chaude que le poêle n'aurait pas à redouter une brûlure. La fonte conduit bien la chaleur, la brique la conduit mal. Dans nos poches, les pièces de monnaie nous semblent plus chaudes que le vêtement. Ces pièces sont en métal, elles conduisent bien la chaleur, la propagent aux doigts ; le vêtement est fait d'une étoffe conduisant mal la chaleur. Tout le secret est là.

6. **Faible conductibilité des matières filamenteuses et des matières pulvérulentes.** — Une substance conduisant mal la chaleur peut servir à deux usages qui semblent d'abord s'exclure l'un l'autre, et qui cependant reconnaissent les mêmes principes. On peut l'employer, en effet, à garantir un corps du froid, comme à le garantir de la chaleur ; à empêcher un corps de se refroidir, comme à l'empêcher de se réchauffer. Il s'agit d'arrêter, dans le premier cas, la chaleur du corps qui pourrait s'en aller ; dans le second cas, la chaleur étrangère qui pourrait

arriver. De part et d'autre, il n'y a qu'un moyen efficace : c'est d'opposer à la chaleur un obstacle qu'elle ne puisse franchir, pas plus dans un sens que dans l'autre, c'est-à-dire une enveloppe très-mauvaise conductrice.

Les matières pulvérulentes et les matières filamenteuses sont les plus remarquables parmi celles qui conduisent mal la chaleur, parce que, à leur faible conductibilité, elles joignent la conductibilité, plus faible encore, de l'air emprisonné entre leurs particules, entre leurs filaments. On les emploie à garantir indistinctement, soit du froid, soit de la chaleur. Quelques exemples vont nous l'expliquer.

7. Habitations des climats arctiques. — Si, le soir, les tisons à demi consumés sont ensevelis sous la cendre, ils se retrouvent le lendemain encore embrasés. La cendre, en les mettant à l'abri de l'air, en arrête la combustion; mais elle fait mieux : tout en les empêchant de se consumer, elle les conserve avec presque toute leur chaleur primitive; aussi sont-ils, le lendemain, aussi ardents que la veille. Ce résultat est dû à l'obstacle que la cendre, comme matière pulvérulente, oppose à la déperdition de la chaleur. Sous cette enveloppe poudreuse, le charbon se maintient ardent, parce qu'il ne peut transmettre sa chaleur au dehors, un corps mauvais conducteur s'y opposant.

Dans l'extrême nord de l'Europe, où l'hiver est si rigoureux, des maisons construites en maçonnerie, comme le sont les nôtres, seraient inhabitables, parce que la pierre et la brique n'opposeraient, à l'issue de la chaleur intérieure, qu'un obstacle insuffisant, et permettraient un refroidissement trop rapide. Pour ces habitations boréales, il faut des matériaux plus mauvais conducteurs que la brique et la pierre; des matériaux propres à conserver la chaleur des appartements, aussi bien que la cendre conserve la chaleur des tisons qu'elle recouvre. A cet effet, la maçonnerie est remplacée par des murs en planches épaisses. C'est déjà un progrès, car le bois conduit la chaleur bien plus mal que la pierre : mais ce n'est pas encore assez. Les planches forment une double cloison, et l'intervalle est rempli avec de la mousse, de la paille et même des cendres. C'est à la faveur de cette enceinte multiple, de matériaux éminemment mauvais conducteurs, que la chaleur d'un poêle, toujours allumé, se conserve dans l'habitation, quand sévit au dehors le froid le plus violent.

8. Conservation de la glace. — Glacières. — Veut-on, au contraire, empêcher la chaleur extérieure de se propager vers un corps qu'il importe de maintenir froid? On mettra encore à profit l'admirable propriété des matières filamenteuses. En été, pour préserver de la chaleur les préparations glacées, on les renferme dans un vase contenu dans un autre plus grand; et l'intervalle séparant les deux vases est rempli avec de la laine, du coton, ou toute autre matière filamenteuse. On le voit, ce qui défend du froid défend aussi de la chaleur, puisque les habitations des contrées polaires et les vases destinés à conserver la glace en été, sont disposés suivant les mêmes principes. C'est, de part et d'autre, une double enveloppe, garnie d'un matelas de matériaux mauvais conducteurs. Dans le premier cas, ce matelas arrête au passage la chaleur intérieure et l'empêche de se dissiper au dehors; dans le second cas, il arrête la chaleur extérieure et préserve de la fusion la glace contenue dans le vase central.

La glace, qui, pour les pays chauds, est presque un objet de première nécessité, est quelquefois transportée de fort loin sous un soleil brûlant. Les États-Unis, par exemple, expédient chaque année aux Indes et en Chine de grandes quantités de glace. Les navires chargés du transport traversent les mers les plus chaudes; et cependant la marchandise arrive à destination à la faveur des substances non conductrices qui la protégent, savoir : la sciure de bois, la paille et les copeaux, dont on a soin d'envelopper étroitement les blocs de glace, entassés à fond de cale.

Les glacières, où nous conservons jusqu'à la fin de l'été la glace recueillie pendant l'hiver, empêchent la chaleur du dehors de pénétrer jusqu'à leur contenu, au moyen de substances conduisant mal la chaleur. Elles consistent d'ordinaire en une fosse profonde, dont les revêtements sont en briques de préférence à la pierre, parce que les briques propagent moins bien la chaleur. Une épaisse couche de paille tapisse, en outre, les parois de la fosse pour plus de précaution. On remplit la glacière pendant les grands froids. Les blocs sont fortement tassés, puis arrosés d'eau, qui se congèle et fait du tout une masse compacte où l'air ne peut circuler. On superpose alors une couche de paille et de planches chargées de pierres. Enfin, un toit de chaume abrite la glacière contre la chaleur extérieure.

9. **Doubles fenêtres**. — Les diverses substances pulvérulentes ou filamenteuses, cendre, sciure de bois, copeaux, paille, laine, coton, etc., toutes propres à entraver soit l'accès de la chaleur, soit sa déperdition, doivent, en grande partie, leur propriété à l'air qu'elles retiennent captif dans leurs intervalles vides. Il est alors évident que l'air seul peut être employé comme obstacle à la propagation de la chaleur, s'il est convenablement mis dans l'impossibilité de se renouveler, de se mélanger avec l'air libre de l'atmosphère. Voici un cas où cette propriété de l'air est en effet mise à profit. — La chaleur d'un appartement se dissipe au dehors par les murs, le plancher, le plafond, dont la conductibilité n'est jamais nulle. A cette cause de déperdition de chaleur, il n'y a guère de remède dans nos habitations, construites en maçonnerie. Mais il y a une cause de refroidissement que l'on peut éviter avec facilité; elle se trouve dans les fenêtres. Les carreaux des vitres n'opposent à l'issue de la chaleur qu'un obstacle imparfait. Pour obtenir une barrière plus efficace, sans nuire à la transparence des fenêtres, on bâtit, en quelque sorte, un mur d'air en arrière des vitres; c'est-à-dire qu'on place deux fenêtres à l'ouverture, l'une en dehors, l'autre en dedans du mur en maçonnerie. On obtient ainsi, dans l'intervalle qui sépare les deux châssis également vitrés, une couche d'air immobile, une sorte de mur transparent que la chaleur de l'intérieur ne peut plus traverser.

10. **Vêtements, Couvertures**. — Appliquons ces aperçus à l'étude raisonnée de nos vêtements. On dit d'une étoffe qu'elle est chaude, de telle autre qu'elle est froide. Que faut-il entendre par là? Une fourrure, une étoffe, ont-elles une chaleur propre qu'elles nous communiquent? Demandons-nous à la laine, au duvet, au coton, un supplément de chaleur émané de leur substance même? Non, car si l'on plonge un thermomètre dans le duvet le plus soyeux, dans la fourrure la plus douce, on ne

verra pas l'instrument indiquer un accroissement de température. Aucune de ces matières, n'ayant par elle-même de chaleur, ne peut nous en fournir. Leur rôle se borne à empêcher la déperdition de la chaleur qui nous est propre, de cette chaleur naturelle dont la cause réside dans le jeu même de la vie. Nos vêtements, nos couvertures, sont de mauvais conducteurs interposés entre notre corps, qu'échauffe la chaleur vitale, et l'air froid extérieur, qui nous ravirait notre température. Ils sont pour nous ce qu'une pelletée de cendres est pour les tisons de l'âtre. Ils ne donnent rien, mais ils nous empêchent de perdre ; ils ne nous réchauffent pas, mais ils nous conservent la chaleur naturelle.

Au point de vue d'une réelle utilité, la valeur d'un vêtement dépend donc de sa faible conductibilité pour la chaleur. Plus il sera mauvais conducteur, et mieux le vêtement remplira son rôle. Mais de toutes les substances, l'air est celle qui conduit le plus mal la chaleur. Aussi, est-ce pour ainsi dire avec de l'air que nous nous habillons. Effectivement, nos étoffes de laine, de coton, etc., ne sont, en quelque sorte, que des réseaux propres à emprisonner de l'air dans leurs innombrables mailles, de même qu'une éponge mouillée emprisonne de l'eau. Cette couche d'air, maintenue tout autour du corps, nous protége d'autant plus efficacement contre le froid, qu'elle est plus épaisse et plus gênée dans ses mouvements. Aussi, n'est-ce pas l'étoffe la plus lourde et la plus compacte qui tient le plus chaud, mais bien l'étoffe souple, moelleuse, qui s'imbibe aisément d'air et le garde captif dans son épaisseur, comme le font l'ouate et le duvet. Entre le corps et les vêtements se trouve, en outre, retenue par ceux-ci, une enveloppe d'air dont il faut tenir compte, car elle constitue une doublure naturelle que rien ne pourrait remplacer. Pour bien remplir son rôle, cette doublure d'air exige une certaine épaisseur qu'on obtient avec des vêtements d'une ampleur suffisante sans être exagérée, car alors l'air se renouvellerait avec trop de facilité, et, changeant de rôle, deviendrait une cause de refroidissement.

Les couvertures de nos lits, les matelas, les édredons, ne sont encore que des barrières opposées à la déperdition de la chaleur naturelle. Les plumes légères, la laine, le coton qui les composent, retiennent abondamment de l'air dans leur masse floconneuse, et forment ainsi une enceinte sans conductibilité que la chaleur du corps ne peut franchir.

11. Duvet des oiseaux aquatiques. — Il est maintenant hors de doute pour nous que, pour bien protéger contre le froid, une enveloppe doit être formée d'une matière conduisant mal la chaleur légère, très-divisée, et pénétrée d'air qui ne puisse se déplacer. Or, toutes ces conditions sont admirablement réalisées dans le plumage des oiseaux. Les plumes, formées d'une substance sans conductibilité, retiennent entre leurs rangs pressés et leurs innombrables menus filaments, un grand volume d'air dont le déplacement est impossible. Ce n'est pas encore assez pour les oiseaux aquatiques, surtout pour ceux des régions très-froides. Les plumes extérieures sont alors fortes, très-exactement appliquées l'une sur l'autre, et lustrées avec un vernis onctueux que l'eau ne peut mouiller. Ni la pluie, ni la brume la plus fine n'ont de prise sur ce premier vêtement. L'oiseau peut plonger au fond des eaux, s'ébattre à leur surface, y sommeiller bercé par le flot, et l'humidité ne l'atteindra pas. Le froid ne l'atteindra pas davantage ; car, sous cette enveloppe résistante, faite pour braver les intempéries, s'en trouve une seconde composée de ce qu'il y a de plus délicat, de plus moelleux, de plus douillet. Ce vêtement intérieur, c'est un duvet tellement fin, tellement divisé et subdivisé que, ne pouvant le comparer à aucun autre, on lui a donné un nom spécial, celui d'*édredon*.

12. Edredon. — On ne connaît rien d'aussi efficace que l'édredon pour entraver la déperdition de la chaleur. Ni la laine, ni l'ouate, ni les fourrures, ne peuvent, sous ce rapport, rivaliser avec lui. Aussi fait-on un commerce assez considérable de cette précieuse matière. L'édredon le plus estimé est fourni par une espèce de canard, l'eider, dont la taille est intermédiaire entre celles de l'oie et du canard domestiques. L'eider vit à l'état sauvage dans les régions glacées du Nord, en particulier en Laponie, en Islande, au Spitzberg. Sa nourriture se compose de poissons, que son aile infatigable lui permet d'aller pêcher à de grandes distances des côtes, au milieu de la haute mer. Tout le jour en recherche sur les eaux glaciales, l'eider se retire, la nuit, sur quelque îlot de glace, lieu de repos assez chaud pour lui, tout matelassé d'édredon. C'est dans quelque creux des rochers escarpés du rivage qu'il établit son nid, composé au dehors de mousses, d'algues desséchées, et, à l'intérieur, d'édredon, que l'oiseau s'arrache lui-même sous le ventre. Sur cette chaude couchette reposent cinq ou six œufs, d'un vert sombre. Après le départ de la couvée, ceux qui recherchent l'édredon, les Islandais surtout, visitent les nids abandonnés, et recueillent le précieux duvet : mais non sans danger, car les nids sont généralement inaccessibles. On ne parvient à ces nids qu'en se faisant descendre avec des cordes le long des rochers abrupts fréquentés par les eiders.

13. Nids des oiseaux. — Nous profitons du lit abandonné de l'eider pour nous garantir du froid; l'observation et la raison nous ont appris la propriété du duvet qui le compose. Mais comment l'oiseau l'a-t-il apprise lui-même? Qui donc lui a révélé les lois de la chaleur? Qui peut lui avoir conseillé de s'arracher douloureusement le duvet de la poitrine pour abriter sa jeune famille et la défendre contre l'âpreté du climat? Et comment se fait-il encore que, d'un bout à l'autre de la terre, tous les oiseaux, jusqu'aux moindres, connaissent à fond, sans les avoir apprises, les propriétés des corps mauvais conducteurs? Pour bâtir la charpente, l'extérieur de leurs nids, ils emploient les méthodes et les matières les plus variées. L'un entrelace des bûchettes, l'autre tisse de fines racines; celui-ci feutre des mousses et des lichens; celui-là devient maçon et gâche de la terre; en voici qui se font charpentiers, et du bec percent un trou dans la tige des arbres; en voici d'autres qui grattent le sol et se creusent des conques dans le sable. Tout leur est bon pour le dehors du nid; chacun, suivant sa spécialité, emploie les matériaux les plus divers et les met en œuvre d'une façon différente. Mais pour l'intérieur, c'est autre chose : comme d'un commun accord, ils ne le composent qu'avec un petit nombre de matériaux choisis entre mille. Dans le matelas destiné à la jeune couvée, ils ne font entrer que le coton, la bourre, la laine, les plumes, le duvet, c'est-à-dire les corps les plus mauvais con-

ducteurs de tous. Pour entretenir dans le nid la chaleur nécessaire à leurs petits nus et frileux, ils ont pour guide mieux que
la science : ils ont l'étonnante inspiration de l'instinct, qui dé-
voile au pinson les secrets de la chaleur, conseille à l'eider de
se dépouiller de son édredon pour abriter ses jeunes, et dit à
l'hirondelle de matelasser de duvet le nid de terre maçonné
sous le rebord du toit.

RÉSUMÉ

1. On appelle *conductibilité* la propriété que possèdent les corps
de laisser la chaleur se propager dans leur masse. Les uns la laissent
propager avec facilité, ils sont dits corps *bons conducteurs*; les autres
la laissent se propager difficilement, ils sont dits corps *mauvais conducteurs*.

2. On classe les corps solides d'après leur conductilité au moyen
de l'*appareil d'Ingenhouz*. Les métaux sont de bons conducteurs ; le
charbon, le bois, la brique, le soufre, etc., sont de mauvais conducteurs.

3. Les liquides conduisent mal la chaleur. On ne peut les chauffer
qu'en disposant le foyer de chaleur au-dessous du vase. Par suite de la
différence de densité entre l'eau chaude et l'eau froide, il s'établit
ainsi des courants ascendants et descendants, dont l'effet est de répartir la chaleur dans toute la masse liquide.

4. Les gaz conduisent la chaleur plus mal encore que les liquides.
Ils s'échauffent aussi à la faveur de courants.

5. Un corps bon conducteur, suivant qu'il possède une température
plus basse ou plus élevée que la nôtre, nous paraît plus froid ou plus
chaud qu'un autre corps mauvais conducteur mais de même température, parce qu'il soustrait ou cède rapidement de la chaleur à la
main, ce que ne fait pas le corps mauvais conducteurs.

6. Les matières pulvérulentes et les matières filamenteuses conduisent fort mal la chaleur.

7. Les habitations de l'extrême nord de l'Europe sont composées
d'une double enceinte de planches et d'une couche de mousse, de
paille, de cendre, etc., placée entre les deux parois.

· Une disposition analogue est employée pour conserver la glace
pendant l'été. Ce qui défend du froid, défend aussi de la chaleur.

9. La faible conductibilité de l'air est mise à profit dans les doubles

fenêtres. Les matières filamenteuses doivent en grande partie leur faible conductibilité à l'air interposé dans leurs intervalles.

10. Nos vêtements sont de mauvais conducteurs interposés entre notre corps, qu'échauffe la chaleur vitale, et l'air froid extérieur. Ils ne nous échauffent pas, mais ils nous conservent la chaleur naturelle.

Les étoffes qui tiennent le plus chaud sont les étoffes souples, moelleuses, emprisonnant de l'air dans leur tissu.

11. Une matière finement divisée et pénétrée d'air qui ne peut se déplacer, est le meilleur obstacle à la déperdition de la chaleur. Tel est le duvet des oiseaux.

12. Le duvet le plus fin, et par suite le plus chaud, est l'édredon, fourni par une espèce de canard, l'eider, qui habite les bords de la mer Glaciale.

13. Guidés par leur instinct, les oiseaux emploient pour l'intérieur de leurs nids des matériaux conduisant mal la chaleur, bourre, laine, coton, mousse, duvet, etc.

CHAPITRE XXVIII

1. Rayonnement de la chaleur. — Le passage de la chaleur d'un corps plus chaud vers un autre plus froid peut s'effectuer de deux manières : au contact par l'effet de la conductibilité, à distance par l'effet du *rayonnement*. Si nous appliquons la main sur un poêle chaud, la chaleur se transmet à nous directement par conductibilité; mais si nous tenons la main à distance, nous éprouvons encore une sensation de chaleur, moindre il est vrai, et d'autant moindre que la main est plus éloignée du calorifère. Toujours est-il que nous recevons de la chaleur du poêle en nous tenant à distance. La chaleur se transmet donc d'un corps à un autre malgré l'intervalle qui les sépare, elle est lancée par le corps chaud vers le corps froid. C'est ce qu'on nomme *rayonnement de la chaleur*. Placée à distance au-dessus du poêle, la main est impressionnée par la chaleur; elle l'est encore quand elle est placée de côté, à droite ou à gauche, en avant ou en arrière. Le rayonnement s'effectue donc dans toutes les directions, c'est-à-dire qu'un corps chaud envoie de la chaleur dans tous les sens indifféremment.

Notre expérience prête au doute. On pourrait croire que l'air interposé entre le poêle et la main est cause de cette transmission de chaleur. Ce serait alors l'air qui prendrait de la chaleur au poêle par conductibilité et la céderait de proche en proche à la main, toujours par conductibilité. Mais il est facile de se convaincre que, en l'absence de l'air et de tout autre milieu de ce genre, la chaleur se transmet du corps chaud au corps froid. Soit un ballon de verre au centre duquel se trouve l'ampoule d'un thermomètre V (fig. 116). Ce ballon porte pour col un tube AB de 80 centimètres de longueur environ. L'appareil, en entier rempli de mercure, est renversé dans une cuvette pleine du même liquide, comme pour l'expérience de Torricelli. Le mercure descend un peu, reste suspendu à une hauteur moyenne de 76 centimètres, et laisse derrière lui un vide, une chambre barométrique, dont fait partie le ballon. Alors, avec la flamme d'une lampe, on fond le tube en A et on le détache. Le

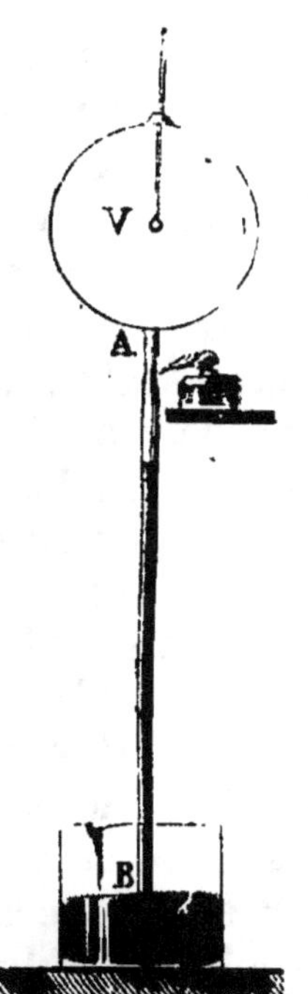

Fig. 116.

thermomètre se trouve de la sorte au centre d'une enceinte où est fait le vide le plus rigoureux que nous sachions obtenir, le vide barométrique. Cependant, si l'on plonge le ballon ainsi préparé dans de l'eau chaude (fig. 117), on voit le thermomètre monter immédiatement. La chaleur se transmet donc d'un corps à un autre à travers le vide barométrique. Par conséquent, lorsque nous éprouvons l'action de la chaleur à distance devant un foyer,

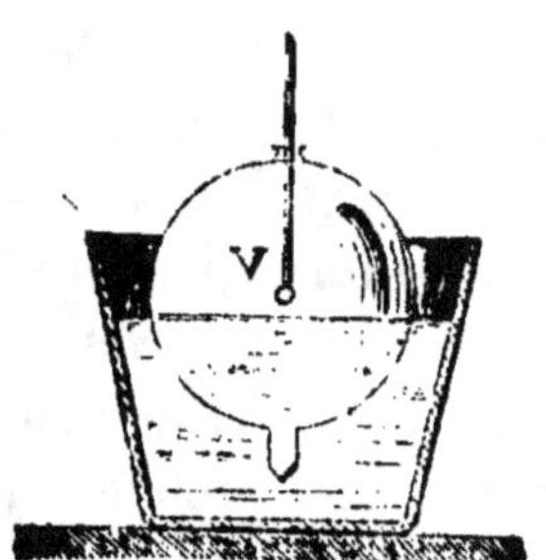

Fig. 117.

ce n'est pas à cause de l'air, qui nous transmettrait la chaleur par conductibilité, mais à cause d'une émission, d un rayonnement direct vers nous.

2. Rayonnement apparent du froid. — En plongeant le même ballon dans de l'eau froide, on verrait le thermomètre baisser ; et, si la réflexion ne venait en aide, on pourrait croire à un rayonnement de froid du liquide vers le thermomètre. Mais, nous l'avons déjà suffisamment établi : le froid n'a pas d'existence propre, ce n'est pas quelque chose d'opposé à la chaleur ; c'est un terme de vague comparaison, désignant un degré moindre de chaleur. Effectivement ce liquide qui semble envoyer du froid puisque le thermomètre baisse en sa présence, peut devenir source de chaleur en modifiant un peu les conditions. Tenons quelque temps le ballon dans de la glace et plongeons-le alors dans l'eau froide. Dans ce cas, le thermomètre montera ; il recevra de la chaleur de la part du liquide froid, mais moins froid que lui. Il y a donc émission de chaleur du liquide vers le thermomètre quand le premier est plus chaud que le second ; et, dans ce cas, le thermomètre monte. Il y a, au contraire, émission de chaleur du thermomètre vers le liquide, quand celui-ci est plus froid, et alors le thermomètre baisse. Suivant qu'il est plus froid ou plus chaud que l'eau environnante, le thermomètre reçoit de la chaleur et monte, ou en fournit lui-même et descend ; mais il n'y a jamais réelle émission de froid. Tout résulte d'un gain ou d'une perte en chaleur de la part du thermomètre. Ainsi, lorsque plusieurs corps sont en présence l'un de l'autre, il se fait, par rayonnement, sans l'intermédiaire de l'air ou de tout autre milieu analogue, une répartition de chaleur qui tend vers l'égalité de température ; les plus chauds envoient de la chaleur en tous sens, les plus froids en reçoivent. Nous venons de recourir à une modeste expérience de cours de physique, concluante cependant, pour établir que la chaleur émise à distance d'un corps vers un autre n'a besoin, dans sa propagation, ni du concours de l'air, ni de rien de pareil. Nous aurions pu invoquer une preuve d'un ordre plus élevé La Terre reçoit la chaleur du Soleil. Elle est à 38 millions de lieues de cet astre. L'immense intervalle qui les sépare ne renferme rien de comparable même aux matières les plus subtiles que nous connaissons ;

et cependant la chaleur solaire traverse ces espaces et arrive jusqu'à nous.

3. Chaleur lumineuse et chaleur obscure. — La chaleur rayonnée par un corps peut être lumineuse ou obscure. Elle est chaleur lumineuse quand la lumière l'accompagne ; telle est la chaleur du soleil, et celle que rayonnent la flamme, les charbons allumés, les métaux incandescents. Elle est chaleur obscure quand la lumière ne l'accompagne pas ; telle est la chaleur de l'eau émise vers le thermomètre dans la précédente expérience, telle est la chaleur rayonnée par les divers objets terrestres, tant qu'ils ne sont pas chauffés jusqu'au point d'être lumineux. On dit d'un corps qui se laisse traverser par la lumière qu'il est transparent, et d'un autre qui l'arrête au passage qu'il est opaque. Le bois est opaque pour la lumière, l'eau est transparente. Il y a pareillement des corps transparents pour la chaleur, et des corps opaques. Les premiers, au lieu de l'arrêter et de se l'approprier pour s'échauffer eux-mêmes, lui laissent continuer son trajet ou ne lui présentent qu'un obstacle insuffisant, comme le font le verre, l'air, l'eau, pour la lumière ; les seconds s'opposent à sa propagation, l'arrêtent au passage et la gardent pour eux, de même qu'un écran non diaphane arrête la lumière. Les corps transparents pour la chaleur rayonnée sont appelés corps *diathermanes*. Cette expression, empruntée au grec, signifie que la chaleur peut traverser le corps. Elle est pour la chaleur ce que le mot *transparent* est pour la lumière. Les corps opaques pour la chaleur s'appellent corps *athermanes*, c'est-à-dire non susceptibles d'être traversés par la chaleur. Cette expression correspond au terme *opaque* appliqué à la lumière.

4. Corps athermanes et corps diathermanes. — Or, une même substance peut être athermane pour la chaleur obscure, et diathermane pour la chaleur lumineuse ; elle peut arrêter plus ou moins complétement la première, et laisser passer l'autre. Tel est le verre. En se plaçant derrière les carreaux d'une fenêtre où donne le soleil, on éprouve la même impression de chaleur que si l'on recevait directement les rayons solaires, sans l'interposition de ces carreaux. Une lame de verre n'arrête donc pas la chaleur lumineuse, la chaleur du soleil. Elle arrête fort bien, au contraire, la chaleur obscure, par exemple, celle d'un poêle très-chaud mais non incandescent, car la main, approchée de ce calorifère, n'en reçoit presque plus de chaleur du moment qu'elle est abritée derrière une large lame de verre. Parmi les substances transparentes pour la chaleur lumineuse et opaques pour la chaleur obscure, nous nous bornerons à citer les plus importantes : le verre, l'eau et l'air.

5. Chambre de Saussure. — Cette remarquable propriété du verre de laisser passer la chaleur ou de lui barrer le passage, suivant qu'elle est lumineuse ou obscure, peut encore se vérifier au moyen de la *Chambre de Saussure*. C'est une petite caisse en bois, peinte en noir à l'intérieur, et dont une paroi est formée par trois lames de verre, placées l'une devant l'autre à une petite distance. Si l'on expose au soleil le côté vitré de la caisse, en peu de temps la température de l'appareil s'élève d'une manière extraordinaire. La chaleur y atteint 80°, 100 et au delà. L'eau peut y devenir bouillante ; des aliments pourraient cuire dans cet étrange four chauffé par le soleil. — Les lames de verre superposées sont cause de cette élévation de température. La chaleur solaire les traverse sans difficulté en arrivant, parce qu'elle est alors lumineuse ; mais une fois qu'elle a pénétré dans l'appareil et qu'elle est devenue obscure en échauffant les parois noircies, elle ne peut plus les franchir pour se dissiper au dehors. Elle ne peut davantage se déperdre par les autres faces de la caisse, parce que le bois est fort mauvais conducteur. La chaleur, entrant toujours et ne sortant plus, s'accumule donc dans l'intérieur de l'appareil jusqu'à produire la température intolérable d'une étuve.

6. Cloches des jardiniers. Serres. —Pour maintenir une plante délicate à une température plus chaude que celle de l'air extérieur, les jardiniers la couvrent d'une cloche en verre. La chaleur solaire traverse la cloche, devient obscure en échauffant le sol, et ne peut plus se dissiper au dehors que difficilement. Elle s'accumule donc sous la cloche, et avec l'eau de l'arrosage elle produit une atmosphère humide et tiède favorable à la végétation.

Les serres, où, sous notre climat bien différent du leur, fleurissent l'hiver les plantes des pays chauds, sont encore une application de la non-transparence du verre pour la chaleur obscure. Une serre est comparable à la chambre de Saussure. Sa façade, tournée vers le midi, est entièrement vitrée. A travers cette cloison de verre, pénètrent librement la chaleur et la lumière nécessaires à la prospérité des plantes. En outre, comme le verre s'oppose à l'issue de la chaleur obscure, la chaleur solaire s'accumule à l'abri du vitrage à mesure qu'elle devient obscure en réchauffant les plantes. Aussi, la température de la serre, même sans calorifère placé à l'intérieur, est-elle bien plus élevée que celle du dehors. Deux façades vitrées, mises l'une devant l'autre, rendraient cette température plus chaude encore, en augmentant par elles-mêmes et par l'air interposé, la difficulté que devrait vaincre la chaleur obscure pour se dissiper. Trois façades pareilles produiraient un effet plus grand ; mais, avec cette supposition d'obstacles opposés à l'issue de la chaleur obscure, la serre deviendrait une étuve à la manière de la chambre de Saussure, et les plantes périraient brûlées.

7. L'air, diathermane pour la chaleur lumineuse. — Comme le verre, l'air est diathermane pour la chaleur lumineuse, spécialement pour celle que rayonne le soleil ; il se laisse traverser aisément par cette chaleur, sans se l'approprier et s'échauffer à ses dépens. Il faut bien qu'il en soit ainsi, car si l'atmosphère arrêtait la chaleur des rayons solaires, ceux-ci nous arriveraient, lumineux il est vrai, mais refroidis. Ce serait alors l'atmosphère, surtout dans ses hautes régions, et non la terre, qui profiterait de la chaleur du soleil, et la température irait en augmentant avec la hauteur au-dessus du sol. Mais c'est précisément le contraire qui a lieu : l'observation démontre que la température décroît à mesure qu'on s'élève plus haut. L'air n'arrête donc pas la chaleur lumineuse, il ne s'échauffe que très-difficilement par l'action directe des rayons du soleil.

Cela nous donne l'explication de l'abaissement rapide de température qu'on observe dans les hautes régions de l'atmosphère. Bien que ces régions soient un peu plus rapprochées du soleil que la surface du sol, elles sont extrêmement froides, parce que la chaleur solaire qui les traverse passe sans s'arrêter, sans produire d'effet. Par suite de la propriété diathermane de l'air pour la chaleur lumineuse, les rayons solaires traversent, sans affaiblissement trop considérable, toute l'épaisseur de l'atmosphère, et arrivent jusqu'ici avec la majeure partie de leur température primitive.

8. L'air, athermane pour la chaleur obscure. — Il ne suffit pas que l'atmosphère laisse la chaleur solaire arriver sans trop de déperdition jusqu'à nous, il faut encore qu'elle l'empêche de rétrograder, de se dissiper rapidement une fois qu'elle a pénétré les corps terrestres et qu'elle s'est convertie en chaleur obscure; sinon, chaque nuit, le refroidissement serait si brusque, si violent, que la plupart des êtres organisés ne pourraient résister à de pareilles transitions de température. Il faut donc que l'air ait, relativement à la chaleur obscure, à celle que rayonnent les corps terrestres après avoir été chauffés par le soleil, des propriétés inverses de celles qu'il possède relativement à la chaleur lumineuse; il faut que l'air, transparent pour la chaleur lumineuse, soit opaque pour la chaleur obscure.

Des exemples assez variés nous ont prouvé qu'en effet l'air jouit, à un haut degré, de la propriété d'opposer à la chaleur obscure un obstacle bien difficile à franchir. Il suffit de se rappeler la curieuse expérience de Rumford. L'atmosphère permet donc à la chaleur lumineuse du soleil d'arriver aisément jusqu'à nous; mais elle empêche cette même chaleur, devenue obscure en pénétrant les corps terrestres et les échauffant, de revenir avec trop de facilité sur ses pas et de se déperdre, avant l'heure, en rayonnant vers les étendues qui nous entourent. Sous ce rapport, l'atmosphère est pour la terre ce que le vitrage est pour la serre.

9. Pouvoir émissif. — Placé dans une enceinte dont la température est moindre que la sienne, un corps se refroidit en rayonnant de la chaleur. De la rapidité de son refroidissement, on peut juger de son *pouvoir émissif* ou *pouvoir rayonnant*, c'est-à-dire de la facilité plus ou moins grande avec laquelle il émet, il rayonne de la chaleur. Imaginons donc, dans un même appartement, des cubes en fer-blanc recouverts de diverses substances, tous remplis d'eau chaude et munis d'un thermomètre.

Tous rayonnent de la chaleur, tous se refroidissent, qui plus vite,
qui moins vite ; et au bout d'un certain temps, les thermomètres,
au début au même degré, au degré de l'eau chaude dont on a
rempli les cubes, marquent des températures fort différentes,
parce que le refroidissement ne s'est pas fait avec une égale rapidité. Dans le cube enduit extérieurement de noir de fumée, le
refroidissement est plus avancé que dans le cube tapissé de papier
blanc ; et dans celui-ci, il est plus avancé que dans un troisième
où le brillant du fer-blanc a été laissé à nu. Le pouvoir rayonnant
est donc plus fort pour le noir de fumée que pour le papier ; et
pour le papier, il est plus fort que pour le fer-blanc. En général,
on trouve que les métaux polis ont un pouvoir émissif très-faible,
que les métaux ternis en ont un plus grand, et que les matières
non métalliques à couleur sombre, le noir de fumée, par exemple,
en possèdent un plus grand encore. Le poli, le brillant, affaiblis-
sent le pouvoir émissif ; le défaut de poli, d'éclat, l'augmentent.
Ce principe donne lieu à diverses applications. Veut-on conserver longtemps un liquide chaud dans un vase ; il faut que le
vase soit en métal poli, car alors le refroidissement est le moindre
possible à cause de la faible émission de chaleur. Veut-on, au
contraire, laisser la chaleur rayonner ; il faut des surfaces ter-
nies, sans éclat, car alors l'émission de chaleur acquiert toute son
activité. Un poêle en fonte chauffe plus rapidement qu'un poêle
en faïence. Terne, sans poli, la fonte rayonne aisément la chaleur ; brillante, polie, la faïence la rayonne avec difficulté.

10. **Pouvoir absorbant.** — Reprenons, dans un ordre
d'idées inverse, l'expérience du paragraphe précédent. Les cubes
en fer-blanc, recouverts chacun d'une couche de matière différente, sont remplis d'eau froide et placés ensemble dans une
étuve. Dans chacun, le liquide s'échauffe et le thermomètre
monte, mais inégalement pour les divers cubes. Au bout de
quelque temps, on reconnaît que le thermomètre plongé dans
l'eau du cube enduit de noir de fumée marque une température
plus élevée que celui du cube tapissé de papier, plus élevée surtout que celui du cube dont les faces métalliques et brillantes
sont à nu. Donc la faculté de s'échauffer au moyen de la chaleur
rayonnante qui leur arrive, faculté qui prend le nom de *pouvoir*

absorbant, n'est pas la même pour tous les corps. Les uns se laissent aisément pénétrer par la chaleur rayonnante, et s'échauffent avec facilité. Ce sont les matières ternes, mates, le noir de fumée surtout. Les autres admettent difficilement dans leur masse la chaleur rayonnante qui leur arrive ; ils s'échauffent avec lenteur. Ce sont les matières polies, brillantes, et surtout les métaux possédant tout leur éclat. Le pouvoir absorbant et le pouvoir rayonnant marchent donc de pair. Un corps qui rayonne facilement, qui se refroidit vite, se pénètre aussi de chaleur et s'échauffe facilement. Un corps qui se refroidit avec lenteur, s'échauffe avec la même lenteur. Les applications que l'on peut tirer de cette loi peuvent se résumer ainsi. Si l'on veut qu'un corps s'échauffe avec rapidité, il faut le recouvrir d'une matière douée d'un grand pouvoir absorbant, de noir de fumée par exemple ; si l'on veut le garantir de la chaleur, il faut le recouvrir d'une matière à faible pouvoir absorbant, par exemple, d'un métal poli

Fig. 118. — Réflexion de la chaleur.

11. Pouvoir réflecteur. — La chaleur rayonnante qu'un corps n'absorbe pas est réfléchie, c'est-à-dire renvoyée de la même façon que le mur renvoie la balle élastique lancée contre lui. Il y a évidemment d'autant plus de chaleur réfléchie par un corps qu'il y en a moins d'absorbée. Le *pouvoir réflecteur* ou la propriété de réfléchir la chaleur est donc en raison inverse du pouvoir absorbant. Ce sont alors les corps brillants, les métaux polis surtout, qui réfléchissent le mieux la chaleur. Voici une belle expérience sur la réflexion de la chaleur par les métaux polis. Deux grands miroirs concaves en cuivre sont placés en face l'un de l'autre à plusieurs mètres de distance (fig. 118). Devant l'un de ces miroirs, on place un panier en fil de fer plein de charbons ardents; devant l'autre, un morceau d'amadou. La chaleur des charbons rayonne vers le premier miroir, se réfléchit, arrive sur le second miroir où elle éprouve une nouvelle réflexion et se concentre ainsi sur l'amadou, qui prend feu. Dans la construction des cheminées, il convient de tenir compte de la réflexion de la chaleur. L'intérieur doit en être revêtu de faïence blanche ou d'autres matériaux polis qui réfléchissent dans l'appartement la chaleur du foyer.

RÉSUMÉ

1. Le *rayonnement de la chaleur* est la transmission de la chaleur à distance, d'un corps à un autre. Cette transmission est indépendante de la présence de l'air ou de tout autre milieu analogue. Elle se fait à travers le vide barométrique, à travers les espaces célestes.

2. Un thermomètre, en présence d'un corps plus chaud que lui, reçoit de la chaleur et monte ; en présence d'un corps plus froid que lui, il fournit lui-même de la chaleur et baisse. Le rayonnement du froid n'est donc qu'apparence.

3. La *chaleur lumineuse* est celle que la lumière accompagne ; la *chaleur obscure* est celle que la lumière n'accompagne pas.

4. Un corps est *diathermane* quand il n'arrête pas au passage la chaleur rayonnante ; il est *athermane* quand il l'arrête.

5. Le verre est diathermane pour la chaleur lumineuse et athermane pour la chaleur obscure. C'est sur cette double propriété du verre qu'est basée la *chambre de Saussure*, petite caisse en bois, vitrée sur une face, où la chaleur solaire s'accumule jusqu'à produire l'ébullition de l'eau.

6. Le même principe rend compte de l'utilité des cloches des jardiniers et des serres.

7. L'air est diathermane pour la chaleur lumineuse. L'atmosphère permet aux rayons solaires d'arriver jusqu'à nous avec la majeure partie de leur chaleur.

8. L'air est athermane pour la chaleur obscure. L'atmosphère s'oppose au refroidissement brusque de la terre en empêchant la chaleur obscure de se dissiper avec trop de facilité.

9. On nomme *pouvoir émissif* ou *pouvoir rayonnant* la propriété qu'ont les corps d'émettre, de rayonner la chaleur. Les métaux polis ont le moindre pouvoir émissif ; les matières mates, le noir de fumée surtout, possèdent le plus grand.

10. Le *pouvoir absorbant* est la faculté plus ou moins grande que possèdent les corps de s'échauffer au moyen de la chaleur rayonnante qui leur arrive. Les corps à faible pouvoir émissif, ont aussi un faible pouvoir absorbant ; les corps à pouvoir émissif considérable ont un pouvoir absorbant considérable. Un corps qui s'échauffe avec difficulté se refroidit avec lenteur ; un corps qui s'échauffe facilement se refroidit avec rapidité.

11. Le *pouvoir réflecteur* consiste dans la propriété de réfléchir, de renvoyer la chaleur rayonnante. Les métaux polis sont les corps qui réfléchissent le mieux la chaleur. Plus le pouvoir absorbant est grand, plus le pouvoir réflecteur est faible.

CHAPITRE XXIX

1. Électricité développée par le frottement. — Si l'on frotte vivement sur du drap bien sec certains corps, comme une baguette de verre, un morceau de résine, un bâton de cire d'Espagne ou de soufre, ces corps acquièrent la propriété passagère d'attirer les fétus de paille, les parcelles de papier, les barbes de plume, et autres menus objets. Les anciens avaient reconnu cette propriété dans une espèce de résine fossile, l'ambre jaune, nommée *electron* par les Grecs. De ce mot vient l'expression d'électricité pour désigner la cause de l'attraction des corps légers, par la résine, le verre, le soufre, etc., frottés. Parmi les expériences élémentaires que l'on peut faire sur l'électricité sans le secours des appareils d'un cabinet de physique, il n'en est pas de plus frappantes que la suivante. Si par un temps très-sec, en hiver surtout, on chauffe sur le poêle une bande de papier ordinaire et qu'on la frotte sur le genou, on reconnaît qu'elle peut, après la friction, attirer les corps légers. Disposée sur la tête d'une personne, à une petite distance, elle attire les cheveux et les fait se dresser. Rapprochée du visage, elle occasionne une impression particulière comparable à celle que produirait le contact d'une toile d'araignée. A l'approche du doigt, elle s'illumine tout à coup d'une lueur phosphorescente parfaitement visible dans l'obscurité, et donne une étincelle qui jaillit sur le doigt en pétillant. Le point atteint par l'étincelle, pour peu que celle-ci soit vive, éprouve un picotement léger. Avec le soufre, la résine, le verre, la cire d'Espagne, ces faits électriques sont bien moins prononcés sans dipositions spéciales; toutefois, il y en a un qui se manifeste toujours : l'attraction des corps légers par le corps électrisé. L'attraction ou la non-attraction vont donc nous servir de caractère pour reconnaître si un corps est électrisé ou non.

2. **Conductibilité**. — Le verre, le soufre, la résine, etc., sont-ils privilégiés sous le rapport électrique; sont-ils les seules substances qui, par le frottement, puissent acquérir la propriété d'attirer les corps légers? Ou bien, cette faculté appartient-elle à tous les corps indistinctement? Si l'on frictionne sur du drap, à la manière du verre, une baguette de fer, de cuivre, de charbon, et d'une foule d'autres substances, jamais ces corps, si bien conduite que soit la friction, n'acquièrent la propriété d'attirer. Il paraîtrait donc, au premier examen, que les corps se divisent en deux catégories sous le rapport électrique. Pour les uns, soufre, résine, verre, papier, etc., le frottement développe les propriétés électriques; pour les autres, charbon, cuivre, fer et tous les métaux, le frottement ne produit rien. Avant de conclure, reportons-nous à la conductibilité des corps pour la chaleur.

Certains corps, le charbon, le bois, par exemple, fortement chauffés par une extrémité, s'échauffent peu ou point à l'autre. La chaleur s'accumule dans la partie plongée dans le brasier; elle se fixe en ce point sans pouvoir se propager dans le reste du corps. On les dit corps mauvais conducteurs de la chaleur. Pour d'autres, appelés bons conducteurs, spécialement pour les métaux, la chaleur gagne de proche en proche; elle se propage de la partie directement chauffée à la partie hors du foyer, et la main en ressent les effets à une grande distance. Eh bien, imaginons une substance douée par la chaleur d'une conductibilité incomparablement plus grande que celle que possèdent les métaux; supposons que notre propre corps et le sol sur lequel nous reposons, possèdent l'un et l'autre une conductibilité pareille. Dans ces conditions qu'arrivera-t-il? Il arrivera ce qui a lieu dans un tonneau percé, qui reçoit toujours sans jamais s'emplir. La chaleur du foyer, aussitôt dégagée, se propagera dans la barre de cette substance, sans se fixer nulle part à cause d'une conductibilité excessive; elle se répandra dans notre corps si nous tenons la barre à la main, elle ne se fixera nulle part encore puisque nous sommes sensés avoir la même conductibilité, et se dissipera finalement dans le sol supposé posséder un pouvoir conducteur parfait. La barre, notre main, notre corps, constitueront une voie libre où la chaleur circulera du foyer au sol, sans amener une élévation de température à cause de son impossibilité à se fixer, à s'accumuler quelque part. Le sol, disons mieux, la terre entière recevra, sans délai, toute la chaleur émanée du foyer, et comme elle est immensément grande par rapport aux dimensions du foyer, sa température n'en éprouvera aucune modification. La chaleur sera comme perdue dans l'incommensurable réservoir de la terre. On comprend donc que, si un corps était doué d'une conductibilité parfaite, il serait impossible de l'échauffer tant qu'il serait en communication avec la terre, parce que la chaleur qu'il recevrait d'un foyer passerait aussitôt dans le sol. Pour l'échauffer, il faudrait intercepter ses communications avec le sol, il faudrait l'*isoler*, c'est-à-dire le soutenir avec des corps mauvais conducteurs qui arrêteraient la chaleur au passage et la maintiendraient en lui.

3. **Corps bons conducteurs et corps mauvais conducteurs.** — Tous les corps s'échauffent sans être isolés, même les métaux; tous n'ont donc, pour la chaleur, qu'une conductibilité très-imparfaite. Il n'en est plus de même pour l'électricité. Les uns la conduisent mal, ils l'entravent dans sa propagation et la gardent aux points frottés. Les autres la laissent se propager avec une facilité, sinon parfaite, du moins assez grande pour qu'il soit

impossible de la maintenir en eux tant qu'ils sont en rapport avec le sol. Si le frottement les électrise, l'électricité développée se distribue aussitôt dans toute leur étendue, de là dans la main, dans le corps de l'opérateur, et finalement dans le sol, où elle se déperd. Les premiers sont appelés mauvais conducteurs de l'électricité : ce sont, en particulier, le verre, la résine, le soufre, l'ambre, la gomme laque, la soie, l'air sec, le papier, etc. Les seconds sont dits bons conducteurs. Les principaux sont : les métaux, le charbon, l'eau, les végétaux, les animaux, l'air humide, le sol, etc. Tous les corps mauvais conducteurs s'électrisent directement, parce que l'électricité développée en un de leurs points s'y conserve quelque temps sans pouvoir se dissiper dans le sol. Les autres ne peuvent s'électriser, si l'on ne prend des précautions, parce que l'électricité développée se déperd dans le sol, par l'intermédiaire de l'opérateur, à mesure que la friction en dégage. Si donc l'on se propose d'électriser un corps bon conducteur, il est de toute nécessité de l'*isoler;* c'est-à-dire d'interposer, entre lui et le sol, un corps mauvais conducteur, qui empêche la déperdition de l'électricité; du verre, par exemple, ou de la cire d'Espagne, de la gomme laque, de la soie, indifféremment.

4. Corps isolants. — Électrisation d'un corps bon conducteur. — Employé dans ce but, un corps mauvais conducteur porte le nom de *corps isolant.* Une expérience va nous démontrer son efficacité. Prenons une tige de laiton A (fig. 119).

Fig. 109.

Si nous la tenions directement à la main, jamais trace d'électricité ne s'y manifesterait. L'électricité développée se transmettrait sans entraves du métal bon conducteur à notre main, à notre corps, et aussitôt apparue se dissiperait dans le sol. Isolons la tige, c'est-à-dire emmanchons-la à une poignée de verre B, par laquelle l'appareil est saisi. Si maintenant on la frotte avec une peau de chat, avec un morceau de taffetas verni, la tige de métal s'électrise très-bien et attire les corps légers, comme le font, sans cette précaution, le verre, la résine et les autres corps mauvais conducteurs. La matière isolante, la poignée de verre, s'oppose au passage 'de l'électricité développée par la friction ; elle la maintient sur le métal et dès lors celui-ci acquiert les propriétés électriques.—Soit encore le cylindre AB en laiton, porté sur un pied en verre C, enduit, pour plus de sûreté, d'un vernis de gomme laque (fig. 120). En le frottant, le frappant avec une peau de chat, on le charge d'électricité, on lui communique la propriété d'attirer les corps légers et de donner, à l'approche du doigt, une petite étincelle. Rien de tout cela n'aurait lieu si le cylindre, au lieu d'être supporté par une colonne isolante de verre, communiquait avec le sol par des corps bons conducteurs. — L'expérience que voici achèvera la démonstration. Une personne monte sur un tabouret dont les pieds sont en verre. Sur pareil support, elle est électriquement isolée. Une seconde personne frappe la première avec une peau de chat, et bientôt il est possible de tirer de celle-ci des étincelles plus ou moins vives. A la condition d'être isolé, le corps de l'homme peut donc aussi s'électriser par le simple frottement. Il ne sera pas inutile d'ajouter qu'un temps sec est nécessaire à la réussite de pareilles expériences. L'air sec conduit mal l'électricité, mais l'air humide la conduit bien. Dans une atmosphère sèche, il suffit d'arrêter la déperdition par le sol, ce que l'on obtient avec des supports isolants; dans une atmosphère humide, il faudrait encore s'opposer à la déperdition de l'air, ce qui est impossible. Quoi qu'il en soit, en supposant les circonstances favorables, on voit que tous les corps, sans exception, sont susceptibles d'être électrisés par le frottement. Pour les uns, corps mauvais conducteurs, aucune précaution n'est à prendre parce que l'électricité

Fig. 120.

ne se propage pas hors des points frottés; pour les autres, corps bons conducteurs, il est indispensable d'interrompre leur communication avec le sol au moyen d'un corps isolant, sinon l'électricité se dissipe sans laisser de trace à mesure qu'elle se développe.

5. Attractions et répulsions. Deux sortes d'électricité. —On nomme pendule électrique une petite bille de sureau A suspendue à un support C par un fil de soie E (fig. 121). La

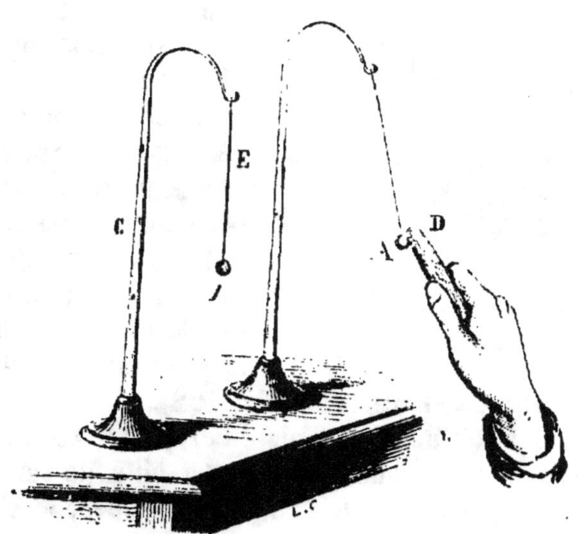

Fig. 121. — Pendule électrique.

bille doit être isolée. Elle l'est par le fil de soie, matière conduisant mal l'électricité. On frotte sur du drap une baguette de verre, et, une fois électrisée, on la présente à la bille de sureau. Celle-ci est attirée, elle abandonne sa position initiale pour venir au contact du verre D (fig. 121). Mais dès que le contact a eu lieu, elle se détache et fuit devant la baguette de verre si l'on cherche à l'atteindre. L'attraction première s'est changée en une répulsion. Pendant le contact, la bille de sureau s'est électrisée; la baguette de verre lui a communiqué une partie de sa charge électrique, et l'électricité ainsi obtenue n'a pu s'écouler dans le sol à cause du fil de soie, mauvais conducteur. La bille est donc électrisée. On peut s'en assurer en lui présentant des barbes de plume. Elle les attire. La bille, disons-nous, est électrisée, et c'est là précisément la cause de sa fuite devant la baguette de verre, électrisée elle aussi. Si, en effet, on la touche avec la main pour faire écouler son électricité dans le sol, la bille redevient ce qu'elle était avant, elle est attirable par la baguette de verre. C'est donc bien l'électricité, dont elles sont l'une et l'autre chargées, qui est cause de la répulsion actuelle entre la baguette de verre et la bille de sureau. Quand la bille n'était pas électrisée, la baguette l'attirait ; maintenant qu'elle est

Fig. 122.

électrisée, la baguette la repousse (fig. 122).

Frottons un bâton de résine sur du drap et recommençons l'expérience avec un second pendule. La bille de sureau est d'abord attirée ; puis, après le contact, elle est repoussée. Les mêmes faits absolument se reproduisent qu'avec le verre. Mais, si à la bille que le verre repousse on présente le bâton de résine, ou bien, si à la bille que le bâton de résine repousse, on présente la baguette de verre, il n'y a plus répulsion, il y a attraction. L'électricité qui se développe sur le verre n'est donc pas la même que celle qui se développe sur la résine, puisque le verre électrisé attire ce que la résine électrisée repousse, et réciproquement. Ce fait et d'autres analogues ont fait admettre deux sortes d'électricité. L'une se développe sur le verre frotté avec du drap et porte le nom d'*électricité vitrée* ou *positive ;* l'autre se développe sur la résine frottée également avec du drap et s'appelle *électricité résineuse* ou *négative.* De plus, comme la bille en moelle de sureau, chargée d'électricité vitrée après son contact avec la baguette de verre, est repoussée par celle-ci, qui possède la même électricité, tandis qu'elle est attirée par le bâton de résine, qui possède l'électricité contraire, on arrive à ces deux lois des attractions et des répulsions électriques.

1° *Les électricités de même nom se repoussent.*

2° *Les électricités de nom contraire s'attirent.*

6. Développement simultané des deux électricités. — Les deux électricités se développent à la fois; quand l'une apparaît, l'autre apparaît aussi. Deux corps étant frottés l'un contre l'autre, le corps frottant prend une électricité, le corps frotté prend l'autre. On le constate de la manière suivante. Un disque de verre est frotté contre un disque en bois, recouvert de drap. Les deux disques sont emmanchés chacun à une tige de verre qui sert de poignée et empêche l'électricité de se déperdre, du moins celle du drap, corps assez bon conducteur. Après quelques frictions, on les présente à tour de rôle à un pendule électrique préalablement touché avec une baguette de verre frottée contre du drap à la manière ordinaire et par conséquent chargée d'électricité vitrée. Le disque de verre repousse le pendule; ce qui indique qu'il possède, lui aussi, l'électricité vitrée. Le disque de drap l'attire, et, par conséquent, il possède l'électricité contraire. Si le pendule avait été électrisé par le contact avec un bâton de résine frotté, le disque de verre l'attirerait, le disque de drap le repousserait. Les deux épreuves conduisent au même résultat, savoir : la friction du verre contre du drap développe les deux électricités; le verre prend l'électricité vitrée, le drap prend l'électricité résineuse. Lors donc que l'on frotte, sans précautions spéciales, une baguette de verre contre un morceau de drap, en réalité les deux électricités se développent à la fois; mais l'une, l'électricité vitrée, se conserve sur le verre, mauvais conducteur, tandis que l'autre, l'électricité résineuse, abandonne le drap, corps bon conducteur non isolé, pour se dissiper dans le sol. Pour s'opposer à la déperdition de cette électricité résineuse, il faudrait isoler le drap. C'est ce que l'on fait en le disposant à l'extrémité d'une poignée isolante en verre.

Une personne montée sur un tabouret isolant à pieds de verre s'électrise, nous l'avons vu, quand elle est frappée par une autre avec une peau de chat. Son électricité est vitrée. L'électricité résineuse doit donc se développer en la personne qui frappe, mais comme celle-ci communique avec le sol, cette électricité contraire se dissipe aussitôt. Complétons maintenant l'expérience. Les deux personnes montent chacune sur un tabouret isolant. L'une d'elles frappe l'autre avec une peau de chat. Dans ce cas, les deux électricités apparaissent; la personne frappée a l'électricité vitrée, la personne qui frappe a l'électricité résineuse. Si l'air est bien sec ainsi que la peau de chat, si les tabourets isolent bien, la charge électrique sur chacune des deux personnes est suffisante pour donner des étincelles à l'approche du doigt.

7. Influence de la nature du corps frotté et du corps frottant. — Un disque de verre poli frotté contre un disque recouvert de drap, prend l'électricité vitrée; tandis que le drap prend l'électricité résineuse. Si le disque recouvert de drap est remplacé par un disque recouvert d'un lambeau de peau de chat (fig. 123), la distribution des électricités se fait d'une ma-

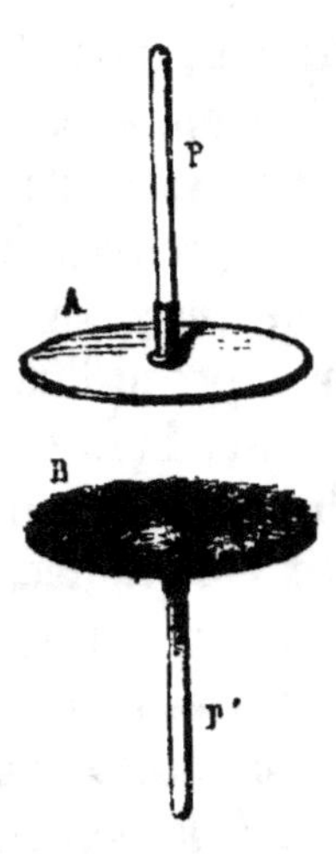

Fig. 123.

nière inverse : le verre poli acquiert l'électricité résineuse, la peau de chat acquiert l'électricité vitrée. Le verre poli peut donc, suivant qu'on le frotte avec tel ou tel autre corps, prendre l'électricité vitrée ou l'électricité résineuse. Pareillement, la résine frottée contre du verre dépoli, se charge d'électricité vitrée, et le verre dépoli d'électricité résineuse. Il ne faut donc pas prendre à la lettre les expressions d'électricité vitrée et d'électricité résineuse; il ne faut pas entendre par là de l'électricité spéciale au verre et de l'électricité spéciale à la résine, car le verre et la résine peuvent acquérir l'une ou l'autre, suivant la nature des corps avec lesquels on les frotte. Pour éviter tout malentendu à ce sujet, on désigne ordinairement l'électricité vitrée par le nom d'*électricité positive*, et l'électricité résineuse par le nom d'*électricité négative*. Ces nouvelles expressions, par cela même qu'elles ne font pas allusion à la nature des corps électrisés, ont sur les premières l'avantage de ne rien préjuger.

Dans le tableau ci-après sont rangés divers corps qui prennent l'électricité positive ou vitrée quand on les frotte avec l'un ou l'autre de ceux dont les noms suivent, et l'électricité négative ou résineuse quand on les frotte avec l'un ou l'autre de ceux dont les noms précèdent.

Peau de chat.	Papier.
Verre poli.	Soie.
Étoffe de laine.	Gomme laque.
Plumes.	Résine.
Bois.	Verre dépoli.

8. Hypothèse de Symmer. — On ne sait rien encore de certain sur la nature de l'électricité, on ignore absolument sa cause première. Cependant pour soulager la mémoire, grouper les faits, les lier entre eux et en déduire d'autres, une manière de voir a été adoptée, très-simple et rendant admirablement compte de ce que l'observation constate. C'est ce qu'on nomme *l'hypothèse de Symmer*. Il faut se garder d'y attacher une trop grande importance et de la prendre pour l'exacte expression de la réalité ; il ne faut y voir qu'une manière de parler très-commode pour faire image dans l'esprit et nous représenter les faits. Dans cette hypothèse, tous les corps contiennent en quantité indéfinie une espèce d'électricité dont rien ne trahit la présence, électricité inactive, latente, qu'on nomme *électricité neutre*. Par le frottement et par d'autres moyens, cette électricité neutre se dédouble en électricité positive et en électricité négative. Le dédoublement opéré, les propriétés électriques apparaissent. Autant l'électricité neutre est inactive, autant les deux électricités résultant de sa décomposition sont actives. Elles se recherchent, s'attirent, tendent à se réunir pour reconstituer de l'électricité neutre, et de cette tendance à la réunion résulte leur activité. Une fois associées à l'état d'électricité neutre, elles retombent dans le repos. L'hypothèse de Symmer se résume en ces quelques propositions. Il y a partout, en quantité inépuisable, de l'électricité neutre, dont rien de sensible ne manifeste la présence. Elle résulte de l'association, à proportions égales, de l'électricité positive et de l'électricité négative. Électriser un corps, c'est décomposer son électricité neutre en ses deux électricités élémentaires, positive et négative. Tel est le motif pour lequel l'une n'apparaît pas sans l'autre. Une fois séparées, les deux électricités élémentaires reprennent leur activité, latente dans l'électricité neutre. L'électricité d'une espèce recherche l'électricité d'espèce contraire, pour reconstituer avec elle de l'électricité neutre. Les électricités de nom contraire s'attirent, les électricités de même nom se repoussent.

RÉSUMÉ

1. Certains corps, le verre, la résine, la cire d'Espagne, le soufre, etc., acquièrent, par le frottement contre du drap, la propriété d'attirer les corps légers. La cause de cette attraction a été nommée *électricité*.

2. Le fer, le cuivre et tous les métaux, ne peuvent acquérir la même propriété sans certaines précautions.

3. De même qu'il y a des corps conduisant plus ou moins bien la chaleur, il y en a qui laissent l'électricité se propager, et il y en a d'autres qui la conservent au point où elle s'est développée. Les premiers sont dits *bons conducteurs* (exemples: les métaux, le charbon, l'eau, le sol, l'air humide), les autres sont dits *mauvais conducteurs* (exemples: le verre, la cire d'Espagne, la résine, la gomme laque). Les corps bons conducteurs ne peuvent pas s'électriser sans précautions spéciales, parce qu'ils laissent l'électricité se propager dans toute leur étendue, dans le corps de l'opérateur, et finalement dans le sol, où elle se dissipe.

4. Pour électriser un corps bon conducteur, il faut d'abord l'*isoler*, c'est-à-dire interrompre sa communication avec le sol au moyen d'un corps mauvais conducteur.

5. Il y a deux sortes d'électricité : l'*électricité positive* ou *vitrée* et l'*électricité négative* ou *résineuse*. *Les électricités de même nom se repoussent; les électricités de nom contraire s'attirent.*

6. *Les deux électricités se développent à la fois :* le corps frotté prend l'une, le corps frottant prend l'autre.

7. L'espèce d'électricité acquise par un même corps change suivant la nature du corps avec lequel on frotte le premier. Le verre poli acquiert l'électricité vitrée ou positive quand on le frotte avec du

drap; il prend l'électricité résineuse ou négative quand on le frotte avec une peau de chat.

8. L'électricité positive et l'électricité négative constituent, en se réunissant, ce qu'on nomme l'*électricité neutre*. L'électricité neutre est partout, en proportion inépuisable. Sa présence ne se manifeste par rien de sensible. Pour que les propriétés électriques apparaissent, il faut que l'électricité neutre soit dédoublée en ses deux électricités élémentaires. *Électriser un corps, c'est décomposer son électricité neutre* par le frottement ou par d'autres manières.

CHAPITRE XXX

1. Électricité développée par influence. — Un cylindre en laiton non électrisé CB (fig. 124), porté sur un pied isolant, est mis en face d'une machine électrique ou d'une sphère métallique isolée et électrisée positivement, par exemple. C'est ce qu'indique le signe +, par lequel on désigne l'électricité positive. Le cylindre CB porte, appendus à sa face inférieure, des couples de petites balles de sureau. Les fils sont bons conducteurs; ils sont en métal ou en lin. Dès que la sphère A et le cylindre CB sont suffisamment rapprochés, les balles de sureau de chaque couple s'écartent l'une de l'autre, et d'autant plus qu'elles sont situées plus près des extrémités du cylindre; seules, celles du milieu restent en repos. On voit, en outre, que les balles de l'extrémité la plus rapprochée de la sphère se portent vers cette sphère, tandis que les balles de l'autre extrémité se portent en sens inverse. Les balles de l'extrémité B sont attirées par la sphère; les balles de l'extrémité C sont repoussées. On peut enfin reconnaître que les balles des deux extrémités du cylindre sont électrisées, mais d'une manière contraire. Si l'on approche une baguette de verre frottée contre du drap, des balles de l'extrémité B, celles-ci sont attirées. Elles possèdent donc l'électricité contraire à celle du verre, l'électricité résineuse ou négative.

Approchée des balles de l'extrémité C, la même baguette de verre produit une répulsion. Du côté C, il y a donc de l'électricité de même nom que celle du verre, de l'électricité vitrée ou positive. On déduit de là, qu'à distance, par sa seule influence l'électricité positive de la sphère A a décomposé l'électricité neutre du

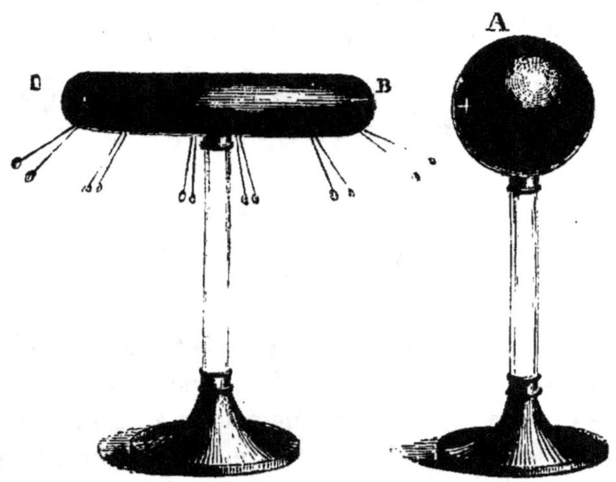

Fig. 1:4. — Électrisation par influence.

cylindre CB, en attirant à elle l'électricité négative et repoussant l'électricité positive. Le cylindre se trouve de la sorte électrisé dans ses deux moitiés : négativement dans sa moitié tournée vers la sphère influente, positivement dans la moitié opposée. Le signe — (moins), symbole de l'électricité négative, et le signe + (plus), symbole de l'électricité positive, indiquent cette répartition électrique sur le cylindre de la figure. Les fils bons conducteurs ont propagé dans les billes de sureau l'une et l'autre des électricités du cylindre, et tel est le motif qui fait se repousser entre elles les billes d'un même couple. Elles se repoussent, parce qu'elles possèdent la même électricité, négative pour les billes d'avant, positive pour les billes d'arrière. Enfin. comme la divergence des billes d'un même couple diminue à mesure que ce couple est plus près du milieu du cylindre, on voit que la charge électrique a sa plus grande valeur à chacune des extrémités du cylindre et qu'elle est nulle au milieu ou à peu près, puisque en ce point les billes restent en repos. Donc, sous l'influence de la sphère électrisée A, le cylindre bon conducteur CB acquiert simultanément les deux électricités. Sa moitié la plus rapprochée de la sphère prend l'électricité de nom contraire à celle de la sphère ; sa moitié opposée prend l'électricité de même nom, et la charge électrique diminue graduellement de valeur du milieu du cylindre à l'une et à l'autre extrémité. C'est là ce qu'on appelle *électrisation par influence*.

2. **Retour à l'état neutre.** — Les deux électricités du cylindre CB sont maintenues séparées par l'action incessante de la sphère A, qui attire l'une et repousse l'autre. Si cette action s'amoindrit par un éloignement convenable de la sphère, on voit les balles de sureau diverger moins entre elles, se rapprocher de la verticale, signe manifeste d'une diminution dans la charge électrique des deux moitiés du cylindre. Enfin, lorsque la sphère est à une distance suffisante, son influence cesse, et le cylindre retombe à l'état neutre par la recombinaison des deux électricités que rien ne maintient plus séparées. Les billes alors ne se repoussent plus ; dans chaque couple, elles se remettent en contact suivant la verticale. Mais si la sphère se rapproche, les mêmes faits recommencent pour cesser par un nouvel éloignement. Ainsi, par la décomposition de son électricité neutre, le cylindre AB se trouve électrisé d'une manière différente dans ses deux moitiés lorsque la sphère influente est assez rapprochée pour exercer son action. Dès que cette influence cesse, soit par l'éloignement, soit par la décharge de la sphère, les deux électricités contraires du cylindre se recombinent, reconstituent de l'électricité neutre, et le cylindre revient à l'état naturel.

3. **Électrisation permanente du corps influencé.** — Pour conserver au cylindre les propriétés électriques hors de l'influence de la sphère, il faudrait faire écouler à point l'une des deux électricités ; car tant qu'elles seront en présence, elles se recombineront une fois que la sphère n'exercera plus son action, et l'état neutre reparaîtra infailliblement. Pendant que le cylindre est sous l'influence de la sphère, on met son extrémité C en communication avec le sol ; ce que l'on fait en touchant du doigt

cette extrémité. L'électricité positive du cylindre est repoussée par l'électricité de même nom de la sphère. Elle se porte donc aussi loin que possible à l'extrémité opposée du cylindre, et si elle ne va pas plus loin, c'est que l'air sec environnant s'y oppose par sa mauvaise conductibilité. Mais du moment que l'on touche l'extrémité C avec la main, une voie se présente, et l'électricité repoussée s'écoule dans le sol. Quant à l'électricité négative, elle ne peut s'écouler par la voie de la main, retenue qu'elle est par l'attraction de la sphère. Après cette mise en communication avec le sol, le cylindre ne possède donc que de l'électricité négative. On retire alors d'abord la main, puis on éloigne la sphère influente ; et le cylindre ne possédant plus qu'une seule électricité libre, ne peut revenir à l'état naturel. Il reste électrisé ; il est chargé d'électricité négative, qui se distribue dans toute sa longueur, mais en plus grande quantité vers les deux extrémités. Les pendules continuent à diverger entre eux, mais ils possèdent tous la même électricité, car une baguette de verre frottée contre du drap les attire tous ; un bâton de résine frotté de la même manière les repousse tous, ceux de l'extrémité B comme de l'extrémité C. On voit donc que, si l'on met un corps en communication avec le sol pendant qu'il est encore sous l'influence d'une source électrique, on fait écouler l'électricité de même nom que celle de la source, et on laisse l'électricité de nom contraire ; de telle sorte qu'après la disparition du corps influent, le corps influencé reste chargé d'électricité contraire. Les corps électrisés de cette manière fournissent des étincelles à l'approche du doigt, attirent les corps légers, enfin reproduisent tous les faits des corps électrisés par le frottement.

Pour faire écouler dans le sol l'électricité de même nom que celle de la sphère, nous avons touché le cylindre en C, à l'extrémité où elle est accumulée, et il semble tout d'abord qu'on ne puisse faire autrement. Si l'on touche cependant le cylindre en un point quelconque, en arrière, au milieu, en avant, même à l'extrémité B, chargée d'électricité négative, c'est toujours l'électricité positive qui s'en va, et le cylindre reste chargé d'électricité négative. Rendons-nous compte de cette singularité. On appuie la main sur l'extrémité B. La sphère A décompose par influence l'électricité neutre de la main; l'électricité positive est repoussée dans le sol, l'électricité négative est attirée et se porte sur le cylindre. Après le contact de la main, il y a donc sur le cylindre une double charge d'électricité négative : l'une provenant de la main, l'autre provenant de la décomposition de sa propre électricité neutre. Si la sphère influente est enlevée, cet excédant d'électricité négative se répand dans le cylindre, arrive en C, et forme de l'électricité neutre avec de l'électricité positive de cette région. Il reste donc sur le cylindre une charge d'électricité négative, comme si la région C avait été elle-même mise en rapport avec le sol.

4. **Un corps électrisé par influence peut en électriser d'autres**. — Disposons en face d'une source électrique A chargée d'une électricité quelconque, positive, par exemple, divers cylindres isolés, pareils à celui de l'expérience précédente et rangés à la file l'un de l'autre sans se toucher (fig. 125). Par l'in-

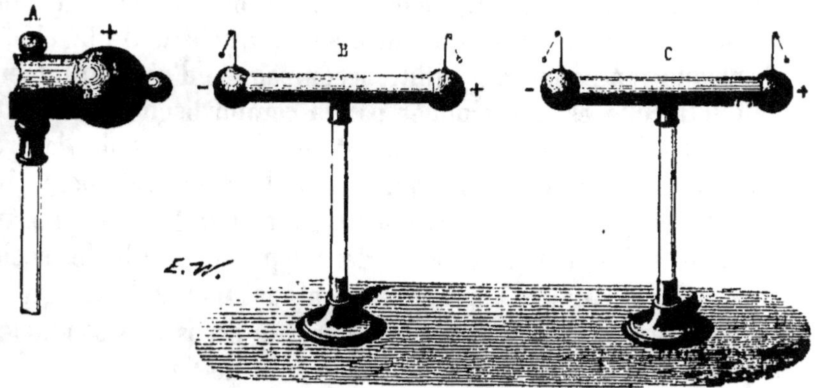

Fig. 125.

fluence de la source A, le premier cylindre B se charge d'électricité négative dans la moitié du côté de A, positive dans l'autre moitié. La divergence de ses pendules l'indique. Dans le second cylindre C, les mêmes faits se passent. L'électricité positive du cylindre B décompose par influence l'électricité neutre du cylindre C; elle attire l'électricité de nom contraire, qui se porte en avant; elle repousse l'électricité de même nom, qui est refoulée à l'autre extrémité. Le cylindre C se trouve ainsi chargé de la même manière que celui qui le précède. C, à son tour, pourrait agir sur un troisième, le troisième sur un quatrième, etc., de sorte que tous les cylindres, influencés mutuellement, posséderaient de l'électricité négative dans leur moitié tournée vers la source A, et de l'électricité positive dans la moitié opposée; seulement, la charge électrique diminuerait de puissance à mesure que le cylindre considéré se trouverait plus reculé dans la série. A une certaine distance même, variable suivant l'intensité électrique de la source, l'électrisation par influence serait insensible. Si l'on vient à éloigner la source A, ou bien à la décharger en la faisant communiquer avec le sol, les électricités séparées se recombinant dans chaque cylindre, l'état naturel reparaît d'un bout à l'autre de la série, et les pendules retombent brusquement à la position verticale.

5. Explication de l'étincelle électrique. — Lorsque d'un corps électrisé on approche un autre corps bon conducteur, à une certaine distance, qui varie avec l'intensité de la charge électrique, une étincelle jaillit, accompagnée d'un petillement. Cette étincelle est occasionnée par la combinaison soudaine des deux électricités, qui se précipitent au-devant l'une de l'autre à travers un milieu mauvais conducteur, l'air généralement. L'électrisation par influence va nous rendre compte de la présence simultanée des deux électricités dans la production de l'étincelle, lorsque les premières apparences semblent n'en indiquer qu'une seule. Deux cas peuvent se présenter : le corps bon conducteur approché du corps électrisé est isolé ou il ne l'est pas.

Supposons-le d'abord non isolé. On approche d'une machine électrique l'articulation du doigt, ou bien une tige métallique tenue à la main. L'étincelle jaillit entre la machine électrique et le doigt ou la tige métallique. D'où provient cette étincelle ? — L'électricité de la machine, positive par exemple, décompose par influence l'électricité neutre du doigt, attire l'électricité de nom contraire et repousse dans le sol, par le corps de l'opérateur, l'électricité de même nom. Les deux électricités en présence, positive sur la machine, négative sur le doigt, s'attirent mutuellement, tendent à se combiner; et lorsque la distance est assez petite et leur accumulation suffisante, elles se précipitent soudainement l'une vers l'autre pour constituer de l'électricité neutre. De cette combinaison des deux électricités contraires naît l'étincelle. Celle-ci ne jaillit donc pas de la machine sur le doigt, pas plus que du doigt sur la machine ; elle est produite par le concours des électricités contraires issues à la fois et de la machine et du doigt.

Supposons maintenant le corps bon conducteur isolé. Reportons-nous à la figure 124. La sphère électrisée positivement **A** décompose par influence l'électricité neutre du cylindre. L'électricité négative est attirée en B, l'électricité positive est refoulée en C. Tant que la distance est un peu grande, l'étincelle ne jaillit pas ; mais si l'on rapproche peu à peu le cylindre de la sphère, à un certain moment, les électricités de nom contraire en présence finissent par vaincre, par leur attraction, croissante avec une moindre distance, la résistance que leur oppose l'air interposé et mauvais conducteur, et s'élancent l'une au-devant de l'autre. L'étincelle jaillit. Cela fait, l'électricité négative du cylindre se trouve combinée avec une quantité égale d'électricité positive fournie par la sphère, et il reste sur le cylindre l'électricité positive de la région C, électricité qui se conserve, puisqu'elle est seule, lorsque la sphère **A** est éloignée. Après l'étincelle, le corps isolé se trouve ainsi chargé de la même électricité que le corps dont l'influence a occasionné cette étincelle.

Dans le cas d'un corps isolé, comme dans celui d'un corps non isolé, l'étincelle résulte de la combinaison soudaine des deux électricités contraires. Cela nécessite dans l'objet présenté au corps électrisé l'apparition de l'électricité de nom contraire, et par conséquent la décomposition de l'électricité neutre. Si cet objet est mauvais conducteur, la décomposition ne peut avoir lieu, ou, du moins, n'a lieu que d'une manière très-laborieuse, parce que les deux électricités élémentaires, retenues en place par la mauvaise conductibilité de l'objet, ne peuvent se séparer convenablement. Alors l'étincelle ne jaillit pas ou ne jaillit que d'une façon imparfaite. Et, en effet, si l'on présente à une machine électrique un bâton de gomme laque, une baguette de verre, etc., il n'y a pas d'étincelle. Pour que l'étincelle jaillisse entre un corps électrisé et un objet qu'on lui présente, il faut donc que cet objet soit bon conducteur, afin qu'il se prête facilement à la décomposition de son électricité neutre; s'il communique librement avec le sol, il ne provoque que mieux l'étincelle, parce que l'électricité de nom contraire, restée seule par le fait de l'écoulement de l'autre, est moins entravée pour se porter vers celle du corps électrisé.

6. Carillon électrique. — La décomposition de l'électricité par influence donne l'explication des attractions et des répulsions électriques dont quelques curieux appareils vont nous fournir de nouveaux exemples. L'un d'eux, appelé carillon électrique, se compose (fig. 126) d'une tringle métallique suspendue à la machine électrique par un crochet également métallique. A cette tringle sont appendus trois timbres D, B, O; les deux extrêmes, D et O, sont soutenus l'un et l'autre par une chaînette en métal; celui du milieu est soutenu par un fil mauvais conducteur, un fil de soie par exemple, mais il communique avec le sol par une chaînette en métal.

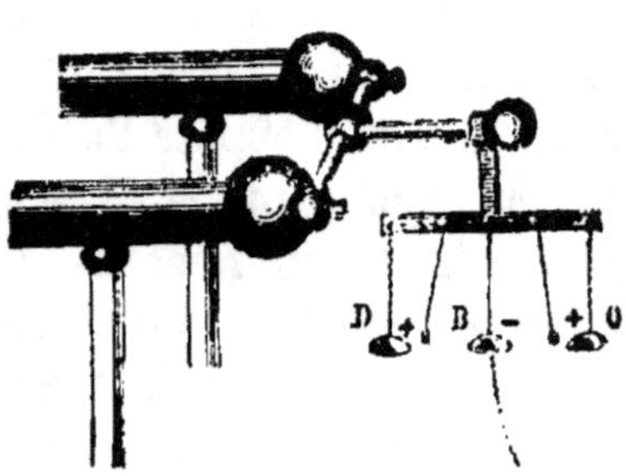

Fig. 126. — Carillon électrique.

Enfin, dans l'intervalle des timbres, se trouvent des balles métalliques suspendues à des fils de soie. — La machine fonctionne; elle fournit de l'électricité positive aux deux timbres extrêmes, en communication avec elle par des conducteurs métalliques. Considérons en particulier le timbre O. Il décompose par influence l'électricité neutre de la balle voisine, attire l'électricité négative dans la moitié qui lui fait face et repousse l'électricité positive dans la moitié opposée. La balle est ainsi soumise à la fois à une attraction et à une répulsion de la part du timbre; attraction sur son hémisphère de droite, électrisé négativement; répulsion sur son hémisphère de gauche, électrisé positivement. Mais l'attraction est plus forte que la répulsion, à cause d'une distance moindre; car les attractions et les répulsions électriques diminuent rapidement d'intensité à mesure que la distance augmente. L'attraction, disons-nous, est plus forte que la répulsion, à cause d'une moindre distance. La balle se porte donc sur le timbre et le choque. Après le choc, l'électricité négative de la balle se trouve combinée avec une proportion équivalente d'électricité positive fournie par le timbre, et le tout devient électricité neutre. La balle n'est plus ainsi chargée que d'électricité positive, et par conséquent elle est re-poussée par le timbre, constamment maintenu à l'état positif par le jeu de la machine. La balle repoussée va choquer le tim-bre B. En le touchant, elle entre en communication avec le sol, à cause de la chaînette métallique qui va de ce timbre à terre, et par suite elle se décharge. La balle est de la sorte ramenée à l'état neutre ; mais aussitôt le même ordre de faits recommence. Le timbre O décompose de nouveau par influence son électricité neutre. De là résulte une seconde attraction suivie d'une répul-sion, et ainsi de suite indéfiniment, tant que la machine fournit de l'électricité au timbre La balle va donc alternativement du timbre O au timbre B, et de celui-ci au premier, en carillonnant dans ces allées et venues. La seconde balle en fait autant entre le timbre D et le timbre B.

7. **Grêle électrique.** — Dans une cloche tubulée s'engage une tige métallique terminée à l'extérieur par un anneau que l'on met en rapport avec une machine électrique, à l'intérieur par une sphère ou un plateau de métal (fig. 127). La cloche repose sur un pla-teau métallique. Elle contient une poignée de billes en moelle de sureau. La sphère électri-sée par la machine décompose par influence l'électricité neu-tre des billes. L'électricité

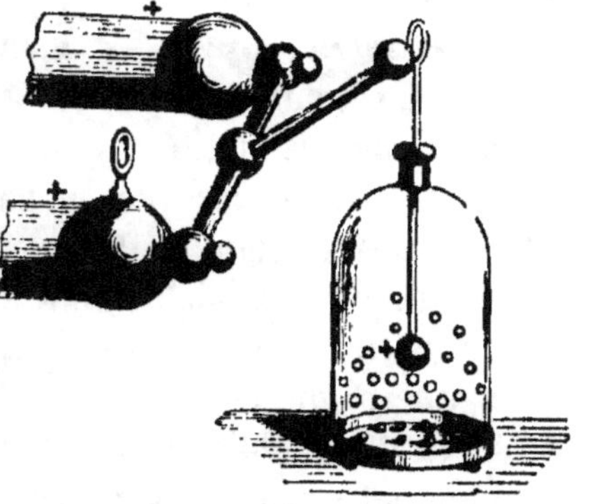

Fig. 127. — Grêle électrique.

négative est attirée, l'électricité positive est repoussée dans le sol par l'intermédiaire du plateau bon conducteur. Les billes se trouvent ainsi chargées d'électricité négative uniquement. Elles sont donc attirées par la sphère et s'élancent vers elle. Mais en la touchant, elles perdent leur électricité négative, qui devient électricité neutre en se combinant avec une quantité équivalente d'électricité positive fournie par la sphère, et prennent en échange de l'électricité positive arrivant de la machine sans discontinuer. En cet état, elles sont repoussées. Elles atteignent le plateau, se déchargent parce qu'elles sont en rapport avec le sol, retombent à l'état naturel et recommencent à s'élancer vers la sphère, qui décompose encore par influence leur électricité neutre. Les billes vont donc, dans un confus sautillement, tant que la machine fonctionne, du plateau à la sphère et de la sphère au plateau.

8. **Danse des pantins.** — On donne à cette récréation physique une tournure plus piquante en remplaçant les billes par des pantins en moelle de sureau. L'appareil est du reste distribué à peu de chose près de la même manière. Il comprend deux plateaux métalliques, l'un supérieur communiquant avec la machine électrique, l'autre inférieur communiquant avec le sol. Par le fait des attractions et des répulsions électriques, les pantins s'élancent du plateau inférieur au plateau supérieur, redescendent, remontent, et cela avec les poses, les sauts périlleux les plus inattendus.

9. **Électroscopes.** — On nomme électroscope un appareil servant à reconnaître si un corps est électrisé et à constater la nature de son électricité. Un pendule électrique est un véritable électroscope, car lorsque sa balle de sureau est attirée par un corps, c'est le signe infaillible que ce corps est électrisé. En communiquant préalablement une électricité connue à la balle, l'électricité vitrée par exemple, ce que l'on fait en la touchant avec une baguette de verre frottée sur du drap, on peut même se servir du pendule électrique pour reconnaître l'espèce d'électricité dont un corps est chargé. La balle électrisée positivement par son contact préalable avec le verre est-elle repoussée par le corps que l'on soumet à l'épreuve, cela signifie que le corps possède l'électricité positive. Est-elle attirée, cela signifie que le corps possède l'électricité contraire, l'électricité négative. — Mais on a, pour électroscope, mieux que le pendule électrique.

L'appareil le plus usité (fig. 128) se compose d'une cloche tubulée dans laquelle s'engage une tige métallique terminée au dehors par une boule A, au dedans par
deux fils métalliques supportant deux
billes de sureau *gh*. Dans ce cas, l'instrument prend le nom d'électroscope
à balles de sureau. D'autre fois les fils
métalliques et leurs billes sont remplacés soit par deux pailles, soit par deux
minces lamelles d'or. L'appareil est
alors dit électroscope à pailles, électroscope à lames d'or. Ces diverses modifications sont indifférentes au fond,
elles ne changent rien au mode d'action
de l'instrument. La cloche repose sur

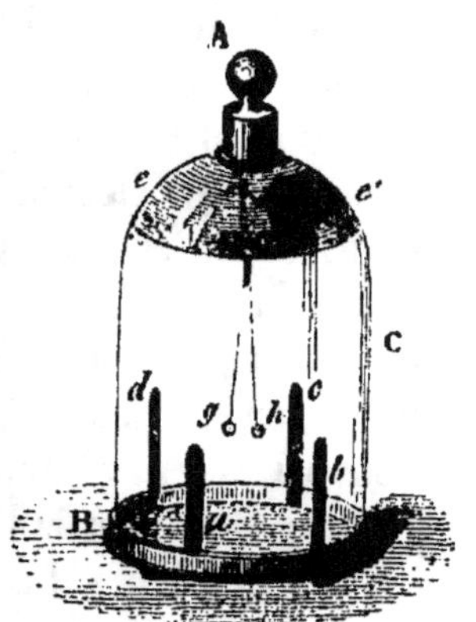

Fig. 128. — Électroscope.

un plateau métallique B. Des lamelles d'étain *a, b, c, d* sont collées à son intérieur et communiquent avec le plateau métallique.
Enfin, un vernis à la gomme laque couvre sa partie supérieure
ee'. Pour que l'appareil fonctionne bien, il faut que l'air contenu
soit mauvais conducteur, et par conséquent soit bien sec. On obtient cet état de siccité en laissant en permanence un peu de
chaux vive dans la cloche.

Pour reconnaître avec l'électroscope si un corps est électrisé,
on approche ce corps de la boule A. Son électricité décompose
par influence l'électricité neutre de la boule, elle attire l'électricité de nom contraire et refoule dans les billes de sureau l'électricité de même nom. Dans les circonstances ordinaires, ces deux
billes sont côte à côte, suivant la verticale. Mais dès que l'électricité développée par l'influence du corps approché de A, est repoussée jusqu'à elles, les deux billes se trouvent chargées de la
même électricité et par suite se repoussent. Leur divergence annonce donc que le corps expérimenté est électrisé, et l'ampleur
de cette divergence accuse le degré de la charge électrique. Si
le corps influent est éloigné de la boule A, les deux électricités
séparées se recombinent et les billes reviennent à leur position
normale.

S'il faut reconnaître la nature de l'électricité d'un corps, on

commence par communiquer aux deux billes une électricité déterminée. On approche de la boule A un bâton de résine frotté
sur du drap. Sous son influence, l'électricité neutre du conducteur
constitué par la boule, la tige, les fils métalliques et les billes, est
décomposée; l'électricité positive est attirée, l'électricité négative est repoussée. Tout en maintenant la résine en place à proximité de la boule, on touche alors celle-ci avec le doigt. L'électricité repoussée, l'électricité négative disparaît, bien que le contact
ait lieu en un point où l'électricité positive est accumulée. Nous
avons vu ailleurs l'explication de ce fait. L'électricité négative
disparaît donc. On enlève alors *d'abord* le doigt, *puis* on éloigne
le bâton de résine. Le conducteur reste ainsi chargé dans toute
son étendue d'électricité positive, et les billes divergent. On approche alors de la boule le corps expérimenté. S'il est chargé
d'électricité positive, il repoussera dans les billes, en plus grande
proportion que ce qu'il y a déjà, l'électricité positive répandue
dans toute l'étendue du conducteur, et la divergence augmentera.
S'il est chargé d'électricité négative, il attirera vers la boule une
partie de l'électricité des billes, et la divergence diminuera. On
voit donc qu'un électroscope possédant une électricité connue
annonce, par un accroissement de divergence, de l'électricité de
même nom dans le corps qu'on lui présente à une faible distance ;
et, par une diminution de divergence, de l'électricité de nom
contraire.

Pendant leur divergence, les billes de sureau peuvent atteindre les parois de la cloche, où elles adhèrent quelque temps à
cause de la mauvaise conductibilité du verre, qui ne permet pas
à leur électricité de s'écouler. D'ailleurs, quand elles se détachent,
elles laissent à la surface du verre une faible charge électrique
qui entrave les opérations suivantes. Pour remédier à ce double
inconvénient, on colle à l'intérieur de la cloche les lamelles
d'étain *a*, *b*, *c*, *d*, dont il a été question. Dans leur plus grande
divergence, les billes les atteignent et se déchargent à leur contact, puisque ces lames communiquent avec le sol par l'intermédiaire du plateau.

RÉSUMÉ

1. Un corps électrisé, placé devant un corps bon conducteur isolé et à l'état naturel, décompose l'électricité neutre de ce conducteur, attire dans la moitié la plus rapprochée l'électricité de nom contraire et repousse dans l'autre moitié l'électricité de même nom. C'est ce qu'on nomme *électrisation par influence.*

2. Si le corps *influent* est déchargé ou éloigné, le corps *influencé* revient à l'état neutre par la recombinaison de ses deux électricités.

3. Si le corps influencé est mis en rapport avec le sol par l'un quelconque de ses points, lorsqu'il est en présence du corps influent, l'électricité de même nom que celle de ce dernier se dissipe, et le corps influencé reste chargé d'électricité de nom contraire.

4. Un corps électrisé par influence peut en électriser un second; ce second, un troisième, etc. Mais l'action s'affaiblit à mesure que le nombre de conducteurs augmente.

5. *L'étincelle électrique résulte de la combinaison des électricités de nom contraire,* fournies, l'une par le corps directement électrisé, l'autre par le corps bon conducteur qu'on lui présente et qu'il électrise par influence. Après l'étincelle, le corps bon conducteur présenté reste chargé d'électricité de même nom s'il est isolé; il est à l'état neutre s'il communique avec le sol. Avec un corps mauvais conducteur, l'étincelle ne jaillit pas ou ne jaillit qu'avec difficulté, parce que la décomposition de l'électricité neutre ne se fait pas ou ne se fait qu'imparfaitement.

6. L'électricité développée par influence explique les attractions et les répulsions électriques. Un exemple de ces attractions et de ces répulsions est fourni par le *carillon électrique.*

7. Un second exemple est fourni par la *grêle électrique* ou billes de moelle de sureau, qui vont et viennent d'un corps électrique à un autre communiquant avec le sol.

8. Les *pantins électriques* en donnent un troisième.

9. L'*électroscope* sert à reconnaître si un corps est électrisé et à déterminer la nature de son électricité. Deux lames d'or, ou deux pailles, ou deux boules de sureau, qui s'écartent l'une de l'autre quand elles sont électrisées, en constituent ce qu'il y a d'essentiel.

CHAPITRE XXXI

1. L'électricité se porte à la surface des corps bons conducteurs. — L'électricité dont un corps est chargé n'est pas distribuée dans la masse entière de ce corps, elle se trouve uniquement à la surface. Les faits suivants le prouvent. — Une sphère creuse en métal A (fig. 129) est percée en C d'une ouverture. Elle est supportée par un pied isolant. On l'électrise. Alors, avec un petit disque métallique disposé à l'extrémité d'une baguette de gomme laque, on touche tel ou tel autre point à volonté de la surface extérieure de la sphère. Par ce contact, le disque métallique prend à la sphère un peu de son électricité et devient apte à attirer le pendule électrique. Mais si le même disque est plongé par l'ouverture C dans l'intérieur de la sphère pour être mis en contact avec la surface interne, on le retire sans électricité; il n'exerce pas d'attraction sur le pendule. Le disque est électrisé s'il touche le dehors de la sphère, il ne l'est pas s'il touche le dedans. L'électricité se trouve donc exclusivement à la surface extérieure de la sphère.

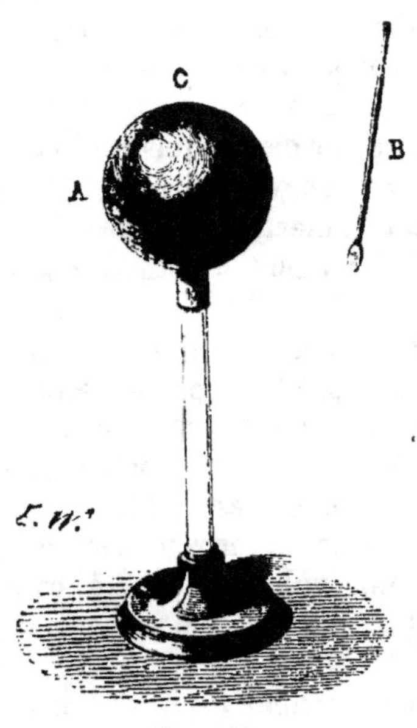

Fig. 129.

Soit encore la sphère métallique A, isolée et électrisée, de la figure 130. Elle exerce une attraction énergique sur le pendule. Deux calottes ou hémisphères en métal B et B', emmanchés à des poignées de verre C et C', peuvent emboîter exactement la sphère. Au début, ces hémisphères sont à l'état neutre; ils n'exercent aucune action sur le pendule. On les prend par leur manche de

verre, on les applique un instant sur la sphère et on les retire.
Cela fait, les hémisphères sont électrisés, ils attirent le pendule;
la sphère ne l'est plus, elle est sans action sur le pendule.
L'électricité s'est donc portée, de la sphère, sur l'enveloppe
que les deux calottes métalliques viennent de lui former un
instant.

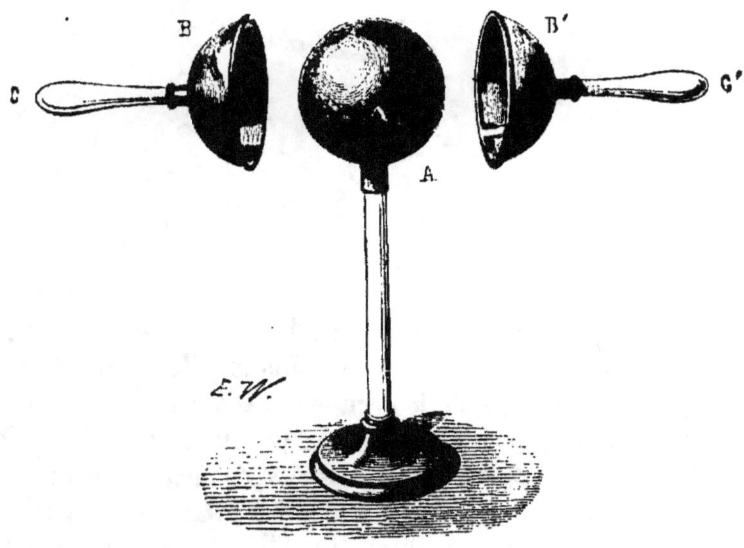

Fig. 130.

L'expérience que voici est encore préférable à cause de son
élégante simplicité. Un sac conique en mousseline, pareil aux
filets à papillons, est supporté par un cercle métallique A, soutenu lui-même par un pied isolant (fig. 131). Un fil de soie OP
traverse le sac suivant son axe et est attaché au sommet B.
On électrise le cercle A et par suite le sac. On applique alors le
disque d'épreuve S sur un point quelconque de l'extérieur du
sac; le disque prend de l'électricité, comme en fait foi l'attraction
qu'il exerce sur le pendule. On l'applique à l'intérieur du sac, et
il ne prend pas d'électricité, car il n'attire pas le pendule. L'é-
lectricité est donc en entier à la face extérieure du cône de mousseline. Cela constaté, on tire le fil de soie par l'extrémité O, de
manière que le sac ait sa pointe à gauche et se trouve retourné.

Par ce retournement, sa face extérieure passe à l'intérieur, et sa face intérieure vient à l'extérieur. La distribution électrique change aussitôt, comme on le reconnaît avec le disque d'épreuve.

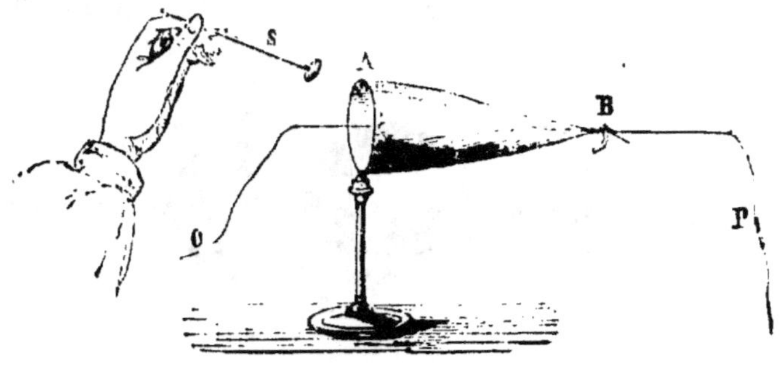

Fig. 151.

A l'extérieur, il y a de l'électricité ; à l'intérieur, il n'y en a pas. La face qui possédait de l'électricité quand elle occupait le dehors, n'en a plus dès qu'elle occupe le dedans ; la face qui n'en possédait pas en se trouvant à l'intérieur, en acquiert dès qu'elle vient à l'extérieur. — De ces diverses expériences, il résulte que l'électricité est uniquement répandue à l'extrême superficie extérieure des corps bons conducteurs. Elle y est retenue par l'air environnant, mauvais conducteur. Si cet obstacle n'existait pas l'électricité se propagerait plus loin indéfiniment à cause de la répulsion qu'elle exerce sur elle-même.

2. Tension inégale sur les différents points de la surface d'un corps. — On nomme *tension électrique* l'effort que fait l'électricité pour se dégager de la surface d'un corps et se propager plus loin. La tension en un point est d'autant plus grande que la quantité d'électricité accumulée en ce point est plus grande elle-même. Il est intéressant de rechercher quelle est la valeur de la tension électrique aux divers points de la surface d'un corps électrisé. A cet effet, on peut se servir du disque d'épreuve que l'on applique à tour de rôle sur divers points de la surface de ce corps. Le disque évidemment prend une charge électrique proportionnelle à la richesse du point touché en électricité, ou, en d'autres termes, proportionnelle à la tension électrique de ce point. Si le disque est alors présenté à un électroscope préalablement chargé d'électricité de même nom, il provoquera dans les lames une augmentation de divergence en rapport avec la quantité de son électricité, et par conséquent en rapport avec la tension électrique du point exploré.

Cela dit, explorons avec le disque d'épreuve les divers points d'une sphère électrisée. Quel que soit le point touché, l'action du disque sur l'électroscope est la même. L'électricité est donc distribuée d'une manière uniforme sur la surface d'une sphère. Le fait pouvait être prévu. La symétrie parfaite de la forme sphérique ne peut laisser l'électricité s'accumuler en un point plus qu'en un autre. Là où tout est pareil, l'électricité doit se répartir d'une manière pareille.

Dans un corps de forme ovoïde, la répartition électrique est bien différente. La charge la plus faible est dans la région la moins renflée; la charge la plus forte est dans les régions les plus saillantes, aux deux bouts. Si les deux bouts sont inégalement saillants, le plus aigu possède la tension la plus forte.

Sur un cube, la charge électrique est faible au milieu des faces, plus forte sur les arêtes, plus forte encore aux angles.

Enfin, sur un corps en forme de pain de sucre, sur un cône, la charge augmente graduellement de la base au sommet; et sur la pointe même elle est si forte, qu'elle surmonte la résistance de l'air et que l'électricité s'écoule.

3. Propriété électrique des pointes.—L'électricité se porte donc en plus grande abondance sur les arêtes, les aspérités, les angles, enfin sur toutes les parties saillantes. Sur une pointe aiguë, la tension devient telle, que l'électricité triomphe de l'obstacle de l'air et s'écoule. Et, en effet, si l'on surmonte un corps électrisé, la machine électrique par exemple, d'une pointe effilée, il est impossible de lui conserver son électricité. La machine se décharge par la pointe à mesure qu'elle se charge par son propre jeu. Dans l'obscurité, on voit ce dégagement d'électricité, par une pointe, former une aigrette lumineuse épanouie si l'électricité est positive, un simple point lumineux si l'électricité est négative. On comprend alors combien il importe d'éviter les points saillants, les arêtes vives, dans tous les appareils destinés à développer ou à conserver de l'électricité. Les diverses parties doivent en être arrondies avec soin, de forme sphérique ou cylindrique.

4. Pointe présentée à un conducteur électrisé. — Si, pendant que la machine électrique fonctionne, on présente à une faible distance à l'un de ses conducteurs une pointe que l'on tient à la main, la machine dépense son électricité à mesure qu'elle en acquiert et il est impossible d'en tirer une étincelle. Le pouvoir des pointes et l'électrisation par influence rendent compte de ce fait remarquable entre tous, car il explique le mode d'action du paratonnerre, comme on le verra plus loin. L'électricité positive de la machine décompose par influence l'électricité neutre de la pointe qui lui est présentée et de la main qui la lui présente. Elle attire l'électricité négative; elle repousse dans le sol, par le corps de l'opérateur, l'électricité positive. L'électricité négative s'accumule donc sur la pointe, se dégage à travers l'air et se porte sur la machine qu'elle maintient à l'état neutre, par la recombinaison incessante des deux électricités. Dans l'obscurité, ce dégagement d'électricité négative est rendu sensible par un point lumineux qui brille sur la pointe.

5. Mouvements occasionnés par l'électricité s'écoulant par une pointe. — Sur le conducteur d'une machine électrique on dispose une pointe courbée à angle droit (fig. 132). Quand la machine fonctionne, en présentant la main à cette pointe, on éprouve l'effet d'un léger souffle La flamme d'une bougie placée en face de cette même pointe est chassée dans le sens de l'écoulement électrique; et si la machine est forte, la bougie peut même s'éteindre. En s'écoulant, l'électricité se communique à l'air. Celui-ci s'électrise donc et par conséquent est repoussé. De cette répulsion résulte un mouve-

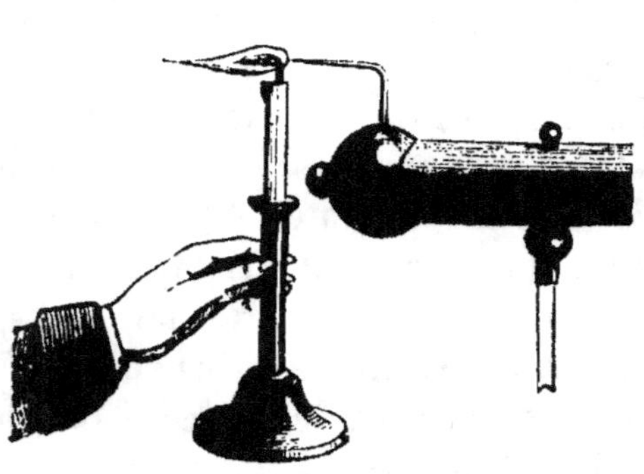

Fig. 132.

ment gazeux, cause du souffle qui règne à l'extrémité de la pointe, et qui peut devenir assez fort pour chasser et même éteindre la flamme d'une bougie.

6. **Tourniquet électrique.** — Sur une tige effilée *fe*, verticalement implantée au conducteur d'une machine électrique, est disposée, de manière à pouvoir tourner librement, une seconde tige *ab* effilée et coudée en sens inverse à ces deux bouts (fig. 133). Si l'on fait fonctionner la machine, la tige *ab* se met à tourner, en sens contraire de l'écoulement de l'électricité par ses deux pointes *c* et *d*. On serait tenté tout d'abord d'assimiler cette rotation à celle du tourniquet hydraulique, qui se meut lui aussi en sens inverse de l'écoulement de son contenu. Cette assimilation serait vicieuse ; l'électricité n'a rien de commun avec un liquide qui met un appareil en mouvement par son poids, sa pres-

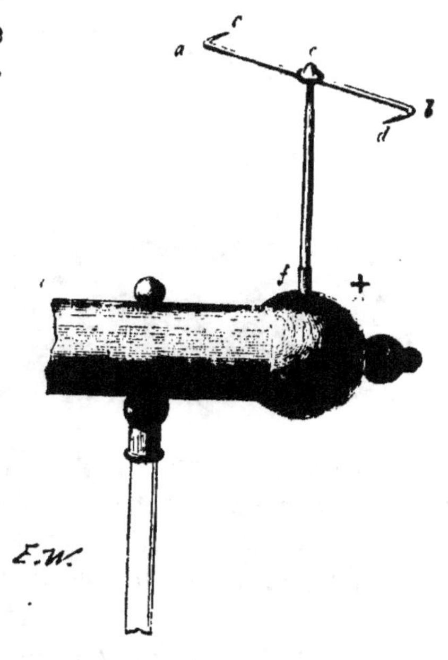

Fig. 133. — Tourniquet électrique.

sion. L'électricité s'échappe par les pointes du tourniquet électrique, elle électrise l'air voisin, et de la répulsion entre cet air et les pointes résulte un recul de l'appareil, recul qui devient rotation continue parce qu'il se renouvelle incessamment. Ajoutons que, pendant la rotation du tourniquet, les pointes *c* et *d* sont couronnées d'une aigrette lumineuse, visible dans l'obscurité.

7. **Électrophore.** — L'électrophore est l'un des appareils les plus simples pour obtenir de l'électricité. Il se compose (fig. 134) d'un disque de résine coulée dans un moule en bois CC', et d'un plateau de bois P, recouvert d'une feuille d'étain et muni d'un manche en verre M. On frotte le disque de résine avec une peau de chat. Le disque se charge d'électricité négative. La

résine étant un mauvais conducteur, son électricité ne peut se dissiper, bien qu'aucune précaution ne soit prise pour éviter la communication avec le sol.

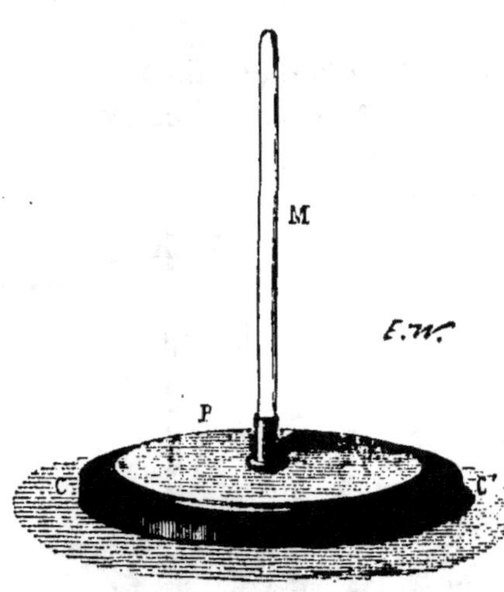

Fig. 134. — Électrophore.

Viendrait-on même à appliquer la main sur le disque après la friction, l'électricité développée ne se porterait pas sur la main, ne s'écoulerait pas, retenue en place par la non-conductibilité de la résine. C'est là un point qu'il ne faut pas perdre de vue. Sur le disque de résine suffisamment frotté, on applique le disque en bois recouvert d'étain. L'électricité négative de la résine ne se porte pas sur le plateau, pas plus qu'elle ne se porte sur la main appliquée sur le disque ; mais elle agit par influence sur l'électricité neutre du plateau, et la décompose en électricité positive qui, attirée, se porte à la face inférieure du plateau, et en électricité négative qui, repoussée, se porte à la face supérieure. L'électricité positive de la face inférieure, attirée par l'électricité négative de la résine, se combinerait avec elle si les deux corps en contact, disque et plateau, étaient tous les deux bons conducteurs. Mais la non-conductibilité de la résine s'oppose à cette combinaison ; elle empêche l'électricité négative de quitter la résine pour se porter vers l'étain, elle empêche l'électricité positive d'abandonner l'étain pour se répandre sur la résine. Le plateau, par l'influence du disque de résine, se trouve donc chargé d'électricité négative en dessus, d'électricité positive en dessous, et cet état de choses persiste tant que dure l'influence de la résine. Si le plateau était alors soulevé par son manche en verre, ses deux électricités, circulant librement dans la feuille métallique dont il est revêtu, se recombineraient et le plateau reviendrait à l'état neutre. Le plateau possède donc les deux électricités à la fois quand il est sous l'influence de la résine; il retombe à l'état neutre par la recombinaison des deux électricités quand l'éloignement met fin à cette influence. Mais avant de soulever le plateau, touchons sa face supérieure avec la main. L'électricité négative s'écoulera dans le sol et il ne restera que de l'électricité positive, retenue à la face inférieure par l'attraction de l'électricité contraire de la résine. Soulevons enfin le plateau par son manche isolant. Son électricité positive, soustraite à l'attraction de l'électricité contraire du disque, deviendra libre, se répandra dans tout le plateau et jaillira en étincelle à l'approche du doigt. En somme, l'emploi de l'électrophore nécessite les quatre opérations suivantes : 1° frotter la résine avec une peau de chat pour la charger d'électricité négative; 2° appliquer le plateau sur le disque de résine pour décomposer par influence l'électricité neutre de ce plateau; 3° toucher du doigt le plateau pour faire écouler son électricité repoussée, l'électricité négative; 4° soulever le plateau par son manche isolant pour mettre fin à l'attraction exercée par la résine, et rendre libre l'électricité positive. — Il est visible que, dans ce mode d'électrisation, la résine ne perd rien, ne gagne rien. Son électricité négative se borne à décomposer par influence l'électricité neutre du plateau, sans se porter elle-même sur ce plateau, sans se combiner avec de l'électricité contraire venue de ce plateau. Abstraction faite des déperditions inévitables par l'air plus ou moins humide ou autrement, la résine conserve indéfiniment son électricité. Pour recharger le plateau, il suffit donc de le replacer sur le disque de résine sans recommencer les frictions. En répétant les trois autres opérations, on obtient une seconde étincelle, puis une troisième, une quatrième, tant que l'on veut, jusqu'à ce que le disque de résine ait perdu son électricité. Ces trois opérations sont : appliquer le plateau sur le disque de résine, toucher du doigt le plateau, soulever le plateau par son manche isolant.

8. **Machine électrique.** — La machine électrique ordinaire est constituée par trois pièces principales, savoir : un plateau de verre mis en mouvement au moyen d'une manivelle; des coussins qui frottent le plateau et le chargent d'électricité positive; des conducteurs isolés, sur lesquels le plateau développe, par in-

fluence, de l'électricité pareille à celle dont il est lui-même chargé.
Le plateau de verre CC (fig. 135) est fixé sur un axe métallique D que soutiennent deux montants en bois BB, solidement

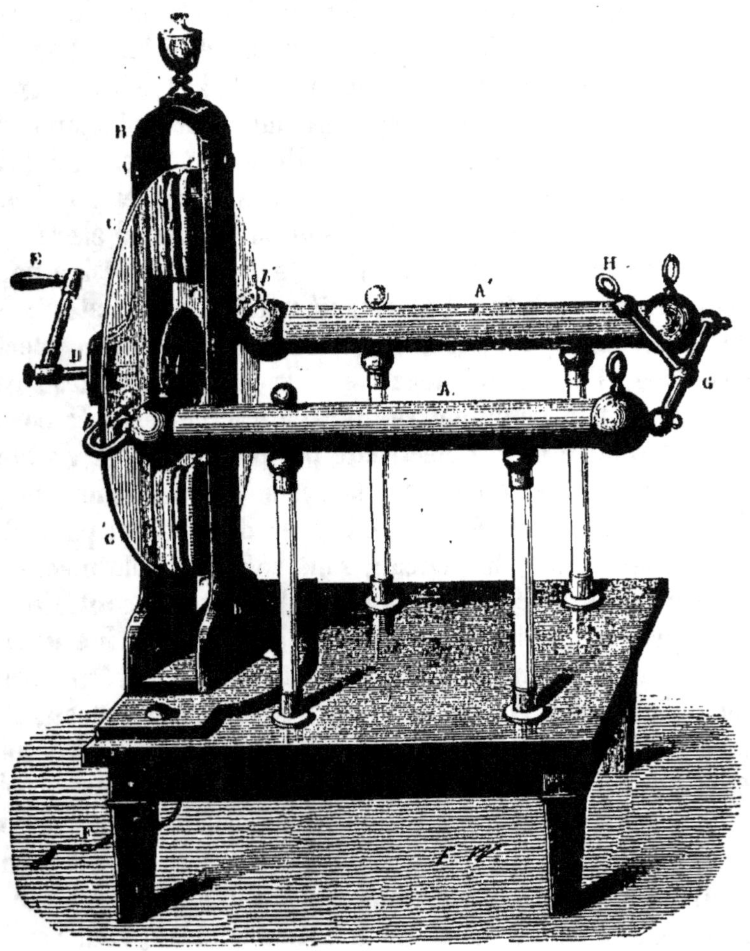

Fig. 135. — Machine électrique.

dressés sur une table. Il est mis en rotation par l'intermédiaire
d'une manivelle à poignée de verre E. Le plateau frotte entre quatre coussins en cuir e, a, e', a', disposés par paires en haut et en

bas des montants en bois. Ces coussins sont rembourrés de crin et frottés d'une composition de soufre et d'étain qu'on appelle *or mussif*. Deux conducteurs en laiton A et A' reposent sur la table par quatre pieds de verre. L'extrémité de ces conducteurs tournée du côté du plateau est armée d'une tige courbée en fer à cheval *b*, *b'*, appelée *mâchoire*, qui embrasse le bord du plateau sans le toucher et porte à l'intérieur quelques pointes métalliques se terminant à une faible distance de la roue de verre. — Par le frottement, le plateau de verre acquiert l'électricité positive; et les coussins, l'électricité négative. Cette dernière s'écoule dans le sol par les montants en bois et encore mieux par une chaîne métallique F portant des coussins. Quant à l'électricité positive du plateau de verre, elle décompose par influence l'électricité neutre des conducteurs, elle attire leur électricité négative et repousse leur électricité positive. L'électricité négative arrive aux mâchoires, s'accumule sur leurs pointes et y acquiert la tension nécessaire pour s'écouler et se porter sur la roue. Dans l'obscurité, on voit effectivement chacune de ces pointes surmontée d'un jet lumineux, signe du dégagement de l'électricité. Les conducteurs restent donc chargés d'électricité positive. En même temps le plateau de verre est ramené à l'état neutre par la combinaison de son électricité positive et de l'électricité négative écoulée par les pointes des mâchoires. Mais la rotation continuant, de nouvelle électricité positive se développe sans cesse sur le plateau, et, par influence, augmente la charge des conducteurs. Cette charge toutefois ne peut s'accroître indéfiniment, bien que le plateau de verre continue à tourner. Il arrive tôt ou tard un moment où les déperditions des conducteurs par l'air et par les supports, dont le défaut de conductibilité n'est jamais complet, est égale à la quantité d'électricité fournie dans un même temps par le jeu de la machine; la limite de la charge est alors atteinte. On peut reculer cette limite en disposant des fourneaux allumés sur la table de la machine pour dessécher l'air environnant, et en frottant les conducteurs et leurs pieds de verre avec des linges secs et chauds pour en enlever la moindre trace d'humidité. Ces précautions sont surtout nécessaires lorsque le temps est humide. Faute de les prendre, on n'obtiendrait rien.

20

RÉSUMÉ

1. L'électricité est toujours à la surface des corps, jamais à leur intérieur. C'est le résultat de la répulsion que l'électricité exerce sur elle-même. Par suite de cette répulsion, l'électricité se répand toujours plus loin, tant qu'elle trouve un corps bon conducteur ; elle ne s'arrête que lorsqu'un corps mauvais conducteur lui fait obstacle. C'est la mauvaise conductibilité de l'air qui maintient l'électricité à la surface des corps et l'empêche de se propager plus loin.

2. Sur un corps de forme autre que la forme sphérique, la répartition de l'électricité se fait d'une manière inégale. La charge électrique est la plus grande sur les arêtes, les angles, enfin sur tous les points saillants.

3. Sur une pointe, la charge électrique devient suffisante pour vaincre l'obstacle de l'air. Les pointes ont ainsi la propriété de laisser écouler l'électricité qui s'y accumule. C'est ce qu'on nomme le pouvoir des pointes.

4. Surmonté d'une pointe, le conducteur d'une machine électrique cesse de pouvoir être électrisé, car il perd son électricité par cette pointe à mesure qu'il s'en développe. — Le conducteur d'une machine électrique auquel on présente, à une faible distance, une pointe tenue à la main, est ramené à l'état neutre par l'électricité de nom contraire qui se dégage de la pointe électrisée par influence. — L'électricité positive se dégageant par une pointe forme une aigrette lumineuse visible dans l'obscurité ; l'électricité négative forme un simple point lumineux.

5. L'électricité dégagée par une pointe électrise l'air environnant et occasionne un souffle dû à la répulsion du gaz.

6. La répulsion exercée entre l'air électrisé et les pointes d'un tourniquet électrique est cause de la rotation de cet appareil en sens inverse de l'écoulement de l'électricité.

7. Pour obtenir une étincelle de l'électrophore, il faut 1° frotter la résine avec une peau de chat ; 2° appliquer le plateau métallique sur la résine ; 3° toucher ce plateau du doigt ; 4° et enfin le soulever par son manche isolant. Le plateau est alors en état de fournir une étincelle. En recommençant les trois dernières opérations, on obtient des étincelles tant que la résine conserve son électricité.

8. Dans la machine électrique ordinaire, le plateau de verre prend de l'électricité positive en frottant entre les coussins, et ceux-ci prennent de l'électricité négative qui s'écoule dans le sol. L'électricité

positive de la roue de verre décompose par influence l'électricité neutre
des conducteurs. L'électricité négative ainsi développée se dégage par
les pointes des mâchoires et se porte sur le plateau de verre, qu'elle
ramène à l'état neutre, tandis que l'électricité positive, provenant de
la même décomposition par influence, se conserve sur les conducteurs. La rotation électrise de nouveau le plateau, et les mêmes faits
se reproduisent.

CHAPITRE XXXII

1. Cunéus et Musschenbroeck. — Mis en rapport avec
une machine électrique, un conducteur métallique se charge
d'électricité jusqu'à ce que la tension y soit égale à celle de la
machine elle-même. Ce point atteint, il est impossible de
le dépasser. Dans bien des cas cependant, il serait avantageux
d'accumuler sur une surface déterminée une charge électrique
plus puissante. On y parvient avec les appareils connus sous le
nom de condensateurs électriques. Le plus fréquemment employé
est la bouteille de Leyde, dont la découverte, toute fortuite, est
due à Cunéus, élève de
Musschenbroeck, sa-
vant hollandais. En
1746, Cunéus, s'avi-
sant d'électriser de
l'eau, remplit à demi
un flacon de ce liquide
et adapta au goulot une
tige métallique plon-
geant dans le contenu.
L'expérimentateur te-
nait le flacon à la main
par la panse E, tandis

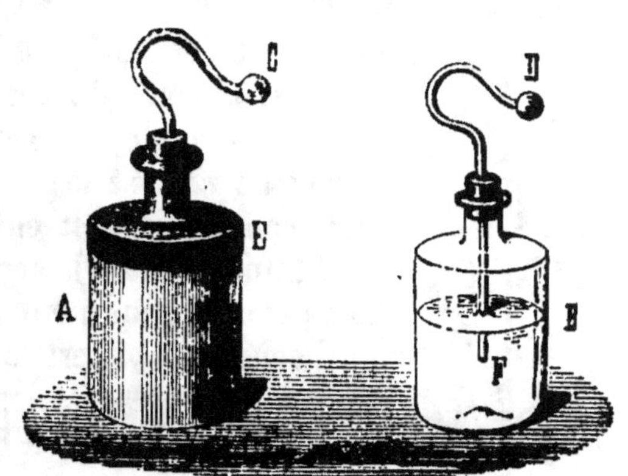

Fig. 136.

que l'extrémité de la tige, terminée par un bouton D, était
présentée à une machine électrique (fig. 136). Lorsqu'il jugea

l'eau suffisamment électrisée, Cunéus voulut retirer la tige d'une main en tenant toujours la bouteille de l'autre. Une violente secousse, qui le fit tressaillir de la tête aux pieds, fut le résultat de cet attouchement. Musschenbroeck répéta l'expérience de son élève. Il fut tellement effrayé par la commotion ressentie, qu'il écrivit à ses amis que, pour tout l'or du monde, il ne recommencerait pas. Le savant hollandais s'exagérait le danger : aujourd'hui l'expérience de Cunéus est un jeu dans un cours de physique ; mais, faut-il le reconnaître, lorsque pour la première fois l'homme éprouva les effets de cette mystérieuse puissance qui vous secoue brutalement par le simple contact d'un flacon, inoffensif en apparence, l'appréhension de l'inconnu était bien naturelle. Tel fut le point de départ de la bouteille de Leyde.

2. **Bouteille de Leyde.** — Telle qu'on la construit aujourd'hui, la bouteille de Leyde se compose d'un flacon en verre mince rempli de feuilles d'or ou de clinquant, constituant l'*armature intérieure*, et recouvert en dehors, jusqu'aux trois quarts environ de sa hauteur, d'une feuille d'étain, qui forme l'*armature extérieure*. Une tige métallique, maintenue dans le goulot par un bouchon enduit de gomme laque, plonge dans le flacon au milieu des feuilles métalliques formant l'armature intérieure. Elle se courbe en crochet au dehors et se termine par un bouton.

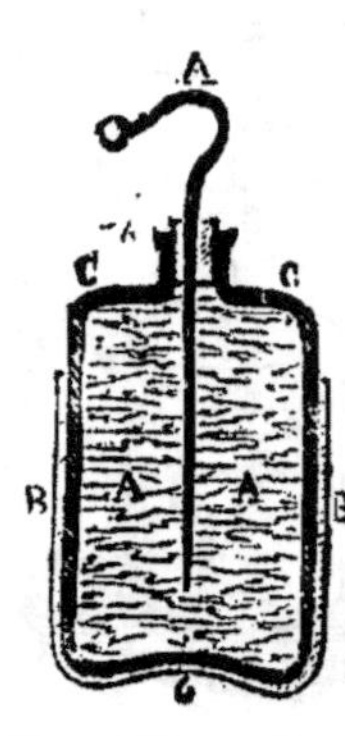

Fig. 137. — Bouteille de Leyde.

Au dedans, elle est terminée en pointe, enfin la partie supérieure du flacon, non recouverte d'étain, est enduite de cire d'Espagne, ou d'une couche de vernis à la gomme laque, afin d'éviter toute communication entre les deux armatures par l'humidité dont le verre se couvre facilement. La figure 136 nous montre une bouteille de Leyde ainsi construite. A est la feuille d'étain, constituant l'armature extérieure ; E est la partie du flacon enduite de cire d'Espagne ou d'un vernis à la gomme laque ; C est la tige métallique en rapport avec l'armature intérieure, dont elle fait elle-même partie. La figure 137 reproduit une coupe du même appareil. BB, armature extérieure, AA, armature intérieure; CC, épaisseur du flacon; A, tige plongeant dans le flacon et faisant partie de l'armature intérieure.

3. Charge de la bouteille de Leyde. — Pour charger une bouteille de Leyde, on la prend à la main par son armature extérieure, et l'on met son armature intérieure en rapport avec une machine électrique par sa tige. Rendons-nous compte de ce qui se passe dans ces conditions. — De l'électricité positive arrive de la machine en activité et se répand sur l'armature intérieure. Si cette armature était seule, elle prendrait une charge dont la tension serait égale à celle de la machine, et tout se bornerait là. Mais avec la disposition de la bouteille, les conditions sont bien changées. En effet, l'électricité positive de l'armature intérieure agit par influence, à travers la lame de verre, sur l'électricité neutre de l'armature extérieure; elle la décompose, attire l'électricité de nom contraire et repousse dans le sol, par le corps bon conducteur de l'opérateur, l'électricité de même nom. L'armature extérieure se trouve ainsi chargée d'électricité négative tandis que l'armature intérieure est chargée d'électricité positive. Ces deux électricités contraires s'attirent, elles tendent à se rejoindre; mais elles ne peuvent le faire à cause de la lame de verre interposée. Toujours est-il qu'elles agissent l'une sur l'autre, qu'elles se maintiennent captives sur les deux faces opposées du verre par leur attraction mutuelle et perdent ainsi leur tension, leur tendance à l'écoulement. Elles sont, comme on dit, *dissimulées, latentes;* elles ne font plus d'effort pour se déperdre; et, sous certains rapports, l'appareil est à peu près dans le même cas que si elles n'existaient pas. L'armature intérieure peut donc recevoir une nouvelle quantité d'électricité positive de la machine, ce qui amène aussitôt une charge correspondante d'électricité négative sur l'armature extérieure. Les deux électricités contraires se *dissimulent* encore par leur attraction mutuelle à travers la lame de verre, annulent réciproquement leur tension, et l'appareil est apte à recevoir une autre charge de la machine, ainsi de suite, jusqu'à une certaine limite.

4. Limite de la charge. — Les électricités contraires accumulées sur les deux faces opposées du verre tendent à se rejoindre et avec d'autant plus d'énergie que la charge est plus forte. Le verre, mauvais conducteur, s'oppose à cette recomposition. Il peut arriver cependant, si la charge est assez puissante, que les deux électricités se rejoignent en transperçant le verre, surtout s'il est mince. Il semblerait alors préférable d'employer un flacon à parois épaisses pour empêcher cette recomposition à travers le verre. Mais alors survient un plus grave inconvénient : la distance entre les deux armatures étant plus grande, l'attraction mutuelle des électricités contraires est moins énergique et la dissimulation se fait moins bien. Il faut donc employer un flacon à parois minces. De là résulte parfois la recomposition des deux électricités, qui se rejoignent en perçant le verre d'un trou imperceptible. D'autres fois, l'étincelle jaillit entre la tige de l'armature intérieure et l'étain de l'armature extérieure; les deux électricités s'élancent l'une au-devant de l'autre en contournant le haut de la bouteille. Cela arrive surtout, si le haut du flacon n'est pas rendu très-mauvais conducteur par l'application d'un vernis à la gomme laque ou d'une couche de cire d'Espagne. Ces précautions n'empêchent pas même toujours les électricités contraires de se rejoindre quand la charge est trop forte. Outre ces causes limitant la charge de la bouteille de Leyde, causes que l'on peut plus ou moins éviter, il en est une autre inhérente même à l'appareil. L'électricité négative de l'armature extérieure est en entier dissimulée, il n'y a en elle aucune tendance à l'écoulement. Et, en effet, puisque cette armature, tenue à la main, communique avec le sol, si elle possédait la moindre quantité d'électricité libre, cette électricité s'écoulerait. Pour rendre ainsi latente l'électricité négative; pour la mettre en un état où elle semble ne plus exister, il y a en jeu l'attraction exercée sur elle par l'électricité positive de l'armature intérieure. Mais celle-ci agit à travers la lame de verre, elle agit à distance, ce qui affaiblit son action ; il faut donc qu'elle soit en plus grande abondance, afin de suppléer par cet excédant en quantité, à l'affaiblissement de puissance attractive occasionnée par la distance. Précisons mieux encore. On admet que pour se neutraliser complétement l'une l'autre, les deux électricités contraires s'associent en quantités égales. Ici l'une des deux électricités, celle de l'armature extérieure, est comme neutralisée par celle de l'armature intérieure. Mais l'attraction de cette dernière est affaiblie par la distance; malgré cela, la dissimulation totale a lieu. Nécessairement, l'électricité positive est donc plus abondante que l'électricité négative, et se trouve en partie libre. Effectivement, si l'on approche le pendule électrique de l'armature intérieure, la balle de sureau est fortement attirée ; tandis que l'armature extérieure n'exerce aucune attraction. Or, à mesure que la charge augmente, la proportion d'électricité libre de l'armature intérieure s'accroît, et quand la tension de cette électricité libre est devenue égale à celle de la machine, la bouteille de Leyde atteint l'extrême limite de sa charge.

5. **Décharges successives.** — La bouteille chargée est mise sur un corps isolant. Son armature intérieure attire le pendule à cause de l'électricité libre qu'elle contient, son armature extérieure n'exerce pas d'action sur la balle de sureau parce que son électricité est en entier latente. Si donc on touche le bouton de l'armature intérieure soit avec le doigt, soit avec un corps bon conducteur quelconque, une petite étincelle jaillit, provoquée par l'électricité libre de cette armature. Mais après l'étincelle, les rôles des armatures sont changés : l'intérieur ne possède que de l'électricité dissimulée, et par conséquent l'extérieure à son tour en possède de libre puisqu'elle dissimule en entier à distance la charge de l'autre. Et, en effet, c'est maintenant l'armature extérieure qui attire le pendule, tandis que l'armature intérieure ne l'attire plus. Le doigt approché de l'armature extérieure amène la production d'une étincelle. Après cela, les rôles changent encore, et c'est l'armature intérieure qui, prédominant en électricité, fournit la troisième étincelle. En portant à tour de rôle l'articulation du doigt d'une armature à l'autre, on décharge ainsi la bouteille par une série de petites étincelles, de plus en plus faibles à mesure que les contacts alternatifs se répètent plus souvent. Ces contacts, du reste, peuvent être fort nombreux avant que la bouteille de Leyde soit entièrement déchargée. On vient de dire que, pour effectuer ces décharges successives, il fallait déposer la bouteille sur un corps isolant. Effectivement, si la bouteille reposait directement sur un objet bon conducteur, sur une table par exemple, cet objet, le sol, le corps de l'opérateur et la main formeraient un conducteur continu qui mettrait en rapport

les deux armatures au moment où l'on toucherait le bouton de la tige, et les deux électricités se recombineraient par cette voie.

6. Décharge instantanée. — Pour décharger la bouteille de Leyde en une seule fois, il faut mettre en rapport les deux armatures avec un bon conducteur ; il faut, par exemple, tenir la bouteille d'une main par l'armature extérieure et présenter l'articulation du doigt de l'autre main à l'armature intérieure. Une vive étincelle jaillit aussitôt accompagnée d'un craquement sec. En même temps l'opérateur éprouve une brutale secousse instantanée qui se fait principalement ressentir aux articulations des poignets, des bras, et jusque dans la poitrine. C'est ce qu'on nomme la *commotion électrique*. Si l'on veut l'éviter en déchargeant la bouteille, il faut se servir d'un

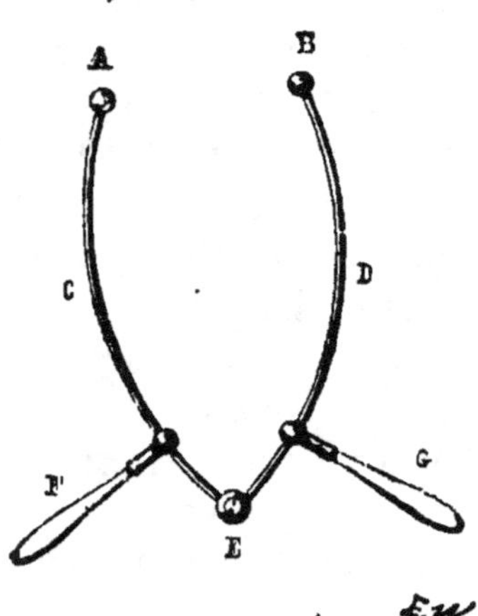

Fig. 138. — Excitateur.

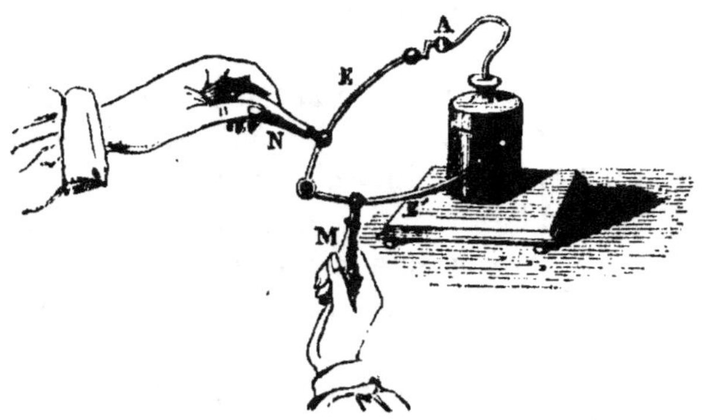

Fig. 139. — Décharge de la bouteille de Leyde

excitateur, qui se compose (fig. 138) de deux branches métalliques AC, BD, terminées par des boutons et tournant autour d'une charnière E. Deux manches en verre FG servent à saisir l'appareil, sans se mettre en rapport électrique avec le condensateur qu'il faut décharger. On prend donc l'excitateur des deux mains par ses manches; on applique une branche sur l'armature extérieure de la bouteille de Leyde, et l'on approche l'autre du bouton de l'armature intérieure. A une certaine distance, qui dépend de la charge de la bouteille, l'étincelle jaillit entre le bouton de l'armature intérieure et le bouton de la branche voisine de l'excitateur (fig. 139).

7. **Expérience de Cunéus**. — Lorsqu'il éprouva le premier fortuitement la commotion électrique, en voulant électriser de l'eau, Cunéus avait en mains une véritable bouteille de Leyde, différente de la nôtre, quant aux détails, mais en somme disposée d'après les mêmes principes. L'armature intérieure était formée par l'eau qu'il s'agissait d'électriser, et par la tige métallique plongeant dans ce liquide. L'armature extérieure était constituée par la main même de l'opérateur, appliquée sur la panse du flacon. La machine fournit de l'électricité positive au liquide, et cette électricité positive amena, par influence, une charge équivalente d'électricité négative sur la main. En voulant retirer la tige avec l'autre main, le physicien hollandais mit en communication les deux armatures du condensateur, et de la sorte éprouva la commotion qui lui occasionna tant de surprise et de frayeur. On voit donc qu'une bouteille de Leyde se prête à une foule de dispositions tout en conservant ses propriétés de condensateur. Il lui suffit, pour fonctionner, d'être formée de deux corps bons conducteurs séparés par une lame de verre et communiquant l'un avec le sol, l'autre avec une source électrique. L'intérieur de la bouteille peut donc recevoir indifféremment pour armature de minces feuilles métalliques, de l'eau, de la terre humide, du charbon calciné, etc. Enfin l'armature extérieure peut être simplement constituée par la main qui saisit le flacon. Toutefois, la disposition usitée est préférable à toute autre; l'appareil est plus léger et ses armatures sont plus efficaces.

8. **Carreau fulminant**. — La théorie de la bouteille de Leyde bien comprise, il est visible que le condensateur électrique, au lieu d'affecter la forme d'un flacon, peut être disposé en lame aplatie. Sur chaque face d'un carreau de vitre mince, on colle une feuille d'étain en laissant largement déborder le verre de tout

côté. On a ainsi un condensateur qui se comporte absolument comme la bouteille de Leyde. On le charge en mettant une de ses armatures en rapport avec le sol et l'autre avec le conducteur d'une machine électrique. On le décharge, en mettant ses deux armatures en communication au moyen d'un excitateur. Ainsi disposé, le condensateur s'appelle carreau fulminant. L'une des expériences auxquelles il sert habituellement, est la suivante. Le carreau est placé à terre, en contact par son armature inférieure avec une chaînette métallique qui déborde. Une seconde chaînette métallique descend du conducteur de la machine électrique et arrive sur l'armature supérieure au centre de laquelle est une pièce de monnaie. Lorsque le carreau est chargé, une personne met son pied sur la chaînette de l'armature inférieure, et elle se baisse pour saisir la pièce de monnaie. Mais en touchant la pièce, elle établit une communication entre les deux armatures par l'intermédiaire de son corps ; de là, une violente secousse qui ébranle la personne du pied à la main et l'empêche de saisir l'objet. De nouvelles tentatives restent encore sans résultat parce que la machine électrique, continuant à fonctionner, recharge le carreau à mesure qu'il se décharge par un attouchement.

9. **Dans un condensateur, les deux électricités résident surtout sur les deux faces de la lame mauvais conducteur.** — Une bouteille de Leyde ou tout autre condensateur ne se décharge pas en entier lorsque les deux armatures sont mises en communication pour la première fois. Il y a, après cette première décharge, un résidu électrique ; et l'on peut obtenir, en rétablissant la communication, une seconde étincelle, une troisième, et au delà, mais de plus en plus faible. Cela provient de ce que les deux électricités, au lieu d'être réparties exclusivement sur les deux armatures, sont accumulées surtout sur les deux faces du verre. On le démontre comme il suit, au moyen de l'appareil connu sous le nom de *bouteille de Leyde à armatures mobiles*. Il se compose de trois pièces (fig. 140) ; l'une A est un vase métallique, la seconde BD est un vase en verre enduit supérieurement de cire d'Espagne ; la troisième CE est encore en métal et porte une tige pareille à celle de la bouteille de Leyde. Si l'on met la pièce métallique CE dans le vase en verre BD, et

l'ensemble des deux dans le vase métallique A, on aura une véritable bouteille de Leyde, c'est-à-dire deux corps bons conducteurs séparés par une lame isolante de verre. On charge l'appareil comme à l'ordinaire ; on le dépose sur un corps isolant, et, avec une baguette de verre, on retire par son crochet l'armature intérieure. On retire aussi le vase en verre, et la

Fig. 140. — Bouteille de Leyde à **armatures mobiles**

bouteille de Leyde se trouve démontée en ses trois pièces. Or, il se trouve que l'armature intérieure, dont l'électricité est devenue libre puisqu'elle n'est plus sous l'influence de l'électricité contraire de l'autre armature, ne donne qu'une étincelle très-médiocre. L'armature extérieure n'en donne également qu'une très-faible. Mais si l'on reconstitue la bouteille de Leyde en remettant les trois pièces en place, on obtient une vive étincelle quand, avec un excitateur, on fait communiquer les deux armatures. L'électricité était donc principalement accumulée sur les deux faces de la lame isolante, elle adhérait au verre, mauvais conducteur ; et c'est précisément cette adhérence qui entrave la recombinaison des deux électricités et empêche la bouteille de Leyde de se décharger entièrement en une seule fois.

10. **Figures de Lichtemberg**. — L'expérience des figures de Lichtemberg rend évidente l'adhérence de l'électricité sur les corps mauvais conducteurs. On prend par la panse une bouteille de Leyde chargée ; et, avec le bouton de son armature intérieure, on trace sur un plateau de résine des figures quelconques. On dépose la bouteille sur un corps mauvais conducteur

et on la prend par le crochet de son armature inférieure, pour tracer d'autres figures sur la résine avec un point de son armature extérieure. Les points du plateau touchés par l'une ou par l'autre armature prennent l'électricité correspondante, et cette électricité cédée par la bouteille est fixée, accolée à la résine, sans possibilité de se répandre sur les points voisins. On le constate comme il suit. Avec un petit soufflet spécial on lance sur la résine un mélange de fleur de soufre et d'une poudre rouge appelée minium. Par leur frottement mutuel, les particules de soufre et de minium s'électrisent; les premières prennent de l'électricité négative, les secondes de l'électricité positive. Le soufre se porte exclusivement sur les points de la résine frottés avec l'armature intérieure de la bouteille et possédant par conséquent l'électricité contraire; le minium se porte exclusivement sur les points frottés avec l'armature extérieure; et les deux genres de figures apparaissent d'une manière très-nette, les unes avec la couleur jaune du soufre, les autres avec la couleur rouge du minium. L'électricité fournie par chaque armature de la bouteille reste donc accolée aux points de la résine touchés. On constate enfin une curieuse différence d'aspect dans les figures rouges et les figures jaunes. Le soufre se hérisse de petits filets divergents, le minium se rassemble en une multitude de petites taches arrondies.

11. Charge de la bouteille de Leyde tenue par l'armature intérieure. — Pour charger une bouteille de Leyde, on la tient à la main par son armature extérieure, et l'on présente le bouton de l'armature intérieure à la machine électrique. La seule raison en est que c'est plus commode. Dans ce cas, l'armature intérieure prend l'électricité positive, et l'armature extérieure prend l'électricité négative. Mais rien n'empêcherait de renverser la distribution électrique, de charger d'électricité positive l'armature extérieure, et d'électricité négative l'armature intérieure. Il suffirait pour cela de saisir la bouteille par le crochet de son armature intérieure et de présenter à la machine électrique un point de son armature d'étain. La bouteille prendrait ainsi sa charge habituelle, à cela près que les deux électricités seraient réparties d'une façon inverse.

12. Batterie électrique. — Pour accumuler de grandes quantités d'électricité, on emploie un assemblage de fortes bouteilles de Leyde, nommées *jarres*. Une jarre est un vase en verre à large ouverture, recouvert au dedans comme au dehors d'une feuille d'étain, et rempli en outre de feuilles métalliques. Pour constituer une *batterie électrique*, on assemble plusieurs jarres dans une boîte tapissée d'étain, de manière que toutes les armatures extérieures communiquent entre elles par ce revêtement métallique. Les armatures intérieures sont, de leur côté, mises en communication entre elles par des tiges qui vont d'une armature à l'autre (fig. 141). Pour charger l'appareil, on met la

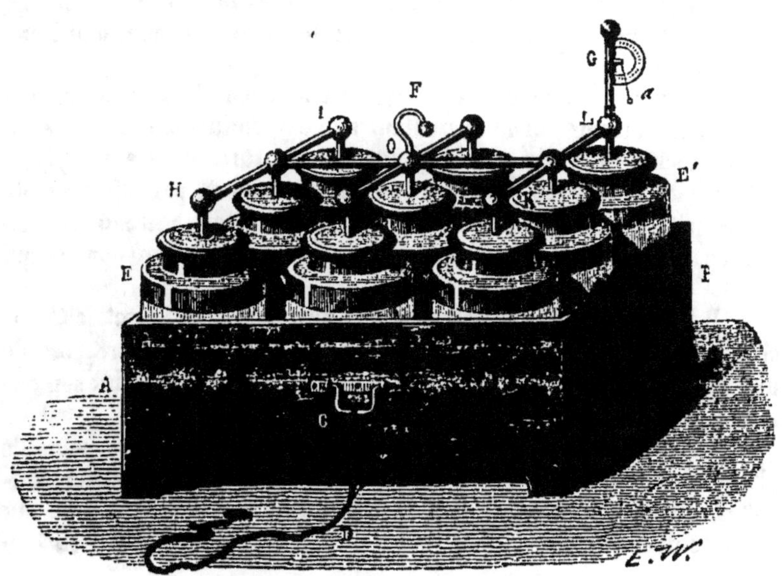

Fig. 141. — Batterie électrique.

tringle des armatures intérieures en rapport avec une machine électrique au moyen d'une chaîne métallique, et l'on fait communiquer les armatures extérieures avec le sol par l'intermédiaire d'une seconde chaîne adaptée à la poignée C, qui, elle-même, communique avec le revêtement d'étain de la boîte. Un électromètre à cadran, c'est-à-dire un petit pendule électrique *a* suspendu au centre G d'un demi-cercle gradué, indique par la divergence de la balle de sureau la tension de l'électricité libre de l'armature intérieure. Enfin, pour décharger la batterie, on fait communiquer par un excitateur la poignée C avec un point quelconque des armatures intérieures.

RÉSUMÉ

1. La découverte de la bouteille de Leyde est due à Cunéus et à Musschenbroeck, savants hollandais.

2. La *bouteille de Leyde* sert à accumuler, à condenser de l'électricité. Elle se compose d'un flacon en verre mince, rempli de feuilles métalliques, au milieu desquelles plonge une tige de métal, et recouvert au dehors d'une feuille d'étain. Les feuilles métalliques et la tige constitue l'*armature intérieure*, la feuille d'étain constituent l'*armature extérieure*.

3. On charge la bouteille de Leyde en la tenant à la main par son armature extérieure, et en présentant la tige de son armature intérieure à une machine électrique en activité. L'armature intérieure prend l'électricité positive; l'armature extérieure acquiert, par influence, de l'électricité négative. Ces deux électricités, par leur attraction réciproque, se *dissimulent* mutuellement et perdent leur tension, ce qui permet d'augmenter la charge.

4. Il y a cependant dans l'armature intérieure, de l'électricité positive *en excès et à l'état libre*. Quand cette électricité libre possède une tension égale à celle de la machine, la charge a atteint son extrême limite.

5. En touchant à tour de rôle les deux armatures d'une bouteille chargée et isolée, on obtient une longue succession de petites étincelles qui proviennent de l'électricité prédominant tour à tour sur chacune des armatures. C'est ce qu'on appelle les *décharges successives*.

6. Si l'on met en rapport par un corps bon conducteur les deux armatures d'une bouteille de Leyde, les deux électricités s'élancent au-devant l'une de l'autre et produisent une forte étincelle. C'est la *décharge instantanée*.

7. Cunéus, éprouvant pour la première fois la commotion électrique, avait en réalité en mains une bouteille de Leyde. L'armature intérieure était formée par l'eau qu'il voulait électriser; l'armature extérieure était formée par la main qui tenait la bouteille.

8. Le carreau fulminant est un condensateur formé d'un carreau de vitre recouvert sur ses deux faces d'une feuille d'étain. Il se charge et se décharge absolument comme la bouteille de Leyde.

9. Dans un condensateur, les deux électricités résident principalement sur les faces opposées de la lame isolante. On le démontre avec la bouteille de Leyde à armatures mobiles.

10. L'adhérence de l'électricité sur les corps mauvais conducteurs est rendue évidente par les *figures de Lichtemberg*.

11. La bouteille de Leyde, tenue à la main par son armature intérieure, et présentée à la machine par son armature extérieure, se charge comme à l'ordinaire ; seulement les deux électricités sont réparties d'une façon inverse.

12. Une *batterie électrique* est formée de l'assemblage de plusieurs bouteilles de Leyde, nommées *jarres*, communiquant toutes par leurs armatures intérieures et par leurs armatures extérieures.

CHAPITRE XXXIII

1. Effets physiologiques de l'électricité. — Les effets que l'électricité exerce sur les êtres vivants s'appellent effets *physiologiques*. Le corps de l'homme est bon conducteur. Si donc une personne monte sur un tabouret isolant et applique la main sur un conducteur de la machine électrique, elle devient comme le prolongement de ce conducteur et acquiert une charge électrique égale en tension à celle de la machine elle-même. Alors les cheveux se dressent, se hérissent par leur répulsion mutuelle ; un souffle léger paraît courir sur le visage et l'on éprouve une impression semblable à celle que produirait le frôlement d'une toile d'araignée. Enfin, à l'approche d'un objet bon conducteur, la personne électrisé, fournit des étincelles par tous les points de son corps.

Si l'on présente l'articulation du doigt à une machine électrique en activité, une étincelle jaillit et l'on éprouve une commotion plus ou moins forte suivant la puissance de l'appareil. Une étincelle de deux ou trois centimètres de longueur ne produit

qu'une piqûre légère ; avec une longueur plus grande, elle occasionne un ébranlement au poignet, au coude, à la poitrine même.
Mais on n'éprouve rien, si grande que soit la quantité d'électricité développee par la machine, quand on tient la main appliquée
sur un conducteur pendant que le plateau de verre tourne. Dans
ce cas l'électricité de l'appareil s'écoule dans le sol par le corps
de l'opérateur à mesure qu'elle se développe ; pour qu'il y ait
commotion, il faut que les deux électricités contraires se recombinent brusquement à travers notre corps.

La bouteille de Leyde est l'appareil qui se prête le mieux à ce
genre d'expérience. On prend la bouteille d'une main par la
panse et l'on approche le doigt de l'armature intérieure. Les
deux électricités contraires se recombinent ainsi à travers le corps
et occasionnent une violente commotion en rapport avec la puissance de la charge. Plusieurs personnes peuvent être commotion-
nées à la fois par la même décharge. Elles se prennent par la
main ; elles font, comme on dit, la *chaîne*. Celle qui est en tête
de la chaîne prend la bouteille par la panse, et celle qui termine
la série vient présenter un doigt de sa main libre au bouton de
l'armature intérieure. Toutes les personnes de la chaîne éprouvent
au même instant la commotion, et avec la même force, seraient-
elles au nombre de quelques centaines.

La commotion donnée par la bouteille de Leyde n'a rien de
dangereux ; elle est assez brutale cependant pour ébranler le
corps d'une façon très-désagréable. Avec une batterie électrique,
la commotion est autrement violente, et il y aurait imprudence à
s'y exposer. La décharge d'une batterie à grande surface peut
tuer un animal. Celui-ci est placé sur un corps bon conducteur
communiquant avec l'armature extérieure de la batterie, et l'on
fait communiquer un point de son corps avec l'armature intérieure par l'intermédiaire d'un excitateur. A l'instant de l'explosion, l'animal est pris d'un mouvement convulsif, et, si la batterie est assez forte, il tombe mort. Les cadavres des animaux
tués par la batterie électrique et ceux des animaux atteints par
la foudre ont cela de commun qu'ils se putréfient les uns et les
autres avec une grande rapidité.

  2. Effets calorifiques. Inflammation de l'éther. —

Une étincelle électrique, même fort médiocre développe assez de chaleur pour allumer un corps très-inflammable. Dans un petit vase en métal communiquant avec le sol par une chaînette métallique et muni d'un bouton au fond de sa cavité, on met un liquide très-inflammable, de l'éther, par exemple, ou de l'alcool un peu chauffé. Une personne montée sur le tabouret isolant présente

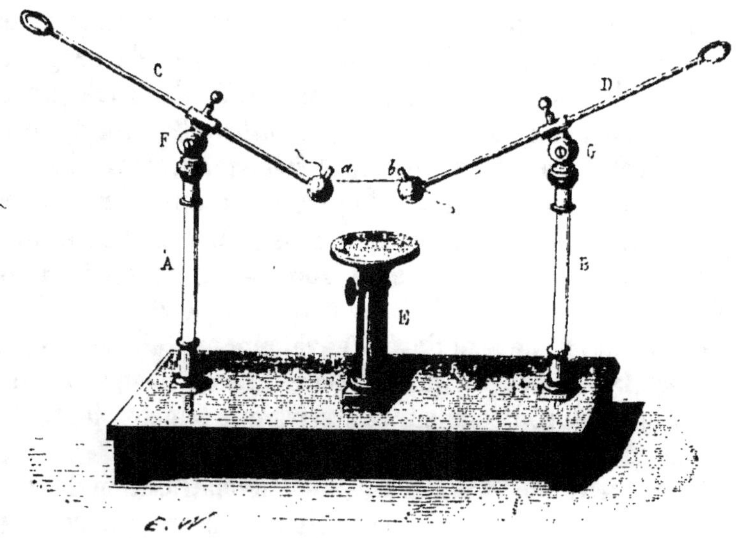

Fig. 142. — Excitateur universel.

l'articulation du doigt au bouton central du vase. Une étincelle jaillit et le liquide prend feu. On peut rendre l'expérience plus frappante encore en présentant au vase, non plus le doigt, mais un bâton de glace que l'on tient à la main. La glace conduit bien l'électricité. L'étincelle jaillit donc entre la glace et le vase, et enflamme l'éther. Si l'étincelle était plus forte, si elle provenait de la décharge d'une batterie, elle pourrait mettre feu à des matières moins inflammables que l'éther, à de l'amadou par exemple, à de l'étoupe saupoudrée de résine, à du coton poudre, etc. On emploie alors l'appareil de la figure 142, appelé *excitateur universel*. Il comprend deux tiges métalliques C, D, portées par deux pieds isolants A, B, et une tablette en bois E. Les deux tiges, articulées en F et G, peuvent prendre la position que l'o désire et rapprocher plus ou moins leurs extrémités en glissant dans la gaîne qui les maintient. On met sur la tablette le corps à enflammer, entre les extrémités des tiges. Si, par les extrémités opposées, on met les tiges en rapport avec les deux armatures d'une batterie, l'étincelle jaillit à travers le corps et celui-ci prend feu.

3. **Action de la décharge électrique sur les métaux.** — Un fil métallique ab (fig. 142) est tendu entre les deux tiges de l'excitateur universel. S'il est un peu gros, la décharge de la batterie électrique l'échauffe à peine. Mais s'il est très-fin, il est porté au rouge, ou même fondu, volatilisé. Ce sont du reste les métaux conduisant le moins bien l'électricité, comme le fer et le platine, qui pour une même longueur et un même diamètre, éprouvent les effets calorifiques les plus puissants. Le cuivre, l'or, l'argent, meilleurs conducteurs, rougissent, se fondent, ou se volatilisent avec moins de facilité. Si le fil métallique ab est remplacé par un fil de soie doré, l'enveloppe métallique est volatilisée par la décharge de la batterie et la soie n'éprouve aucune altération malgré la chaleur excessive que suppose la réduction de l'or en vapeur.

4. **Portrait de Franklin.** — La volatilisation de l'or en contact avec de la soie qui ne subit pas même un commence-

Fig. 143. — Portrait de Franklin.

ment de combustion, se retrouve dans l'expérience dite du portrait de Franklin. On découpe à jour dans une carte une figure, par exemple le portrait classique de Franklin. La carte se prolonge de droite et de gauche par une feuille d'étain p et p ; au-dessous d'elle on place un ruban de satin, et au-dessus une feuille d'or que l'on a soin de bien mettre en rapport avec les deux feuilles d'étain. Enfin, le tout est mis en presse entre deux planchettes que l'on serre à l'aide des vis v et v' et des écrous c et c' (fig. 143). On décharge alors une batterie en faisant communiquer ses armatures avec les feuilles d'étain. La feuille d'or se trouve ainsi sur le trajet de l'étincelle ; elle est volatilisée, et ses vapeurs, passant à travers les découpures, laissent sur le ruban de satin l'empreinte du portrait.

5. Effets lumineux. Forme de l'étincelle. — Lorsqu'elle jaillit à une faible distance, l'étincelle électrique est rectiligne. Pour une longueur d'un demi-décimètre, elle est déjà sinueuse. Pour une longueur plus grande, tantôt elle prend la forme d'un trait brillant irrégulièrement sinueux, d'où s'échappent de fines ramifications ; tantôt la forme d'une ligne brisée, d'un zigzag à angles brusques. Cette dernière configuration apparaît surtout quand la charge est très-forte. Parfois même il arrive alors que l'étincelle se divise en plusieurs branches. La résistance que l'air oppose à la propagation de l'électricité paraît être la cause de la forme irrégulière de l'étincelle. Du moins, dans le vide, l'étincelle se comporte tout différemment.

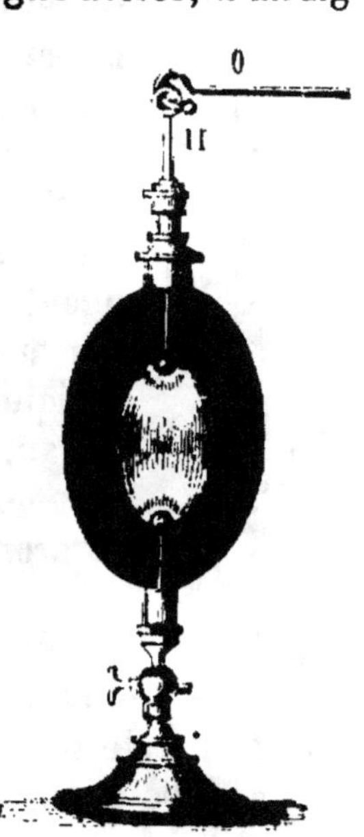

Fig. 144.
Lumière électrique dans
le vide.

6. Lumière électrique dans le vide. — Le vase ovoïde (fig. 144), connu sous le nom *d'œuf électrique*, porte à ses deux extrémités une tringle métallique terminée par un bouton. La tringle supérieure glisse à frottement dans la gaîne qui la reçoit, ce qui permet d'éloigner ou de rapprocher son extrémité de l'extrémité de l'autre tringle. Enfin le pied de l'appareil est muni d'une douille à robinet au moyen de laquelle l'œuf est vissé sur la machine pneumatique. On met le crochet de la tige supérieure en communication avec une machine électrique qui fonctionne.

Tant que le vase est plein d'air, l'étincelle jaillit entre les deux boutons sans rien présenter de nouveau ; mais dès qu'on raréfie l'air, les étincelles deviennent moins sinueuses et peuvent jaillir à une plus grande distance, ce que l'on reconnaît en soulevant peu à peu la tige supérieure. Quand la pression n'est plus que de quelques millimètres, l'électricité jaillit d'une manière calme et continue entre les deux boules en formant un ovale lumineux et violacé, d'autant plus renflé et moins brillant que l'air est plus raréfié. Si les deux boules sont à une faible distance, il s'établit entre elles un jet de lumière violette, et la boule inférieure s'entoure d'une auréole blanche.

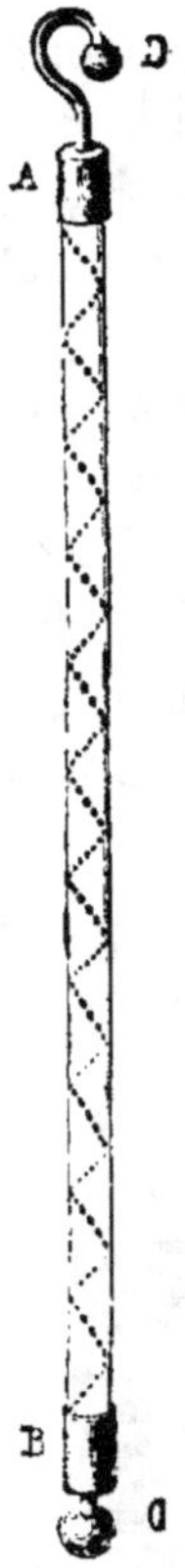

7. **Tubes et carreaux étincelants.**—Pour multiplier l'étincelle électrique et produire des effets lumineux variés, on emploie des conducteurs interrompus, donnant un éclair à chaque solution de continuité. De ce nombre est le *tube étincelant.* C'est un tube de verre sur lequel sont collés en série spirale de petits morceaux d'étain ou de clinquant de forme losangique et séparés l'un de l'autre par un léger intervalle (fig. 145). Une pièce métallique, BC, AD, termine de part et d'autre le tube. Tenant l'appareil par BC, on présente AD à la machine électrique. L'étincelle jaillit, et l'électricité, se propageant par une suite de décompositions et de recompositions le long de la spirale métallique, produit d'un bout à l'autre du tube une succession d'étincelles en chaque point d'interruption, de sorte que la spirale se dessine en un trait lumineux.

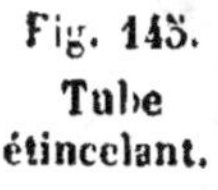
Fig. 145.
Tube
étincelant.

Le globe étincelant (fig. 146) reproduit les mêmes faits sous une autre forme.

Dans le carreau étincelant (fig. 147), un ruban étroit d'étain est collé sur une lame de verre. Replié de droite à gauche et de gauche à droite, il s'étend de l'extrémité supérieure à l'extrémité inférieure de la lame. Puis, avec une pointe, on trace à travers ce zigzag conducteur le dessin que l'on se propose de faire apparaître par l'électricité. La pointe déchire le ruban métallique sur son passage et produit des solutions de continuité dont l'ensemble reproduit la figure. Si maintenant l'extrémité supérieure du ruban conducteur est mise en communication avec une machine électrique, tandis que son extrémité inférieure communique avec le sol, des étincelles jaillissent simultanément en tous les points d'interruption, et la figure se manifeste en apparition lumineuse. Toutes ces expériences-là doivent être faites dans l'obscurité.

8. **Effets mécaniques. Perce-carte, etc.** — Entre deux points métalliques T, E, dont la supérieure est isolée par un support de verre AB, on met

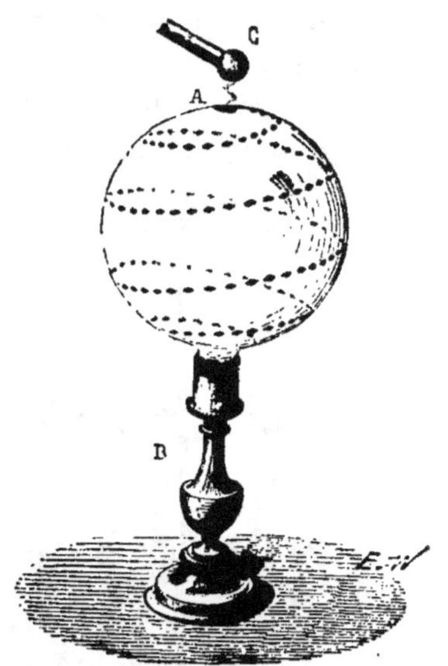

Fig. 146. — Globe étincelant.

Fig. 147. — Carreau étincelant.

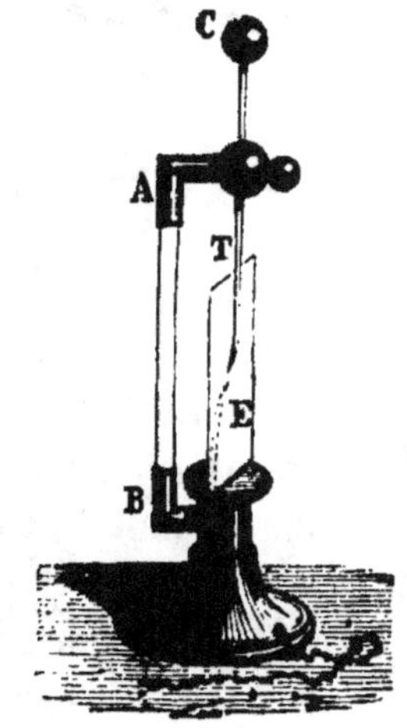

Fig. 148. — Perce-carte.

une carte (fig. 148). On prend une bouteille de Leyde par son armature extérieure, contre laquelle on applique une chaînette métallique communiquant avec le pied de l'appareil et par conséquent avec la pointe inférieure, et on présente l'armature intérieure au bouton C. L'étincelle jaillit entre les deux pointes, et la carte se trouve percée d'un petit trou sur le passage de l'électricité.

La décharge d'une batterie électrique peut transpercer une mince lame de verre. On dispose cette lame sur un vase en verre B, dont le fond porte une pointe métallique *b* en communication avec une chaînette E (fig. 149). Une seconde pointe *a* est isolée par deux supports en verre D et D′. Les deux pointes sont presque au contact de la lame de verre. On applique la chaîne E sur l'armature extérieure de la batterie, et l'on met en rapport l'armature intérieure avec le bouton A. Les deux électricités se recombinent à travers la mince lame de verre et la percent d'un trou rond net, à contours

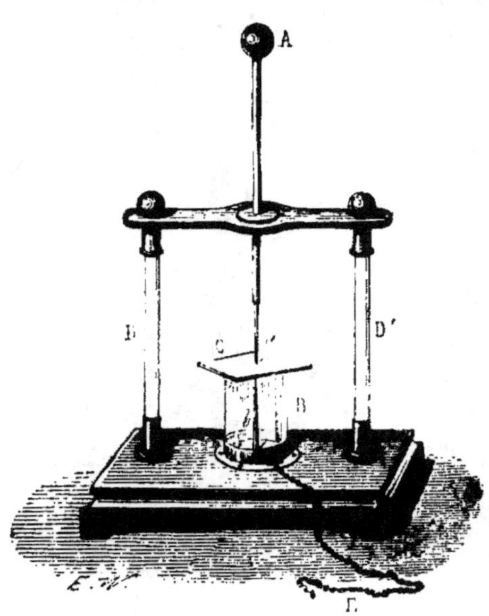

Fig. 149. — Perce-verre.

mats et quelquefois rempli de verre en poudre. Le verre oppose une grande résistance au passage de l'électricité, aussi faut-il une puissante batterie pour percer une lame de verre de $\frac{1}{2}$ millimètre environ d'épaisseur. Encore faut-il prendre certaines précautions : il faut mettre une goutte d'huile, mauvais conducteur, sur la lame de verre en face des deux pointes ; sinon les deux électricités contournent la lame et se recombinent à travers l'air.

Enfin, la décharge d'une batterie fait éclater en plusieurs fragments un morceau de bois si le passage de l'électricité se fait dans le sens des fibres. D'une manière générale, l'électricité échauffe, fond, volatilise les corps bons conducteurs de petites dimensions, qui ne lui offrent qu'un passage insuffisant ; elle laisse intacts les corps bons conducteurs de grande dimension, qui lui fournissent un passage libre ; elle brise, déchire, perce, fait éclater les corps mauvais conducteurs.

9. Expansion de l'air sur le passage de l'électricité. — Cette expansion se démontre avec l'appareil de Kinnersley. Deux tubes en verre d'inégal calibre A et B (fig. 150) communiquent entre eux. Ils sont remplis au même niveau xx' d'un liquide coloré. Deux tiges métalliques s'engagent dans le gros tube et se terminent par deux boutons a et b, à une petite distance l'un de l'autre. Si l'on fait jaillir une étincelle entre ces deux boutons, l'air au milieu duquel la décharge a lieu éprouve une expansion subite, qui refoule le liquide dans le canal latéral et le fait monter de x en B par exemple. Immédiatement après, l'air reprend son volume primitif et le liquide redescend au niveau x.

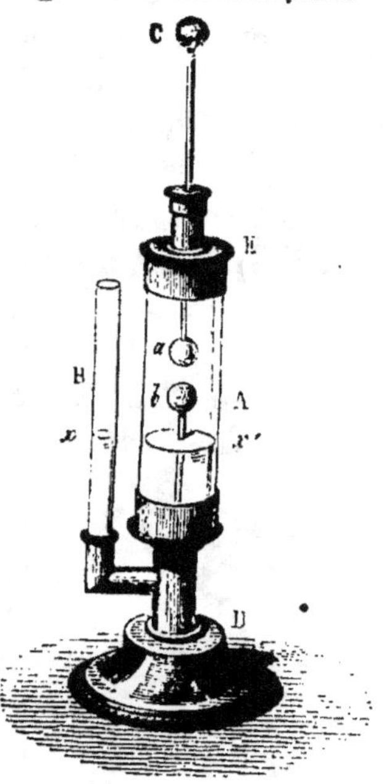

Fig. 150. — Appareil de Kinnersley.

Cette expansion de l'air est suffisante pour lancer un projectile au moyen du *mortier électrique*. Un petit mortier en ivoire M, reçoit au fond de sa cavité deux tiges métalliques se terminant par des boutons b et c à une petite distance l'un de l'autre. Une boule A est disposée à l'orifice du mortier. Si l'on met les extrémités des tiges a et d en rapport avec les deux armatures d'une bouteille de Leyde, l'étincelle jaillit dans l'intérieur du mortier, et l'expansion soudaine de l'air chasse la boule A.

10. Effets chimiques. Pistolet de Volta. — L'étincelle électrique peut produire la combinaison de certain corps simplement mélangés ; comme aussi

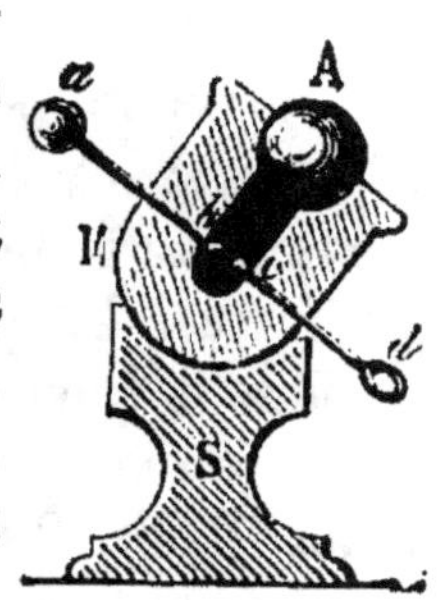

Fig. 151. — Mortier électrique.

elle peut détruire certaines combinaisons et ramener le corps composé à ses principes constitutifs. Nous nous bornerons à citer un cas de ces effets chimiques.

L'eau résulte de l'association de deux gaz, oxygène et hydrogène, dans la proportion de 1 volume du premier et 2 volumes du second. On prépare un mélange de ces deux gaz dans le rapport voulu. Pour associer intimement les deux gaz mélangés et en faire de l'eau, une simple étincelle électrique suffit. On donne à l'expérience une tournure frappante avec le *pistolet de Volta* (fig. 152). C'est un vase métallique A, muni d'un goulot dans lequel s'engage un bouchon de liége B et d'une tubulure latérale *b* dans laquelle plonge une tige métallique *a*. La figure reproduit à part la disposition de la tubulure latérale. La tige métallique *a* se termine à une petite distance de la paroi du vase A par un bouton *a'*. Pour ne pas avoir de communication avec le vase, la tige est engainée dans un petit tube de verre *cc'*. Le tout, tige et gaîne de verre, est solidement fixé dans la tubulure *b*. On remplit le pistolet du mélange gazeux, on met le bouchon B, et tenant l'appareil à la main, on présente la tige *a* au conducteur d'une machine électrique. Une étincelle jaillit entre le conducteur et la tige, suivie immédiatement d'une autre qui jaillit au sein du mélange gazeux entre le bouton *a'* et la paroi A. Le mélange gazeux aussitôt détone violemment et le bouchon B est chassé avec fracas. Un peu de vapeur d'eau résulte de l'association chimique des deux gaz.

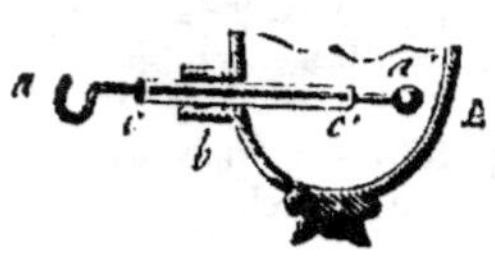

Fig. 152.
Pistolet de Volta.

Pour abréger, d'ordinaire on fait détoner le pistolet de Volta comme il suit. On introduit un peu d'hydrogène dans le pistolet en présentant son orifice à un jet de ce gaz. On a bien soin de ne pas remplir en entier le vase d'hydrogène et d'y laisser abondamment de l'air. L'air contient de l'oxygène. Le mélange détonant se trouve ainsi tout fait, et l'appareil est prêt à fonctionner.

RÉSUMÉ

1. En se recombinant à travers notre corps, les électricités contraires d'une bouteille de Leyde produisent une soudaine commotion, dont la violence croît avec le degré de la charge. La commotion donnée par la décharge d'une batterie électrique peut tuer des animaux.

2. L'étincelle électrique met feu aux matières facilement combustibles.

3. Elle rougit, fond et même volatilise les métaux.

4. L'expérience du portrait de Franklin est basée sur la réduction de l'or en vapeurs sur le trajet de l'électricité.

5. Lorsqu'elle a une certaine longueur, l'étincelle électrique est irrégulièrement sinueuse ou même en zigzag. La résistance de l'air paraît être la cause de ces brusques changements de direction.

6. Dans le vide, l'électricité jaillit entre deux conducteurs d'une manière calme et continue en formant un ovale lumineux et violacé, d'autant plus renflé et moins brillant que l'air est plus raréfié.

7. Les tubes et les carreaux étincelants multiplient l'étincelle en présentant à la propagation de l'électricité un conducteur interrompu par de nombreuses solutions de continuité. De là résultent des apparitions lumineuses d'une forme déterminée par l'arrangement des points d'interruption.

8. L'étincelle électrique déchire, brise, perce, fait éclater les corps mauvais conducteurs. Exemples : le *perce-carte*, le *perce-verre*, etc.

9. La décharge électrique occasionne dans l'air une soudaine expansion. *L'appareil de Kinnersley* et le *mortier électrique* le démontrent.

10. L'étincelle électrique peut provoquer la combinaison chimique de deux corps. Dans l'expérience du *pistolet de Volta*, de l'hydrogène et de l'oxygène se combinent et forment un peu de vapeur d'eau. Quelquefois aussi l'étincelle électrique détruit la combinaison et ramène le corps composé à ses éléments chimiques.

CHAPITRE XXXIV

1. Électricité atmosphérique. — Franklin. — La forme sinueuse de l'étincelle électrique, sa rapide propagation, son éclat, le craquement qui l'accompagne, l'odeur sulfureuse répandue sur son trajet, son action meurtrière sur les animaux, ses propriétés de fondre les métaux, de mettre feu aux substances inflammables, de briser, déchirer les corps mauvais conducteurs, de provoquer de violentes commotions, etc., ont avec la manière d'agir de la foudre des analogies trop manifestes pour avoir échappé aux premiers observateurs. C'est toutefois au fils d'un pauvre fabriquant de savon, à Benjamin Franklin, qui trouva dans la maison paternelle tout juste les ressources nécessaires pour apprendre à lire, à écrire et à compter, et devint depuis, par sa fermeté, sa modération, sa philosophie pratique et sa science, une des plus belles illustrations des État-Unis ; c'est à Benjamin Franklin qu'est due la démonstration de la parfaite identité de la foudre et de l'étincelle électrique. Ayant déjà donné l'explication de la bouteille de Leyde et reconnu le pouvoir des pointes, il s'acheminait, un jour d'orage, en 1752, dans la campagne de Philadelphie, accompagné de son fils qui portait un cerf-volant formé d'un tissu de soie noué par ses quatre coins à deux baguettes de verre armées d'une pointe métallique. Un long cordon de chanvre, terminé inférieurement par un cordon isolant de soie, fut attaché au cerf-volant. et l'appareil, lancé, s'éleva vers un nuage orageux. Rien, au début, ne vint confirmer les prévisions du savant Américain. La corde du cerf-volant ne donnait aucun signe d'électricité. Une pluie survint ; la corde, mouillée, conduisit mieux l'électricité ; et Franklin, sans se préoccuper du danger qu'il courait, transporté de joie d'avoir, le premier, amené à sa portée la cause du tonnerre, tira des étincelles de la corde de chanvre, alluma avec elles de l'alcool et chargea des bouteilles de Leyde. Il venait de dérober son secret à la foudre.

2. Électricité atmosphérique. — De Romas. — Un peu plus tard, sans connaître les essais du célèbre Américain, un magistrat de la petite ville de Nérac, de Romas, se livrait à de pareilles expériences devant plusieurs centaines de personnes. Le cerf-volant qui devait aller provoquer la foudre au sein des nuages et amener le feu du ciel sous les yeux de l'intrépide expérimentateur, ne différait pas de ceux qui nous sont vulgairement connus ; seulement, sa corde de chanvre était garnie d'un fil de cuivre dans toute sa longueur. Le vent s'étant levé, on lança la machine de papier, qui atteignit une hauteur d'environ deux cents mètres. A l'extrémité inférieure de la corde, on attacha un cordon de soie, et ce cordon fut fixé lui-même sous l'auvent d'une maison, à l'abri de la pluie. Un petit cylindre de fer-blanc était appendu en un point de la corde de chanvre, bien en rapport avec le fil métallique qui la parcourait. Enfin, de Romas était armé d'un cylindre pareil, emmanché à l'extrémité d'un long tube de verre. C'est avec cet excitateur qu'il devait faire jaillir le feu des nuées, conduit par le fil métallique de la corde du cerf-volant jusqu'au cylindre en fer-blanc qui le terminait. Telle était la simple disposition de l'appareil imaginé par de Romas pour vérifier son audacieuse prévision. Bientôt quelques nuées, avant-coureurs de l'orage, passent à proximité du cerf-volant. De Romas approche l'excitateur du cylindre de fer-blanc, et une vive lueur jaillit. C'est une éblouissante étincelle qui s'élance, petille, jette un éclair et se dissipe à l'instant. Voilà la substance de la foudre, voilà l'électricité dans la corde du cerf-volant. Elle est inoffensive encore, à cause de sa faible quantité ; aussi de Romas n'hésite-t-il pas à la faire jaillir avec le doigt. Les spectateurs, enhardis, viennent, à son exemple, provoquer l'explosion électrique. On s'empresse autour du cylindre merveilleux qui recèle le feu du ciel appelé par le génie de Romas ; chacun veut en tirer des éclairs, chacun veut voir étinceler entre ses doigts la substance fulminante descendue des nuages. On joue ainsi impunément une demi-heure avec le tonnerre, lorsque, tout à coup, une étincelle violente atteint de Romas et le renverse à demi. L'heure du péril est venue. L'orage s'approche ; d'épais nuages planent au-dessus du cerf-volant. De Romas rappelle toute sa fermeté ; il fait rapidement écarter la foule, et reste seul à côté de son appareil, au centre du cercle des spectateurs que l'épouvante commence à gagner. Alors, à l'aide de l'excitateur, il fait jaillir du cylindre métallique d'abord de fortes étincelles, capables de terrasser une personne sous la violence de la commotion, puis des lames de feu qui serpentent comme la foudre et éclatent avec fracas. Ces lames mesurent bientôt une longueur de deux à trois mètres. Celui qu'elles atteindraient périrait infailliblement. De Romas, qui redoute d'un moment à l'autre quelque accident mortel, fait élargir davantage le cercle des curieux et cesse la périlleuse provocation du feu électrique. Mais, bravant une mort imminente, il continue de près ses redoutables observations avec le même sang-froid que s'il eût procédé à l'expérience la plus inoffensive. Autour de lui, quelque chose bruit comme le souffle continu d'une forge; une odeur de soufre brûlé règne dans l'air; la corde du cerf-volant se couvre d'une enveloppe lumineuse et figure un ruban de feu joignant le ciel à la terre. Trois longues pailles, gisant par hasard sur le sol, se dressent debout, sautillent, s'élancent vers la corde, retombent, s'élancent encore, et, pendant quelques minutes, égayent les spectateurs de leurs évolutions simulant une danse désordonnée. Soudain, tout le monde pâlit d'effroi : une violente explosion, composée de trois craquements successifs, se fait entendre, et le tonnerre tombe sur la plus longue des pailles. Enfin, le cerf-volant redescend. Les prévisions de Romas étaient vérifiées avec un succès qui tenait du prodige ; il était démontré que la foudre ne diffère pas de l'étincelle électrique, et qu'elle peut être amenée des nuages à la portée de l'observateur.

3. **Éclair, Foudre, Tonnerre**. — Le frottement est loin d'être la seule cause capable de développer de l'électricité. Toute modification survenant dans la nature intime d'un corps en développe aussi. Or, de toutes les modifications sans cesse effectuées dans les diverses substances de notre globe, la plus importante, à cause de son immense étendue, est celle qui consiste dans le passage des eaux de la surface des mers à l'état de vapeurs sous l'influence de la chaleur solaire. L'évaporation occasionne le dédoublement en ces deux principes de l'électricité neutre des eaux; de là résultent plus tard des nuages électrisés. Enfin d'autres causes, à peine soupçonnées encore, interviennent

sans doute dans le développement de l'électricité atmosphérique.
Toujours est-il que les nuages orageux sont électrisés tantôt
d'une manière, tantôt de l'autre, comme l'a appris l'observation
directe de l'électricité puisée dans ces nuages. Lorsque deux
nuages électrisés différemment viennent à se trouver en présence,
les deux électricités contraires accourent pour se recombiner et
jaillissent avec fracas sous forme d'un sillon de feu, qui jette
une vive et subite lueur. Cette lueur, c'est l'*éclair* ; ce sillon de
feu, c'est la *foudre*. Sur le trajet de l'étincelle, l'air est ébranlé
avec une telle violence qu'il en résulte ce bruit éclatant, ce roulement formidable qu'on appelle le *tonnerre*. La foudre peut jaillir
encore entre un nuage et la terre. En effet, lorsqu'un nuage orageux passe à une faible hauteur, il détermine dans le sol, par influence, l'apparition de l'électricité contraire, comme le fait le
conducteur d'une machine électrique dans le doigt qu'on lui présente. Pour se rapprocher du nuage qui l'attire, cette électricité
contraire gagne les points les plus saillants du sol, comme la
cime d'un arbre, le sommet d'un édifice, et s'y accumule jusqu'à
ce que, la tension étant suffisante de part et d'autre, les deux
électricités s'élancent mutuellement à leur rencontre et produisent, par leur brusque mélange, un trait de feu qui foudroie
l'arbre ou l'édifice. La foudre est donc une immense étincelle
électrique éclatant entre deux nuages, ou entre un nuage et la
terre différemment électrisés ; le tonnerre est le bruit de l'explosion des deux électricités qui se recombinent.

4. **Longueur de la foudre.** — Généralement, on ne connaît de la foudre que la subite illumination qu'elle produit. Pour
voir la foudre elle-même, il faut vaincre une frayeur que rien ne
motive, et regarder les nuées, centre de l'orage. D'un moment à
l'autre, on voit serpenter un trait éblouissant, simple ou ramifié,
et toujours d'une forme sinueuse des plus irrégulières. La four-
naise ardente, les métaux chauffés à blanc n'ont pas son éclat ;
seul, le soleil fournit un terme de comparaison digne des splendeurs de la foudre. La longueur de ce trait de feu est fort variable ; on en voit qui dépassent dix kilomètres. La tension électrique
de deux nuages, tout énorme qu'elle doit être, serait insuffisante
pour rendre compte de cette longueur. Il faut croire que le trait

fulminant jaillit à la fois entre divers lambeaux de nuages interposés entre les deux nuées principales, de même que l'étincelle
jaillit d'une parcelle métallique à l'autre du tube étincelant, et
peut former ainsi un ruban lumineux d'une longueur indéfinie.

5. **Durée de l'éclair.** — La durée de cette brillante apparition est tellement courte que, pour ainsi dire, elle ne compte
pas dans le temps. La science a cherché à l'évaluer ; elle a trouvé
qu'un millionième de seconde dépassait en valeur la durée d'un
éclair, lançant parfois son jet électrique à deux lieues et plus de
distance. Si, pendant l'obscurité d'une nuit profonde, on saisit
l'instant d'un éclair pour jeter les yeux sur une voiture entraînée
d'un mouvement rapide, elle apparaît immobile ; les chevaux
lancés à toute vitesse, les roues tournant avec rapidité, sont aperçus comme au repos. L'éclair est donc si prompt que, pendant
sa durée, ni ces roues, ni ces chevaux ne peuvent se déplacer
d'une quantité sensible. Supposons un mouvement beaucoup plus
rapide que celui d'une voiture et de son attelage; supposons qu'à
l'aide d'un mécanisme convenable on anime une roue d'une vitesse excessive, de manière que ses divers rayons puissent se
déplacer d'une quantité appréciable dans l'intervalle d'un millionième de seconde. Eh bien, dans ces conditions, la roue
tournant dans l'obscurité apparaît encore immobile quand un
éclair vient l'illuminer. La durée d'un éclair est donc moindre
qu'un millionième de seconde, puisqu'elle ne permet pas
d'apercevoir le moindre déplacement dans la roue.

6. **Bruit du tonnerre.** — Quand une étincelle jaillit de l'un
de nos appareils électriques, elle fait entendre un petillement sec
qui représente en petit le tonnerre, comme l'étincelle représente
elle-même la foudre et l'éclair. Le tonnerre est le bruit de l'explosion électrique. Pour les personnes voisines du lieu de l'explosion, c'est une détonation de très-courte durée, mais si brusque,
si puissante, que nul ne l'entend sans tressaillir. Pour les personnes qui en sont éloignées, c'est un roulement qui gronde,
s'enfle, éclate, semble s'apaiser, puis reprend, éclate encore à
diverses reprises, et meurt enfin dans l'éloignement. La forme
du trait fulgurant rend compte de ces redondances du tonnerre.
L'étincelle n'éclate pas en un seul point ; par l'intermédiaire de

lambeaux de nuages qui remplissent en grand l'office des parcelles métalliques de nos tubes étincelants, elle jaillit à la fois
sur une longueur sinueuse de quelques kilomètres. Soit donc
A, B, C, D, E, F (fig. 153) le trait en zigzag de la foudre. Sur tous
les points de cette ligne, l'explo-
sion a été simultanée. Pour un
observateur placé en O, l'éclair
est unique, car la lumière se propage avec une rapidité si grande
que, pour arriver du point le plus
rapproché de la ligne d'explosion
et du point le plus éloigné, elle
met sensiblement le même temps,
si long que soit l'éclair. Mais il
n'en est pas de même du son, relativement très-lent dans sa propagation. L'observateur entend
donc d'abord le bruit de l'explosion produite en F ; puis, de proche en proche, le bruit des explosions plus éloignées. Quand le son

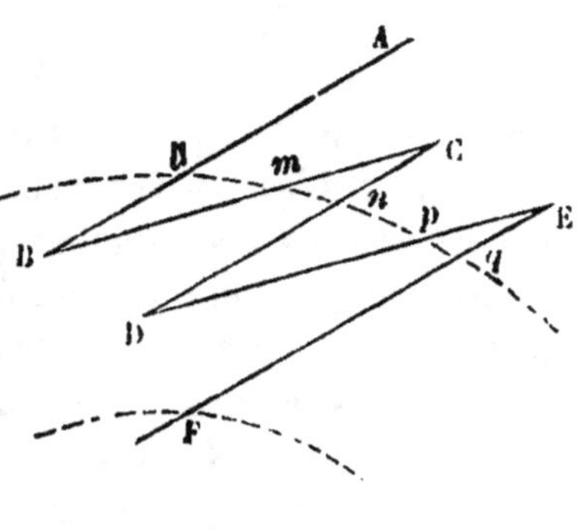

Fig. 153.

lui arrive de la distance correspondant au second arc de cercle
ponctué, il entend simultanément les explosions des points l, m,
n, p, q, tous également éloignés. Le son se renfle alors dans
le rapport de 5 à 1 comparativement à celui du début, occasionné par l'explosion unique du point F. On comprend ainsi
que, suivant le nombre de points d'explosion dont le bruit
nous arrive à la fois par suite d'une distance égale, le tonnerre
augmente ou diminue d'intensité. Ses roulements successifs
peuvent d'ailleurs dépendre encore de l'écho produit par le voisinage des nuées, du sol et surtout des montagnes. Dans les
pays montueux, en effet, les éclats du tonnerre, roulant, re-
bondissant d'une montagne à l'autre, acquièrent un caractère
de grandeur qu'ils n'ont jamais dans la plaine.

7. **Effets de la foudre.** — La foudre renverse, brise, déchire les corps mauvais conducteurs. Elle fait voler les rochers
en éclats, et en projette les fragments à de grandes distances ;

elle enlève les toitures de nos habitations, elle fend le tronc des arbres et en divise le bois en menus filaments ; elle renverse les murs, ou même les arrache de leurs fondations. En pénétrant dans le sol, elle vitrifie le sable sur son trajet et produit des tubes irréguliers à parois vitreuses nommés *fulgurites*. Elle rougit, fond ou volatilise les corps bons conducteurs, comme les chaînes métalliques, les fils de fer des sonnettes, les dorures des cadres. C'est du reste sur les objets métalliques, c'est-à-dire sur les meilleurs conducteurs, qu'elle se porte de préférence. On a des exemples de coups de foudre réduisant en fumée, sur des personnes restées sauves, les divers objets métalliques qui se trouvaient sur elles, galons dorés, boutons en métal, pièces de monnaie. Elle enflamme les amas de matières combustibles, comme les tas de paille, les meules de fourrage sec. Elle commotionne violemment l'homme et les animaux ; elle les renverse, les blesse et les frappe même instantanément de mort. Tantôt la personne foudroyée porte des traces plus ou moins profondes de brûlure, d'excoriation ; tantôt, elle n'a aucune blessure apparente, aucune meurtrissure, même des plus légères. La mort ne provient donc pas généralement des blessures que la foudre peut produire, mais de la commotion soudaine et brutale qu'elle imprime à l'organisation. Parfois, la mort n'est qu'apparente : la commotion électrique suspend simplement les fonctions fondamentales de la vie, la circulation du sang et la respiration. On peut combattre cet état, qui deviendrait mortel s'il se prolongeait, en donnant à la personne foudroyée les mêmes soins que l'on donne aux asphyxiés. D'autres fois, enfin, la commotion électrique frappe de paralysie plus ou moins complète quelque partie du corps, ou bien ne produit qu'un désordre passager qui se dissipe de lui-même en peu de temps. — La foudre ne laisse d'autres traces de son passage que les dégâts qu'elle occasionne et une assez forte odeur sulfureuse pareille à celle que l'on sent dans le voisinage d'une machine électrique en activité. Cette odeur provient de la partie respirable de l'air, de l'oxygène électrisé sur le trajet de la foudre. L'oxygène ainsi modifié porte le nom d'*ozone*, qui veut dire odorant. Il possède des propriétés chimiques extrêmement remarquables :

en particulier la propriété de détruire les exhalaisons les plus infectes et les plus malsaines en se combinant avec elles et les brûlant. En produisant de l'ozone, la foudre contribue donc à l'assainissement de l'atmosphère.

8. **Choc en retour.** — Dans certains cas, à une grande distance du point où tombe la foudre, il arrive que des gens ou des animaux éprouvent une violente secousse et sont frappés de mort sans être atteints eux-mêmes par aucune étincelle électrique. C'est ce qu'on appelle le *choc en retour*. Supposons un grand nuage orageux fortement chargé d'électricité. Par son influence il décompose l'électricité neutre du sol et de tous les objets indifféremment qui se trouvent dans le rayon de son action. Il repousse dans les profondeurs de la terre l'électricité de même nom que la sienne, il attire l'électricité contraire. Si la foudre éclate, si l'étincelle jaillit entre le nuage et un point du sol, le nuage se trouve instantanément déchargé ; son influence cesse, et les électricités séparées se rejoignent brusquement dans les autres points, de manière à faire éprouver une commotion violente, parfois mortelle, aux hommes et aux animaux qui peuvent s'y trouver. Le choc en retour se manifeste jusque dans le voisinage d'une machine électrique. Une grenouille écorchée, disposée à quelque distance de la machine électrique, entre dans des mouvements convulsifs quand on décharge le conducteur en tirant une étincelle.

9. **Danger de se réfugier sous les arbres pendant un orage.** — Le danger d'être atteint par la foudre pendant un orage est tellement faible, qu'à moins de se trouver en des lieux particulièrement exposés, il est déraisonnable de s'en préoccuper. Il résulte des relevés faits par Arago qu'on est exposé, en circulant dans les rues de Paris, à un péril plus grand que celui dont nous menace le feu du ciel. On y compte, en effet, plus de personnes écrasées par la chute d'une cheminée ou d'un vase à fleurs tombant des fenêtres que de personnes foudroyées. Quel est celui cependant qui se préoccupe de la chute probable d'une cheminée sur sa tête, quel est celui qui n'ose sortir de crainte d'être atteint par un pot de fleurs? On ne songe pas même que ce danger existe, tant sont rares les accidents qu'il amène. Le

danger d'être foudroyé étant encore moindre, on ne devrait pas
s'en préoccuper davantage ; mais la peur ne se raisonne pas. —
Trop de sécurité pourtant pourrait nous être fatale dans certaines
circonstances. Il ne faut pas perdre de vue que la foudre frappe
de préférence les points les plus saillants du sol, parce que c'est
là que l'électricité de nom contraire se porte en plus grande
abondance pour se rapprocher le plus possible du nuage orageux
qui l'attire. Les édifices élevés, les tours, les clochers sont,
dans les villes, les points les plus exposés au feu du ciel. En rase
campagne, il serait très-imprudent, pendant un orage, de chercher un refuge contre la pluie sous un arbre, surtout s'il est
grand et isolé. Si la foudre doit tomber aux environs, ce sera
certainement sur cet arbre, qui forme le point culminant du
sol, et qui, mouillé par les eaux pluviales, constitue un conducteur très-favorable à l'écoulement de l'électricité. Les tristes
exemples de personnes foudroyées qu'on déplore chaque année,
se rapportent, en majeure partie, à de malheureux imprudents
abrités de la pluie sous des arbres. On recommande aussi de ne
pas sonner les cloches pendant un orage, non que le son des
cloches ait une action quelconque sur la foudre, mais parce que
le sonneur se met en danger. Le clocher, par son élévation, est
plus menacé qu'un autre point, et la masse métallique des cloches est un bon conducteur que la foudre atteindra presque
infailliblement si elle tombe. Quant aux autres précautions qu'on
est dans l'habitude de recommander, comme de ne pas courir,
lorsqu'on est surpris par l'orage, pour ne pas déplacer l'air trop
violemment, et de fermer les portes et les fenêtres afin d'empêcher les courants d'air, elles n'ont aucune espèce de valeur : la
direction que suit la foudre n'est en rien influencée par les
mouvements de l'air.

10. **Paratonnerre.** — La foudre, nous venons de le voir,
est une immense étincelle électrique formée par la réunion subite des deux électricités contraires, fournies par deux nuages
voisins ou par un nuage et le sol. La trait de feu qui foudroie
le sol n'est pas uniquement produit par le nuage orageux ; il est
produit à la fois par le sol et par le nuage. Le sol fournit une
électricité développée par influence ; le nuage orageux fournit

VALTON DEL
BADOUREUX

l'autre. Supposons alors qu'au moment où passe un nuage orageux, un objet terrestre, placé convenablement à sa proximité, puisse lui envoyer l'électricité contraire, mais peu à peu, avec une prudente lenteur, au lieu de la laisser s'écouler brusquement, toute à la fois. Ce nuage rentrera sans explosion à l'état neutre par la combinaison graduelle des deux électricités, et sera finalement désarmé. Le pouvoir des pointes nous fournit le moyen d'étouffer ainsi, pour ainsi dire, la foudre à sa naissance, en dirigeant vers le nuage orageux un jet d'électricité contraire, rendu inoffensif par sa lenteur. On se rappelle qu'en présentant à une machine électrique une pointe métallique tenue à la main, on empêche la machine de se charger, parce que l'électricité contraire développée par influence sur la main, sur le corps de l'opérateur communiquant avec le sol, s'écoule par la pointe, se porte sur le conducteur et le ramène à l'état neutre à mesure que la rotation du plateau l'électrise. De là au paratonnerre, il n'y a qu'un pas.

Un paratonnerre est une forte tige de fer bien pointue et longue de cinq à dix mètres. On l'implante au sommet de l'édifice que l'on veut protéger. Une tringle en fer, qui prend le nom de conducteur, part du pied de cette tige, longe le toit et les murs auxquels elle est fixée par des crampons et va se rendre, à une assez grande profondeur, dans un sol humide ou mieux dans un puits où elle se ramifie en plusieurs branches (fig. 154). Ce conducteur doit présenter, d'un bout à l'autre, une parfaite continuité et être bien en rapport avec la tige du paratonnerre, sinon l'appareil serait plus dangereux qu'utile.

Soit maintenant un nuage orageux qui passe au-dessus de l'édifice. Sous l'influence de ce nuage, décomposant l'électricité neutre des corps voisins, il se développe dans l'édifice une charge d'électricité contraire qui, si le paratonnerre n'était pas là, ne pourrait se porter librement vers le nuage, et s'accumulerait jusqu'à ce que, assez puissante, elle s'écoulât toute en une fois. Les deux électricités contraires se recombineraient donc brusquement en masse, et l'édifice serait foudroyé. Avec le paratonnerre, les conditions changent. A mesure qu'elle apparaît dans l'édifice, sous l'influence du nuage orageux, l'électricité contraire s'écoule par la pointe métallique, en produisant une aigrette lumineuse, visible de nuit, et se rend dans le nuage qu'elle ramène peu à peu à l'état neutre. C'est ainsi qu'à notre insu, sans bruit, le paratonnerre conjure le plus souvent le danger qui nous menace. Quelquefois, l'écoulement de l'électricité contraire par la pointe n'étant pas assez rapide pour neutraliser à temps celle du nuage, l'étincelle jaillit et la foudre éclate, mais sur le paratonnerre seulement, parce que cette haute tige métallique est le point de l'édifice le plus rapproché du nuage, le plus électrisé et le meilleur conducteur. Enfin, comme la foudre suit toujours les corps qui conduisent le mieux l'électricité, elle descend par le conducteur du paratonnerre et va se dissiper dans l'eau du puits et dans le sol, sans amener de dégâts. Comme à la suite de pareilles décharges, l'extrémité du paratonnerre, si elle était en fer, pourrait s'émousser et perdre sa propriété, on monte la tige en fer d'une pointe de cuivre, métal bien moins altérable. L'efficacité des paratonnerres est telle, qu'on n'a pas d'exemple d'accidents de quelque importance occasionnés par la foudre sur des édifices armés de paratonnerres dans de bonnes conditions. Franklin lui-même eut à se louer personnellemet de son admirable invention. En 1787, la foudre atteignit sa maison, heureusement armée de la tige protectrice, et n'y fit aucun dégât ; « de sorte, dit l'illustre physicien, qu'avec le temps l'invention a été de quelque utilité à l'inventenr, et a ajouté cet avantage au plaisir d'être utile aux autres. »

11. Notions sur la construction des paratonnerres. — Un paratonnerre (fig. 155) est formé d'une tige en fer P'R de 5 à 10 mètres de longueur et de 5 à 6 centimètres de diamètre à la base. Cette tige se termine supérieurement par un cône de cuivre rouge RP vissé et soudé au fer. Elle est fixée à la charpente du bâtiment par une pièce T. Un léger rebord de la base du paratonnerre empêche les eaux pluviales de s'infiltrer dans la toiture. Un collier métallique CS embrasse le pied du paratonnerre et donne attache au conducteur F, formé d'une tringle de fer carrée, de deux centimètres environ de côté. Pour conducteur, on adopte quelquefois un câble de fils de fer d'une grosseur équivalente à celle de la tringle carrée, et goudronné avec soin pour prévenir la rouille. Fixé de distance en distance à des crampons, le conducteur longe le toit, les murs du bâtiment et se rend dans une nappe d'eau un peu vaste, comme un puits, une source qui ne tarisse jamais. L'électricité peut alors se déperdre aisément dans le sol humide. Une citerne, dont les parois sont imperméables à l'eau, ne remplirait pas les conditions voulues. Pour augmenter la surface de contact du conducteur avec l'eau, il convient de rouler en spirale la partie plongée ou même d'y suspendre des manchons de feuille de tôle. La communication du conducteur avec le sol étant une condition très-importante, il faut que les parties immergées puissent être visitées de loin en loin pour s'assurer que le séjour dans l'eau ne les a pas altérées au point de les rendre inefficaces. S'il entre dans l'édifice des pièces métalliques un peu importantes, elles doivent être mises en communication avec le conducteur. Enfin, si un édifice porte plusieurs paratonnerres, ils doivent être solidaires l'un de l'autre, et leurs bases doivent être réunies par des tiges métalliques. L'expérience a appris qu'un paratonnerre protége l'étendue horizontale embrassée par la circonférence qui serait décrite de son pied comme centre avec un rayon égal à deux fois sa hauteur.

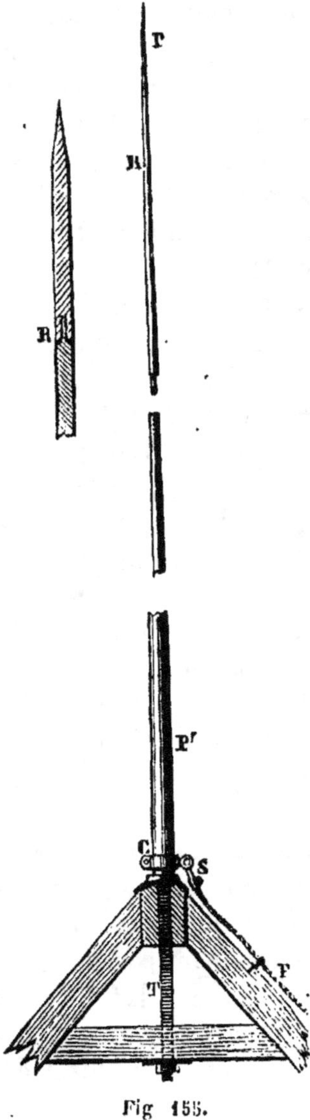

Fig. 155.

RÉSUMÉ

1. En 1752, au moyen d'un cerf-volant lancé vers un nuage orageux, Franklin reconnut l'identité de la foudre et de l'étincelle électrique.

2. Sans avoir connaissance des recherches du savant Américain, de Romas emploie encore le cerf-volant, un peu plus tard, mais avec beaucoup plus de succès, pour l'étude expérimentale de la foudre.

3. La *foudre* est une énorme étincelle électrique, jaillissant entre deux nuages, ou entre un nuage et le sol différemment électrisés. L'*éclair* est la vive lueur de l'étincelle ; le *tonnerre* est le bruit de l'explosion. Une des principales causes de l'électricité atmosphérique paraît être l'évaporation des eaux de la mer.

4. Le trait de la foudre atteint parfois une longueur d'une dizaine de kilomètres. Cette prodigieuse longueur résulte de ce que l'explosion électrique a lieu à la fois entre divers lambeaux de nuages, comme elle a lieu entre les parcelles métalliques de nos tubes étincelants.

5. La durée de l'éclair n'atteint pas un millionième de seconde.

6. Les roulements du tonnerre, variables d'intensité, s'expliquent par l'écho des nuées, des montagnes voisines et par l'arrivée à notre oreille du bruit de l'explosion d'un nombre plus ou moins grand de points à la fois.

7. Les effets de la foudre sont, en grand, ceux de l'étincelle électrique.

8. A une grande distance du point où la foudre tombe, l'homme et les animaux peuvent être tués par la commotion résultant de la recombinaison des deux électricités, l'une attirée dans leurs corps, l'autre refoulée dans le sol par l'influence du nuage orageux. C'est ce qu'on appelle le choc en retour.

9. Il est très-imprudent de se réfugier sous un arbre pendant un orage.

10. Un paratonnerre ramène à l'état neutre un nuage orageux qui passe à proximité en lui envoyant, par l'effet du pouvoir des pointes, de l'électricité de nom contraire développée par influence. Si la neutralisation ne se fait pas à temps, la foudre éclate entre le nuage et la paratonnerre et se dissipe dans le sol humide par l'intermédiaire d'un conducteur métallique, sans dégâts pour l'édifice.

11. Un paratonnerre est formé d'une longue tige en fer surmontée d'une pointe en cuivre. Du pied de la tige part un conducteur qui plonge dans un puits ne tarissant jamais.

CHAPITRE XXXV

1. Élément voltaïque. Pile. — Toute modification profonde qui survient dans la matière est accompagnée d'un dégagement d'électricité ; telle est particulièrement la dissolution d'un métal dans un acide. Les acides sont des liquides d'une saveur aigre insupportable. Ils brûlent, ils corrodent la plupart des matières. L'un des plus remarquables est l'acide sulfurique ou huile de vitriol, liquide redoutable qu'il ne convient de manier qu'avec les plus grandes précautions. Étendu d'eau, il dissout très-facilement le zinc et le fer, mais il attaque à peine le cuivre.

Supposons (fig. 156) un bocal en verre plein d'un mélange formé de beaucoup d'eau et d'un peu d'acide sulfurique. Dans ce mélange, on plonge une lame de zinc Z, qui est aussitôt violemment rongée par l'acide. Or, pendant que le métal se dissout dans la liqueur acide, les deux électricités de nom contraire sont mises en liberté. L'électricité négative se porte sur le métal corrodé ; l'électricité positive, dans le liquide corrosif. Soit maintenant une lame de cuivre C, plongée dans le liquide en face de la lame de zinc, sans la toucher en aucun point. Cette lame de cuivre, qui n'est pas attaquée par le liquide et qui constitue un excellent conducteur, a pour rôle de recueillir l'électricité positive répandue dans

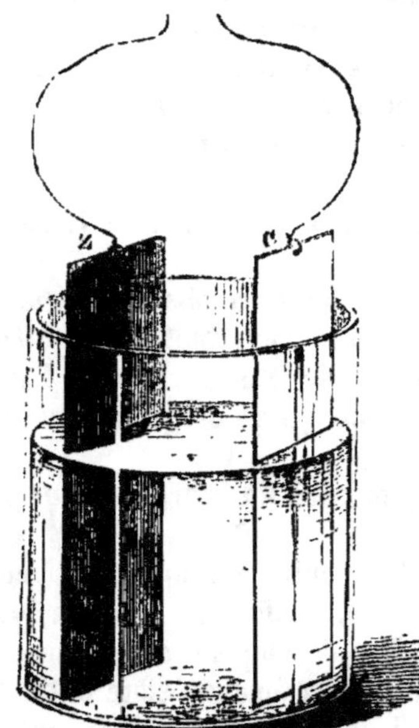

Fig. 156. — Élément voltaïque.

le liquide corrosif et de l'amener à la portée de l'expérimentateur. Nous l'appellerons lame *collectrice*, tandis que le zinc sera la lame *génératrice*. On a donc, dans le même bocal rempli de liqueur acide, deux grandes lames de métaux différents placées à une petite distance en face l'une de l'autre. La lame rongée par l'acide, le zinc, se charge d'électricité négative; la lame non attaquée, le cuivre, se charge d'électricité positive. Pour mettre les deux électricités en évidence et les faire jaillir en étincelles, il suffit de leur offrir une voie qui leur permette de se porter à leur rencontre mutuelle et de se recombiner. A ce' effet, un fil métallique est soudé par une de ses extrémités à chacune des deux lames. On saisit les extrémités libres de ces deux fils et on les rapproche l'une de l'autre. Quand la distance qui les sépare est suffisamment petite, une étincelle jaillit, formée par la recombinaison des deux électricités, accourant des deux lames par l'intermédiaire des fils conducteurs. A cette étincelle en succède une seconde, une troisième, indéfiniment, chaque fois que l'on rapproche les extrémités libres des fils conducteurs ; car, à mesure que la charge électrique des lames se dissipe pour produire l'étincelle, une autre se forme par la corrosion incessante du zinc. Ajoutons que, pour obtenir des étincelles bien sensibles avec l'appareil tel qu'il vient d'être décrit, il faudrait se servir de lames très-larges, d'un emploi difficultueux. Avec la disposition suivante, des lames de peu d'étendue suffisent.

On dispose plusieurs bocaux absolument comme il vient d'être dit plus haut, c'est-à-dire qu'on met dans chacun de l'eau acidulée, une lame de zinc et une lame de cuivre séparées par un léger intervalle. On range ces bocaux à la file l'un de l'autre (fig. 157), en ayant soin de faire communiquer intimement, par une soudure ou de toute autre manière, la lame de cuivre du premier bocal avec la lame de zinc du second ; puis la lame de cuivre du second avec la lame de zinc du troisième ; et ainsi de suite sans jamais intervertir l'ordre des communications. L'appareil ainsi construit s'appelle *pile de Volta*, en mémoire de l'illustre savant à qui on en doit la découverte ; et chacun des bocaux qui le composent, avec son contenu, eau acidulée, zinc et cuivre, prend le nom d'*élément voltaïque*. La pile est d'autant plus puissante que les lames sont plus larges et le nombre des éléments plus grand. D'après la disposition adoptée, on voit que, dans une pile ou série d'éléments voltaïques, une extrémité est

formée par une lame de zinc, et l'autre par une lame de cuivre.
Ces deux lames extrêmes portent le nom de *pôles* de la pile. La

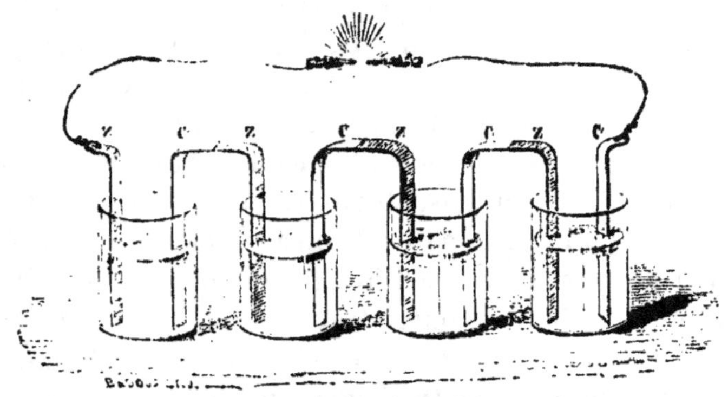

Fig. 157. — Association des éléments voltaïques.

lame extrême en zinc est le *pôle négatif*. Là se rend l'électricité
négative. La lame extrême en cuivre se nomme le *pôle positif*.
Là se rend l'électricité positive. On termine enfin chaque pôle par un fil conducteur, et l'appareil est complet.

2. **Pile de Volta.** — Pour plus de clarté dans l'exposition, nous avons donné à la pile une forme peu usitée. Toutefois, quelle que soit la disposition adoptée, on retrouve dans toute pile trois choses fondamentales : un liquide corrosif, une lame attaquée par le liquide ou lame génératrice, et une lame non attaquée ou lame collectrice. Ainsi, par exemple, la pile telle que l'imagina Volta se composait d'éléments formés d'un disque de zinc et d'un disque de cuivre, séparés par une rondelle de drap humectée avec de l'eau acidulée. Ces éléments étaient *empilés* l'un sur l'autre toujours dans le même ordre : zinc, drap mouillé, cuivre, zinc, drap mouillé, cuivre, etc. Le tout formait (fig. 158)

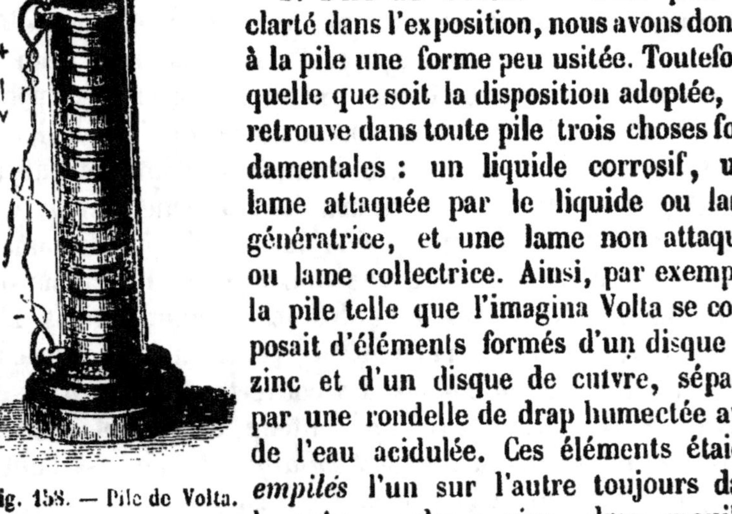

Fig. 158. — Pile de Volta.

une petite colonne de disques *empilés*, d'où le nom de *pile*
donné à l'appareil. Depuis Volta, on a imaginé une foule de piles
plus puissantes ou plus commodes, mais qui toutes, quelles que
soient la nature et la disposition de leurs parties, sont basées
sur le même principe, savoir : le développement de l'électricité
par la dissolution d'un métal, spécialement du zinc, par un
acide.

5. Pile à charbon ou pile de Bunsen. — La pile la plus
fréquemment employée est celle de Bunsen ou pile à charbon,
ainsi nommée parce que la lame collectrice est en une espèce de
charbon très-dense et bon conducteur que l'on retire des cornues
où l'on distille la houille pour obtenir le gaz de l'éclairage. Un

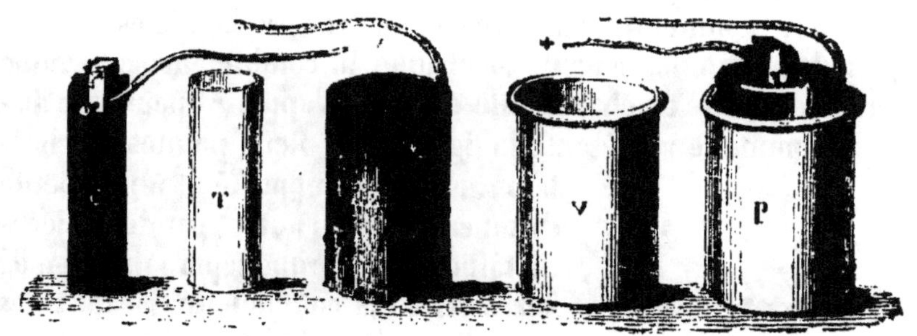

Fig. 159. — Un élément de la pile à charbon.

élément de Bunsen se compose de quatre pièces, savoir (fig. 159) :
un vase en grès V, contenant de l'eau acidulée avec de l'acide
sulfurique ; un cylindre de zinc Z, qui plonge dans le vase V ; un
vase poreux en terre de pipe T, plein d'acide azotique et placé
à l'intérieur du cylindre de zinc ; enfin une épaisse plaque C de
charbon de cornue, plongée dans l'acide azotique du vase T. Le
zinc est attaqué par l'eau acidulée ; il constitue la lame génératrice ou le pôle négatif. Le charbon n'est pas attaqué par l'acide
azotique ; il constitue la lame collectrice ou le pôle positif. Quant
au rôle de l'acide azotique et du vase poreux qui le renferme, il
serait prématuré de s'en occuper maintenant. Pour assembler
plusieurs éléments de Bunsen, on fait communiquer par une
lame de cuivre le charbon de l'un avec le zinc du suivant, de
manière que la série se termine d'un côté par un charbon, et de

l'autre par un zinc. Ce charbon final est le pôle positif de la pile, ce zinc final en est le pôle négatif. — Examinons maintenant les effets les plus remarquables que produit une pile d'une certaine puissance.

4. Lumière électrique. — Si les extrémités des deux fils conducteurs sont rapprochées jusqu'à se toucher presque, chaque électricité accourt par le fil correspondant au-devant de l'électricité contraire, et une étincelle jaillit, d'autant plus vive et plus forte que les éléments de la pile sont plus nombreux et de plus grande surface. En maintenant ces extrémités en face l'une de l'autre, à la distance voulue, on obtient une suite d'étincelles, se succédant avec une telle rapidité, qu'elles forment un éclair continu. La lumière électrique engendrée par la pile est incomparablement plus brillante si chaque fil conducteur se termine par une pointe en charbon de cornue. L'appareil peut être disposé comme le représente la figure 160. Deux pointes de char-

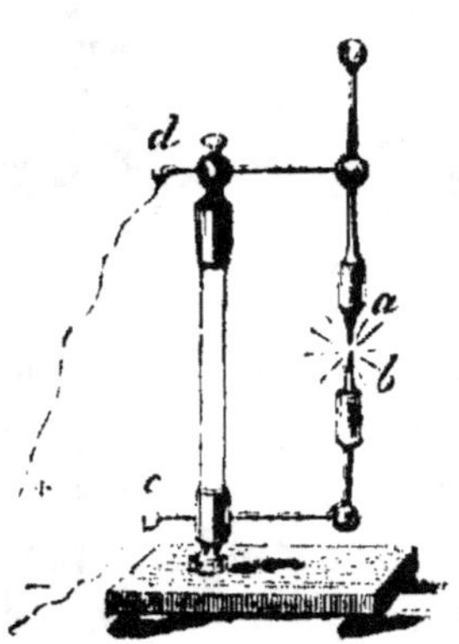

Fig. 160. — Appareil pour la lumière électrique.

bon *a* et *b* sont supportées, à une petite distance l'une de l'autre, par deux pièces métalliques *d* et *c* que sépare une tige de verre. Les fils conducteurs partant des pôles d'une pile de Bunsen d'une cinquantaine d'éléments sont fixés en *d* et en *c*. Ainsi disposés, les deux charbons deviennent incandescents, et, dans l'intervalle qui les sépare, s'élance un jet continu d'une lumière si pénétrante, qu'on ne peut la comparer qu'à celle du soleil. Il est impossible de supporter sans précaution les splendeurs de ce foyer électrique, qui vous frappe d'éblouissement, si l'on n'a soin d'abriter la vue derrière des verres colorés. La figure même souffre dans son voisinage ; la peau devient rouge et douloureuse, absolument comme à la suite d'un coup de soleil. A diverses reprises, on a employé la lumière électrique de la pile pour éclairer de grandes étendues et permettre de continuer, la nuit, des travaux de construction très-pressés. Sur un point élevé, dominant l'espace qu'il fallait illuminer, on établissait deux pointes de charbon embrasées par une puissante pile, et l'on obtenait ainsi une sorte de petit soleil artificiel, versant un jour suffisant à un millier d'ouvriers répandus à la ronde. Enfin, on a essayé d'appliquer la vive lumière de la pile à l'éclairage des villes; mais le regard est tellement ébloui par l'éclat des charbons voltaïques remplaçant les réverbères ordinaires, qu'il a fallu y renoncer. La même difficulté n'existe pas au sujet des phares, ces hautes tours dressées au bord de la mer pour indiquer de nuit aux navigateurs, par des signaux divers, soit l'entrée d'un port, soit les points dangereux de la côte. Ces signaux se font au moyen d'une forte gerbe de lumière projetée, par intervalles, aussi avant que possible du côté de la mer. La lumière électrique, si puissante, trouvera donc sans doute tôt ou tard au sommet des phares son plus bel emploi.

5. Fusion des corps avec la pile. — Le brasier électrique qui s'allume entre les deux charbons terminant les fils conducteurs d'une pile, n'est pas simplement la source de la lumière la plus vive que nous sachions produire; il est aussi la source de la chaleur la plus intense que nous puissions réaliser. Rien ne résiste à son excessive température. Les substances les plus réfractaires, le platine, le silex, la chaux, fondent comme cire et tombent en larmes de feu par l'action d'une pile très-puissante ; le fer, l'acier, le cuivre, l'argent sont brûlés, volatilisés et projetés çà et là en étincelles éblouissantes avec un petit nombre d'éléments de Bunsen. Il suffit d'interposer entre les extrémités des conducteurs de la pile, un fil de fer de petit diamètre, pour le voir rougir, se liquéfier, prendre feu. Plus ce fil est mince et court, plus les effets calorifiques sont prononcés. Avec une certaine longueur, le fil de fer s'échauffe simplement ; avec une longueur moindre il rougit; avec une longueur moindre encore, il se liquéfie et entre en combustion.

6. Effets physiologiques. — On termine les fils conducteurs d'une pile par deux poignées en cuivre que l'on saisit à pleines mains. Alors les deux électricités se recombinent à travers le corps de l'expérimentateur et suscitent des commotions continues, redoutables si la pile est puissante. Les mains, violemment contractées, n'obéissent plus à la volonté et ne peuvent lâcher les poignées, les articulations sont rudement ébranlées, des secousses douloureuses traversent la poitrine, des convulsions désordonnées tordent les bras. Avec une pile de plusieurs centaines d'éléments, la commotion est très-dangereuse et peut terrasser la personne la plus robuste. Gay-Lussac se ressentit pendant vingt-quatre heures de la commotion éprouvée en touchant les deux pôles d'une pile de 600 éléments. Deux milliers d'éléments suffisent pour tuer un cheval ou un bœuf. Cinquante éléments de Bunsen provoquent une commotion très-forte, mais qui n'a rien encore de dangereux. Enfin, avec une pile faible, on éprouve un simple frémissement dans les articulations des doigts.

La pile provoque encore des convulsions dans les cadavres peu de temps après la mort. En mettant les fils conducteurs en rapport avec telle ou telle autre partie du corps, on a vu, sur des suppliciés, les mouvements de la vie se reproduire avec une effrayante vérité. La poitrine se soulève et s'affaisse comme pour respirer ; le visage grimace et s'anime de mouvements passionnés ; le poing se ferme et frappe violemment la table où se fait l'expérience : les jarrets fléchissent, puis se détendent brusquement, enfin, les contorsions de tout le corps deviennent telles, que parfois les spectateurs se sont enfuis épouvantés, se demandant si l'on n'éveillait pas dans un cadavre de sacriléges souffrances. Une propriété aussi merveilleuse n'est pas restée un simple objet de curiosité. La médecine s'en est emparée ; et bien des fois, pour ramener la sensibilité et le mouvement volontaire dans une partie du corps paralysée, elle n'a d'autre ressource que la commotion de la pile.

7. **Galvanoplastie.** — Avec un acide convenable, on peut dissoudre un métal quelconque. On a de la sorte des liquides contenant en dissolution soit du cuivre, soit de l'or, soit de l'argent, etc., suivant le métal employé. Dans ces liquides, souvent incolores comme de l'eau pure, le métal n'est nullement visible, pas plus que ne l'est le sucre dans l'eau où il s'est fondu ; mais il ne s'y trouve pas moins, et on peut, à l'aide de la pile, le faire reparaître avec sa consistance et son éclat métallique. Bien plus, en le ramenant à son état primitif, la pile peut faire

prendre au métal la forme que l'on veut, si compliquée qu'elle soit.

On prend une pile faible, formée d'un seul élément. A l'extrémité du fil négatif, c'est-à-dire de celui qui communique avec le zinc, on suspend une médaille en métal qu'il s'agit de reproduire. A l'extrémité de l'autre fil, ou du fil positif, on suspend une lame de cuivre ; puis, on plonge la médaille et la lame côte à côte mais sans se toucher, dans un vase rempli d'une dissolution de cuivre. Aussitôt, sous l'influence de l'électricité qui traverse la dissolution, le cuivre commence à se séparer de son dissolvant et à reprendre son aspect métallique, non pas dans tout le contenu du vase indistinctement, mais au seul contact immédiat de la médaille. Celle-ci se recouvre donc d'abord d'une fine pellicule de cuivre, qui se moule, avec une exquise perfection, dans tous les creux et sur tous les reliefs du dessin. Cette pellicule augmente peu à peu d'épaisseur, et, au bout de vingt-quatre heures, elle est assez solide pour être détachée tout d'une pièce. On obtient ainsi un moule en creux, reproduisant, avec une parfaite précision, jusqu'aux moindres détails de la médaille. On substitue alors le moule en creux à la médaille, et on recommence l'opération. Le cuivre se dépose de nouveau, prenant cette fois la forme en relief. La reproduction est si fidèle, qu'il est impossible de trouver la moindre différence entre le dessin de la médaille modèle et celui de la médaille copie. Pour ne pas éprouver de difficultés, lorsqu'il faut enlever le cuivre déposé, on enduit légèrement d'une matière grasse soit la médaille, soit le moule en creux, excepté la face qu'il s'agit de reproduire. Sur les parties enduites, le dépôt métallique ne s'effectue pas.

Le cuivre ne se dépose sur l'objet qu'il faut mouler qu'autant que cet objet est bon conducteur de l'électricité. Dans le cas précédent, cette condition est remplie, puisqu'on opère sur une médaille en métal. Mais si l'objet à reproduire est mauvais conducteur, s'il est, par exemple, en bois, il faut, avant tout, lui communiquer la propriété de conduire l'électricité. On y parvient en le noircissant avec de la plombagine, c'est-à-dire avec une fine poudre de cette matière qui forme la partie écrivante des crayons et laisse sur le papier une trace d'un noir luisant.

A mesure que du cuivre se dépose, la dissolution métallique s'appauvrit, puisque c'est dans la dissolution même que le cuivre est puisé. Il arriverait donc un moment où, faute de métal dis-sous, l'opération s'arrêterait. La plaque en cuivre fixée à l'extré-mité du fil positif et plongeant dans le même bain que la mé-daille a pour but d'empêcher cet appauvrissement de la dissolu-tion. Elle se dissout peu à peu, et fournit au liquide précisément autant de cuivre qu'il s'en dépose à l'extrémité de l'autre fil. La dissolution métallique se maintient ainsi toujours au même de-gré de richesse, tant que la plaque en cuivre n'est pas dissoute en entier. — On appelle *galvanoplastie* l'art du moulage par la pile. Ce mot rappelle le nom de Galvani, célèbre médecin de Bo-logne, dont les travaux ont grandement contribué à la décou-verte de la pile.

8. Clichés des bois gravés. — De nos jours, la librairie met en vente, à des prix fort modérés, des ouvrages illustrés de nombreuses gravures parfaitement bien faites, qui reposent le regard et facilitent le travail intellectuel. Ces gravures, nous les devons à la galvanoplastie. On les obtient comme il suit. Sur une planchette en buis bien polie, l'artiste trace d'abord le dessin au crayon. Un ouvrier, appelé graveur, prend alors la planchette, et, avec des instruments en acier, il entaille et creuse le bois sur tous les blancs du dessin, qui finalement apparaît en relief. Avant la découverte de la galvanoplastie, le bois ainsi gravé servait lui-même au tirage des figures. Un rouleau noirci d'encre d'impri-merie était passé sur la planchette gravée, dont les parties sail-lantes prenaient seules l'encre. Une feuille de papier était alors appliquée sur la planchette ; et, par une pression convenable, elle prenait l'empreinte du dessin encré. Mais la pression que l'ouvrier doit exercer, soit pour étendre l'encre avec le rouleau, soit pour bien appliquer la feuille de papier, finissait par écraser les reliefs délicats du dessin ; et, après un nombre peu considé-rable d'épreuves, la planchette gravée était hors de service. Au-jourd'hui, on n'emploie presque plus les bois gravés pour impri-mer. On reproduit en cuivre par la galvanoplastie, autant de fois qu'on le désire, le travail du graveur, de la même manière qu'on reproduit le relief d'une médaille. Les plaques gravées ainsi obtenues prennent le nom de *clichés*. Ce sont les clichés qu'on emploie directement au tirage des gravures. A mesure qu'ils sont usés, on les remplace par de nouveaux, que le bois gravé fournit à bas prix en aussi grand nombre que l'on veut, sans éprouver jamais d'altération dans la finesse de ses détails.

9. Dorure et argenture. — Les métaux les plus usuels, tels que le zinc, le cuivre, le fer, le plomb, se ternissent au contact de l'air, s'altèrent, se rouillent. Le cuivre et le plomb donnent même naissance à des matières très-vénéneuses. D'autres métaux, au contraire, qualifiés, à cause de cela surtout, de métaux précieux, conservent toujours leur brillant et necontractent pas de propriétés dangereuses. De ce nombre sont l'or et l'argent. On communique aux ustensiles de toute nature, fabriqués avec les premiers métaux, l'inaltérabilité et l'innocuité des seconds, en les recouvrant d'une mince couche d'or ou d'argent. La dorure et l'argenture se font encore au moyen de la pile, exactement comme se pratique la galvanoplastie. Pour la dorure, par exemple, on suspend l'objet à dorer à l'extrémité du fil négatif d'une pile, et une lame d'or à l'extrémité du second fil. Enfin on plonge la lame d'or et l'objet dans un liquide tenant de l'or en dissolution. En peu de minutes, la dorure est obtenue ; d'ailleurs, la couche d'or déposée sur l'objet est d'autant plus épaisse que l'opération se continue plus longtemps. Pour argenter, il suffit évidemment de remplacer la lame et la dissolution d'or par une lame et une dissolution d'argent. Ces lames, soit d'or soit d'argent, se dissolvent peu à peu dans le bain, et servent, comme la lame de cuivre dans la galvanoplastie à maintenir la dissolution à un degré constant de richesse métallique.

RÉSUMÉ

1. *La dissolution d'un métal dans un acide est une source d'électricité.* Le métal prend l'électricité négative ; le dissolvant, l'électricité positive. Un *élément voltaïque* se compose d'une lame de zinc qui, attaquée par l'acide, prend l'électricité négative, et d'une lame de cuivre ou de tout autre substance conduisant bien l'électricité, mais non attaquée par l'acide, qui recueille l'électricité positive du dissolvant. Une *pile*, ou association d'éléments voltaïques, se termine

à une extrémité par une lame de zinc, qui forme le *pôle négatif*, et à l'autre par une lame d'un métal ou de toute autre substance non attaquée et bon conducteur, qui forme le *pôle positif*.

2. La *pile* imaginée par Volta se compose d'une série de disques de zinc, de drap mouillé avec de l'eau acidulée, et de cuivre, *empilés* dans un ordre constant.

3. La pile la plus fréquemment employée est celle de Bunsen ou pile à charbon, ainsi nommée parce que la lame destinée à recueillir l'électricité positive du dissolvant est en charbon.

4. Si deux pointes en charbon terminant les fils conducteurs des deux pôles d'une pile sont mises en présence l'une de l'autre à une petite distance, il se produit entre elles *une vive lumière continue* résultant de la recombinaison des deux électricités.

5. Le jet électrique entre les deux fils conducteurs d'une pile est également la *source la plus puissante de chaleur* que nous connaissions.

6. La communication avec les deux pôles d'une pile provoque des *commotions continues* dans le corps de l'homme et des animaux.

7. Par l'action de la pile, un métal est séparé de son dissolvant et reparaît avec sa consistance et son éclat habituels. Il se moule fidèlement sur l'objet bon conducteur appendu au fil négatif. La *galvanoplastie* est l'art du moulage par la pile.

8. Les *clichés* des bois gravés sont obtenus par la galvanoplastie.

9. La dorure et l'argenture sont également obtenues par l'action de la pile.

CHAPITRE XXXVI

1. Aimantation par la pile. — Sur une branche d'un morceau de fer ordinaire courbé en forme de fer à cheval (fig. 161), on enroule à tours pressés, en commençant par l'extrémité, un fil de cuivre recouvert de soie. Quand cette branche est couverte, on fait franchir au fil l'intervalle séparant les deux branches, et l'on passe à la seconde, sur laquelle on continue à enrouler le fil en finissant par l'extrémité. Enfin on ménage le fil de cuivre de manière que les deux bouts en soient libres et dé-passent d'une longueur ar-bitraire, l'une et l'autre des branches de l'appareil. Jusque-là rien de nouveau ne se manifeste dans le fer à cheval ; mais si l'on met l'un des bouts libres du fil de cuivre en rapport avec un pôle d'une pile de quelques éléments, et l'autre bout en rapport avec le second pôle, aussitôt l'appareil acquiert des propriétés singulières que rien auparavant ne pouvait faire soupçonner. Il attire à lui et retient avec force les mor-

Fig. 161. — Électro-aimant.

ceaux de fer qu'on lui présente, morceaux de fer de dix, de cent, de mille kilogrammes, suivant la puissance de la pile. Il n'est pas nécessaire d'ailleurs que tout le poids soit en fer ; il suffit de pré-senter à l'appareil une pièce de fer ou *armature* munie d'un crochet auquel on suspend les premiers objets venus, et le tout reste attaché au fer à cheval par l'attraction exercée sur l'arma-ture (fig. 162). Si l'on détache un bout du fil, un seul, du pôle où il était fixé, aussitôt le poids soulevé retombe ; le fer à cheval n'attire plus. Si ce bout est remis en contact avec le pôle, l'at-traction reparaît avec la même énergie, pour disparaître entière-ment encore si le fil est de nouveau détaché du pôle. Précisons mieux les détails de cette expérience fondamentale. Supposons les deux bouts du fil métallique en rapport chacun avec le pôle correspondant de la pile. Dans ces conditions, le fil part d'un pôle de la pile, se rend au fer à cheval, sur lequel il s'enroule, et revient au second pôle, sans aucune interruption dans son trajet. Il est alors évident que les deux électricités de la pile, ayant devant elles un passage libre, c'est-à-dire un corps bon conduc-

teur, doivent parcourir ce fil pour ce recombiner. On dit alors
que le courant électrique est établi. On se rend compte maintenant de l'utilité de l'enveloppe de soie qui revêt le fil métallique. La soie est mauvais conducteur ; elle empêche donc l'élec-

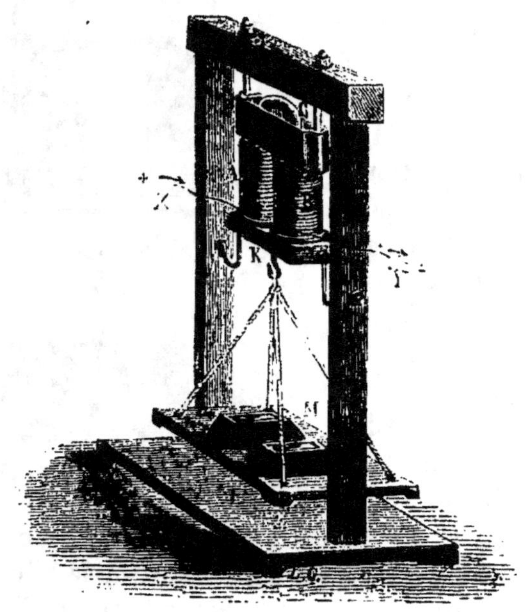

Fig. 162. — Électro-aimant.

tricité de se porter du fil métallique sur le fer ; elle l'oblige à
suivre le fil dans tous ces circuits, et à le parcourir dans toute sa
longueur, sans se porter, avant l'heure, d'un point à un autre.
C'est au moment où le courant est établi, au moment où l'électricité parcourt le fil métallique, que le fer à cheval acquiert la
propriété d'attirer le fer. Tant que le courant électrique passe,
l'attraction persiste ; mais si le fil conducteur vient à être coupé
quelque part, l'électricité ne peut plus circuler, le courant est
interrompu, et le fer à cheval perd subitement sa puissance.
Couper le fil n'est pas chose nécessaire ; il suffit de détacher l'un
de ses bouts du pôle correspondant de la pile, et aussitôt l'électricité ne trouve plus de passage. En résumé : le fer à cheval
attire le fer quand le courant passe, ce qui exige que le fil métallique aille d'un pôle à l'autre de la pile sans aucune interrup-

tion ; il n'attire plus le fer quand le courant ne passe plus, ce qui nécessite une interruption dans le fil conducteur.

2. Aimant naturel. Magnétisme. — On connaît depuis très-longtemps un minerai de fer, sorte de pierre noire, qui jouit de la propriété d'attirer le fer, naturellement, sans l'intervention de la pile et d'une manière permanente. Ce minerai de fer s'appelle *aimant*. Les anciens le retiraient surtout du voisinage d'une ville de l'Asie Mineure appelée Magnésie. Du nom de cette ville nous viennent les expressions de *magnétisme*, de propriété *magnétique*, consacrées par l'usage. L'aimant naturel est connu aujourd'hui en beaucoup d'autres localités, principalement en Suède et en Norwége, où on l'exploite comme le meilleur des minerais de fer et le plus facile à traiter. Mais il est rare qu'on ait recours maintenant à l'aimant naturel pour l'étude des propriétés magnétiques, puisqu'il est si facile de développer ces propriétés au moyen de la pile et par d'autres méthodes. Nous venons de voir en effet avec quelle promptitude le fer devient susceptible d'attirer le fer, en d'autres termes devient un aimant, sous l'influence de la pile. Nous ajouterons que l'appareil décrit dans le paragraphe qui précède s'appelle *électro-aimant*, pour signifier que le morceau de fer possède les propriétés d'un aimant naturel tant que l'électricité circule autour de lui, et les perd aussitôt que l'électricité ne circule plus.

3. Aimant artificiel. — L'acier trempé autour duquel le courant d'une pile circule au moyen d'un fil métallique recouvert de soie, devient un aimant à la manière du fer ordinaire, mais avec plus de difficulté. Par contre, une fois l'aimantation acquise, elle se conserve dans l'acier trempé, bien que le courant ne passe plus. Si dans l'expérience à laquelle se rapporte la figure 161, la pièce de fer ordinaire était remplacée par une pièce d'acier trempé, la propriété d'attirer le fer se développerait un peu plus lentement ; mais une fois acquise, elle serait permanente, elle se conserverait quoique la pile n'agît plus, quoique l'acier fût dépouillé de son enveloppe de fil conducteur. On aurait alors ce qu'on nomme un *aimant artificiel*. Rien n'empêcherait d'ailleurs de laisser au barreau d'acier la forme droite au lieu de le courber en fer à cheval ; il suffirait, pour l'aimanter, d'enrouler autour de lui, d'un bout à l'autre, de sa longueur, le fil métallique recouvert de soie et de faire communiquer les deux bouts de ce fil avec les deux pôles d'une pile. Pour aimanter de la sorte une aiguille d'acier, on se sert d'un tube en verre mince sur lequel s'enroule à tours pressés un fil de cuivre recouvert de soie et communiquant avec les deux pôles d'une pile. L'aiguille est introduite quelques instants dans l'axe du tube ; elle en sort aimantée.

4. **Pôles d'un aimant**. — Si l'on roule dans de la limaille de fer un barreau aimanté, soit droit (fig. 163), soit courbé en fer à cheval (fig. 164), on voit la limaille se grouper en filaments hérissés autour des deux extrémités A et B, diminuer rapidement à partir de ces deux

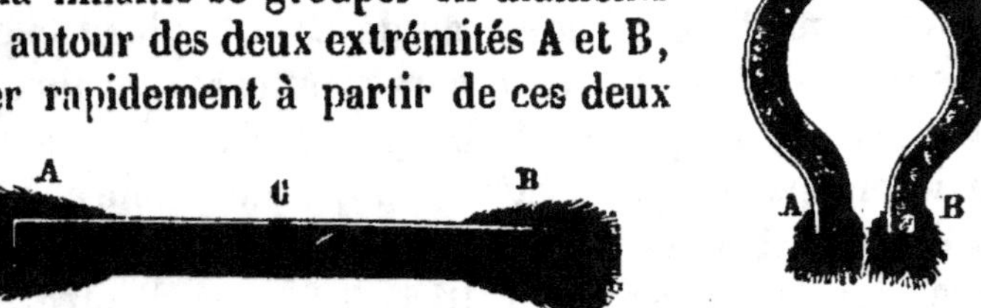

Fig. 163. — Aimant droit.

Fig. 164. — Aimant en fer à cheval.

points et manquer totalement en C, milieu du barreau. Tous les points d'un barreau d'acier aimanté ne possèdent donc pas

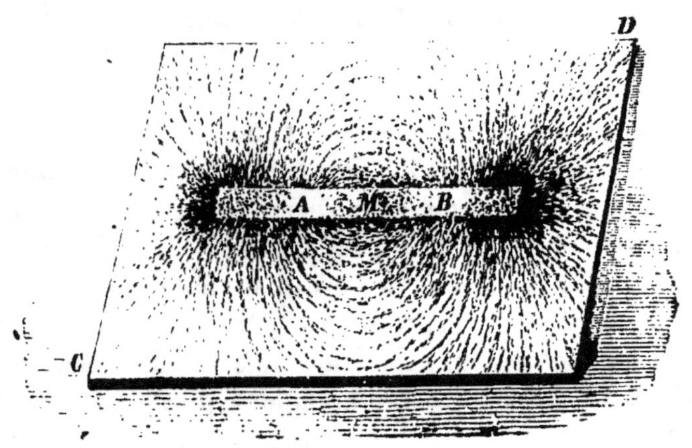

Fig. 165 — Pôles d'un aimant.

au même degré la propriété d'attirer le fer, ou la propriété magnétique. Vers les deux extrémités du barreau, en deux points appelés les *pôles de l'aimant*, cette propriété atteint sa plus grande puissance ; elle est nulle au milieu du barreau, milieu appelé pour ce motif *ligne neutre*. On peut encore, pour constater les deux pôles et la ligne neutre d'un aimant, recouvrir celui-ci d'une mince feuille de carton sur laquelle on répand uniformément de la limaille de fer avec un tamis. Autour de chaque pôle A et B (fig. 165), la limaille se groupe en traînées rayonnantes et courbes qui diminuent de longueur et deviennent moins nombreuses à mesure qu'elles sont plus près du milieu M.

5. **Direction d'un aimant librement suspendu.** — Sur la pointe d'un pivot vertical CD (fig. 166), on dispose une aiguille aimantée AB pouvant tourner librement au-tour de cette pointe au moyen d'une petite cavité creusée en son milieu. Abandonnée à elle-même, l'aiguille prend une direction déterminée, à peu près la direction nord-sud. Si on la dérange de cette position, elle y revient toujours après quelques oscilla-tions; et de plus la même pointe, A par exem-ple, se tourne vers le nord, tandis que B fait invariablement face au sud. Il est impossi-ble, si on lui laisse sa liberté de mouvement, d'obtenir de l'aiguille une direction diffé-rente, quelque précaution qu'on y mette. Une force spéciale la

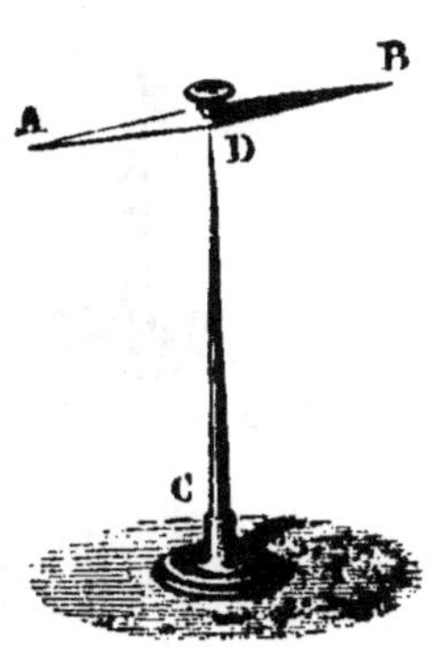

Fig. 166.

ramène dans un invariable alignement et de telle sorte que la même pointe soit toujours tournée vers le même point de l'horizon. Avec un barreau aimanté suspendu par un fil en son milieu, les mêmes faits se reproduisent : de lui-même, le barreau prend une direction constante et chacune de ses extrémités se tourne vers un point fixe de l'horizon. Ce retour invariable de la même pointe, de la même extrémité de l'aiguille ou du bar-reau aimanté vers un point spécial de l'horizon, prouve que les deux pôles de l'aimant n'ont pas exactement les mêmes pro-priétés, bien que tous les deux attirent le fer avec la même force. Une extrémité revient toujours à peu près au nord ; l'autre, toujours à peu près au sud. L'extrémité qui se tourne vers le nord et celle qui se tourne vers le sud, ont donc quelque chose qui les distingue. Pour le moment, traduisons cette distinction par des lettres ; désignons par A l'extrémité se tournant vers le nord, et par B l'extrémité se tournant vers le sud. Les extrémités ou les pôles désignés tous par A ou tous par B dans divers barreaux, seront des pôles de même nom ; les pôles désignés l'un par A l'autre par B seront des pôles de nom contraire.

6. Attractions et répulsions magnétiques. — A une aiguille aimantée pouvant tourner librement sur un pivot vertical (fig. 166), ou bien à un barreau aimanté AB suspendu à un fil CD (fig. 167), on présente un second barreau tenu à la main. Si les deux pôles mis en regard sont de même nom, B et *b*, il y a répulsion : le barreau mobile fuit devant le barreau qu'on

Fig. 167.

lui présente. Le même résultat s'obtiendrait en présentant le pôle *a* au pôle A. Donc *les pôles de même nom se repoussent.* Si, au contraire, l'on présentait le pôle *a* au pôle B, ou bien le pôle *b* au pôle A, il y aurait attraction : le pôle mobile viendrait au devant du pôle présenté. Donc *les pôles de nom contraire s'attirent.*

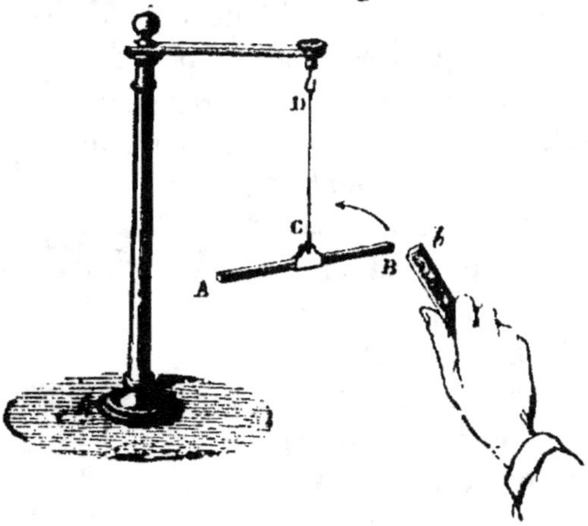

7. Assimilation de la terre à un aimant. — L'aiguille aimantée de la figure 166, abandonnée à elle-même, prend une direction invariable, et chacune de ses extrémités se tourne vers un point fixe de l'horizon. Le tout se passe comme si elle était sous l'influence d'un puissant barreau aimanté dont chaque pôle attirerait le pôle de nom contraire de l'aiguille et repousserait le pôle de même nom. Cet aimant directeur de l'aiguille mobile ne peut être que le globe terrestre lui-même. La Terre, au point de vue qui nous occupe, se comporte donc comme un énorme barreau aimanté qui, par son influence, aligne, dans la direction à peu près nord-sud, tous les barreaux aimantés mobiles. Ce barreau théorique a, comme les autres, deux pôles : l'un vers le nord, l'autre vers le sud. Par une extension de langage qui fait perdre aux mots leur signification première et leur en fait prendre une autre sans rapport avec elle, on a emprunté le mot pôle à la géographie pour l'appliquer à l'aimant théorique terrestre et par suite à tous les aimants. Le mot pôle signifie tourner. Les pôles géographiques sont en effet les deux points sur lesquels le globe terrestre tourne ; ou bien encore, les deux points où l'axe terrestre perce la surface du globe. Quant à l'axe, c'est la ligne imaginaire autour de laquelle la Terre exécute sa rotation diurne. L'un de ces pôles, celui du nord, s'appelle pôle boréal ; l'autre, celui du sud, s'appelle pôle austral. Eh bien, par une large extension de langage, on a appliqué à l'aimant théorique terrestre ces dénominations géographiques. On dit pôle magnétique boréal pour désigner l'extrémité nord de cet aimant ; et pôle magnétique austral pour désigner l'extrémité sud. Les pôles magnétiques de la Terre ne se confondent pas avec les pôles géographiques ; le pôle magnétique boréal avoisine le pôle géographique de même nom, le pôle magnétique austral avoisine le second pôle géographique. Dirigé par l'action de la Terre, un barreau aimanté mobile doit présenter aux pôles de l'aimant terrestre des pôles de nom contraire, puisque les pôles de nom contraire s'attirent et que les pôles de même nom se repoussent. Alors l'extrémité d'un barreau se tournant vers le nord doit prendre le nom de *pôle austral* du barreau ; et l'extrémité se tournant vers le sud, le nom de *pôle boréal*.

8. Aiguille de déclinaison. — Si par l'axe de la Terre et par la verticale du lieu où l'on se trouve, on suppose un plan indéfiniment prolongé à travers la Terre et dans le ciel, ce plan prend le nom de *méridien*, qui signifie midi, parce qu'il est midi pour un lieu quand le soleil atteint le méridien de ce lieu. Le méridien ainsi défini est le *méridien géographique*. Il est exactement dans la direction nord-sud et passe par les deux pôles géographiques.

Si par la verticale d'un lieu et par l'axe de l'aiguille aimantée immobile sur son pivot dans la direction que la Terre lui fait prendre, on suppose un plan indéfiniment prolongé, ce plan prend le nom de *méridien magnétique*. Le méridien magnétique n'a pas la direction nord-sud, il ne se confond pas avec le méridien géographique ; dans nos régions, il est incliné à l'ouest de celui-ci d'une quantité égale à 18 degrés environ. Cet écart angulaire entre le méridien magnétique et le méridien géographique porte le nom de *déclinaison*. Il est variable, mais très-lentement, d'une année à l'autre. Enfin l'aiguille aimantée mobile autour d'un pivot vertical s'appelle *aiguille de déclinaison*. On le voit, c'est une erreur de prendre, comme on le fait souvent, la direction de l'aiguille aimantée pour l'exacte direction nord-sud. La pointe australe de l'aiguille n'indique

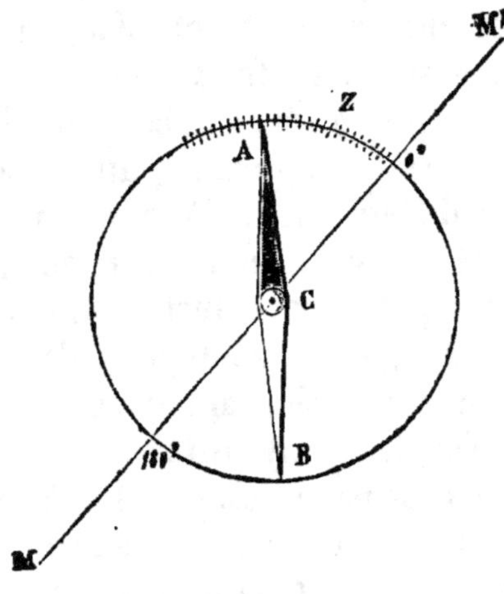

Fig. 168.

pas le nord ; elle indique un point de l'horizon incliné vers l'ouest de 18 degrés. Si donc l'on veut déterminer le nord exact par l'observation de l'aiguille, il faut compter 18 degrés vers la droite, vers l'est, à partir de la pointe australe de l'aiguille. C'est dans l'alignement ainsi déterminé dans nos régions, que se trouve le nord. Soit par exemple AB (fig. 168) la direction de l'aiguille aimantée. A partir de la pointe australe A on compte 18 degrés vers la droite, et la ligne MM' ainsi obtenue est la véritable direction nord-sud.

9. **Boussole**. — Dans ses applications à la navigation, à l'arpentage, etc., l'aiguille de déclinaison porte le nom de *boussole*. En leur indiquant sans cesse un alignement invariable, la boussole guide les marins sur les solitudes des mers et leur permet d'aller droit au port qu'ils désirent atteindre comme s'ils le voyaient réellement. A l'arrière des navires, en face du timonier, qui, nuit et jour sans discontinuer, manœuvre le gouvernail, est placée la boussole dans une boîte rectangulaire (fig. 169), que

protége un compartiment spécial appelé *habitacle*. Le timonier a constamment les yeux sur l'aiguille aimantée, et il gouverne en conséquence. L'axe du navire, la ligne qui va de la proue à la poupe, est marquée sur le cercle gradué dont le pivot de l'aiguille occupe le centre. C'est ce qu'on nomme la *ligne de foi*. On part d'un port A pour atteindre un autre port B. On sait d'après les cartes marines que la direction AB fait avec le méridien magnétique un angle de 20 degrés vers la gauche, supposons. Si le ti-

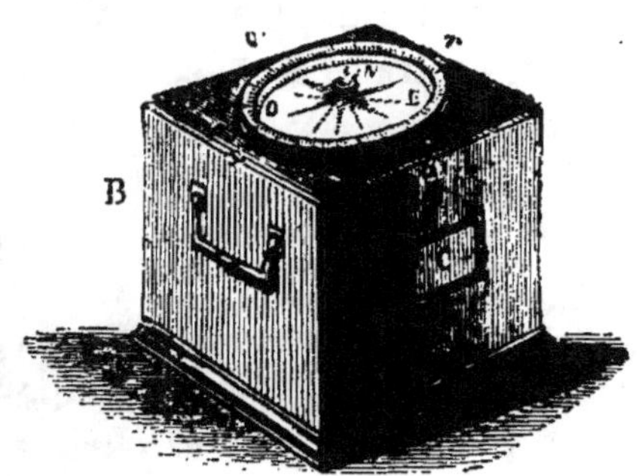

Fig. 169. — Boussole.

monier, tout le long du trajet, manœuvre le gouvernail de manière à maintenir l'axe du navire, la ligne de foi à 20 degrés à gauche de la direction de l'aiguille, il est évident que la route suivie est la route directe et qu'on doit atteindre le point B sans hésitations.

10. Procédés d'aimantation par les aimants. —L'emploi de la pile n'est pas la seule manière d'aimanter un barreau d'acier. L'aimantation peut encore être obtenue avec un aimant. Le procédé le plus simple consiste à frotter un barreau d'acier avec un pôle d'un aimant, en allant d'une extrémité à l'autre du

Fig. 170.

barreau. La friction doit être plusieurs fois répétée et dirigée toujours dans le même sens. Dans ce cas, la dernière extrémité frottée acquiert un pôle de nom contraire au pôle frottant. L'autre extrémité acquiert un pôle de même nom. C'est ce qu'on nomme méthode de la simple touche. Ou bien encore on applique au milieu du barreau à aimanter *ab* (fig. 170), les pôles contraires A et B de deux aimants d'égale force; et tenant chacun de ces aimants d'une main, on frictionne le barreau, du milieu vers l'extrémité correspondante. On reprend cette friction un certain nombre de fois, toujours de la même manière, et le barreau acquiert ainsi à chacune de ses extrémités un pôle de nom contraire au pôle frottant. C'est la méthode de la double touche.

RÉSUMÉ

1. Un barreau de fer ordinaire sur lequel s'enroule un fil de cuivre revêtu de soie, s'aimante, c'est-à-dire acquiert la propriété d'attirer le fer quand les deux extrémités du fil communiquent avec les pôles d'une pile. Il perd cette propriété quand la communication avec la pile cesse. Un appareil de ce genre s'appelle *électro-aimant*.

2. L'*aimant naturel* est une espèce de minerai de fer.

3. L'acier trempé, une fois aimanté par l'action de la pile, conserve son aimantation, tandis que le fer ordinaire la perd. Un barreau d'acier aimanté prend le nom d'*aimant artificiel*.

4. La puissance magnétique réside surtout aux deux extrémités du barreau aimanté, extrémités qui prennent le nom de *pôles*.

5. Un barreau aimanté librement suspendu prend de lui-même une direction invariable.

6. Les pôles de même nom se repoussent, les pôles de nom contraire s'attirent.

7. La Terre se comporte comme un aimant. Les deux pôles magnétiques terrestres avoisinent les pôles géographiques, mais sans se confondre avec eux.

8. La déclinaison est l'angle que forme le méridien magnétique ou la direction de l'aiguille aimantée avec le méridien géographique. Cet angle est lentement variable. Pour nos régions, il est aujourd'hui d'environ 18 degrés vers l'ouest.

9. La boussole ou aiguille de déclinaison est une aiguille aimantée pouvant tourner librement sur un pivot vertical. Elle guide les navigateurs sur mer, elle est d'un emploi fréquent dans l'arpentage.

CHAPITRE XXXVII

1. Les ronds sur l'eau. — Au milieu d'une nappe d'eau bien tranquille, laissons tomber une pierre. Aussitôt, autour du point atteint, un rond se forme, puis deux, trois, quatre, cent, indéfiniment ; et tous s'élargissant sans cesse, courent avec une parfaite régularité à la file l'un de l'autre, jusqu'à ce qu'ils se dissipent à une distance considérable du point de départ commun, si rien n'entrave leur propagation. Un peu d'attention suffit pour reconnaître que ces ronds, rangés avec ordre autour du point où la pierre a plongé, et fuyant de plus en plus grands, se composent alternativement d'une petite vague et d'un sillon circulaire, de sorte que la surface de l'eau, d'abord tranquille et plane, est maintenant soulevée, en certaines parties, au-dessus du niveau primitif, et abaissée, en d'autres, au-dessous de ce niveau. Un léger corps flottant, un brin de paille, peut très-bien rendre sensible cette petite tempête, car chaque vague qui passe la soulève, et chaque sillon la fait redescendre. Il faut remarquer, en outre, que, malgré la rapidité apparente des vagues qui devraient l'entraîner, le brin de paille ne change pas de place ; preuve évidente que ces vagues ne courent réellement pas à la surface de l'eau, comme les apparences le font croire. Il s'effectue un simple mouvement de palpitation, c'est-à-dire qu'en chaque point l'eau se soulève et s'affaisse tour à tour sans changer de place. Ce mouvement de palpitation débute au point atteint par la pierre et se communique de proche en proche dans l'eau voisine, de telle sorte que les vagues et les sillons circulaires qui en résultent semblent se poursuivre réellement. Ainsi donc, quand un ébranlement survient dans une nappe d'eau tranquille, autour du point ébranlé il se propage une sorte de palpitation par laquelle alternativement l'eau est refoulée sur elle-même, ce qui produit les vagues, puis affaissée, ce qui produit les sillons.

2. Le son. Ondes sonores. — Dans l'air, à la suite d'un

ébranlement convenable, a lieu un mouvement de palpitation calqué sur celui de l'eau. Tour à tour, chaque couche d'air reflue sur elle-même et se condense, puis se détend et se dilate. On ne voit pas, il est vrai, les vagues concentriques engendrées par ce mouvement, mais on les entend, car elles sont la cause du son. Le nom d'*ondes* que l'on donne aux couches d'air alternativement condensées et dilatées qui produisent le son, démontre l'étroite analogie qu'on a su trouver entre le mouvement sonore de l'air et le mouvement qui fait naître des ronds concentriques à la surface de l'eau.

3. Le son ne se propage pas dans le vide. — En l'absence de l'eau, les ondes liquides seraient impossibles; c'est de pleine évidence. En l'absence de l'air, les ondes sonores aériennes le seraient également. Sans l'atmosphère, le son n'existerait pas ; un morne silence régnerait éternellement sur la terre. Une expérience bien concluante le démontre. Au centre d'un ballon en verre, une clochette est suspendue avec un fil. Quand on agite l'appareil, on entend très-bien la clochette tinter, même quand le ballon est fermé. L'air contenu dans le vase transmet son mouvement à l'air extérieur par l'intermédiaire des parois du ballon, et les pulsations sonores arrivent jusqu'à l'oreille. Mais si, à l'aide de la machine pneumatique, on retire l'air contenu dans le vase, le son devient impossible. A chaque secousse imprimée au ballon, on voit bien le battant frapper contre la clochette, mais on n'entend plus rien. Un complet silence s'est fait, parce que les pulsations sonores ne peuvent plus se former, la clochette est devenue muette, parce que, en l'absence de l'air, il ne peut plus se produire d'ondes sonores autour d'elle. Si on laisse rentrer l'air dans le vase, le son renaît aussitôt.

4. Mouvement vibratoire des corps sonores. — Pour entrer dans ce mouvement de palpitation qui produit le son, l'air doit être évidemment ébranlé par le choc d'un corps, de même que l'eau, pour se couvrir d'ondes, doit être ébranlée par la chute d'une pierre. Et, en effet, tout corps, au moment où il engendre un son, est animé d'un mouvement rapide de va-et-vient qu'on peut reconnaître dans une corde de violon qui résonne. Ces allées et venues rapides prennent le nom de *vibrations*. Si, pendant qu'il résonne, on touche légèrement du doigt un corps sonore, on sent un vif frémissement occasionné par les vibrations ; mais en appuyant davantage, les vibrations sont arrêtées, et le corps ne résonne plus. Il suffit de faire tinter un verre pour s'assurer

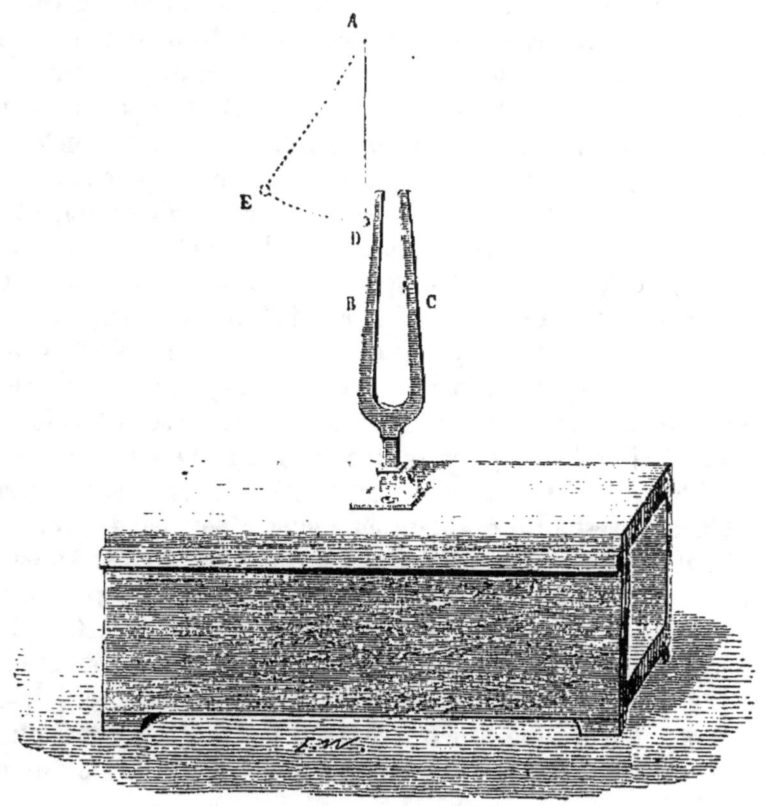

Fig. 171. — Mouvement vibratoire d'un diapason.

que le son est bien occasionné par un mouvement vibratoire, car dès que ce mouvement est étouffé par le contact de la main, le son se fait à l'instant. Soit encore le diapason BC (fig. 171). Si pendant qu'il résonne, on approche de l une de ses branches une petite bille D suspendue à l'extrémité d'un fil AD, on voit la bille lancée à une assez grande distance, en AE, par exemple, par l'effet du choc que lui imprime le diapason vibrant. Un grand

verre, une cloche qui tintent, chasseraient pareillement la bille
par leurs chocs successifs.

5. **Vitesse du son dans l'air.** — Le son résulte donc d'un
mouvement de palpitation de l'air, communiqué par les vibrations d'un corps sonore. Ce mouvement est pareil à celui qui
produit les ondes circulaires sur une nappe d'eau ébranlée en un
point. Mais pour se propager au loin, à partir de leur centre de
formation, les ondes liquides mettent un certain temps ; le regard
les voit cheminer et peut juger de leur rapidité. Les ondes sonores aériennes en font autant : elles gagnent de proche en proche des points plus éloignés, avec une vitesse qu'il est important
de déterminer. Et voici comment : Si l'on prête attention à la
décharge d'une arme à feu, faite à une distance un peu considérable, on aperçoit d'abord l'éclair et la fumée de l'explosion, et
l'on n'entend le bruit que quelque temps après, d'autant plus
tard que le lieu de l'explosion est plus éloigné. La lumière parcourt un immense trajet dans un temps excessivement court. La
lueur de l'explosion parvient donc à l'œil de l'observateur placé
à distance, à l'instant même où elle jaillit. Si le son n'arrive
qu'après, c'est qu'il est beaucoup moins rapide dans sa marche.
et que, pour franchir une distance un peu forte, il met un temps
assez long qu'on peut très-bien mesurer. Supposons que dix
secondes s'écoulent entre l'instant où apparaît l'éclair d'un
coup de canon et l'instant de l'arrivée du son. On mesure la
distance qui sépare le point où l'explosion a eu lieu et le point
où on l'a entendue. On trouve 3400 mètres. Par conséquent,
le son parcourt dans l'air, en une seule seconde, une distance
de 340 mètres.

6. **Propagation et vitesse du son dans les corps autres
que l'air.** — Le son ne se propage pas seulement dans l'air ;
il se propage aussi dans toute substance matérielle, soit gazeuse,
soit liquide, soit solide, n'importe. Un plongeur entend sous
l'eau les bruits produits sur le rivage ; les poissons entendent les
pas d'un passant, puisqu'ils s'enfuient brusquement au fond de
l'eau, même avant d'avoir aperçu la personne cause de leur
frayeur. En appliquant bien l'oreille à l'extrémité d'une longue
poutre, nous entendons distinctement le bruit qu'une seconde per-

sonne produit à l'autre extrémité en grattant le bois avec une épingle ; et cependant ce bruit est si faible, que la personne qui le produit ne l'entend pas ou l'entend à grand'peine par l'intermédiaire de l'air. En appliquant l'oreille contre le sol, on entend les décharges lointaines de l'artillerie à des distances où le son n'arrive plus par l'intermédiaire de l'air. De même, en collant l'oreille contre un rail, on est averti de l'arrivée d'un convoi bien avant que le son propagé dans l'air puisse lui-même nous en avertir. Le son se propage donc plus facilement dans les corps solides que dans l'air. Il en est de même pour les corps liquides. Dans l'eau, le son parcourt une distance de 1435 mètres par seconde ; dans le fer, une distance de 3570 mètres, c'est-à-dire dix fois et demie le chemin parcouru dans l'air pendant le même temps.

7. Cornets et tubes acoustiques. Porte-voix. — Les personnes dont l'ouïe manque de sensibilité font usage du cornet acoustique, c'est-à-dire d'un tube conique évasé dont la petite ouverture est engagée dans le conduit de l'oreille. L'ouverture évasée a pour fonction de recueillir les ondes sonores et de les diriger dans le conduit auriculaire. Nous-mêmes, pour recueillir un son trop faible ou trop éloigné, n'improvisons-nous pas une sorte de cornet acoustique en courbant la paume de la main derrière l'oreille? Les portions d'ondes aériennes qui arrivent par la grande ouverture du cornet, transmettent leur palpitation sonore à des tranches de plus en plus petites qui gagnent ainsi en intensité vibratoire et impressionnent plus fortement l'ouïe.

Le porte-voix sert à se faire entendre à de grandes distances. C'est un tube en cuivre ou en fer-blanc d'un mètre environ de longueur et terminé à une extrémité par un large évasement. L'autre extrémité porte une embouchure qui entoure les lèvres de la personne qui parle, sans gêner leur mouvement. Les mots étant articulés dans l'embouchure d'une manière bien nette, la transmission du son se fait à une très-grande distance. Pour se rendre compte de l'effet de cet instrument, remarquons que l'ébranlement primitif imprimé à l'air par la voix est limité par les parois du tuyau. Au lieu de se communiquer à tout l'air environnant, il n'est communiqué qu'à la colonne aérienne comprise dans le porte-voix. Pour cette colonne, l'impulsion sonore gagne ainsi en puissance et devient l'origine d'ondes capables de se propager plus loin.

Les ondes sonores, comme les ronds sur l'eau, s'élargissent toujours en se propageant plus loin du point de départ. Or, à mesure qu'elles s'agrandissent, la couche d'air mise en trépidation devient plus étendue, et par conséquent, l'ébranlement doit être moindre, car l'impulsion s'affaiblit en se distribuant dans une plus grande masse. Le son finit donc par s'éteindre à une certaine distance de son point d'origine. Mais si la couche d'air ébranlée transmettait son mouvement à une couche d'égal volume, celle-ci à une troisième de même volume encore, et ainsi de suite, le son ne devrait pas s'affaiblir; l'impulsion primitive se conserverait avec une invariable intensité d'un bout à l'autre de la colonne aérienne. Dans les tuyaux de conduite des eaux de Paris, sur une longueur de près d'un kilomètre, un savant physicien, Biot, a eu occasion de vérifier ce fait acoustique. A une extrémité de ce kilomètre de tuyaux, il a pu entretenir à voix basse une conversation avec une personne placée à l'autre extrémité. La parole arrivait si nette, que, pour ne pas s'entendre, ajoute le savant, il n'y aurait eu qu'un moyen : celui de ne pas parler.

Pour transmettre rapidement les ordres d'une salle à l'autre, d'un étage à l'autre d'une grande habitation, on emploie cette propriété des tuyaux de conserver au son l'intensité première en empêchant sa propagation dans un espace de plus en plus étendu. Des tuyaux en fer-blanc traversent les murs et vont d'une pièce à l'autre. Les paroles prononcées à une de leurs extrémités s'entendent dans la salle où la seconde extrémité débouche comme si la personne qui parle était dans la salle même de celle qui écoute.

8. **Réflexion du son. Écho. Résonnance.** —Revenons encore sur les ondes provoquées, à la surface d'une eau tranquille, par la chute d'une pierre. Si la nappe d'eau est barrée par un mur, ainsi que dans un bassin, par exemple, les ronds, en s'élargissant, atteignent cet obstacle. Arrivés là, ils rétrogradent, ils

cheminent en sens inverse de leur première direction, sans altérer en rien la régularité de leur marche Alors, en même temps,
deux séries d'ondes courent à la surface de l'eau : les unes s'a-
cheminent vers le mur, les autres en reviennent; et toutes ces
ondes, allant et revenant, se croisent sans se troubler mutuellement, sans se confondre. On donne le nom d'*ondes réfléchies*,
c'est-à-dire renvoyées, aux ondes qui reviennent en arrière après
avoir atteint le mur.

Les ondes aériennes, cause du son, se réfléchissent aussi quand
elles rencontrent un obstacle, comme un mur, un rocher, une
colline; et alors, outre le son direct, occasionné par les ondes
qui vont, il s'en produit un autre, nommé *écho*, par les ondes
qui reviennent. Examinons à quelle distance une personne qui
fait parler l'écho doit se trouver de l'obstacle réfléchissant, pour
que le son des ondes renvoyées ne se confonde pas avec celui
des ondes directes; en d'autres termes, pour que l'oreille, en
les entendant séparément, puisse distinguer les syllabes de
l'écho des syllabes directes. Quelque volubilité qu'on y mette, on
ne prononce au plus qu'une dizaine de syllabes par seconde
de temps. Pour être rapidement prononcée, une syllabe exige
donc un dixième de seconde environ. Pendant le même temps,
les ondes sonores parcourent 34 mètres. Un obstacle étant supposé placé à la moitié de cette distance, à 17 mètres, le son,
pour y arriver et pour en revenir sous forme d'écho, mettra un
dixième de seconde; et, par conséquent la syllabe directe sera
prononcée et entendue quand la syllabe réfléchie se fera entendre à son tour. Dans ces conditions, l'écho répétera distinctement une syllabe. Si l'obstacle est placé à deux fois, trois fois, etc.,
cette distance, l'écho pourra faire entendre deux, trois syllabes, etc. Mais pour une distance moindre que 17 mètres, il
n'y a plus d'écho distinct possible. La syllabe réfléchie arrive
alors à l'oreille presque en même temps que la syllabe directe, et
l'on n'entend plus qu'un seul son. Il y a toutefois dans la syllabe réfléchie un léger retard, qui prolonge le son et produit ce
qu'on appelle la *résonnance*. C'est ce qu'on peut aisément constater dans les salles vastes et nues. Certains échos, appelés
échos multiples, répètent plusieurs fois les mêmes syllabes; ils

sont produits par plusieurs obstacles qui se renvoient de l'un à l'autre les ondes sonores et les font passer à diverses reprises par le lieu où se trouve l'auditeur.

9. **Vibrations.** — Le corps sonore transmet son mouvement de va-et-vient, et produit, à chaque vibration, une onde aérienne. Si les vibrations sont rapides, les ondes qui leur correspondent sont courtes, parce qu'elles ont très-peu de temps pour se former ; si les vibrations sont lentes, les ondes, dont la formation embrasse un temps plus long, deviennent plus étendues. La longueur des ondes détermine cette qualité qui fait dire d'un son qu'il est *aigu* ou *grave*, élevé ou bas. Plus les ondes sont longues, plus le son est grave ; plus elles sont courtes, plus le son est aigu. Puisque la longueur des ondes dépend de la rapidité des vibrations du corps sonore, et que le degré d'élévation du son dépend à son tour de la longueur des ondes, on voit que le son sera d'autant plus aigu ou plus grave que le corps sonore vibrera plus vite ou plus lentement.

Le nombre de vibrations nécessaires pour produire un des sons auxquels notre oreille est le plus habituée, est beaucoup plus considérable qu'on ne pourrait l'imaginer tout d'abord. Le son qu'on appelle le *la* du diapason et avec lequel on règle les instruments de musique, correspond à 870 vibrations par seconde. La note la plus grave que puisse rendre la voix humaine, correspond à peu près à 130 vibrations par seconde ; et la plus aiguë à 2088. Il est bien entendu qu'une seule personne ne pourrait atteindre ces deux limites extrêmes de la portée de la voix. Pour les sons graves, comme pour les sons aigus, il faut des voix spéciales, dont les portées réunies embrassent le champ compris entre les deux limites précédentes.

L'oreille est mieux favorisée que l'organe de la voix, en ce sens qu'elle est apte à apprécier des sons beaucoup plus graves ou beaucoup plus aigus que ceux que nous pouvons émettre. Le son le plus grave perceptible pour une oreille exercée, correspond à 16 vibrations par seconde; et le plus aigu, à 13000.

10. **Méthode graphique pour évaluer le nombre de vibrations.** — Inévitablement une question se présente ici. Comment peut-on trouver ces nombres prodigieux de vibrations

exécutées en un temps si court, en une seconde? Mais à peine, en allant très-vite, nous serait-il possible, en une seconde, de compter jusqu'à dix. Aussi, n'est-ce pas en les suivant du regard, chose impossible à cause de leur excessive rapidité, et en les comptant une à une, qu'on trouve les vibrations nécessaires pour produire tel ou tel autre son. On se sert d'ingénieux mécanismes faisant partie du corps sonore lui-même et marquant eux-mêmes, avec une précision parfaite, le nombre des vibrations exécutées. Mentionnons ici le plus simple de ces appareils. — Un diapason ABC (fig. 172) est construit de manière à donner le son que l'on se propose d'étudier. Une de ses branches B porte une fine pointe devant laquelle se meut de bas en haut et d'un mouvement bien régulier une plaque de verre P enduite de noir de fumée. Un mécanisme d'horlogerie produit cette régulière ascension de la plaque. Quand le diapason vibre, sa pointe trace sur le noir de fumée une ligne en zigzag dont chaque trait correspond à une vibration de l'instrument. Si donc, lorsque le diapason a résonné pendant un certain nombre de secondes, on

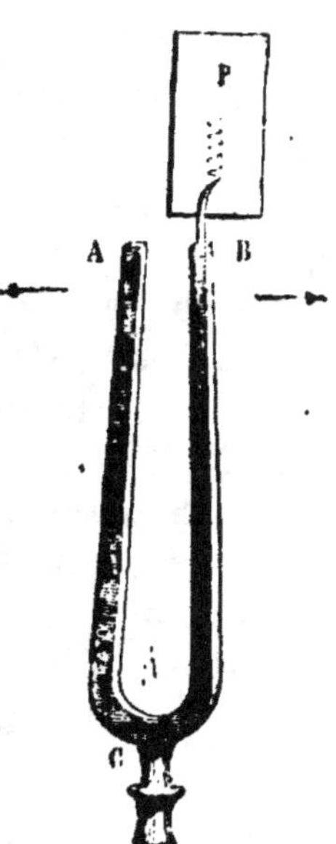

Fig. 172. — Diapason inscrivant le nombre de vibrations.

compte à la loupe le nombre de traits du zigzag décrit sur la plaque de verre, on a le nombre de vibrations exécutées pendant ce même temps.

11. Noms des notes de la gamme. Gui d'Arezzo. — C'est à un savant moine du onzième siècle, à Gui d'Arezzo, qu'on doit en grande partie le système musical employé de nos jours. Parmi ses heureuses innovations, il faut citer l'emploi de syllabes courtes et sonores pour désigner les diverses notes, au lieu de lettres dont on se servait avant lui. Les syllabes qu'il adopta sont tirées de la première strophe que chante l'Église en l'honneur de saint Jean-Baptiste. Voici cette strophe :

UT queant laxis
REsonare fibris

MIra gestorum
FAmuli tuorum
SOLve polluti
LAbii reatum,
Sancte Johannes.

Ce qui signifie : « Pour que vos serviteurs puissent dignement raconter les merveilles de votre vie, vous-même, saint Jean, purifiez leurs lèvres souillées par le péché. » — Dans les premières syllabes de ces lignes latines se trouvent les noms des notes de la gamme. Le *si* manque, il est vrai, parce que, au temps de Gui d'Arezzo, cette note n'avait pas de nom spécial. Il nous est permis toutefois de le retrouver en partie dans l'S qui commence le dernier vers. Enfin des raisons de sonorité ont fait, de nos temps, remplacer la syllabe *ut* par la syllabe *do*.

12. **Nombre de vibrations des notes de la gamme.** — Inscrivons maintenant dans leur ordre, les noms des sept notes de la gamme, et au-dessous de chacun, le nombre correspondant de vibrations.

Noms des notes.	DO	RÉ	MI	FA	SOL	LA	SI
Nombres de vibrations par seconde.	522	587	652	696	783	870	978

En multipliant chacun de ces nombres par 2, on aurait les nombres de vibrations correspondant aux notes de l'octave en dessus. De cette octave, on passerait à la suivante en multipliant encore par 2, et ainsi de suite. En les divisant au contraire par 2, on obtiendrait les nombres de vibrations correspondant aux notes de l'octave en dessous. De cette octave, on passerait à celle qui la précède par une nouvelle division par 2. En résumé, pour chaque octave, le nombre de vibrations d'une note quelconque est le double de celui de la note portant le même nom dans l'octave qui précède immédiatement, ou la moitié du nombre correspondant à la note de même nom dans l'octave qui suit.

13. **Intervalles musicaux. Tons et demi-tons.** — Les nombres de vibrations correspondant aux diverses notes de la

gamme sont trop considérables pour que l'esprit saisisse aisément leur rapport. Divisons alors le nombre de vibrations de *ré* par le nombre de vibrations de *do ;* nous aurons la fraction $\frac{9}{8}$, signifiant que *ré* fait 9 vibrations pendant que *do* en fait 8. Cette fraction s'appelle l'intervalle de *do* à *ré*. On obtient de même l'intervalle de *ré* à *mi* en divisant le nombre de vibrations de *mi* par le nombre de vibrations de *ré*, ce qui donne la fraction $\frac{10}{9}$; c'est-à-dire que *mi* fait 10 vibrations pendant que *ré* en fait 9. Un calcul pareil donne pour l'intervalle de *mi* à *fa* $\frac{16}{15}$; pour l'intervalle de *fa* à *sol*, $\frac{9}{8}$; pour l'intervalle de *sol* à *la*, $\frac{10}{9}$; pour l'intervalle de *la* à *si*, $\frac{9}{8}$; et enfin pour l'intervalle de *si* à *do* de l'octave suivante $\frac{16}{15}$. Ce qui se résume dans le tableau suivant :

DO		RÉ		MI		FA		SOL		LA		SI		DO
Intervalles $\frac{9}{8}$		$\frac{10}{9}$		$\frac{16}{15}$		$\frac{9}{8}$		$\frac{10}{9}$		$\frac{9}{8}$		$\frac{16}{15}$		

Trois nombres seulement, répétés suivant un certain ordre, entrent dans cette série de rapports, savoir : $\frac{9}{8}$, $\frac{10}{9}$, $\frac{16}{15}$. Les deux nombres $\frac{9}{8}$ et $\frac{10}{9}$ sont les plus forts et diffèrent peu entre eux ; le troisième, $\frac{16}{15}$, est le plus faible et diffère sensiblement des deux autres. Les rapports $\frac{9}{8}$ et $\frac{10}{9}$ s'appellent *tons*, le rapport $\frac{16}{15}$ s'appelle un *demi*-ton. On voit donc que la gamme se compose de la succession de deux tons, un demi-ton, trois tons, un demi-ton, comme l'indique le tableau que voici :

RÉ	MI	FA	SOL	LA	SI	DO
ton	ton	demi-ton	ton	ton	ton	demi-ton

14. Instruments de musique. — Les instruments de musique se classent en deux catégories : les instruments à cordes et les instruments à vent. Dans les instruments à cordes, violon, harpe, contre-basse, piano, les vibrations sonores résultent du va-et-vient de cordes mises en mouvement par la friction de l'archet, le pincement des doigts, la percussion de marteaux mus par des touches. Le son rendu est d'autant plus grave que la corde est plus longue, plus grosse, moins tendue et de matière plus dense. Il est d'autant plus aigu que la corde est plus fine, plus courte, plus tendue et de matière moins dense. Les quatre cordes d'un violon, tendues au point que demande l'accord, ne rendent que quatre sons en vibrant dans toute leur longueur. L'artiste leur fait rendre tous les sons qu'il désire en les raccourcissant par l'application d'un doigt de la main gauche sur telle ou telle autre partie de leur longueur. Si ces quatre cordes étaient simplement tendues sur une planchette, elles ne rendraient que des sons faibles, maigres, désagréables ; mais tendues sur l'instrument tel qu'il nous est connu, elles rendent des sons d'une ampleur très-satisfaisante. Les cordes ne sont donc pas les seules parties du violon qui prennent part à la formation du son ; le reste joue aussi un rôle important dans cette formation. Outre le manche, un violon comprend une spacieuse cavité, ou caisse pleine d'air. La paroi ou table supérieure de cette cavité, communique avec la table inférieure par un pilier placé vers le centre du violon et qu'on nomme l'*âme*. Quand les cordes vibrent sous l'archet, elles mettent en vibration la table supérieure par l'intermédiaire du *chevalet* qui les supporte. L'âme transmet les vibrations de la table supérieure à la table inférieure ; et les deux tables enfin font participer l'air de la caisse à leur propre ébranlement. Ainsi, aux vibrations des cordes du violon viennent s'adjoindre celles des deux tables et de l'air de la caisse ; et telle est la cause de l'ampleur que le son acquiert.

Dans les instruments à vent, l'air entre en vibration par l'intermédiaire soit d'une embouchure de flûte, soit d'une embouchure à anche. La figure 173 est la section d'un tuyau sonore à embouchure de flûte. L'air arrive par le canal P*i*, terminé en fente étroite appelée *lumière*. En s'échappant par la lumière, le courant d'air vient frapper contre une lame *b* taillée en biseau et s'écoule par un orifice *ob*, appelé bouche. Le choc de l'air contre le biseau engendre des vibrations qui se transmettent dans la colonne d'air du tuyau A. Certains tuyaux d'orgue, le sifflet ordinaire, le flageolet, sont à embouchure de flûte. En soufflant dans une clef forée, ou dans le trou ovale d'un fifre, d'une flûte traversière,

Fig. 173.
Embouchure
de flûte.

on obtient des sons par un mode analogue. La lumière est remplacée par l'étroit orifice des lèvres, le biseau est représenté par le bord de l'ouverture sur lequel le souffle est dirigé.

Un tuyau à anche comprend trois parties ; le *porte-vent* B (fig. 174), canal dans lequel le vent d'un soufflet arrive par la partie inférieure ; l'*anche o* qui s'adapte au porte-vent ; le tuyau A, qui surmonte l'anche. L'anche est formée d'un canal ou *rigole t*, par où l'air s'échappe du porte-vent dans le tuyau A ; d'une petite lame métallique ou *languette l*, qui, placée à l'entrée de la rigole, vibre sous l'impulsion du courant d'air ; d'une tige métallique *rr*, appelée *rasette* qu'on enfonce à volonté et permet, en s'appliquant sur la languette, de raccourcir ou d'allonger la partie vibrante de celle-ci pour lui faire rendre le son voulu. Parmi les instruments à anches se trouvent les tuyaux d'orgue, la clarinette, le hautbois, le basson. Dans la clarinette, l'anche, formée d'une lame de roseau, est mise en vibration par le souffle et donne des sons différents suivant que la pression des lèvres remplaçant ici la rasette des tuyaux d'orgue, laisse à la partie vibrante telle ou telle longueur. Dans le hautbois et le basson, le bec est formé de deux minces lamelles élastiques, dont la pression des lèvres raccourcit plus ou moins la longueur suivant le son qu'il faut rendre.

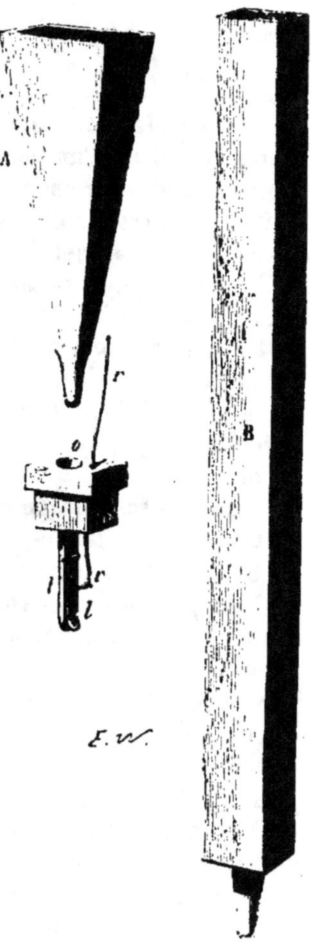

Fig. 174. — **Tuyau sonore à anche.**

Le cor, le clairon, la trompette, le cornet à piston, l'ophicléide, etc., sont encore des sommets à anche. Les lèvres de l'exécutant, adaptées à l'entrée d'une cavité conique ou hémisphérique appelée embouchure, vibrent elles-mêmes, à la manière d'une anche double, sous l'impulsion du souffle. Leur degré de rapprochement et de tension fait varier le son rendu.

RÉSUMÉ

1. Les ondes concentriques qui se forment sur une nappe d'eau tranquille autour d'un point ébranlé, nous fournissent une image sensible des ondes aériennes, cause du son.

2. Le son résulte d'un mouvement ondulatoire de l'air, ou de tout autre milieu matériel.

3. Dans le vide le son est impossible, parce que le mouvement n'existe plus là où il n'y a rien qui puisse se mouvoir.

4. Tout corps qui rend un son est dans un mouvement trépidatoire plus ou moins rapide. Les vibrations du corps sonore se transmettent au milieu ambiant, et arrivent ainsi à l'ouïe.

5. Le son se propage dans l'air à raison de 340 mètres par seconde.

6. Le son se propage encore plus rapidement dans les liquides et surtout dans les solides. Il parcourt 1435 mètres par seconde dans l'eau, et 3570 mètres dans le fer.

7. Le porte-voix, les cornets et les tubes acoustiques renforcent le son en concentrant l'ébranlement de l'air dans une direction déterminée.

8. L'écho et la résonnance résultent de la réflexion du son contre des obstacles.

9. Les ondes sonores sont d'autant plus courtes que le corps vibre plus rapidement; d'autant plus longues, que le corps vibre plus lentement. Aux ondes courtes correspondent les sons aigus; aux ondes longues, les sons graves.

10. Le nombre de vibrations d'un corps sonore exécutées dans un temps donné peut se compter à l'aide de certains mécanismes, par exemple à l'aide d'une fine pointe surmontant une branche d'un diapason et inscrivant elle-même, par une ligne en zigzag, les vibrations de l'instrument. Le *la* sur lequel se règlent les instruments de musique, correspond à 870 vibrations par seconde.

11. Les noms des notes de la gamme ont été imaginés par Gui d'Arezzo. Ils sont empruntés à la première strophe d'une hymne en l'honneur de saint Jean-Baptiste.

12. Le nombre de vibrations d'une note d'une octave est le double

du nombre de vibrations de la note de même nom dans l'octave qui précède immédiatement.

13. La gamme se compose de la succession de deux tons, un demi-ton, trois tons, un demi-ton. Les demi-tons sont entre *mi* et *fa*, *si* et *do*.

14. Les instruments de musique se classent en instruments à cordes et instruments à vent. Ces derniers comprennent des tuyaux à embouchure de flûte et des tuyaux à anche.

CHAPITRE XXXVIII

1. **Lumière et obscurité.** — Dans une cave où le jour ne peut pénétrer, vainement les yeux s'ouvrent tout grands, ils n'aperçoivent rien. Mais l'obscurité profonde où l'on est alors plongé n'a pas d'existence propre, elle ne forme pas comme un voile réel nous dérobant la vue des objets. Là où règne l'obscurité, il n'y a rien en plus, mais il y a la lumière en moins. Les ténèbres, la nuit, ne proviennent pas d'une cause spéciale se dissipant aux clartés du jour, de même qu'un brouillard se dissipe aux chauds rayons du soleil; elles proviennent uniquement de l'absence de la lumière, de même que le froid résulte de l'absence plus ou moins complète de la chaleur. Les ténèbres ne peuvent être palpables, comme on le dit quelquefois par un abus de langage; elles ne peuvent être épaisses, car ces qualifications, prises dans leur véritable sens, font allusion à une substance matérielle produisant l'obscurité, substance qui n'existe réellement pas. Les ténèbres sont la négation de la lumière, et voilà tout. Voir, ce n'est pas précisément diriger nos regards vers les objets vus, c'est recevoir dans nos yeux la lumière envoyée par ces objets. Dans la vision, rien ne s'échappe de nous; tout vient de la chose vue. En prenant les mots dans leur acception naturelle, nous ne lançons pas nos regards vers l'objet considéré; c'est l'objet lui-même qui lance vers nous sa lumière, de

même qu'un corps sonore lance vers nous le son. Tout corps, pour être visible, doit envoyer de la lumière, doit être lumineux ; s'il n'en envoie pas, il est totalement obscur, il est par cela même invisible. Nous dirons donc que la lumière est ce qui rend les objets sensibles à la vue.

2. **Sources lumineuses**. — Une lampe allumée, dans un appartement fermé ne recevant aucun jour du dehors, est visible par elle-même à cause de la lumière qu'elle lance en tous sens ; et les objets qu'elle éclaire acquièrent, à ses clartés, une illumination d'emprunt et deviennent visibles en renvoyant vers nous la lumière qu'ils reçoivent de la lampe. On est ainsi conduit à classer les corps en deux catégories : ceux qui sont lumineux par eux-mêmes, et ceux qui ne le deviennent que par l'intermédiaire d'une lumière étrangère. Les premiers, appelés *sources lumineuses*, sont visibles sans aucun secours venu d'ailleurs ; le soleil, les étoiles, la flamme, le bois qui brûle, la lampe allumée, les métaux incandescents, etc., entrent dans cette catégorie. Les seconds ne sont visibles qu'autant qu'ils reçoivent et réfléchissent la lumière d'un corps lumineux par lui-même. Ils forment l'immense majorité des objets terrestres.

3. **Propagation de la lumière. Ombre**. — La lumière se propage en ligne droite. En effet, si l'on dispose entre l'œil et un objet lumineux un certain nombre d'écrans opaques percés d'un trou, l'objet n'est aperçu qu'autant que tous les trous sont alignés sur une même droite passant par l'objet. Chacun a remarqué du reste qu'un rayon de soleil, en pénétrant dans une chambre obscure par un trou du volet, trace une bande parfaitement rectiligne rendue visible par l'illumination des corpuscules de poussière en suspension dans l'air. A cause de sa propagation en ligne droite invariable, la lumière ne contourne pas les objets opaques pour reprendre en arrière son trajet interrompu ; aussi, lorsqu'un corps non transparent lui barre le passage, elle ne peut arriver en arrière de ce corps ; et là se produit ce qu'on appelle l'ombre. L'ombre n'est donc pas une obscurité spéciale projetée par les corps, c'est tout simplement le manque de lumière en arrière des corps qui, par leur opacité, empêchent les rayons lumineux d'aller plus avant. Les ombres que nous avons journellement

sous les yeux sont toujours incomplètes, en ce sens qu'elles sont plus ou moins éclairées par l'illumination des corps voisins. Si elles étaient complètes, il y régnerait une obscurité absolue et tout ce qui s'y trouverait plongé serait invisible.

4. **Ombre de la Terre. Éclipses de Lune.** — Le globe terrestre, en arrêtant les rayons du Soleil, projette dans l'espace une ombre en forme de cône immense, dont la longueur est d'environ 347,000 lieues, et dont la base enveloppe le contour de la Terre. Dans ce cône d'ombre règne une obscurité profonde, parce que, d'une part, la lumière solaire ne peut y parvenir, et que, d'autre part, il n'existe dans les espaces célestes que la Terre parcourt aucune matière susceptible de s'illuminer aux rayons du Soleil et d'éclairer par ses reflets l'étendue envahie par l'ombre terrestre. La Lune, dans ses révolutions autour de la Terre, plonge à certaines époques dans l'intérieur de ce cône d'ombre, alors qu'elle tourne en entier vers nous son hémisphère en regard du Soleil, en d'autres termes alors qu'elle est pleine. C'est ce qui donne naissance aux éclipses lunaires. A mesure qu'elle pénètre plus avant dans le cône obscur, la Lune devient graduellement invisible ; et quand l'ombre l'enveloppe de toutes parts, elle en disparaît en entier. En ce moment, bien qu'elle ne soit dérobée aux regards par l'interposition d'aucun obstacle, la Lune cesse d'être visible, non-seulement des divers points de la Terre tournés de son côté, mais encore de tous les points de l'espace, quels qu'ils soient. La raison en est évidente. Ne possédant pas de lumière propre, elle doit être obscure et invisible quand elle a pénétré dans une région du ciel où les rayons du Soleil n'arrivent pas, arrêtés qu'ils sont par la Terre. L'éclipse totale dure tout le temps que la Lune met à traverser l'ombre terrestre, ce qui exige quelquefois près de deux heures. Enfin, l'astre reparaît de l'autre côté du cône d'ombre et reprend peu à peu son éclat primitif.

La Lune est également accompagnée de son cône d'ombre, dont les dimensions sont bien moindres que celles du cône d'ombre de la Terre. Aux époques où elle tourne vers nous son hémisphère qui ne voit pas le Soleil, ou, comme on dit, aux époques où elle est nouvelle, la Lune passe entre la Terre et le Soleil. Alors l'ombre lunaire peut atteindre la Terre, mais sans jamais l'envelopper en entier, à cause de sa médiocre étendue. Pour les contrées de la Terre qui sont alors comprises dans l'ombre lunaire, il y a éclipse totale du Soleil. Mais, en dehors de l'ombre, le Soleil continue à être visible.

5. Vitesse de propagation de la lumière. — C'est par l'étude attentive de certaines éclipses se passant loin de notre petit monde que Roëmer, en 1675, parvint à résoudre l'un des plus beaux problèmes de la physique, le problème de la vitesse de la lumière. — Le Soleil, astre central, éclaire et réchauffe un cortége de nombreuses planètes, qui circulent autour de lui à des distances inégales, et dont la Terre fait partie. Ce sont, comme notre globe, des corps obscurs par eux-mêmes, opaques, recevant du Soleil la lumière qui nous les rend visibles. La plus grande des planètes porte le nom de Jupiter. Elle est séparée du Soleil par une distance quintuple de celle qui nous en sépare nous-mêmes, et son volume est 1414 fois plus grand que celui de la Terre. Autour de Jupiter circulent quatre satellites ou lunes, remplissant par rapport à cette planète le même rôle que la Lune par rapport à la Terre, et occasionnant des éclipses semblables aux nôtres. Tantôt un satellite passe entre le Soleil et la planète, et projette son ombre sur le disque brillant de celle-ci, en produisant une tache ronde et noire, que le regard armé d'une lunette peut très-bien observer d'ici. Pour les régions de la planète que couvre cette tache, le Soleil est éclipsé. Tantôt, le satellite passe au delà de la planète, pénètre dans son ombre, et devient invisible, s'éclipse, absolument comme notre lune quand elle plonge dans l'ombre de la Terre. Les instruments astronomiques permettent de suivre d'ici toutes les circonstances de ces lointaines éclipses. Quand la Terre est dans une position favorable, le cône d'ombre de Jupiter est en grande partie sous nos yeux, et un observateur voit tantôt l'un, tantôt l'autre des quatre satellites y pénétrer graduellement, disparaître pendant tout le temps employé à le traverser, et enfin reparaître avec tout son éclat de l'autre côté de l'ombre.

L'un de ces satellites tourne autour de la planète en 24 heures et 28 minutes. Il s'écoule donc ce même laps de temps entre deux de ses réapparitions successives en dehors du cône d'ombre de Jupiter. Supposons qu'à l'époque où la Terre est dans le voisinage du point A de son orbite (fig. 175), un observateur constate l'instant précis où le satellite sort de l'ombre. Après

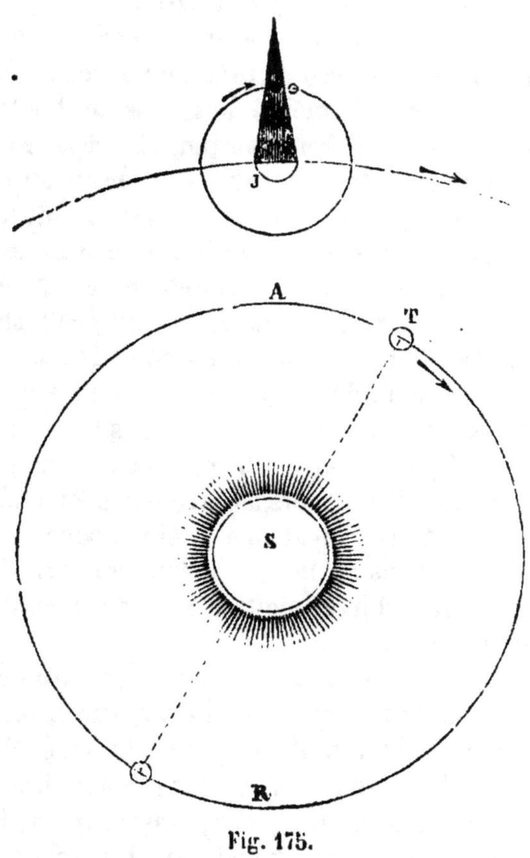

Fig. 175.

42 heures et 28 minutes à partir de cet instant, aura lieu la seconde émersion du satellite hors du cône d'ombre; après deux fois, trois fois, etc., cette même durée, aura lieu la troisième, la quatrième émersion, etc. Il est donc possible de calculer à l'avance l'instant exact où doit avoir lieu telle ou telle autre émersion. Supposons calculée de la sorte l'époque rigoureuse de la centième émersion. Quand cette époque est arrivée, on observe

le satellite ; et, chose bien étonnante, car les mouvements célestes sont d'une admirable régularité, le calcul n'est pas d'accord avec l'observation, l'émersion n'arrive pas à l'instant prédit. Pour la voir se faire, il faut encore attendre seize minutes environ. D'où provient cet étrange retard?

Remarquons que, pour atteindre l'époque de la centième émersion du satellite, il s'écoule près de six mois. Pendant ce temps, la Terre parcourt la moitié de son orbite et se transporte, du point A où elle était d'abord, au point R, éloigné du premier du diamètre de l'orbite terrestre. Jupiter, beaucoup plus lent dans sa révolution autour du Soleil, ne s'est pas, durant ces six mois, déplacé suffisamment pour qu'il soit bien nécessaire d'en tenir compte ; et nous pouvons le considérer comme étant resté au même point. La lumière partie du satellite à l'instant même de l'émersion doit donc, pour arriver jusqu'ici et nous porter la nouvelle de la fin de l'éclipse, parcourir, en plus qu'au début des observations, tout le diamètre de l'orbite terrestre, toute la distance de A en R, c'est-à-dire 76 millions de lieues. Telle est la cause de son retard. La route à parcourir s'étant allongée, le temps employé s'est accru également. Ainsi, pour franchir une distance de 76 millions de lieues, la lumière met 16 minutes environ. Pour en franchir la moitié, ou la distance du Soleil à la Terre, elle met 8 minutes.

6. Réflexion de la lumière. — Lorsqu'un rayon de lumière arrive à la surface d'un corps poli, il est renvoyé, réfléchi, suivant certaines lois qui seront développées plus tard. Pour le moment, nous nous bornerons aux aperçus élémentaires que voici. Soit un point lumineux A (fig. 176), rayonnant de la lumière dans tous les sens. Considérons un faisceau de rayons arrivant sur la surface plane et polie MN. Le rayon AB après réflexion prend la direction BC, le rayon AD prend la direction DH, etc. Or, on démontre que tous ces rayons réfléchis, BC, DH et les autres tant qu'il y en a, sont dirigés de telle manière qu'étant idéalement prolongés en arrière de la surface réfléchissante, ils vont tous concourir en un point A' situé sur la perpendiculaire abaissée du point lumineux A sur le plan réfléchissant MN et prolongée d'une quantité A'K égale à AK. En d'autres termes, le point de concours A′ des rayons réfléchis idéalement prolongés est symétrique du point lumineux A. Ainsi, après réflexion, les rayons lumineux forment un faisceau disposé de la même manière que si son point de départ était réellement le point A′. La surface polie leur a fait changer de direction ; et leur direction nouvelle est celle qu'ils auraient s'ils partaient en réalité du point A′. Supposons maintenant un observateur dont la vue est impressionnée par le faisceau de lumière réfléchie. En recevant dans ses yeux les rayons tels que DC, DH, cette personne sera dans les mêmes conditions que si elle était en face d'un point lumineux réel placé en A′ ; par une illusion

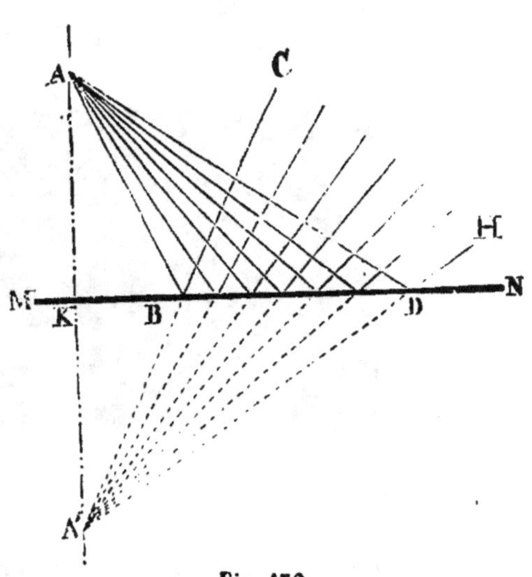

Fig. 176.

résultant du changement de direction de la lumière, elle verra en A′, un point lumineux qui, dans le fait n'existe pas. Ce ne sera pas le point A, d'où vraiment ils partent, que les rayons réfléchis montreront, mais le point illusoire A′ d'où ils semblent partir. Et en effet, dans les conditions ordinaires, l'objet se trouve toujours à l'extrémité du faisceau de lumière que l'œil reçoit. L'expérience de tous les jours a imprimé dans notre esprit la conviction intime que la chose aperçue est au bout du faisceau visuel ; l'habitude est prise, l'éducation de la vue est faite, et désormais, si les rayons lumineux se coudent en route, non-seulement une fois, mais dix, mais cent, n'importe, l'œil n'en tient compte : il voit l'objet au point illusoire d'où ces rayons paraissent venir en ligne droite.

7. **Miroirs.** — Un miroir est une surface polie, apte à réfléchir la lumière. Cette surface peut être plane, ou concave ou convexe. De là trois genres de miroirs : les miroirs plans ou mi-

roirs ordinaires , les miroirs concaves, les miroirs convexes.

Sachant, d'après ce qui précède, en quel point apparaît l'image illusoire d'un point lumineux par l'effet de la réflexion sur une surface plane, on peut aisément trouver la forme et la position de l'image d'un objet quelconque placé devant un miroir plan. A*a* (fig.177) est un objet situé devant le miroir plan MM'.

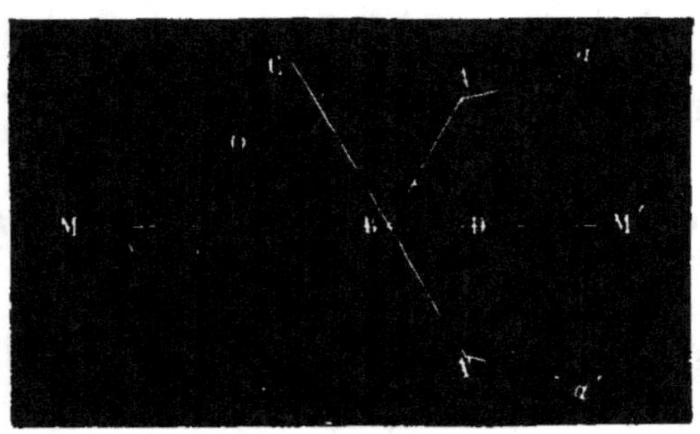

Fig. 177.

Le point A forme son image illusoire en A', symétrique de A ; c'est-à-dire qu'après réflexion, les rayons issus en réalité de A semblent partir de A'. Tel est le rayon AB, qui, en se réfléchissant, prend la direction BC. De même, le point *a* est vu par réflexion en *a'* symétrique de *a* ; de sorte que l'image entière est A'*a'*. L'image fournie par un miroir plan est donc toujours illusoire, c'est-à-dire n'a pas d'existence réelle ; elle est symétrique de l'objet; en d'autres termes, elle est située derrière le miroir ; à la même distance que l'objet, enfin elle est égale en dimensions à l'objet.

Les miroirs concaves ont des propriétés plus remarquables et plus variées. Tantôt, ils donnent des images réelles ; c'est-à-dire que les rayons réfléchis se croisent en réalité et forment aux points de croisements une image qu'on peut recevoir sur un écran. Cette image est plus grande ou plus petite que l'objet suivant les distances respectives du miroir, de l'objet et de l'écran. Tantôt, comme les miroirs plans, ils occasionnent une image illusoire, et cette image est plus grande que l'objet. Les miroirs

convexes donnent toujours une image illusoire, et plus petite que
l'objet.

8. Réflexion diffuse. — Les corps dont la surface n'est pas
polie réfléchissent aussi la lumière, seulement la réflexion se fait
alors d'une manière irrégulière et dans tous les sens à la fois.
C'est ce qu'on appelle réflexion par diffusion. La lumière réfléchie diffuse nous rend les objets visibles. Si tous les corps étaient
d'un poli parfait, nous ne les verrions pas, à moins qu'ils ne
fussent lumineux par eux-mêmes. Une glace d'une netteté parfaite ne se voit pas ; on ne juge de sa présence que par son cadre
et les images des objets qu'elle réfléchit. Ternie par la poussière,
elle devient visible, parce qu'elle renvoie alors un peu de lumière diffuse. L'air lui-même joue un rôle immense dans la
diffusion de la lumière, cause de la visibilité des objets non lumineux par eux-mêmes. Chaque point de la masse gazeuse de l'atmosphère s'illumine au soleil, il dissémine la lumière qui le
frappe, et nous la transmet par réflexion ; si bien que l'illumination, au lieu de nous arriver uniquement de son foyer primitif,
le soleil, nous descend adoucie, uniforme, de la voûte entière du
ciel. Dans nos habitations, à l'ombre, sous un ciel voilé de
nuages, nous sommes éclairés par les clartés diffuses aériennes ;
en plein soleil, sous les rayons de l'astre, nous recevons de la
lumière directe. L'air est, par excellence, le disséminateur du
jour : partout où il pénètre, il amène avec lui, sous forme de lumière diffuse, un reflet des rayons solaires qui, de proche en
proche, dans la masse atmosphérique l'ont illuminé par des réflexions multiples.

9. Réfraction de la lumière. — Dans une même substance,
dans un même milieu, la lumière se propage en ligne droite ;
mais, si elle change de milieu, elle change aussitôt de direction ;
et cela de la manière la plus brusque. — Soient deux milieux
différents (fig. 178) séparés par la surface plane MM' ; au-dessus,
de l'air ; au-dessous, de l'eau par exemple. Un rayon de lumière
AB traverse l'air et arrive en B à la surface de l'eau. Là, au lieu
de suivre sa direction première, il se dévie brusquement, se coude
et suit la direction BC, qui fait avec la perpendiculaire NN', à la
surface de séparation, un angle CBN', moindre que l'angle pri-

mitif ABN. Une déviation analogue arriverait si le rayon passait du vide dans l'air, de l'eau dans le verre, et, en général, d'un milieu moins dense dans un milieu plus dense ; on verrait toujours ce rayon se dévier à son entrée dans le milieu plus dense et se rapprocher de la perpendiculaire. D'où cette première loi : *Quand un rayon lumineux passe d'un milieu moins dense dans un milieu plus dense, il se dévie de sa première direction et se rapproche de la perpendiculaire*

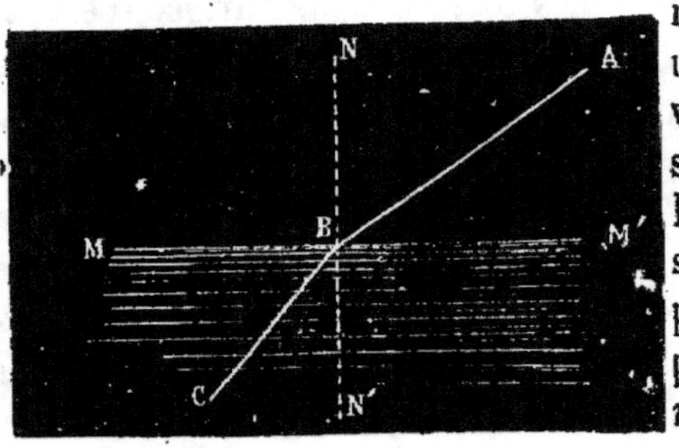

Fig. 178.

Supposons maintenant que, dans la figure 178, le rayon de lumière se propage de bas en haut, de l'eau dans l'air. Dans l'eau, il suit la direction CB: mais, en pénétrant dans l'air, il se détourne brusquement de sa voie, il s'écarte de la perpendiculaire et suit la direction BA. En passant du verre dans l'eau, de l'air dans le vide, et, en général, d'un milieu plus dense dans un milieu moins dense, le rayon lumineux serait dévié d'une manière analogue ; en pénétrant dans le milieu moins dense , il s'éloignerait de la perpendiculaire. Cela se résume dans cette seconde loi : *Quand un rayon lumineux passe d'un milieu plus dense dans un milieu moins dense, il se dévie de sa direction primitive et s'éloigne de la perpendiculaire.*

On donne le nom de *réfraction* de la lumière à ce changement de direction que les rayons lumineux éprouvent quand ils pénètrent obliquement d'un milieu dans un autre. Nous disons obliquement, car il n'y a pas de déviation lorsque le rayon se propage suivant la perpendiculaire à la surface séparant les deux milieux. Ainsi un filet de lumière qui pénétrerait de l'air dans l'eau suivant la ligne NB (fig. 178) poursuivrait sa marche suivant BN', sans modifier en rien sa direction première. Citons maintenant quelques expériences basées sur le jeu de la réfraction.

10. Déplacement des objets vus par raréfaction.— On met à terre un vase à parois non transparentes, une terrine, et, au fond du vase, une pièce de monnaie. On se place alors de manière que la ligne visuelle, rasant le bord de la terrine, arrive juste à la pièce de monnaie. A partir de cette position, si l'on recule encore, mais fort peu, la pièce cesse d'être visible ; elle est masquée par la paroi du vase. Mais si, en ce moment, une autre personne remplit d'eau la terrine, la pièce devient aussitôt visible, bien qu'elle n'ait pas changé de place, bien qu'elle soit réellement masquée par la paroi du vase.

Imaginons la droite AB (fig. 179) qui, de la pièce, aboutit au

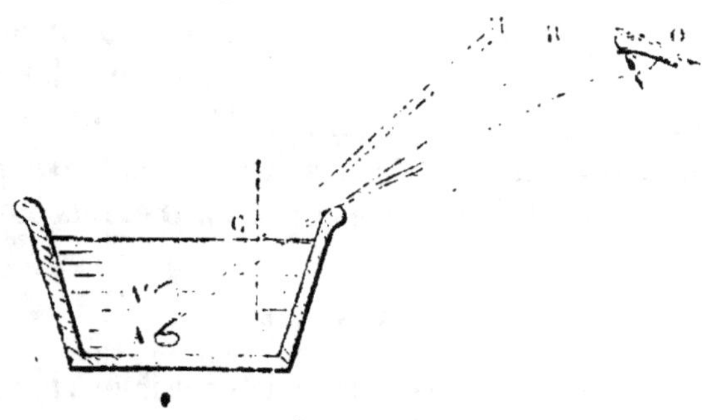

Fig. 179.

bord du vase ; nous aurons ainsi la direction du dernier filet de lumière qui, venu de la pièce, puisse sortir de la terrine avant l'introduction de l'eau, les autres rayons, au-dessous de AB, étant arrêtés par la paroi opaque. Alors, pour l'œil placé en O, la pièce de monnaie est invisible. On met de l'eau dans le vase et les conditions changent. Un filet de lumière, AC par exemple, qui, sans la présence du liquide, continuerait sa marche en ligne droite suivant CH, et passerait au-dessus de l'observateur, est dévié de sa direction au sortir de l'eau et s'éloigne de la perpendiculaire, parce qu'il va d'un milieu plus dense, l'eau, dans un autre qui l'est moins, l'air ; il suit la direction CO et parvient à l'œil, pour lequel la pièce devient ainsi visible, non au point A où elle est réellement, mais à l'extrémité idéale du filet lumineux prolongé, au point illusoire A' d'où ce filet semble partir.

On a déjà expliqué au sujet des miroirs plans une semblable illusion de la vue.

Un bâton en partie plongé dans l'eau paraît coudé au point d'immersion et raccourci. Le filet lumineux AC (fig. 180) venant de l'extrémité du bâton se coude au sortir de l'eau, s'écarte de la perpendiculaire et prend la direction CO. L'œil, trompé par la réfraction, voit donc l'extrémité du bâton au sommet du filet de lumière

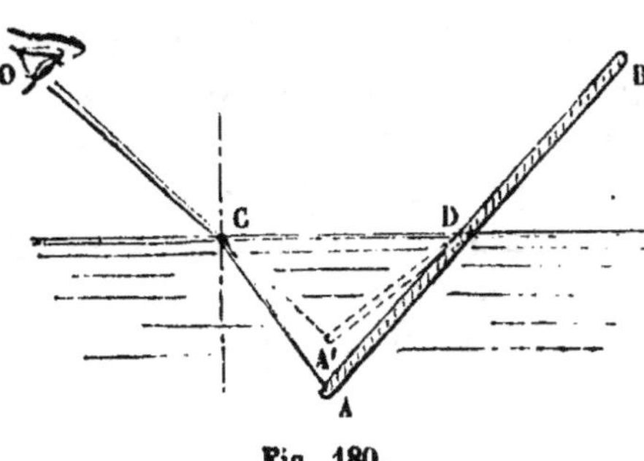

Fig. 180.

réalement p'ongé, c'est-à-dire en A'. Les autres points de la partie AD éprouvent un déplacement imaginaire pareil, et le bâton nous apparaît de la sorte coudé en D et raccourci.

RÉSUMÉ

1. La lumière est ce qui rend les objets sensibles à la vue. L'obscurité est l'absence de la lumière.

2. Il y a des corps lumineux par eux-mêmes et d'autres qui n'envoient que de la lumière leur arrivant d'ailleurs. Les premiers sont visibles par eux-mêmes, les seconds ne sont visibles qu'autant qu'ils sont illuminés par une lumière étrangère.

3. La lumière se propage en ligne droite. L'ombre d'un corps opaque est l'étendue où ce corps empêche la lumière de pénétrer.

4. L'ombre de la Terre est cause des éclipses de Lune ; l'ombre de la Lune est cause des éclipses de Soleil.

5. Pour nous venir du Soleil, c'est-à-dire pour franchir une distance de 38 millions de lieues, la lumière met 8 minutes environ. Ce résultat a été obtenu par Roëmer au moyen des éclipses des satellites de Jupiter.

6. En arrivant à la surface d'un corps plan et poli, la lumière se réfléchit de telle sorte que le faisceau lumineux semble partir d'un point symétrique de celui d'où il part réellement.

7. De là résultent les images illusoires produites par les miroirs plans.

8. Sur les corps non polis, la lumière se réfléchit encore, mais dans tous les sens à la fois, à cause des irrégularités de la surface. Cette réflexion irrégulière produit la lumière diffuse, qui nous rend les objets visibles.

9. En passant d'un milieu dans un autre de densité différente, un rayon de lumière éprouve un changement brusque de direction, changement qu'on appelle réfraction.

10. La réfraction nous explique, en particulier, pourquoi un bâton en partie plongé dans l'eau nous paraît coudé ; pourquoi un objet plongé dans l'eau n'est pas vu à sa place véritable.

CHAPITRE XXXIX

1. Action d'un prisme sur la lumière. — Un filet de lumière pénètre dans une chambre obscure par une ouverture pratiquée dans le volet. Rien de particulier ne se passe dans ces conditions. Le filet lumineux figure un trait d'une rectitude parfaite, dans lequel brillent les grains de poussière en suspension dans l'air. Une lame de verre interposée sur son trajet ne lui fait rien éprouver de remarquable ; le filet de lumière franchit la lame transparente et poursuit par delà son chemin en ligne droite. Mais si le morceau de verre, au lieu d'être aplati en lame, est taillé en forme de coin, en *prisme*, le faisceau lumineux se coude, se dévie brusquement de sa direction en le traversant. La réfraction, amenée par deux fois à la suite d'un double changement de milieu, et l'inclinaison des faces du prisme, sont cause de cette déviation.

Soit, en effet, un prisme ABC (fig. 181). Un rayon de lumière arrive suivant la droite SI. Comme il passe de l'air dans le verre, ou d'un milieu moins dense dans un autre plus dense, il se rapproche de la perpendiculaire NO en pénétrant dans le verre, et, au lieu de suivre sa direction initiale IL, il prend la direction II', plus voisine de la perpendiculaire. Parvenu en I', il passe du verre dans l'air, d'un milieu plus dense dans un milieu moins

dense. Il s'éloigne donc de la perpendiculaire N'O et suit la direction I'S', qui fait avec cette perpendiculaire un angle N'I'S'

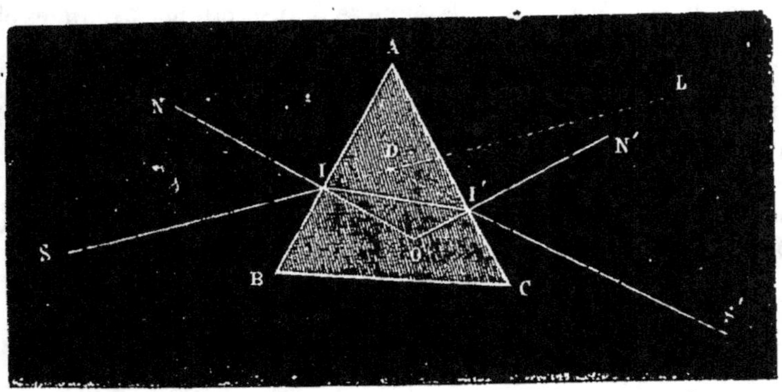

Fig. 181.

plus grand que l'angle précédent II'O. C'est ainsi que, en traversant le prisme de verre, un rayon de lumière se coude par
deux fois et se rapproche de la base du prisme.

2. **Dispersion.** — Outre cette déviation, la lumière éprouve,
par l'effet du prisme, une autre modification très-remarquable,
appelée *dispersion*. Le filet lumineux, moulé sur l'orifice par
où il pénètre dans la chambre obscure, conserve jusqu'à l'instrument sa forme et sa grosseur, mais, en pénétrant dans le
coin de verre, il se disperse, il s'élargit. Il s'élargit encore davantage au sortir du prisme et s'épanouit en éventail (fig. 182).

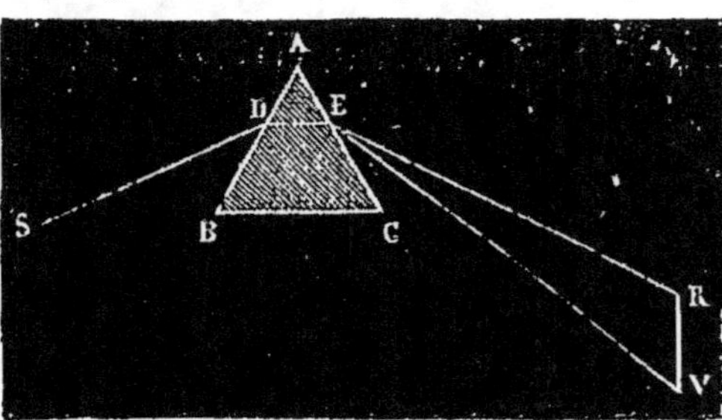

Fig. 182.

C'était un simple trait
SD en entrant dans le
prisme ; c'est un fais-
ceau angulaire REV
quand il en sort. La
déviation n'est donc
pas la même pour tout
le filet lumineux pri-
mitif, puisque celui-ci,
après avoir traversé le
prisme, s'étale en une nappe angulaire, dans laquelle une foule
de directions différentes se trouvent comprises. En d'autres ter-

mes, la lumière du soleil n'est pas homogène, n'est pas la même dans toute l'étendue du faisceau. Si cette homogénéité avait lieu réellement, l'effet du prisme, quel qu'il soit, serait le même pour tout le faisceau : et alors celui-ci, tout en changeant de direction à l'issue du verre, conserverait sa forme primitive au lieu de s'étaler en éventail.

3. **Spectre solaire**. — Sur le trajet du faisceau lumineux étalé par le prisme, on interpose une feuille de papier blanc

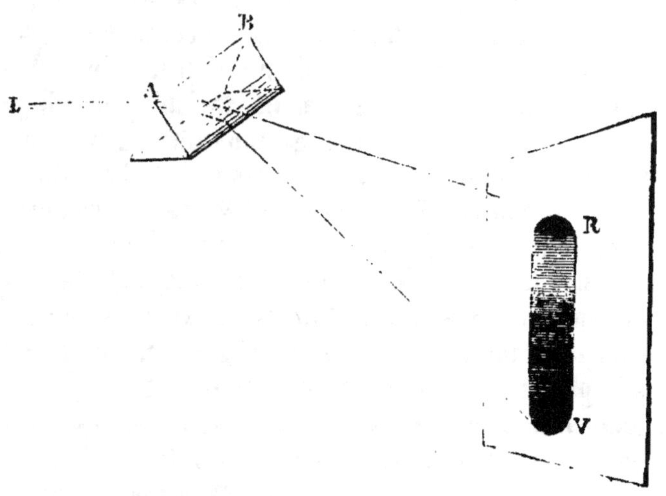

Fig. 183. — Spectre solaire.

(fig. 183). Aussitôt se dessine sur l'écran une figure oblongue, resplendissante des vives couleurs de l'arc-en-ciel, savoir, à partir de la base du prisme :

Violet, indigo, bleu, vert, jaune, orangé, rouge.

On donne le nom de *spectre solaire* à cette figure coloriée. Le mot spectre signifie ici simplement image. L'explication du spectre solaire n'a rien de difficile. La lumière solaire n'est pas homogène. Ses différents éléments, ses différents rayons, éprouvent, en traversant le prisme, des déviations plus forte pour les uns, plus faibles pour les autres ; ils se séparent, se dispersent s'isolent et viennent chacun peindre de leur couleur propre divers points de l'écran. De là résulte la succession des teintes du spectre. Il y a donc dans la lumière ordinaire, dans la lumière blanche du soleil, des rayons différemment colorés ; il y en a de violets, de bleus, des verts, de jaunes, etc. Quand ces rayons élémentaires sont assemblés en un faisceau commun, ils constituent de la lumière blanche ; s'ils sont séparés l'un de l'autre par le prisme, chacun reprend la nuance qui lui est propre. Le spectre solaire ne renferme pas seulement les sept couleurs citées plus haut, il renferme aussi toutes les nuances intermédiaires, ménagées avec une graduation telle, qu'il est impossible de dire, par exemple, où le vert finit et le jaune commence ; de sorte que la lumière blanche comprend en réalité une foule de rayons différemment colorés et inégalement déviables par le prisme. Les rayons les plus déviables, les plus réfrangibles, sont les rayons violets, qui sont portés plus bas vers la base du prisme ; les rayons les moins réfrangibles sont les rayons rouges, moins écartés de la direction primitive. Le spectre solaire est donc une espèce de clavier des couleurs, qui renferme toutes les nuances, en commençant par le violet et finissant par le rouge ; de même que le clavier d'un instrument musical renferme toutes les notes depuis la plus grave jusqu'à la plus aiguë.

4. Recomposition de la lumière blanche. — La lumière blanche peut se décomposer en rayons différemment colorés ; réciproquement, ces rayons de teintes diverses peuvent, étant rassemblés, reconstituer de la lumière blanche. — Avec un prisme, on produit d'abord un spectre solaire. Ensuite avec un petit miroir, placé dans la région du rouge, on réfléchit la lumière rouge sur une feuille de papier disposée en guise d'écran. Un second miroir, placé dans la région orangée, est convenablement incliné de manière à transporter par réflexion la lumière orangée exactement à la même place que la lumière rouge occupe déjà sur le papier. En se superposant, ces deux lumières ne donnent ensemble ni du rouge, ni de l'orangé, mais une teinte intermédiaire. Un troisième miroir réfléchit le jaune à son tour et le superpose aux deux lumières précédentes ; un quatrième en fait autant pour le vert ; et ainsi de suite, jusqu'à ce que les sept rayons du spectre, réfléchis par sept miroirs différents, se superposent au même endroit de l'écran. Quand cette superposition est obtenue, on a de la lumière blanche, de la lumière ordinaire, comme celle qui nous arrive du soleil. Le spectre, en mélangeant tous ses rayons, a perdu toutes ses couleurs. La lumière blanche résulte donc du mélange de tous les rayons lumineux différemment colorés. Si un seul de ces rayons manque, à plus forte raison s'il en manque plusieurs, la lumière n'est plus blanche et présente une teinte intermédiaire entre toutes celles des rayons qui entrent dans sa composition.

5. **Disque de Newton.** — La recomposition de la lumière blanche peut être aisément constatée avec le disque de Newton. C'est un disque de carton divisé en secteurs inégaux proportionnels à l'étendue des sept régions du spectre (fig. 184). L'un est colorié en violet, le suivant en indigo, le troisième en bleu, et ainsi de suite, de manière que les sept teintes du spectre soient reproduites dans leur ordre naturel. Quand on fait rapidement tourner autour d'un axe le cercle de carton ainsi préparé, on le voit blanc dans toute son étendue. Toutes ses nuances se fondent, pour ainsi dire, en une seule et donnent la sensation du blanc. Les choses se passent comme si l'on voyait en même temps et au même endroit un cercle rouge, un cercle orangé,

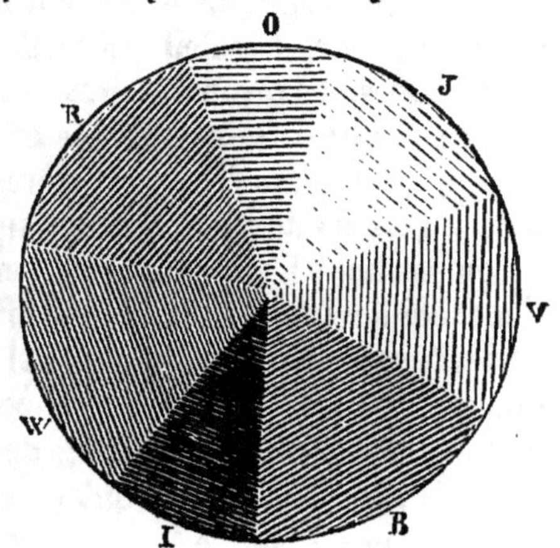

Fig. 184. — Disque de Newton.

un cercle jaune, etc. Un charbon allumé qu'on agite rapidement paraît former un ruban de feu continu, parce que l'impression qu'il produit sur nous dans l'une de ses positions persiste encore quand se produisent les impressions correspondant aux positions suivantes. Nous sommes donc impressionnés comme si le charbon occupait à la fois toute l'étendue de sa course; de là résulte l'apparence d'un ruban de feu. De même, quand le cercle colorié tourne rapidement, la persistance des sensations produites par chaque secteur pendant un temps au moins égal à celui d'une rotation complète, fait que nous voyons à la fois un cercle entier violet, un autre indigo, un autre bleu, etc., chacun de ces cercles étant produit par le mouvement rapide du secteur de même teinte, comme le ruban de feu est produit par le déplacement du charbon allumé. De la superposition de ces impressions résulte la sensation de la lumière blanche.

6. Arc-en-ciel. — L'arc-en-ciel nous présente, de temps à autre, le beau spectacle des sept couleurs de la lumière, disposées en forme d'arche de pont immense, dont les pieds touchent à terre et dont la voûte monte dans les hauteurs du ciel. Cette arche merveilleuse est un jeu de lumière : elle est formée par les rayons du soleil qui se décomposent dans les gouttes de pluie, comme ils se décomposent en traversant un prisme. Il se montre à la fin d'un orage quand le soleil reparaît. Pour le voir, il faut se trouver entre le soleil qui brille et un nuage se résolvant en pluie. Alors, les rayons solaires se rendent aux gouttes de pluie tombant à une certaine distance en face de l'observateur, se décomposent en leurs éléments colorés, s'y réfléchissent et reviennent à l'observateur, revêtus de splendeurs nouvelles par cette décomposition. L'arc-en-ciel ne peut être vu de toutes les positions indifféremment. Si l'on se transportait sur les lieux où il paraît reposer à terre, l'arc-en-ciel n'y serait plus, il se serait évanoui ; ou plutôt il y aurait encore tout ce qu'il faut pour le former, rayons de soleil et chute de gouttes de pluie, mais on ne pourrait plus le voir parce qu'on ne serait pas à la place voulue. Pour le voir, il faut de toute nécessité se trouver entre le soleil et le nuage pluvieux. L'arc-en-ciel apparaît alors de telle sorte que le soleil, la tête de l'observateur et le centre du cercle dont cet arc fait partie, se trouvent rigoureusement sur une même ligne droite. C'est dire que, divers observateurs étant éloignés l'un de l'autre et placés dans des conditions favorables, chacun d'eux voit un arc-en-ciel différent, invisible pour les autres. L'arc-en-ciel présente les mêmes nuances que le spectre solaire et dans le même ordre, puisqu'il est produit par la même cause, savoir : la décomposition de la lumière. Le rouge se montre à l'extérieur de l'arc ; le violet, à l'intérieur. Quelquefois l'arc-en-ciel est double. Alors dans l'arc supplémentaire, placé en dehors du premier, les couleurs sont disposées dans un ordre inverse de l'ordre précédent : le rouge est à l'intérieur et le violet à l'extérieur.

On peut aisément vérifier par l'expérience que l'arc-en-ciel est produit, en effet, par les gouttes de pluie, qui réfléchissent la lumière solaire vers l'observateur, après l'avoir décomposée. Il suffit de tourner le dos au soleil et de se mettre en face d'un jet d'eau ou d'une cascade retombant en pluie fine. Immédiatement, un arc coloré des teintes du spectre solaire apparaît, plus ou moins complet.

7. Coloration des corps. — Par eux-mêmes, les corps n'ont pas de couleur ; ils la doivent à la lumière qui les éclaire. C'est elle qui les colore de rouge, de vert, de bleu, etc., suivant la manière dont elle est réfléchie à leur surface. La couleur est si peu dépendante de la nature matérielle d'un corps, qu'elle change sans qu'il y ait aucun changement dans le corps lui-même. Observées au soleil, la nacre d'une coquille et la gorge d'un pigeon montrent dans un sens des reflets d'un vert doré, des teintes de feu ; dans un autre, des miroitements pourpres, des lueurs azurées, des éclairs pareils à ceux de l'acier poli ; dans un troisième, du brun, du noir même. Toutes ces apparitions ne sont qu'un effet de la lumière. La nacre de la coquille et la gorge du pigeon ne sont ni pourpres, ni azurées, ni couleur de feu ; mais, en réfléchissant la lumière de telle façon ou de telle autre, elles prennent tour à tour ces différentes teintes suivant la position de l'observateur. Les couleurs de toute chose sont déposées par un seul pinceau : la lumière, qui renferme à la fois l'ensemble des teintes possibles. L'arrangement matériel de la surface des corps détermine la teinte que chacun d'eux prend dans cet ensemble. Si cet arrangement change, la couleur du corps change aussi. Une fleur de coquelicot passe du rouge éclatant au vineux sale, quand on l'écrase entre les doigts. L'arrangement primitif de la matière de la fleur est détruit, et la coloration change à l'instant, parce que la lumière n'est pas réfléchie de la même manière. Pour les mêmes motifs, la résine, d'abord d'un jaune de miel, devient blanche comme de la farine quand on la réduit en poudre fine ; le sulfate de cuivre, d'un beau bleu, devient blanc aussi s'il est réduit en poussière.

Les corps ne deviennent visibles et colorés qu'en réfléchissant telle ou telle autre nature de lumière. Si le soleil n'envoyait à la terre que de la lumière rouge, les objets terrestres seraient rouges, sans aucune trace d'une autre teinte. Le ciel, la mer, le sol, le gazon, le feuillage des arbres, les animaux, tout serait rouge. S'il n'envoyait que de la lumière verte, tout serait vert sans exception. Et en effet, si, dans une des bandes colorées du spectre solaire, on expose un objet d'une couleur quelconque, cet objet perd immédiatement sa coloration primitive pour prendre la teinte de la lumière qui l'éclaire. Un pétale de coquelicot, d'un rouge intense, ne paraît pas rouge dans la lumière verte du spectre ; il paraît vert. Il ne paraît pas rouge non plus dans la lumière bleue, dans la lumière jaune ; il paraît bleu ou jaune. Il ne reprend sa couleur rouge que lorsqu'il est exposé à la lumière blanche. Donc, un corps n'a d'autre couleur que celle de la lumière qu'il réfléchit ; et si la lumière du soleil était simple au lieu d'être composée, tout, absolument tout, se montrerait à nos regards avec la teinte uniforme de cette lumière simple.

Les divers rayons élémentaires de la lumière blanche, en arrivant à la surface des corps, éprouvent, suivant la nature de ces corps, des modifications fort différentes. Les uns sont réfléchis sans altération ; les autres sont étouffés, éteints, et n'ont plus désormais de rôle à remplir comme lumière. Les rayons réfléchis contribuent seuls à la visibilité et à la coloration des corps. Supposons un objet éclairé par la lumière solaire. Si cet objet réfléchit les rayons rouges seulement et éteint tous les autres, il paraît lui-même rouge ; s'il réfléchit les rayons bleus à l'exclusion des autres, il paraît bleu ; s'il réfléchit à la fois des rayons rouges et des rayons bleus en éteignant les autres, il ne paraît ni rouge, ni bleu, mais coloré d'une teinte intermédiaire, dont la nuance dépend de la proportion relative des rayons rouges et des rayons bleus réfléchis. Enfin, si cet objet réfléchit tous les rayons élémentaires de la lumière blanche sans en éteindre aucun, il apparaît blanc ; s'il n'en réfléchit aucun, s'il les éteint tous, il n'a plus de couleur, il est noir. Le noir est l'absence de toute coloration, le blanc est la réunion de toutes les couleurs du spectre.

RÉSUMÉ

1. Un *prisme* dévie par deux fois un rayon de lumière de sa direction, à l'entrée et à la sortie, et le rapproche de sa base.

2. En même temps, il le déploie, il le *disperse*. La lumière blanche n'est donc pas homogène, puisque la déviation n'est pas la même pour tout le pinceau lumineux.

3. Le rayon dispersé donne sur un écran une image oblongue, *spectre solaire*, où se voient les couleurs suivantes, à partir de l'extrémité correspondant à la base du prisme : *violet, indigo, bleu, vert, jaune, orangé, rouge*. Un rayon de lumière blanche résulte donc de l'association de rayons différemment colorés.

4. En réunissant en un faisceau commun les **rayons différemment** colorés du spectre, on reconstitue de la lumière blanche.

5. Le disque de Newton, en tournant rapidement, paraît blanc à cause de la coexistence des impressions produites sur l'œil par chacune des teintes du spectre.

6. L'arc-en-ciel provient de la décomposition de la lumière par les gouttes de pluie. Il se produit quand le soleil éclaire un nuage se résolvant en pluie. L'observateur est toujours placé entre le soleil et le nuage. Sa tête, le soleil et le centre de l'arc sont sur une même droite.

7. La lumière est cause de la coloration des corps. Un corps est rouge s'il réfléchit les rayons rouges à l'exclusion des autres, qui sont éteints ; il est bleu s'il ne réfléchit que les rayons bleus, etc. Il est blanc s'il réfléchit tous les rayons, sans en éteindre aucun ; il est noir s'il les éteint tous.

TABLE DES MATIÈRES

CHAPITRE XI

CHAPITRE XII

CHAPITRE XIII

CHAPITRE XIV

CHAPITRE XV

CHAPITRE XVI

CHAPITRE XVII

CHAPITRE XXXVI

CHAPITRE XXXVII

CHAPITRE XXXVIII

CHAPITRE XXXIX

FIN DE LA TABLE DES MATIÈRES

CORBEIL. — Typ. de CRÉTÉ FILS.